QUALIDADE DA ENERGIA ELÉTRICA

Conceituação e processamento digital

Blucher

sociedade brasileira de
AUTOMÁTICA

Sigmar Maurer Deckmann

José Antenor Pomilio

QUALIDADE DA ENERGIA ELÉTRICA

Conceituação e processamento digital

Qualidade da energia elétrica: conceituação e processamento digital

Editora Edgard Blücher Ltda.

Publisher Edgard Blücher
Editores Eduardo Blücher e Jonatas Eliakim
Coordenação editorial Andressa Lira
Produção editorial Regiane da Silva Miyashiro
Preparação de texto Mariana Góis
Diagramação Claudia Barros
Revisão de texto Sérgio Nascimento
Capa Leandro Cunha
Imagens da capa Foto: George Becker, disponível em Pexels (www.pexels.com) / Gráficos: elaborados pelos autores

Blucher

Rua Pedroso Alvarenga, 1245, 4º andar
04531-934 – São Paulo – SP – Brasil
Tel.: 55 11 3078-5366
contato@blucher.com.br
www.blucher.com.br

Segundo o Novo Acordo Ortográfico, conforme 6. ed. do *Vocabulário Ortográfico da Língua Portuguesa*, Academia Brasileira de Letras, julho de 2021.

Dados Internacionais de Catalogação na Publicação (CIP)
Angélica Ilacqua CRB-8/7057

Deckmann, Sigmar Maurer
Qualidade da energia elétrica : conceituação e processamento digital / Sigmar Maurer Deckmann, José Antenor Pomilio. – São Paulo : Blucher, 2024.
386 p. : il. (Coleção Projeto SBA)

Bibliografia
ISBN 978-85-212-2155-5

1. Energia elétrica - Controle de qualidade I. Título II. Pomilio, José Antenor III. Série

23-6365 CDD 621.31

Índices para catálogo sistemático:
1. Energia elétrica - Controle de qualidade

Agradecimentos

Os autores agradecem a diversas pessoas que colaboraram para a realização deste projeto. Inicialmente, a todos os estudantes que, ao longo dos anos, participaram da disciplina Análise da Qualidade da Energia Elétrica, oferecida pela Faculdade de Engenharia Elétrica e de Computação da Universidade Estadual de Campinas (Unicamp), pois, com suas leituras atentas, permitiram aprimorar este material. Aos estudantes de mestrado e doutorado que, com suas pesquisas, permitiram aprofundar os conhecimentos sobre diversos fenômenos de qualidade da energia elétrica, bem como ilustrar os fenômenos e resultados apresentados neste livro. Em especial, é importante citar João Paulo Sousa Rocha, Fernando Pinhabel Marafão, Ernesto Kenji Luna, Sérgio Pires Pimentel, Tereza Esther Nuñez Zuñiga, Marcus Vinicius Ataíde, Newton da Silva, Tiago Davi Curi Busarello e Jakson Paulo Bonaldo. Nossos agradecimentos também aos colegas que colaboraram revisando o manuscrito e que muito contribuíram para a melhoria do texto, em especial, Enes Gonçalves Marra, Osvaldo Saavedra e Fabiano Fragoso Costa. Somos muito gratos também ao Comitê Técnico de Sistemas de Potência da Sociedade Brasileira de Automática (SBA), em especial seu coordenador Alfeu Joãozinho Sguarezi Filho, e à SBA Press, por viabilizar a publicação deste trabalho.

Prefácio

O conteúdo deste livro teve origem no material de apoio de um curso de pós-graduação em Engenharia Elétrica. Devido ao interesse crescente por parte de alunos e de profissionais de empresas do setor elétrico, surgiu a ideia de produzir um livro sobre os mesmos temas. Com o tempo, o curso também passou a ser oferecido como uma disciplina avançada para estudantes de graduação no final de sua formação, tendo como pré-requisitos as disciplinas Análise de Sinais e Sistemas de Energia Elétrica.

O público-alvo do livro inclui, além dos alunos de graduação e pós-graduação de Engenharia Elétrica, profissionais que atuam nas áreas de normatização, planejamento, instalação, medição, análise, supervisão e controle de sistemas elétricos. Da mesma forma que o curso, o livro não tem a pretensão de esgotar os assuntos abordados e que abrangem diversas áreas de conhecimento, incluindo técnicas de análise e processamento digital de sinais. Pelo contrário, procurou-se manter uma abordagem de caráter didático. A escolha pela publicação em português se deve ao interesse de estudantes e profissionais de língua portuguesa sobre esse importante tema.

Em benefício desse público-alvo, optou-se por dividir o texto em duas partes. Na Parte 1, o principal foco é a caracterização dos chamados distúrbios da Qualidade da Energia Elétrica (QEE). Na Parte 2, é apresentada a base matemática que envolve o tratamento de sinais, especialmente por meio de técnicas digitais. O conteúdo teórico da Parte 2 não constitui um pressuposto para o entendimento da Parte 1, serve antes de base para quem pretende se envolver mais diretamente com as técnicas de processamento digital de sinais. Pode ser o caso de estudantes ou profissionais interessados no aprofundamento analítico, ou para fins de pesquisa. A divisão do tema QEE em capítulos visa abordar os vários aspectos relacionados com esse assunto e explorá-los de modo mais particular. Essa maneira de apresentação por vezes repete informações por motivos didáticos, na expectativa de que isso torne a leitura mais direta e acessível. Foram utilizados diferentes simuladores de circuitos, de sistemas e de cálculo numérico, com o intuito de mostrar que há diversas ferramentas disponíveis para o estudo dos fenômenos.

A base conceitual da primeira parte requer conhecimentos regulares, obtidos em cursos de graduação de Engenharia Elétrica. No entanto, reconhece-se que os problemas de QEE, suas causas, efeitos, normativas e possibilidades de mitigação, são escassamente inseridos nas disciplinas oferecidas em nível de graduação. Nos Capítulos 1 e 2 é feita uma breve revisão de conceitos básicos de eletricidade aplicados em redes elétricas. Isso é especialmente interessante para os estudantes que venham de outras áreas do conhecimento e que não tenham muita familiaridade com conceitos como fasores, impedâncias, equivalentes Norton e Thévenin, análise de sistemas elétricos etc.

Do Capítulo 3 ao Capítulo 9, são detalhados os eventos de QEE mais relevantes, ilustrados com figuras representativas, obtidas por meio de simulações e/ou medições. Cada capítulo aborda problemas específicos, como flutuações de tensão, distorções harmônicas, transitórios, desequilíbrios e variações de tensão de curta duração. Também são apresentados os principais órgãos normativos, com seus campos de abrangência, indicando os diferentes escopos e mesmo os diferentes pontos de vista com que um mesmo fenômeno pode ser analisado.

Outro ponto importante a destacar é a necessidade de manter uma visão crítica em relação às normas. Se por um lado é importante garantir a conformidade normativa, também é relevante conhecer o contexto da criação dessas normas e, se necessário, apontar para a sua inadequação ou obsolescência em virtude da evolução tecnológica. Por essa razão, ao final de cada capítulo, são apresentadas algumas questões conceituais. O objetivo é estimular uma reflexão crítica e criteriosa sobre o conteúdo de cada tópico. Com o intuito de ampliar a abrangência do curso, são também apresentadas normativas de QEE aplicáveis em outros ambientes (por exemplo, nas redes elétricas embarcadas em aeronaves). Esse aspecto é inovador na literatura da área de QEE, mas possibilita valorizar ainda mais a importância desses estudos.

A Parte 2 do livro é constituída pelos Capítulos 10 a 14, e seu foco é o tratamento a ser dado em sinais coletados nas redes elétricas, com o subsequente processamento digital, que atualmente é a base da instrumentação de medição, controle e supervisão de grandezas elétricas, sobretudo dos indicadores de QEE. Essa também é uma área pouco abordada em cursos de engenharia voltados para Sistemas de Potência e na bibliografia referente a QEE.

Conhecer detalhes, propriedades, características e, em especial, limitações dos diversos processos analógicos ou digitais, aos quais os sinais provenientes das grandezas elétricas são submetidos, é importante para analisar criticamente os resultados indicados pelos medidores e analisadores. A depender de algumas peculiaridades, uma grandeza, analisada por diferentes medidores, mesmo em conformidade com as respectivas normas, pode ser processada e apresentada de maneiras distintas. O profissional envolvido com as questões de QEE deve estar familiarizado com os processamentos que intermedeiam o caminho que vai do sensoriamento da grandeza elétrica até a indicação final do instrumento, de modo a poder interpretar adequadamente os resultados.

Campinas, abril de 2023.

Os autores.

Principais siglas e notações utilizadas

ABNT – Associação Brasileira de Normas Técnicas

ANEEL – Agência Nacional de Energia Elétrica

ANSI – *American National Standards Institute*

C – Capacitância

CA – Corrente alternada

CBEMA – *Computer & Business Equipment Manufacturer Association*

CC – Corrente contínua

CCT – Capacitor chaveado por tiristores

CEM – Compatibilidade eletromagnética

CIGRÉ – *Conseil Internacional des Grands Réseaux Électriques*

CISPR – *Comité International Spécial des Perturbations Radioélectriques*

CSPE – Comissão de Serviços Públicos de Energia

DHT – Distorção harmônica de tensão

DTT – Distorção total de tensão

EUT – *Equipment Under Test*

$\mathcal{F}$ – Transformada de Fourier

FACTS – *Flexible AC Transmition System*

FAP – Filtro ativo de potência

FD – Fator de desequilíbrio

FFT – *Fast Fourier Transform*

FP – Fator de potência

FQ – Fator de qualidade

fr – Frequência de ressonância

h – Ordem harmônica

HVDC - *High Voltage Direct Current*

I – Fasor de corrente

IEC – *International Electrotechnical Commission*

IEEE – *Institute of Electric and Electronic Engineers*

IEM – Interferência eletromagnética

Im – Parte imaginária

INMETRO – Instituto Nacional de Metrologia

ISO – *International Standards Organization*

ITIC – *International Technology Industry Council*

L – Indutância

$\mathcal{L}$ – Transformada de Laplace

LED – *Light Emission Diode*

LISN – *Line Impedance Stabilization Network*

M&D - Magnitude e duração

PWM - *Pulse Width Modulation*

N – Número de valores de uma série

NBR - Normas Brasileiras

ONS - Operador Nacional de Sistema

P – Potência ativa

PAC – Ponto de acoplamento comum

PRODIST – Procedimentos de distribuição

Q – Potência reativa

QEE – Qualidade de energia elétrica

R – Resistência

RCT – Reator controlado por tiristores

Re – Parte real

RMS - *Root Mean Square*

S – Potência aparente

S_{CC} – Potência de curto-circuito

SEE – Sistema de energia elétrica

SEMI – *Semiconductor Equipment and Materials Institute*

SVC – *Static Var Compensator*

T – Intervalo de tempo

T_1 – Período da onda fundamental

Ta – Intervalo de amostragem

TA – Tensão de atendimento

TC – Tensão contratada

TDF – Transformada discreta de Fourier

TL – Tensão de leitura

TN ou Vn – Tensão nominal

TP – Transformador de potencial

TR – Tensão de referência

UIE – União Internacional de Eletrotermia

UPS – *Uninterruptable Power Supply*

V – Fasor de tensão

VTCD – Variação de tensão de curta duração

X_C – Reatância capacitiva

X_L – Reatância indutiva

Z – Impedância complexa

$\mathcal{Z}$ – Transformada $\mathcal{Z}$

ω – Frequência angular

Outros símbolos foram devidamente identificados ao longo do texto.

Termos técnicos estrangeiros de uso comum

Anti-aliasing filter – Filtro antiespelhamento

Dip (voltage) – Afundamento (de tensão)

Flicker – Cintilação luminosa

Inrush current – Corrente de energização

Notch filter – Filtro sintonizado

Notching – Recortes (de tensão)

Outage – Desligamento por falha

Ripple – Ondulação (de tensão ou corrente)

Sag (voltage) – Redução (de tensão)

Shunt – Derivação

Smart grid – Rede inteligente

Soft-start – Partida suave

Spike – Pico (de tensão ou corrente)

Surge (voltage) – Surto (de tensão)

Swell (voltage) – Elevação (de tensão)

Conteúdo

PARTE 1

CONCEITUAÇÃO DE QEE

CAPÍTULO 1
Conceituação de qualidade da energia elétrica

1.1. INTRODUÇÃO

O termo qualidade da energia elétrica (QEE), que se tornou jargão no setor elétrico nas últimas décadas, tem sido usado, *lato sensu*, para expressar as mais variadas características da energia elétrica entregue pelas concessionárias aos consumidores. Da mesma forma que a expressão *electric power system* tornou-se "sistema de energia elétrica" (SEE) em nosso meio, *power quality* foi conceituada como "qualidade da energia elétrica" (QEE). E assim como não se usa em inglês a expressão *energy quality*, também não se tem utilizado a expressão "qualidade da potência elétrica" em português, não cabendo qualquer discussão de ordem conceitual.

A preocupação com QEE no Brasil se tornou mais explícita com a reformulação que o setor elétrico experimentou no final do século XX, com a privatização de diversas empresas de geração e de distribuição de energia elétrica. Na época, permaneceram sob controle estatal algumas empresas de geração e o sistema de transmissão. O interesse pela QEE acentuou-se com a implantação de um mercado consumidor no qual o produto comercializado passou a ser a própria energia elétrica.

A formulação de políticas públicas no tema de QEE foi impulsionada com a instituição da Agência Nacional de Energia Elétrica (ANEEL) pela Lei n. 9.427, de 26 de dezembro de 1996, com a finalidade de regular e fiscalizar a produção, transmissão e comercialização de energia elétrica em conformidade com as políticas e diretrizes do governo federal. A ANEEL iniciou suas atividades em 2 de dezembro de 1997 [1]. De modo concomitante, no estado de São Paulo foi criada a Comissão de Serviços Públicos de Energia (CSPE), em 17 de outubro de 1997, tendo entre suas atividades o papel de "regular, controlar e fiscalizar: I – a qualidade do fornecimento dos serviços públicos de energia; e II – os preços, tarifas e demais condições de atendimento aos usuários de tais serviços". Dado o papel assumido pela ANEEL nas legislações de QEE, a CSPE foi substituída pela Agência Reguladora de Saneamento e Energia do Estado de São Paulo (ARSESP), que não mais possui atividades de regulamentação na área de QEE [2].

Neste contexto da reformulação do setor elétrico, começaram a se estruturar no Brasil, de maneira consistente e sistemática, os padrões de QEE [3], [4]. Passaram-se 10 anos até a efetivação da primeira edição dos "Procedimentos de Distribuição de Energia Elétrica no Sistema Elétrico Nacional (PRODIST), Módulo 8 – Qualidade da Energia Elétrica" [5]. Como apresentado ao longo deste livro, as questões de QEE e as decorrentes normas são continuamente revistas em função das mudanças tecnológicas, de modo que se exige dos profissionais da área uma constante atualização.

1.2. CONCEITUAÇÃO E CONSIDERAÇÕES SOBRE OS PARÂMETROS UTILIZADOS NA ANÁLISE DA QEE

Uma definição mais conceitual estabelece a qualidade da energia elétrica como uma medida de quão bem essa energia pode ser utilizada pelos consumidores [6], [7]. Essa medida inclui características de *continuidade* de suprimento e de *conformidade* com parâmetros considerados desejáveis para a operação segura, tanto do sistema supridor como das cargas elétricas. Os principais parâmetros a considerar estão associados a distúrbios como:

- Distorções de forma de onda;
- Flutuações da amplitude da tensão;
- Variações da amplitude de tensão de curta ou média duração;
- Variações da frequência de fornecimento;
- Desequilíbrio de sistemas trifásicos;
- Transitórios de curta duração.

Estes parâmetros estão, na verdade, associados a tensões e correntes elétricas em um sistema de corrente alternada. As tensões de suprimento são controladas basicamente pelas empresas concessionárias, responsáveis pela geração, transmissão e, em última instância, pela distribuição de energia elétrica. Por outro lado, as correntes dependem das cargas conectadas pelos consumidores. Grande parte dos problemas de QEE ocorre na fronteira entre os interesses (econômicos) das concessionárias e dos consumidores. Parte-se do pressuposto que o consumidor prefere adquirir a energia que apresenta os parâmetros de qualidade melhores, ao menor custo. Nesse contexto, as operadoras de sistemas elétricos são estimuladas, tanto pela ANEEL, como agência reguladora, quanto pelo próprio mercado, a prestar informações sobre as condições de operação ou fornecer detalhes acerca de eventos ocorridos e que possam ter afetado os consumidores. Esse é um dos papéis do monitoramento e da análise da QEE.

Tornou-se praxe incluir cláusulas contratuais sobre as condições de fornecimento de energia pelos agentes fornecedores (gerador, transmissor, distribuidor) aos agentes compradores (transmissor, distribuidor, consumidor final). Tais contratos podem prever multas por violação das condições estipuladas. Isso aumenta a necessidade de implementar normas com limites adequados que possam ser satisfeitos pelo lado do fornecedor sem onerar demais os custos e que atendam ao consumidor, sem maiores prejuízos devido a perdas adicionais. Estabelece-se ao mesmo tempo a necessidade de regulamentar os procedimentos de medição e análise desses parâmetros. Além disso, deve-se levar em conta que a eletricidade atingiu o *status* de bem comum e essencial para o funcionamento da nossa sociedade, em todas as áreas. Deve-se, portanto, tratar de tal recurso, que é essencial à vida moderna, de modo que todas as atividades humanas possam utilizá-lo, sem criar interferências com outras atividades, sejam processos tecnológicos ou biológicos. Para tanto, os conceitos de QEE devem estar submetidos aos princípios que regem a compatibilidade eletromagnética e, mais recentemente, levar em conta as características diferenciadas das fontes de energia renováveis (solar, eólica etc.) visando à sustentabilidade de obtenção da energia elétrica e ao mínimo impacto ambiental, desde a geração até o uso final.

Para estabelecer critérios de quantificação da qualidade da energia elétrica é necessário tratar de vários problemas que afetam os consumidores ou as cargas alimentadas. Esses problemas vão desde os impactos sobre o meio ambiente, passando por incômodos sensoriais provocados pela variação luminosa ou de ruídos auditivos devido à não conformidade da tensão, chegando até a interferências na operação de equipamentos eletrônicos sensíveis, causadas por interrupções no fornecimento de energia ou por fenômenos de mais alta frequência. Constata-se que, tanto no nível de cargas domésticas e comerciais, como em aplicações industriais, os consumidores e seus equipamentos estão cada vez mais sensíveis e dependentes das condições de operação do sistema de energia elétrica. Isso se deve ao aumento da complexidade das funções que as cargas elétricas devem desempenhar por meio do controle de processos, mesmo em equipamentos de uso doméstico (dispositivos de iluminação, de informação e comunicação, máquinas de processar alimentos, de lavagem, secagem ou de refrigeração etc.). Basta lembrar as dificuldades enfrentadas pelos consumidores, quando ocorrem interrupções de energia elétrica, causando perda de produtos perecíveis, paralisação de serviços em escritórios, interrupção de sinalização no trânsito, desligamento de complexos industriais, paralisação de atividades essenciais em hospitais, redações de jornais e meios de comunicação etc.

A complexidade do problema da avaliação e controle da qualidade da energia suprida não resulta apenas da grande variedade de perturbações às quais o sistema elétrico está sujeito. São relevantes também os variados efeitos que essas perturbações podem causar, resultando em sobreaquecimento de máquinas e equipamentos devido às distorções de corrente; vibrações de motores devido a desequilíbrios; variações luminosas devidas a flutuações de tensão; oscilações de potência sustentadas entre as cargas e a rede durante a operação de cargas não lineares e variáveis, até interrupções momentâneas de tensão, cujas causas em geral são curtos-circuitos de difícil previsão e prevenção.

Uma questão muito discutida no contexto de QEE é a definição dos objetivos e dos indicadores relevantes [8]. Uma vez que existem diferenças significativas entre as características de sistemas elétricos nos diversos países, dependendo, por exemplo, da predominância das fontes primárias (hidráulica, térmica, eólica, solar etc.), pode-se esperar que os indicadores de QEE também variem. Além disso, as normas de operação dos sistemas elétricos também são distintas de um país para outro, ficando difícil estabelecer critérios gerais para mensurar a qualidade da energia elétrica.

Como mencionado, pode-se presumir, em teoria, que a responsabilidade pela qualidade da tensão suprida é de quem fornece a energia e que a qualidade da corrente é responsabilidade dos consumidores, com suas variadas cargas. Na prática, porém, essa questão de atribuição não é tão simples, pois distúrbios na corrente ocasionam perturbações na tensão e vice-versa. Em geral, separar causa e efeito não é trivial.

Outro ponto importante e que deve ser levado em conta na análise de QEE é a matriz energética que compõe o sistema de geração que se está considerando. Com a diversificação das chamadas fontes alternativas de energia elétrica – visando eliminar sistemas de geração que resultem na emissão de carbono na atmosfera, como centrais termoelétricas, ou que apresentem riscos ambientais, como as nucleares –, os indicadores de QEE podem assumir diferentes pesos relativos quanto à qualidade da energia suprida. Em redes com predominância eólica, por exemplo, a limitação das variações de frequência assume importância maior do que nos grandes sistemas hidroelétricos interligados. Isso porque a geração eólica requer processos eletrônicos individualizados para o controle da frequência, dada a menor inércia desses geradores. As perdas de potência na rede de distribuição da energia eólica também podem ser mantidas em níveis relativos baixos, uma vez que atendem regiões mais próximas aos locais de geração, comparadas aos sistemas com geração predominantemente hidroelétrica, como tem sido o sistema brasileiro até aqui.

A energia obtida por meio de painéis fotoelétricos, por sua vez, depende de conversores eletrônicos CC-CA, que precisam sintetizar a forma de onda senoidal a partir do chaveamento da tensão CC, mantendo os níveis de harmônicos abaixo dos limites preconizados. Além disso, esse tipo de fonte não apresenta, em princípio, qualquer efeito inercial que possa contribuir para o sincronismo do sistema como um todo. Outra peculiaridade é que placas fotoelétricas podem ser usadas para atender cargas individualizadas em residências, instalações comerciais ou industriais de menor porte, prescindindo inclusive de conexão com a rede de distribuição convencional.

No caso de consumidores com autogeração, quando é comum que o excedente da potência gerada localmente seja injetado no sistema elétrico principal, indicadores como fator de potência e distorção harmônica precisam ser rediscutidos, conforme será mostrado em capítulos posteriores. A tendência de diversificação das fontes energéticas já se apresenta também no Brasil e deverá definir como serão os sistemas de potência no futuro próximo.

1.3. MOTIVOS PARA MONITORAR A QUALIDADE DA ENERGIA ELÉTRICA

Em geral, os problemas relacionados com a qualidade da energia elétrica são identificados quando um equipamento alimentado pela rede elétrica deixa de funcionar como deveria. Assim, uma lâmpada que apresenta variações luminosas, um motor que sofre vibrações, equipamentos operando com sobreaquecimento, proteção atuando intempestivamente, capacitores com sobretensões ou sobrecorrentes podem ser indícios de problemas de QEE. Se tais problemas não forem devidamente tratados, pode haver prejuízos materiais (redução da vida útil de transformadores, motores, capacitores e equipamentos eletrônicos sensíveis), bem como ocorrer perturbações físicas em pessoas (incômodo visual devido ao efeito de cintilação, ou incômodo auditivo devido a vibrações mecânicas ou ressonâncias eletromagnéticas), levando ao comprometimento da capacidade produtiva tanto das máquinas como das pessoas.

Existem estudos que acompanham os custos relacionados com perda de qualidade da energia elétrica. No início do século XXI estimava-se que a indústria manufatureira norte-americana tinha custos da ordem de 10 bilhões de dólares associados a interrupções de processos [9]. Já no cenário europeu, na mesma época [10], os custos estimados associados com vários tipos de distúrbios chegariam a 1,5% do produto interno bruto (PIB). Além de os valores serem elevados, estimava-se que tais custos continuariam a subir rapidamente caso não fossem tomadas medidas saneadoras. Isso se deve aos efeitos cumulativos que a perda de qualidade pode impor, seja por meio de redução da vida útil de dispositivos, limitação da capacidade efetiva dos equipamentos ou mau funcionamento de máquinas, além das perdas elétricas. Mesmo com o maior rigor nas normas, não existe indicação precisa de que tenha ocorrido melhoria sensível no cenário [11], [12].

1.4. COMO MONITORAR E ANALISAR PROBLEMAS DE QUALIDADE DA ENERGIA ELÉTRICA

A partir da identificação de uma falha ou mau funcionamento de uma instalação ou equipamento, inicia-se uma pesquisa (estudo) para diagnosticar as causas do problema relativo à qualidade da energia elétrica. Como se trata de diagnosticar basicamente um problema de compatibilidade eletromagnética, essa pesquisa pode envolver questões que vão além de um simples problema tecnológico. Uma abordagem recomendável inclui os seguintes passos:

1) Conhecer os possíveis problemas;
2) Estudar as condições locais onde o problema se manifesta;
3) Se possível, medir e registrar as grandezas contendo os sintomas do problema;
4) Analisar os dados e confrontar os resultados obtidos com estudos ou simulações;
5) Diagnosticar o problema, sua causa e possíveis responsabilidades;
6) Propor soluções.

Cada um desses passos requer um conhecimento ou estudo específico. Identificar os problemas é um dos objetivos deste texto. Quando se tem uma ideia de como os problemas se manifestam, das suas causas, dos seus efeitos e das soluções usuais, fica mais fácil chegar a um diagnóstico correto.

Conhecer as condições locais é fundamental para levantar corretamente as hipóteses que levam às causas do problema. As circunstâncias locais muitas vezes interferem na maneira como os sintomas se apresentam ao observador. Por exemplo, o afundamento da tensão pode ser a causa da falha na partida de um motor (dimensionamento inadequado do alimentador) ou a consequência (curto-circuito no enrolamento ou falta de fase etc.).

Escolher corretamente os instrumentos de medição e os locais mais adequados para a sua instalação pode ser decisivo para detectar e quantificar o problema. Por exemplo, surtos rápidos de sobretensão podem passar despercebidos mesmo quando se utilizam osciloscópios, se o nível de detecção (*trigger*) não for ajustado adequadamente. Conhecer a faixa de frequências do distúrbio também é importante para escolher o tipo de registrador que deve ser usado. Fenômenos térmicos, por exemplo, precisam de mais tempo para serem percebidos, exigindo registradores contínuos para longos períodos de medição. Eventos intermitentes ou transitórios podem requerer registradores contínuos para a sua detecção. Fenômenos periódicos, como ressonâncias harmônicas ou modulação de amplitude, podem requerer analisadores de espectro em frequência.

A interpretação dos dados recolhidos exige conhecimento sobre as técnicas de medição. Isso é válido particularmente com os analisadores de espectro, devido às limitações impostas pelo truncamento do sinal amostrado, seja em amplitude (escala) ou no tempo (duração). Tanto uma quanto outra limitação pode gerar falsas informações sobre o conteúdo espectral do sinal amostrado. Os principais problemas relacionados com esse tipo de limitação serão devidamente explorados nos capítulos finais do livro.

Os modelos de simulação também são úteis para validar as conclusões e encontrar soluções. Modelos físicos ou matemáticos, que permitam realizar simulações computacionais, ajudam a entender o fenômeno e permitem descobrir em que condições o problema se manifesta. Por outro lado, a melhor solução às vezes só é encontrada depois que o problema foi exaustivamente estudado por meio de simulação. Ou seja, embora o problema pareça complexo, a solução pode ser simples.

Em relação aos passos seguintes, nem sempre é fácil tratar os itens citados como diagnóstico, causa, responsabilidade, para, finalmente, propor alguma solução. Chegar ao diagnóstico e à causa pode ser decorrência dos quatro primeiros passos, quando se dispõe de acesso ao local, instrumentação adequada e ferramentas de simulação e análise. A indicação da solução decorre de disponibilidades tecnológicas e orçamentárias. Em geral, a solução não necessariamente requer a eliminação total do problema, mas a sua mitigação ao ponto de obter conformidade com as normas.

A questão da responsabilidade, que está vinculada a quem deve arcar com os custos da solução, pode ser simples quando existe apenas uma fonte de distúrbio na rede analisada, ou quando a potência da carga problemática é muito grande em relação a outras cargas do sistema. É o caso de problemas de flutuação de tensão causados por fornos a arco com potência da ordem de dezenas de MW.

Em outras situações, como no caso de harmônicos, chegar a um diagnóstico e apontar a causa pode ser mais complicado. Cargas não lineares são produtoras de correntes harmônicas. No entanto, tais cargas encontram-se dispersas por toda a rede, de modo que já existe uma distorção de fundo nas tensões. A distorção na tensão interage com a não linearidade das cargas, podendo resultar impossível identificar se alguma violação normativa ocorre apenas por conta da carga ou é ampliada pela distorção da tensão.

Para quem deseja se aprofundar no tema da QEE, as referências [13], [14], [15] e [16] constituem boas leituras.

1.5. ALGUMAS SITUAÇÕES ILUSTRATIVAS

1.5.1. A MÁQUINA DE REFRIGERANTES

Especialistas em análise da qualidade da energia elétrica foram chamados para investigar um problema no sistema de alimentação de um centro de processamento de dados de uma grande empresa. Foram instalados equipamentos para monitorar a tensão de alimentação dos computadores mais afetados e se constatou que aproximadamente a cada 15 minutos ocorria um transitório na tensão que interferia no funcionamento desses computadores.

Feito o levantamento das cargas ligadas ao ramal, verificou-se que no corredor em frente à sala dos computadores havia uma máquina de refrigerantes para uso dos funcionários. Na falta de alimentador próprio, o refrigerador havia sido ligado no mesmo circuito que alimentava os computadores. Quando o motor do refrigerador partia, a cada

15 minutos, ocorria uma subtensão que interferia no funcionamento dos computadores. Identificado o problema e a sua causa, a solução óbvia foi mudar a alimentação da máquina de refrigerantes. Por falta de outra tomada próxima, deslocou-se a máquina para outro local no mesmo corredor, verificando-se que o problema estava resolvido.

Quinze dias depois, os especialistas foram chamados porque o problema tinha voltado a aparecer. Nova monitoração na sala dos computadores e os transitórios lá estavam. Foi constatado que a máquina de refrigerante tinha sido recolocada no corredor. Os usuários não tinham sido informados sobre a causa do problema e, por isso, trataram de colocar a máquina de volta, para ficar mais perto do local de trabalho! Evidentemente, quem acompanhou o processo errou por não ter esclarecido os usuários sobre a causa do problema.

1.5.2. O VILÃO DA HISTÓRIA

Em outro caso, uma concessionária de energia elétrica foi interpelada por uma indústria siderúrgica com a reclamação de que suas novas e modernas máquinas de laminação não estavam funcionando adequadamente, ocorrendo muitas falhas do sistema de controle do processo de laminação. O fabricante das máquinas foi chamado e diagnosticou que se tratava de um problema com a baixa qualidade da tensão de alimentação, cuja forma de onda interferia na operação dos sistemas digitais de controle.

Foram feitas medições no local pela concessionária e se constatou que, de fato, os níveis de harmônicos e de flutuação de tensão estavam acima dos limites permitidos. Encaminhado o relatório da concessionária sobre essas medições, a diretoria da indústria solicitou que a concessionária tomasse providências urgentes para sanar o problema observado na tensão de alimentação. Restou à concessionária explicar que os problemas com os laminadores eram causados pelo forno a arco instalado na própria indústria e que, portanto, era ela quem causava as perturbações da tensão de alimentação em toda a região circunvizinha. Neste caso, o consumidor foi causa e vítima da perda de qualidade da sua energia elétrica.

1.5.3. QUESTÃO DE ECONOMIA

Um terceiro caso se passou em uma indústria que operava uma ponte retificadora de seis pulsos, responsável pela geração de 5º e 7º harmônicos (características nesse tipo de conversor). Devido a reclamações de outros consumidores, foi solicitado à indústria que tomasse providências para reduzir a emissão desses harmônicos com a instalação de filtros. O consumidor respondeu que já dispunha desses filtros e que estavam desligados por razões de redução no consumo de energia elétrica. Estranhando a resposta, um técnico da concessionária foi designado para verificar o que estava acontecendo. Em conversa no bar, o técnico soube que a alegação de economia se devia ao fato de que, quando os filtros eram ligados, o valor da conta de energia aumentava. Por isso, os filtros eram mantidos desligados. Depois de analisar o caso, chegou-se a duas possíveis explicações:

i) com a compensação reativa dos filtros, o componente fundamental da tensão de fato tende a subir e o consumo de energia associado a cargas do tipo impedância constante aumenta proporcionalmente ao quadrado da elevação da tensão;

ii) a presença de harmônicos na corrente pode afetar o medidor de energia, a depender de seu modo de operação. Especialmente em medidores eletromagnéticos, de tecnologia antiga, o efeito do 5º harmônico, de sequência negativa, é de redução do valor medido. Assim, poderia haver uma diminuição na leitura da energia consumida, explicando a "economia" quando o filtro ficava desligado.

Neste caso a "economia" apresenta seus próprios riscos e é preciso explicar o que pode ocorrer com a presença de harmônicos (por exemplo, a explosão por sobreaquecimento de capacitores em bancos para correção de fator de potência, devido a ressonâncias série ou paralela).

1.5.4. EQUIPAMENTO NOVO PIOR QUE O ANTIGO?

Em uma empresa fabricante de pneus havia um equipamento de grande porte utilizado para processar a borracha, acionado por um motor de corrente contínua de 1,5 MW. O motor era controlado por uma ponte retificadora tiristorizada, alimentada por um transformador exclusivo, com tensão de saída de 1,5 kV. Depois de muitos anos de operação foi necessário substituir o transformador. O novo equipamento, após alguns dias de uso, teve sua proteção de sobretemperatura ativada, levando à paralisação do processo. A falha inicialmente identificada foi a queima do motor de um dos ventiladores de resfriamento das aletas do transformador. O conjunto motor-ventilador foi substituído. No entanto, após mais alguns dias, a falha se repetiu, levando a reclamações junto ao fabricante do transformador e, deste, junto ao fornecedor do ventilador.

O fabricante do ventilador, após a análise da falha, identificou a ruptura do isolante dos enrolamentos do motor. Dado que não havia registro de redução na qualidade do isolamento dos fios utilizados nas bobinas, a investigação se deslocou para as condições de alimentação no local da aplicação. Constatou-se que o motor do ventilador era alimentado por um transformador cujo primário estava conectado na saída do grande transformador de 1,5 MW. Os engenheiros da empresa fizeram medições no local e verificaram que a tensão se apresentava com significativos recortes (*notches*). Esse comportamento é típico de retificadores trifásicos em cujas entradas há expressivo efeito indutivo, como no caso. No entanto, isso deveria estar ocorrendo desde sempre e não ser causado pelo novo transformador.

O que se verificou como causa da falha foi fazer a alimentação do ventilador a partir da tensão com recortes. As elevadas taxas de variação da tensão (dv/dt), associadas às capacitâncias entre espiras do enrolamento, provocaram, paulatinamente, a perda de capacidade de isolamento, levando à queima do motor do ventilador. A solução, simples, foi deslocar a alimentação do ventilador para uma rede mais limpa. Apenas como curiosidade, os engenheiros da empresa vieram consultar a universidade sobre o problema, uma vez que a chefia inicialmente não confiara no diagnóstico apresentado, o qual, no entanto, estava absolutamente correto.

1.5.5. VENDENDO ILUSÕES

Não é difícil encontrar na internet ofertas de produtos que prometem economizar energia a partir da instalação de um "filtro de energia", ou qualquer outra denominação semelhante. Antes de tudo, é conveniente reafirmar o princípio de conservação da energia, ou seja, a realização de um mesmo trabalho consumirá a mesma energia. Redução de consumo somente poderá acontecer com a eliminação de perdas ou com a redução do trabalho efetivamente realizado. Nesses termos, pode-se afirmar que qualquer instalação elétrica adequadamente projetada (esteja ela sujeita ou não à contaminação harmônica) não deveria ter perdas maiores do que alguns poucos por cento. Uma vez que é impossível ter uma instalação sem perdas, as promessas de economia após a instalação do produto devem ser observadas com muita desconfiança.

Conforme os anúncios apregoam, o "aparelho" é composto por capacitores e, eventualmente, por indutores e até mesmo resistores. A instalação é sempre feita após o medidor de energia da unidade consumidora. Por essa razão as concessionárias nunca se opõem à instalação, pois o consumidor pode, em princípio, colocar o que quiser em sua própria rede, desde que não afete os demais consumidores. No entanto, esse fato é usado pelos fabricantes como se fosse uma comprovação da eficácia do produto, o que não é verdade. Há afirmações de que a eficácia teria sido atestada até mesmo por entidades de pesquisa. No entanto, tais resultados não são divulgados. Ao contrário, testes realizados em laboratório comprovaram a inutilidade em termos de filtragem (pois as capacitâncias usadas são da ordem de centenas de nano-Farad) que, como pode ser constatado analiticamente, são incapazes de filtrar harmônicos de uma rede elétrica. Também em termos de economia de energia, como esperado, nada foi constatado.

1.6. RESUMO

Neste capítulo foram introduzidos conceitos básicos sobre qualidade da energia elétrica e razões para a sua monitoração em um ambiente de mercado competitivo, no qual prevalecem interesses econômicos das partes envolvidas, desde os agentes geradores, transmissores, distribuidores e, finalmente, os consumidores. Introduzir nessa equação de interesse econômico uma variável como qualidade do produto energia elétrica, além de levantar questões relativamente novas e de grande importância envolvendo parâmetros que caracterizam tensões e correntes nas redes elétricas, também requer claras definições para os vários tipos de distúrbios observáveis nas redes e das formas para a sua identificação e quantificação. Ou seja, essas definições precisam se basear em normas objetivas e consistentes. Esses problemas envolvendo qualidade da energia elétrica serão abordados mais a fundo nos próximos capítulos. A título de ilustração, foram apresentados no final do capítulo alguns exemplos envolvendo problemas de qualidade da energia elétrica suprida a diferentes tipos de consumidores.

QUESTÕES

1) Quais são as motivações para que se estabeleçam padrões de QEE?
2) A maioria das normas sobre QEE se refere às condições de suprimento de tensão e de absorção de corrente e não da energia elétrica em si. Comente possíveis razões.
3) Tipicamente, qual fato leva à análise de problemas de QEE em uma instalação?
4) Na presença de um problema identificado de QEE, quais são os procedimentos recomendáveis para que o problema seja solucionado ou mitigado de maneira efetiva?
5) Se um dos princípios da operação de SEE é a liberdade dada ao consumidor, regularmente conectado à rede, de poder ligar e desligar sua carga a qualquer momento, dentro das condições contratadas, por que são necessárias as regras de QEE?

REFERÊNCIAS

[1] Fundação Getúlio Vargas – FGV, Centro de Pesquisas e Documentação – CPDOC, disponível em http://www.fgv.br/cpdoc/acervo/dicionarios/verbete-tematico/agencia-nacional-de-energia-eletrica-aneel. Acesso em: 3 out. 2021.

[2] Assembleia Legislativa do Estado de São Paulo, *Lei Complementar 833/1997*, disponível em: https://www.al.sp.gov.br/repositorio/legislacao/lei.complementar/1997/lei.complementar-833-17.10.1997.html. Acesso em: 3 out. 2021.

[3] Comissão de Serviços Públicos de Energia – CSPE, *Qualidade do fornecimento de energia elétrica – indicadores, padrões e penalidades*, Documento preliminar para discussão. Versão 2, Julho de 1997.

[4] P. F. Ribeiro, "Qualidade de energia elétrica em sistemas elétricos." Workshop no *SBQEE – Seminário Brasileiro de Qualidade da Energia Elétrica*, Uberlândia, Junho de 1996.

[5] Agência Nacional de Energia Elétrica - ANEEL, Resolução Normativa n. 345/2008, *Procedimentos de Distribuição de Energia Elétrica no Sistema Elétrico Nacional - PRODIST, Módulo 8 - Qualidade da Energia Elétrica*, vigente de 31/12/2008 a 31/12/2009.

[6] Operador Nacional do Sistema Elétrico - ONS, *Padrões de desempenho da rede básica - Submódulo 2.2*, versão aprovada pelo Conselho Administrativo em outubro de 2000.

[7] Union of the Electricity Industry - Eurelectric, *Power quality in European electricity supply networks*, 1st Edition, Feb. 2004.

[8] CIGRÉ, *Power quality indices and objectives*, Final draft WG report for approval cigré C4.07/Cired. Jan 2004.

[9] M. McGranaghan, B. Roettger, "Economic evaluation of power quality", *IEEE Spectrum* v. 22, n. 2, Fev. 2002.

[10] D. Chapman, "Costs - The Cost of Poor Power Quality"; *Power quality application guide*, Version 0b; Copper Development Association (http://www.cda.org.uk); United Kingdom, November 2001.

[11] C. Patrão, J. Delgado, A. T. de Almeida, P. Fonseca, Power Quality Costs Estimation in Portuguese industry, *11th International conference on electrical power quality and utilization* (EPQU), 2011.

[12] S-A Yin; C-L Su; R-F Chang, Assessment of power quality cost for high-tech industry, *IEEE Power India Conference*, 2006.

[13] M. H. J. Bollen, "*Understanding power quality problems*". IEEE Press/John Wiley Interscience, 2000.

[14] R. C. Dugan, M. F. McGranaghan, S. Santoso, H. W. Beaty, *Electrical power systems quality*, 3rd ed. Nova York: McGraw-Hill, 2012.

[15] M. A. S. Masoum, E. F. Fuchs, *Power quality in power systems and electrical machines*, 2nd ed. Cambridge: Academic Press, 2015.

[16] N. Kagan, E. J. Robba, H. P. Schmidt, *Estimação de indicadores de qualidade da energia elétrica*. São Paulo: Blucher, 2009.

CAPÍTULO 2
Conceitos básicos em sistemas de energia elétrica

2.1. INTRODUÇÃO

Antes de abordar as questões relacionadas com qualidade da energia elétrica e as respectivas normatizações, é útil rever algumas definições de grandezas elétricas, das quais se fará uso ao longo do texto. Boa parte das dificuldades para se chegar a um consenso internacional sobre as normas aplicáveis se deve justamente às diferenças entre conceitos ou definições de algumas grandezas. Avanços no desenvolvimento de novas tecnologias de eletrônica de potência aplicadas ao controle de sistemas elétricos em todos os níveis têm exigido a atualização das normas e a criação de outras para acomodar os novos problemas associados com a aplicação dessas tecnologias.

Inicialmente são apresentadas algumas definições básicas que ajudam a esclarecer conceitos que têm suscitado discussões e dúvidas sobre sua aplicabilidade em condições não senoidais de tensões e/ou correntes. Outras definições complementares serão introduzidas à medida que forem utilizadas.

2.2. DEFINIÇÕES BÁSICAS

O **valor eficaz** ou **RMS** (*root mean square*) de uma função periódica $x(t)$ que, no contexto deste livro, pode ser tensão $v(t)$ ou corrente $i(t)$ alternada, é dado pela raiz quadrada do valor quadrático médio da função no **período** (T), ou seja:

$$X_{ef} = \sqrt{\frac{1}{T}\int_0^T x^2(t)\cdot dt} \quad (2.1)$$

Com relação a funções periódicas, definem-se também:

Valor de pico : - valor absoluto máximo instantâneo no período: $X_p = |x_{máx}(t)|$;

Componente contínua : - valor médio da função no período: $Xcc = \frac{1}{T}\int_0^T x(t)\cdot dt$.

Quando se trata de tensão ou corrente alternada senoidal (CA), o componente contínuo (CC) é nulo por princípio, ou seja, a média por período deve ser zero:

$$Xcc = \frac{1}{T}\int_0^T X_p \cdot cos\left(\frac{2\pi}{T}\cdot t\right)\cdot dt = 0$$

O valor eficaz da função periódica $x(t)$, amostrada uniformemente com N valores (x_i) contidos em um período T, é definido pela raiz quadrada do valor quadrático médio dessas N amostras, ou seja:

$$X_{ef} = \sqrt{\frac{1}{N}\sum_{i=1}^{N} x_i^2} \quad (2.2)$$

Para as funções periódicas mais comuns, os valores eficazes e de pico apresentam as seguintes relações:

Função senoidal: $X_{ef} = X_p/\sqrt{2}$

Função quadrada: $X_{ef} = X_p$

Funções periódicas sem componente CC podem conter h harmônicos e, nesse caso, o valor eficaz total, de acordo com o teorema de Parseval,[1] corresponde à raiz quadrada da soma quadrática dos valores eficazes de cada harmônico, ou seja:

$$X_{eftot} = \sqrt{X_1^2 + X_2^2 + X_3^2 \ldots X_h^2} \quad (2.3)$$

[1] Marc-Antoine Parseval des Chênes (1755-1836) foi um matemático francês que enunciou o teorema que leva seu nome em 1799.

2.3. CONSIDERAÇÕES SOBRE ANÁLISE FASORIAL EM QEE

A tradicional representação fasorial, que facilita a visualização gráfica e os métodos de cálculo de circuitos em corrente alternada senoidal, deve ser usada com cuidado quando se trata de analisar problemas de QEE. Isso porque essa técnica de representação dos parâmetros e variáveis por meio de grandezas complexas pressupõe excitação de frequência única e fixa e, além disso, que os parâmetros da rede sejam lineares e invariantes. No entanto, grande parte dos problemas de QEE está relacionada justamente com ondas distorcidas, não linearidades ou variações de parâmetros.

Em problemas de QEE é importante ter presente que se lida com situações em que a análise fasorial pode ser ou não aplicável. Em caso de dúvida é recomendado utilizar a análise temporal, com derivadas e integrais representando as relações entre tensões e correntes no caso de envolver indutâncias (campos magnéticos) e capacitâncias (campos elétricos). No caso de ser necessário levar em conta não linearidades como saturação, descontinuidade, efeito pelicular etc. pode ser necessário recorrer a linearizações em torno de um ponto de operação específico. É o caso, por exemplo, do cálculo do chamado fluxo de carga em redes elétricas.

Como será visto no Capítulo 3, item 3.2, as condições ideais de operação de um sistema de energia elétrica CA também atendem aos critérios de circuitos elétricos excitados por fontes senoidais com frequência e amplitude controladas, de modo que, em operação normal, é possível o uso das ferramentas da análise fasorial. Por essa razão faz-se uma breve revisão dos principais conceitos relacionados à representação fasorial. Um tratamento mais detalhado pode ser obtido em livros sobre circuitos de corrente alternada, como em [1].

2.3.1. REPRESENTAÇÃO FASORIAL E CONCEITO DE IMPEDÂNCIA

Sejam dadas funções senoidais (no caso cossenoidais) com frequência $f = 1/T$ para tensão $v = v(t)$ e corrente $i = i(t)$, respectivamente com amplitudes V_p, I_p e frequência angular $\omega = 2\pi f$, com a corrente atrasada de um ângulo φ em relação à tensão:

$$v = V_p \cdot cos(\omega t) \qquad \text{e} \qquad i = I_p \cdot cos(\omega t - \varphi) \tag{2.4}$$

Da fórmula de Euler[2] sabe-se que um número complexo **C** pode ser representado na forma polar ou retangular:

$$\mathbf{C} = A \cdot e^{j\theta} = A \cdot cos\theta + jA \cdot sen\theta \tag{2.5}$$

sendo as partes real (Re) e imaginária (Im) de **C** dadas por:

$$\text{Re}\left(A \cdot e^{j\theta}\right) = A \cdot cos\theta \qquad \text{e} \qquad \text{Im}\left(A \cdot e^{j\theta}\right) = A \cdot sen\theta$$

[2] Leonhard Euler (1707-1783), matemático suíço, publicou essa fórmula em artigo de 1748.

Com base na fórmula de Euler pode-se, portanto, expressar a tensão e a corrente, definidas em (2.4), como componentes de função complexa da seguinte forma:

$$v = \mathrm{Re}\left(V_p \cdot e^{j\omega t}\right) = \sqrt{2} \cdot \mathrm{Re}\left(\frac{V_p}{\sqrt{2}} \cdot e^{j\omega t}\right) \qquad \text{e}$$

$$i = \mathrm{Re}\left(I_p \cdot e^{j(\omega t - \varphi)}\right) = \sqrt{2} \cdot \mathrm{Re}\left(\frac{I_p}{\sqrt{2}} \cdot e^{-j\varphi} \cdot e^{j\omega t}\right) \tag{2.6}$$

A Figura 2.1 ilustra a representação temporal das funções dadas em (2.4). Em (2.6) o termo $e^{j\omega t}$ funciona como um vetor unitário girante com velocidade angular ω, os coeficientes $V_p/\sqrt{2}$ e $I_p/\sqrt{2}$ representam as magnitudes eficazes da tensão e da corrente, enquanto $e^{-j\varphi} = 1\angle -\varphi$ representa o ângulo de atraso da corrente em relação à tensão tomada como referência angular $e^{-j0} = 1\angle 0$. As grandezas complexas representando a magnitude e fase inicial do vetor girante são definidas, respectivamente, como fasores de tensão $\left(\boldsymbol{V} = \frac{V_p}{\sqrt{2}} \angle 0°\right)$ e de corrente $\left(\boldsymbol{I} = \frac{I_p}{\sqrt{2}} \angle -\varphi\right)$, representados no plano complexo da Figura 2.2.

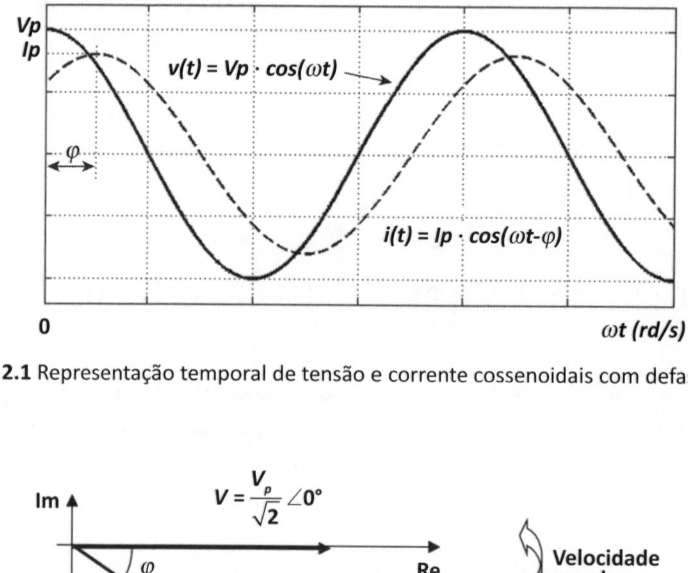

Figura 2.1 Representação temporal de tensão e corrente cossenoidais com defasagem φ.

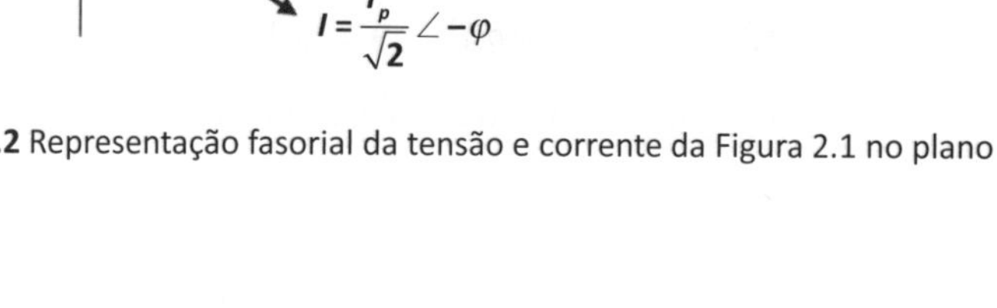

Figura 2.2 Representação fasorial da tensão e corrente da Figura 2.1 no plano complexo.

Ao escolher a fase zero como origem para a representação fasorial da tensão, está-se optando implicitamente pela função cossenoidal no domínio do tempo. Na representação fasorial, o comportamento cossenoidal (com frequência angular ω) fica incorporado ao operador girante $e^{j\omega t}$, que não aparece explicitamente no fasor. Em regime permanente, tudo se passa como se o diagrama fasorial girante tivesse sido "fotografado" no instante inicial. Variações de magnitude e/ou de fase, que ocorrem enquanto o operador gira, caracterizam o regime dinâmico do sistema, do qual fazem parte os distúrbios de QEE.

O item seguinte mostra que uma vantagem da abordagem fasorial é que todas as relações temporais entre tensões e correntes, como derivadas e integrais, se reduzem a operações de álgebra vetorial no plano complexo. Além disso, será mostrado que os parâmetros de circuito cujos comportamentos dependem da frequência, como as indutâncias (L) e capacitâncias (C), podem ser representados pelas suas reatâncias ($X_L = \omega L$ e $X_C = 1/\omega C$) na frequência dada. A resistência, que praticamente não depende da frequência, continua sendo representada pelo seu valor R. As combinações de resistências e reatâncias resultam em grandezas complexas chamadas impedâncias.

2.3.2. LEIS DE CIRCUITO USANDO ANÁLISE FASORIAL

As leis de circuitos podem ser estendidas para as variáveis complexas, resultantes da representação fasorial em regime permanente senoidal. Para os circuitos série *RL* ou *RC* em condições iniciais nulas, por exemplo, as relações temporais *v-i* são dadas, respectivamente, por:

$$v(t) = R \cdot i(t) + L \cdot \frac{di(t)}{dt} \text{ para circuito } RL,$$

$$v(t) = R \cdot i(t) + \frac{1}{C}\int i(t) \cdot dt \text{ para circuito } RC. \tag{2.7}$$

Sendo $i(t)$ uma função do tipo $cos(\omega t) = \text{Re}(e^{j\omega t})$, a derivada temporal na forma complexa resulta $j\omega \cdot \text{Re}(e^{j\omega t})$ e a integral dada é por $(1/j\omega) \cdot \text{Re}(e^{j\omega t})$. Portanto, as relações temporais (2.7), em termos fasoriais, são dadas, respectivamente, por:

$$\boldsymbol{V} = R \cdot \boldsymbol{I} + j\omega L \cdot \boldsymbol{I} = (R + j\omega L) \cdot \boldsymbol{I} \text{ para circuito } RL,$$

$$\boldsymbol{V} = R \cdot \boldsymbol{I} + \frac{1}{j\omega C} \cdot \boldsymbol{I} = \left(R - j\frac{1}{\omega C}\right) \cdot \boldsymbol{I} \text{ para circuito } RC. \tag{2.8}$$

Os coeficientes $j\omega$ e $1/j\omega$ indicam que houve operações de derivação e integração, respectivamente, sobre a função temporal relacionada à corrente (considerando ω constante). Isso evidencia a razão da análise fasorial ser válida apenas para ω constante.

Em (2.8) nota-se que a relação entre os fasores de tensão $\boldsymbol{V}$ e de corrente $\boldsymbol{I}$ corresponde a um número complexo e não a um fasor, designado como impedância do circuito. No caso dos circuitos *RL* e *RC* aparecem as grandezas $X_L = \omega L$ (reatância indutiva) e $X_C = 1/\omega C$ (reatância capacitiva), combinadas ortogonalmente com as resistências R por meio do operador imaginário $\pm j$, resultando as impedâncias $\boldsymbol{Z}_L$ e $\boldsymbol{Z}_C$, definidas em (2.9) e que podem ser representadas no plano de números complexos como ilustrado na Figura 2.3.

$$\boldsymbol{Z}_L = R + j\omega L = R + jX_L \quad \text{e} \quad \boldsymbol{Z}_C = R - j\frac{1}{\omega C} = R - jX_C \tag{2.9}$$

Na ausência de saturação magnética, a reatância indutiva X_L varia linearmente com a frequência e a indutância, enquanto a reatância capacitiva X_C varia inversamente com a frequência e a capacitância.

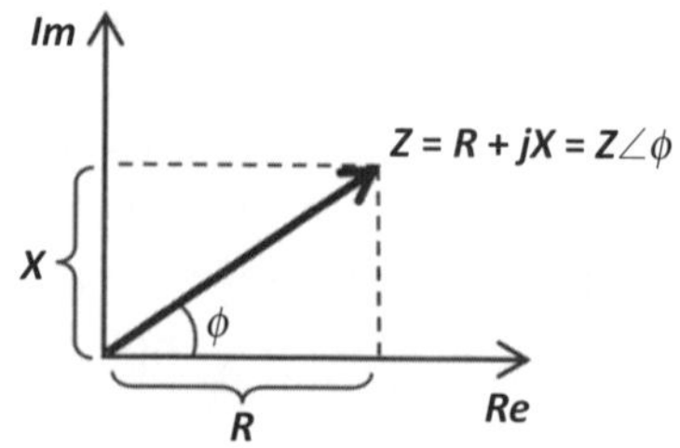

Figura 2.3 Representação de impedância no plano complexo.

A Figura 2.4 mostra circuitos em que uma fonte senoidal, com reatância série indutiva, alimenta diferentes tipos de carga: resistiva, indutiva e capacitiva. São mostradas também as respectivas representações fasoriais, com referência na tensão da fonte (*Vcos*). Considerando a mesma amplitude de corrente ($\boldsymbol{I}$) nas cargas, o impacto sobre a tensão dos terminais das cargas ($\boldsymbol{V}_{PAC}$) muda significativamente com o tipo de carga.

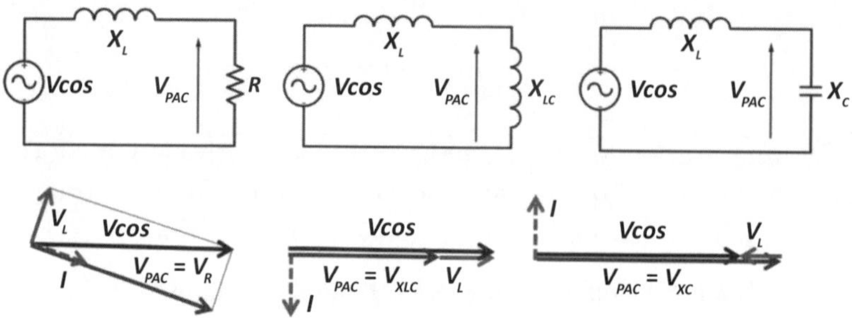

Figura 2.4 Cargas R, X_{LC} e X_C supridas através de um alimentador indutivo X_L e os respectivos diagramas fasoriais, considerando a mesma corrente eficaz.

A magnitude ou módulo da tensão $\boldsymbol{V}_{PAC}$ nos três casos é dada, respectivamente, por:

$$|\boldsymbol{V}_{PAC}| = \frac{R}{\sqrt{R^2 + X_L^2}} \cdot |\boldsymbol{V}cos|, \; |\boldsymbol{V}_{PAC}| = \frac{X_{LC}}{X_L + X_{LC}} \cdot |\boldsymbol{V}cos|, \; |\boldsymbol{V}_{PAC}| = \frac{X_C}{|X_L - X_C|} |\boldsymbol{V}cos| \tag{2.10}$$

Uma vez que o alimentador não apresenta perdas, pois sua resistência é nula, nota-se nos diagramas fasoriais da Figura 2.4 que apenas a carga resistiva introduz defasagem entre a tensão aplicada (*Vcos*) e a tensão na carga (V_{PAC}), que, por conta dessa defasagem, sofre pouca diminuição de valor eficaz. A carga indutiva (X_{LC}), por sua vez, promove uma redução significativa de V_{PAC}. Já na presença de uma carga capacitiva (X_C) a tensão no PAC resulta maior que a tensão aplicada. Esses efeitos podem ser verificados por meio de (2.10).

2.4. EQUIVALENTES DE THÉVENIN E DE NORTON DE UM SISTEMA ALIMENTADOR

Quando o objetivo da análise de um circuito se resume a identificar a corrente, a tensão ou a potência a jusante de um par de terminais, o teorema de Thévenin[3] indica que todo o circuito a montante pode ser reduzido a dois elementos: uma fonte de tensão e sua impedância série. O conjunto V_{th} e Z_{th} (Figura 2.5) é designado por equivalente de Thévenin do circuito. Vale relembrar que impedância é uma grandeza definida para uma dada frequência.

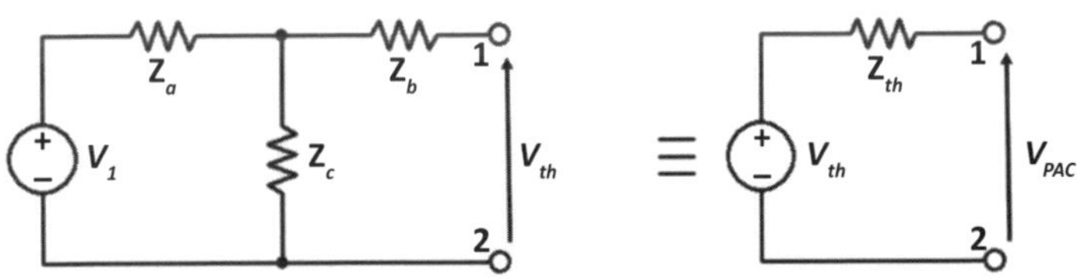

Figura 2.5 Equivalente de Thévenin de um circuito genérico.

Para o caso de fontes independentes, a tensão de Thévenin em um dado par de terminais é obtida para a condição de circuito aberto nesses terminais. Já para a obtenção da impedância, as fontes de tensão são curto-circuitadas, as fontes de corrente (se existirem) são abertas e se determina a impedância resultante, vista a partir do par de terminais. Assim, considerando o exemplo dado na Figura 2.5, obtém-se:

$$V_{th} = V_1 \cdot \frac{Z_c}{Z_a + Z_c} \quad \text{e} \quad Z_{th} = Z_b + \frac{Z_a Z_c}{Z_a + Z_c} \tag{2.11}$$

O equivalente Thévenin representa uma fonte não ideal ($Z_{th} \neq 0$) para uma carga conectada aos pontos 1 e 2, que configuram o ponto de acoplamento comum (PAC). A fonte de tensão V_{th}, por sua vez, é suposta ideal (senoidal no caso de redes CA), enquanto a impedância Z_{th} modela a queda de tensão de V_{PAC} quando a carga é conectada. Caso a carga produza uma corrente com diversos componentes espectrais, resultará

[3] Léon Charles Thévenin (1857-1926) foi um engenheiro telegrafista francês que estendeu a Lei de Ohm à análise de circuitos elétricos complexos.

um circuito equivalente para cada frequência, com o respectivo ajuste no valor das reatâncias. Nesse caso, deve-se analisar cada um desses circuitos com sua respectiva frequência de excitação e combinar os efeitos para se ter uma ideia do real impacto causado pela carga, especialmente sobre a tensão no PAC, a grandeza que todos os consumidores/cargas, conectados nesse ponto, compartilham. Uma vez que as cargas conectadas à rede de distribuição de energia são projetadas para serem alimentadas em tensão, compreende-se as preocupações com a qualidade da tensão suprida. Esta é, afinal, a grandeza a ser preservada, em todas as suas características (forma, amplitude e frequência). A diferença entre a tensão no PAC e na fonte ($\boldsymbol{V}_{th}$) se deve à queda em $\boldsymbol{Z}_{th}$, sendo dependente da corrente da carga. Para um dado limite dessa queda, o circuito é capaz de fornecer mais corrente à medida que a impedância interna se reduza, ou seja, o comportamento se aproxima de uma fonte ideal ($\boldsymbol{Z}_{th} = 0$), que consegue fornecer qualquer corrente sem alterar sua tensão terminal.

Em linhas de transmissão, o comportamento da impedância equivalente na frequência da rede depende tanto do comprimento dessa linha quanto do nível da tensão. Em linhas de até 100 km e tensão abaixo de 200 kV predomina o efeito indutivo série. Em linhas mais longas e de maior tensão predomina o efeito capacitivo derivação (*shunt*). Nas redes de distribuição, quanto mais baixo o nível de tensão, mais o comportamento tende a apresentar característica resistiva, embora, por conta da reatância de dispersão dos transformadores e da própria fiação, o efeito indutivo sempre esteja presente. Em baixas frequências e tensões os efeitos capacitivos dos campos elétricos, sobretudo nas linhas de distribuição, são normalmente desprezíveis. Em alimentadores CC, embora o comportamento resistivo seja o mais importante, em situações transitórias pode ser necessário analisar os comportamentos indutivo e capacitivo, para o que se torna necessário resolver as equações diferenciais que representam o circuito.

2.4.1. EQUIVALENTE NORTON

Embora praticamente todas as fontes de energia encontradas nos sistemas elétricos disponibilizem uma diferença de potencial para a alimentação das cargas, ou seja, representam fontes de tensão, em algumas situações pode ser conveniente representar um circuito, ou parte deste, como fontes de corrente, garantindo-se a equivalência dos circuitos. A representação pelo equivalente Norton é usual para cargas que absorvem corrente aproximadamente constante.

O teorema de Norton,[4] de modo análogo ao teorema de Thévenin, permite transformar circuitos lineares mais complexos em um equivalente simplificado, como

---

[4] Edward Lawry Norton (1898-1983) foi um engenheiro e cientista norte-americano que trabalhou no Bell Labs. O engenheiro alemão Hans Ferdinand Mayer publicou um resultado equivalente ao teorema de Norton, no mesmo ano (1926) e mês do memorando em que Norton o refere. Em alguns países é, por isso, conhecido por teorema de Mayer-Norton.

ilustra a Figura 2.6. A corrente equivalente, $\boldsymbol{I}_{no}$, é calculada como a que flui entre os terminais 1 e 2 quando estes são colocados em curto-circuito. A resistência (ou impedância, no caso CA) $\boldsymbol{Z}_{no}$ é obtida de modo análogo ao cálculo do equivalente Thévenin, isto é, abrindo as fontes de corrente e curto-circuitando as fontes de tensão, ou seja, $\boldsymbol{Z}_{th} = \boldsymbol{Z}_{no}$. No entanto, a sua conexão é paralela à fonte de corrente. Apesar de os equivalentes Thévenin e Norton serem considerados duais, não há equivalência no caso ideal, ou seja, com $\boldsymbol{Z}_{th} = \boldsymbol{Z}_{no} = 0$.

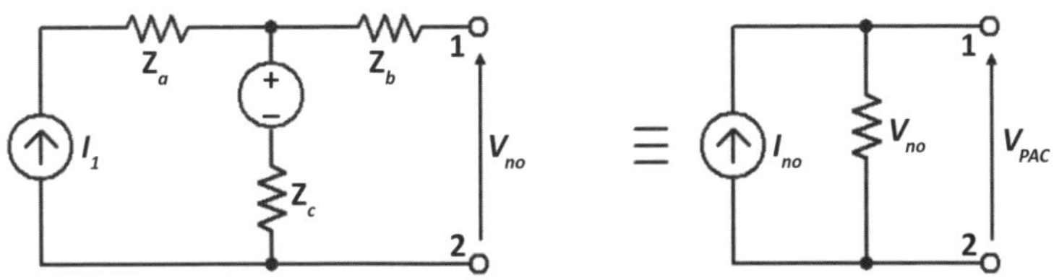

Figura 2.6 Equivalente de Norton de um circuito genérico.

2.5. CONCEITUAÇÃO DE FATOR DE POTÊNCIA

Este é um conceito que surge nos primórdios[5] da eletricidade [2] e cuja interpretação tem sido rediscutida [3] em virtude de novos cenários tecnológicos. Historicamente representa a relação entre a potência ativa (P), dada em Watt [W], e a potência aparente (S), dada em Volt-Ampère [VA], relacionadas com as tensões e correntes terminais de um dispositivo ou equipamento, independentemente das respectivas formas das ondas $v(t)$ e $i(t)$, desde que sejam ambas periódicas (com período T).

Em relação às instalações elétricas, de um modo mais amplo e próximo à conceituação atual, a grandeza Fator de Potência (FP) foi discutida em encontros históricos para as definições de grandezas elétricas, como o realizado em 1920 pelo American Institute of Electrical Engineer: AIEE Special Joint Committee, "*Power factor in polyphase circuits*" [4]. Alguns desses estudos encontram-se em Lyon [5] e Buchholz [6]. O conceito continua sendo muito usado, praticamente sem alteração de significado: "o fator de potência pode ser interpretado como a razão entre a potência ativa transmitida à carga e a máxima potência que poderia ser transmitida, mantidas as perdas na linha de alimentação". Essa relação é expressa na forma:

$$FP = \frac{P}{S} = \frac{\frac{1}{T}\int_0^T v(t) \cdot i(t) \cdot dt}{V_{ef} \cdot I_{ef}} \tag{2.12}$$

[5] Em maio de 1892, J. Fleming, em seu artigo "*Experimental Researches on Alternating Current Transformers*", publicado no *Journal IEE* (v. XXI, pp. 594-686), definiu pela primeira vez "fator de potência". Fleming afirmava que, se as correntes e tensões forem funções senoidais, então o fator de potência é cosseno do ângulo de defasagem entre corrente e diferença de potencial. A definição de Fleming era, para ele, apenas uma medida do desempenho do transformador em vazio.

A potência ativa, *P*, corresponde à média por período do produto da tensão pela corrente, observadas em determinado ponto da rede. A potência aparente, *S*, por sua vez, é definida como o produto dos respectivos valores eficazes de tensão e corrente. A definição anterior é facilmente aplicável em circuitos monofásicos ou em circuitos polifásicos equilibrados. Já em casos desequilibrados, a própria definição de valor eficaz se torna controvertida [7]. Essa discussão, no entanto, foge do escopo deste capítulo.

2.5.1. FATOR DE POTÊNCIA COM TENSÃO E CORRENTE SENOIDAIS

Apenas para formas de onda senoidais de tensão e de corrente, a relação (2.12) resulta igual ao cosseno da defasagem φ entre as ondas de tensão e de corrente. Nas redes de distribuição, principalmente no lado de baixa tensão, a forma senoidal é observada cada vez mais raramente, em especial para a corrente. Se a corrente não for senoidal, torna-se impossível a própria definição do ângulo de defasagem. Conclui-se que (2.13) não pode ser usada indiscriminadamente para identificar o fator de potência.

$$FP = cos\varphi \tag{2.13}$$

2.5.2. INTERPRETAÇÃO DO FATOR DE POTÊNCIA NA PRESENÇA DE HARMÔNICOS DE CORRENTE

Quando a tensão é senoidal e apenas a corrente apresenta componentes harmônicos, o *FP* pode ser expresso como:

$$FP = \frac{P_1}{S} = \frac{I_1}{I_{ef}} cos\varphi_1 \tag{2.14}$$

onde I_1 é o valor eficaz do componente fundamental da corrente e φ_1 é a defasagem entre este componente da corrente e a onda de tensão. Esse resultado decorre do fato de que, neste caso, a média por período do produto da tensão senoidal por cada um dos componentes harmônicos da corrente torna-se nula para todos os harmônicos exceto para a fundamental, resultando:

$$P = P_1 = V_1 \cdot I_1 \cdot cos\varphi_1 \tag{2.15}$$

Neste caso, portanto, o fator de potência pode ser expresso como a relação entre o valor eficaz do componente fundamental e o valor eficaz total de corrente, multiplicada pelo cosseno da defasagem entre a tensão e a fundamental da corrente. A relação entre as correntes em (2.14) é chamada de *fator de forma* da corrente e o termo em cosseno é chamado de *fator de deslocamento.*

O valor eficaz da corrente, por sua vez, também pode ser expresso em função dos componentes harmônicos:

$$I_{ef} = \sqrt{I_1^2 + \sum_{h=2}^{\infty} I_h^2} \tag{2.16}$$

Define-se a *Distorção Harmônica Total (DHT)*, em inglês *Total Harmonic Distortion (THD)*, como a relação entre o valor eficaz total dos componentes harmônicos e o da fundamental, no caso, de corrente:

$$DHT_i = \frac{\sqrt{\sum_{h=2}^{\infty} I_h^2}}{I_1} \tag{2.17}$$

de modo que o *FP* pode ser reescrito, combinando-se (2.13), (2.14) e (2.16), como:

$$FP = \frac{cos\varphi_1}{\sqrt{1 + DHT_i^2}} \tag{2.18}$$

Fica assim evidenciada a relação entre o *FP* e a distorção da corrente. Esse é um dos motivos de as normas internacionais limitarem os valores máximos das correntes harmônicas que um dispositivo ou equipamento pode impor à rede de alimentação. Em outras palavras, reduzir o nível de emissão harmônica da carga ajuda a melhorar o fator de potência da instalação.

2.5.3. FATOR DE POTÊNCIA NA PRESENÇA DE HARMÔNICOS DE CORRENTE E DE TENSÃO

Quando, além da corrente, também a tensão apresentar harmônicos, o valor médio por período, expresso no numerador de (2.12), inclui as potências ativas harmônicas que podem assumir valores positivos ou negativos, a depender da defasagem entre tensão e corrente de mesma ordem harmônica. Esse comportamento não aparece no cálculo da potência aparente, denominador de (2.12), uma vez que valores eficazes refletem o valor quadrático das funções (2.1). No que se refere às possíveis potências harmônicas negativas, o tema será abordado no Capítulo 3, item 3.8.

Como consequência, na presença de harmônicos, a simples análise do valor do fator de potência pode levar a conclusões equivocadas, no que diz respeito à possibilidade de aumentar o *FP* por meio de compensação reativa (indutiva ou capacitiva).

2.5.4. FATOR DE POTÊNCIA NO CONTEXTO DE GERAÇÃO DISTRIBUÍDA

Em seu conceito tradicional, *FP* procura representar o aproveitamento de um alimentador para a efetiva realização de trabalho na carga, em correspondência à potência ativa. O termo associado à potência aparente traz em seu cálculo, além da parcela ativa, também a contribuição de parcelas de potência que não realizam trabalho. Tradicionalmente, para circuitos senoidais e com cargas lineares, essa parcela adicional é denominada "potência reativa" Q, que se apresenta em quadratura com a potência ativa P. Assim a potência aparente seria obtida como uma soma complexa $S = P + jQ$, cuja magnitude vale:

$$S=\sqrt{P^2+Q^2} \tag{2.19}$$

Consequentemente, $FP=\dfrac{P}{\sqrt{P^2+Q^2}}$ e, em termos das respectivas energias:

$$FP=\frac{Ea}{\sqrt{Ea^2+Er^2}} \tag{2.20}$$

Note-se, no entanto, que (2.12) não utiliza a grandeza "potência reativa", a qual carece de uma definição consensual e consistente nas situações em que as formas de onda não sejam senoidais, que são cada vez mais comuns, especialmente em redes de distribuição em baixa tensão [8]. Para o caso trifásico, o cálculo pode ser ainda mais complexo, principalmente em redes desequilibradas e com distorção. Essa discussão, embora de grande relevância, está além dos objetivos deste texto, de modo que não será aprofundada. Sugere-se a leitura de referências que tratam de tais questões [9], [10] e [11].

É consensual que a potência ativa é uma grandeza conservativa (obedece ao princípio de conservação da energia) e corresponde ao valor médio da potência instantânea, calculado por período (T), como expresso no numerador de (2.12), ou seja:

$$P=\frac{1}{T}\int_0^T v(t)\cdot i(t)\cdot dt$$

Em situações vigentes até algumas décadas atrás, em que os consumidores conectados às redes de distribuição apenas absorviam energia suprida pela rede com corrente senoidal, essas definições de potência reativa e de fator de potência se mantiveram minimamente adequadas, também devido aos baixos níveis de harmônicos. Com a maior presença de equipamentos eletrônicos conectados na rede, mesmo nos níveis mais altos de tensões (por exemplo, conversores de HVDC), os níveis de distorção das correntes e, consequentemente, das tensões, começaram a aumentar de modo significativo. Além disso, com o aumento da disponibilidade de novas fontes de energia (eólica, solar) muitos consumidores também passaram a produzir potência ativa. Nesses casos, o uso do *FP* como uma figura de mérito (quanto mais perto do valor unitário, melhor) para calcular o custo da energia consumida pode, inclusive, penalizar indevidamente o consumidor que possui geração própria.

O órgão brasileiro regulador de redes de distribuição, ANEEL, define [12] o fator de potência como uma relação entre potências (ou energias) ativa e reativa, conforme (2.20). No entanto, não especifica como tal grandeza (energia ou potência reativa) deve ser medida, o que é um grande problema para formas de onda não senoidais e em casos de desequilíbrio. A ANEEL define energia elétrica reativa como "aquela que circula entre os diversos campos elétricos e magnéticos de um sistema de corrente alternada, sem produzir trabalho, sendo expressa em quilo-volt-ampère-reativo-hora (kVArh)" [13]. Essa definição, na verdade, reproduz a maneira como se faz (ou fazia) a estimativa do fator de potência a partir de registradores eletromecânicos de energia. Antes do advento dos medidores eletrônicos digitais, o registro da energia elétrica era exclusivamente feito por arranjos eletromecânicos associados a dispositivos de relojoaria que associavam à rotação de um eixo a integração temporal das grandezas potência ativa e potência reativa, resultando em valores de energia ativa e energia reativa. A partir de tais valores estima-se o *FP*, de acordo com a definição da ANEEL. Com o uso de medidores e registradores digitais, o cálculo pode ser feito diretamente com os valores eficazes de tensão e corrente, determinando a potência aparente, sem ter que recorrer ao uso de potência ou energia reativa.

Ao utilizar as definições tradicionais de energia e/ou potência reativa, todos os componentes espectrais da corrente que não possuam os respectivos harmônicos na tensão são consideradas indistintamente. Esse é um procedimento incerto, devido ao cancelamento mútuo entre parcelas positivas e negativas. Isso indica que o conceito de energia reativa tradicional deve ser revisto no contexto das discussões das novas teorias de potência elétrica. Vale notar que se trata de um padrão aplicável a redes de distribuição, inclusive de baixa tensão, na qual, sabidamente, há forte distorção na corrente, além de desequilíbrios expressivos entre as fases.

Considere-se o cenário em que seja significativa a presença de geração distribuída na rede de distribuição, junto às unidades consumidoras. Normativas para os sistemas de baixa potência podem permitir [14] que o conversor CC-CA que conecta a fonte primária (por exemplo, um conjunto de painéis fotovoltaicos) opere com elevado fator de potência. Por facilidade de implementação, os fabricantes realizam tais equipamentos com fator de potência próximo da unidade. Pela maneira de determinação do *FP* da unidade consumidora estabelecida no PRODIST, a produção local de potência ativa leva à redução do *FP*, podendo, portanto, incidir em penalização ao consumidor (caso do exemplo seguinte). Após muitas discussões, a ANEEL vetou a aplicação de tal penalização aos consumidores conectados em baixa tensão [15]. A questão de fundo, no entanto, é a própria definição do *FP* e sua aplicação como um indicador efetivo das condições de operação de uma unidade consumidora que possua geração própria.

Do ponto de vista da rede, as legislações de QEE focalizam a preservação da qualidade da tensão de suprimento. Esta é afetada pela circulação de corrente associada à parcela de potência reativa, que leva à variação do valor eficaz da tensão. Esse efeito indesejado, no entanto, relaciona-se ao valor absoluto de corrente reativa, uma vez que a variação aceitável da tensão é expressa em relação a valores absolutos.[6] Ou seja, eventuais restrições relativas ao consumo de energia elétrica poderiam ser aplicadas a partir de algum valor absoluto máximo, e não de uma grandeza relativa, como é o *FP*. Como muitos códigos de distribuição determinam penalidades para uma excessiva demanda de reativos [16], [17], [18] e esse "excesso" é determinado a partir de valores indicativos de *FP* ou de potência reativa, é preciso redefinir o método de cálculo.

Um exemplo simples de como os atuais procedimentos de quantificação do fator de potência são inadequados no cenário de geração distribuída pode ser analisado a partir da Figura 2.7. O circuito inclui carga linear (RL) e carga não linear (retificador), além de uma fonte de corrente senoidal, i_s, que representa o gerador local, operando com injeção de corrente, sob fator de potência unitário. Na figura, a forma da tensão no PAC é apenas indicativa (não está em escala) para efeitos de comparação de fase e de forma de onda.

Sem o gerador local (i_s), o *FP* visto pela rede é de 0,9 e cai para 0,4 com a entrada da geração local em 100 ms, devido à redução da potência ativa entregue pela rede. Observa-se que a corrente senoidal do gerador tem fase oposta à da tensão da rede (fornecendo potência). Com isso, diminui o componente fundamental da corrente da rede (i_G) e, como não há alteração nos harmônicos da corrente da carga, a Distorção Harmônica Total (DHT_I) vista pela rede aumenta de 40% para 180% apenas porque diminuiu a corrente entregue pela rede. Ressalta-se que, mesmo com a deterioração de ambos os indicadores (*FP* e DHT_I), não há prejuízo para a tensão no PAC, uma vez que os valores absolutos da corrente, associados aos componentes harmônicos e à potência reativa, continuam os mesmos. Supondo que seja possível o gerador local (fonte i_s) injetar potência reativa (calculada na frequência fundamental e em conformidade com a demanda da carga), haverá uma melhoria no *FP*. Além disso, é possível também compensar localmente os harmônicos da corrente da carga; seria atingido um *FP* unitário *visto* pela rede.

6 Mesmo quando expresso como um percentual, sendo a base em geral a tensão nominal da rede, existe uma faixa de valores absolutos de tensão a ser respeitada.

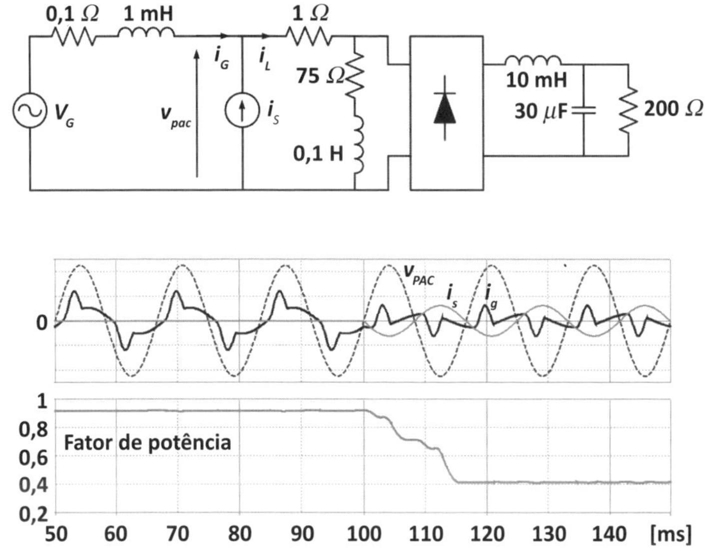

Figura 2.7 Circuito de teste (acima), formas de onda e valores resultantes do *FP* no PAC (abaixo).

Esse exemplo simples mostra a necessidade da adequação das normas referentes ao Fator de Potência. Mostra também que a definição de *FP* como a relação (2.12) entre potência ativa e potência aparente é consistente, diferentemente de definições que fazem uso da potência (ou energia) reativa. Além disso, por ser um fator relativo, uma queda nesse indicador pode ser devida a uma redução no numerador, a um aumento no denominador ou a uma combinação de ambos. Assim, a simples redução do valor do fator de potência não necessariamente indica uma degradação nas condições da rede, como vemos no exemplo da presença de uma geração local de energia. O exemplo também mostra que, ao se ampliar o uso das potencialidades dos conversores eletrônicos de potência associados aos dispositivos de geração distribuída, ampliando as suas funcionalidades (os chamados serviços ancilares), pode-se colaborar com a melhoria da qualidade da energia elétrica.

2.6. REPRESENTAÇÃO DE GRANDEZAS ELÉTRICAS POR UNIDADE

Em um sistema elétrico, operando em condições senoidais normais, as variáveis básicas em cada ponto de conexão são: tensão, corrente, potência ativa e reativa. Destas quatro, apenas duas são independentes. A representação "por unidade" (pu) [19] das variáveis desse sistema consiste na escolha de duas grandezas para servir de base para normalização de todas. Usualmente escolhe-se a tensão nominal e a potência aparente nominal como grandezas de base: $V_b = V_n$ e $S_b = S_n$. No caso trifásico, a tensão nominal corresponde à tensão de linha e a potência nominal é a trifásica.

Feita a escolha das bases, normalizam-se os valores das demais variáveis e constantes (expressas no Sistema Internacional de unidades, SI) pelas suas relações com os valores de base predefinidos. Desse modo, uma grandeza G qualquer, cujo valor de base seja G_b, tem seu valor em pu dado por $G_{pu} = G/G_b$. Uma grandeza que guarda relação com as duas grandezas de base tem seu próprio valor de base calculado em função dessas bases iniciais. Isso também vale para as impedâncias. Uma vez expressos todos os parâmetros e grandezas do sistema em valores pu, os cálculos das variáveis dependentes são realizados em valores pu e os resultados podem ser convertidos para o SI pelas relações inversas do tipo $G = G_{pu} \cdot G_b$, ou seja, multiplicando o valor em pu pelo(s) respectivo(s) valor(es) de base.

Em um grande sistema, composto de diferentes níveis de tensão conectados por meio de transformadores, é necessário escolher tensões de base para cada uma das zonas com tensões nominais definidas pelos transformadores. Dessa forma haverá duas bases de tensão para o transformador (primário/secundário), porém, apenas uma base de potência. A base de potência é única para todo o circuito e, no caso trifásico, corresponde à potência aparente total S_b. As bases de tensão são as próprias tensões nominais de linha V_{bp} e V_{bs} de cada lado do transformador. Com essa escolha, a relação de transformação, em pu, resulta 1:1 e as bases de impedância e corrente resultarão diferentes em cada zona, já que dependem das bases de tensão escolhidas:

$$Z_b = \frac{V_b^2}{S_b} \quad e \quad I_b = \frac{S_b}{V_b\sqrt{3}} \tag{2.21}$$

A partir das bases trifásicas obtém-se a base de potência por fase ($S_b/3$) e de tensão de fase ($V_b/\sqrt{3}$). Os cálculos em pu das potências ativa e reativa utilizam a respectiva base comum de potência aparente. Diversas são as vantagens de usar grandezas expressas em pu para a análise de sistemas de energia elétrica, entre elas:

1) O fato de as zonas do sistema com diferentes níveis de tensão estarem conectadas por meio de transformadores com relação 1:1 em pu permite interpretar mais facilmente o impacto das variações de cada grandeza ao longo da rede. Por exemplo: tensão de 1,05 pu representa uma sobretensão de 5% em relação à respectiva tensão de base, seja no nível da transmissão (alta), geração (média) ou distribuição (média e baixa). Isso porque, em pu, todas as tensões na rede assumem valores próximos de 1 pu nas diferentes condições de operação.

2) Em um sistema trifásico os equipamentos normalmente estão conectados em Y ou Δ. Com a escolha de valores de base resultam impedâncias em pu iguais para as duas formas de conexão, pelo fato de que $Z_{b\Delta} = 3 \cdot Z_{bY}$, facilitando muito a análise por fase.

3) Pelo fato de a relação do transformador em pu ser 1:1, a sua representação como elemento de conexão se reduz a uma simples impedância série por fase (desprezando a corrente de magnetização que implicaria uma impedância em derivação). Ou seja, o circuito, em pu, que representa o sistema de potência

com diferentes níveis de tensão pode ser analisado como um circuito elétrico comum, explicitando apenas a defasagem introduzida pelo transformador, seja por ser defasador ou pela forma da sua conexão.

No caso trifásico desequilibrado, as análises em pu devem ser feitas usando componentes simétricos ou de Fortescue,[7] calculados como no caso de grandezas normais. No caso de haver harmônicos, os elementos reativos (X_L e X_C) devem ser corrigidos correspondentemente pela relação ω_h / ω_1, gerando um circuito para cada frequência ω_h que se deseja analisar.

2.7. RESUMO

Neste capítulo foi feita uma revisão das principais definições de grandezas elétricas usadas para quantificar tensões e correntes alternadas, bem como das leis fundamentais para a análise de circuitos lineares e sistemas de corrente alternada em regime senoidal permanente. Foram abordadas as bases da análise fasorial, dos equivalentes Thévenin e Norton. Foram discutidas as limitações do conceito de fator de potência, especialmente no caso de problemas relacionados com distorções harmônicas. Também foi apresentado um breve resumo das vantagens de se utilizar o sistema por unidade (pu) para a análise de sistemas elétricos com diferentes níveis de tensão.

QUESTÕES

1) Quais propriedades mantêm vantajoso, ainda hoje, preservar a forma senoidal para tensões e correntes em sistema de energia elétrica?
2) Por que é importante na operação de SEE que o valor médio das formas alternadas seja nulo?
3) O valor eficaz tornou-se uma grandeza da maior importância na quantificação da magnitude de uma onda periódica. Explique a razão disso.
4) Quais são as limitações ao uso de representação fasorial? Quais são as vantagens de sua utilização?
5) Quais são as vantagens de se usar valores por unidade em lugar dos próprios valores de cada grandeza?

---

7 Em 1918, C. L. Fortescue escreveu o artigo "*Method of Symmetrical Coordinates Applied to the Solution of Polyphase Networks*", que descreve como tensões (ou correntes) de três fases desequilibradas podem ser transformadas em três sistemas trifásicos independentes. Ele designou esse conjunto de "componentes simétricos", demonstrando que problemas de sistemas desequilibrados podem ser resolvidos pela resolução de dois sistemas equilibrados (de sequências positiva e negativa) mais um de sequência zero.

6) Quais são as condições para que um circuito elétrico possa ser representado por um equivalente Thévenin ou equivalente Norton?

7) Demonstre que a raiz quadrada da expressão da potência dissipada em uma resistência unitária corresponde ao valor eficaz da tensão aplicada ou da corrente na resistência. Essa equivalência continua valendo na presença de harmônicos?

8) Por que as concessionárias tendem a exigir das unidades consumidoras um fator de potência próximo da unidade?

9) Explique de que maneira a presença de harmônicos de corrente piora o fator de potência.

10) Comente alguns motivos de questionamentos em torno da definição de fator de potência como indicador de comportamento de uma unidade consumidora.

REFERÊNCIAS

[1] G. Barreto, C. A. de Castro Junior, C. A. F. Murari, F. Sato, *Circuitos de corrente alternada*. São Paulo: Oficina de Textos, 2021.

[2] H. Kirkham, D.R. White, A. Riepnieks, "Power factor revisited", In *IEEE International Instrumentation and Measurement Conference* (I2MTC 2020), May 25-28, 2020, Dubrovnik, Croatia.

[3] A. E. Emanuel, "Summary of IEEE Standard 1459: definitions for the measurement of electric power quantities under sinusoidal, nonsinusoidal, balanced, or unbalanced conditions", *IEEE Transactions on Industry Applications,* v. 40, n. 3, May/June 2004, pp. 869-876.

[4] AIEE Special Joint Committee, "Power factor in polyphase circuits," *AIEE Transactions,* v. 39, pp. 1449-1520, 1920.

[5] W. V. Lyon, "Discussion of 'Power factor in polyphase circuits'," *AIEE Transactions,* v. 39, p. 1515-20, 1920.

[6] F. Buchholz, "*Die drehstrom-scheinleistung bei ungleichmassiger belastung der drei zweige*", *Licht und Kraft,* n. 2, pp. 9-11, Jan. 1922.

[7] IEEE, *Standard definitions for the measurement of electric power quantities under sinusoidal, non sinusoidal, balanced, or unbalanced conditions,* IEEE Std 1459, IEEE Press, 2010.

[8] J. A. Pomilio, J. P. Bonaldo, H. K. Morales-Paredes, P. Tenti, "About power factor and THDi in the smart micro-grid scenario", *13th Brazilian power electronics conference and 1st southern power Electronics Conference – IEEE-SPEC,* Fortaleza, 2015.

[9] P. Tenti, A. Costabeber, P. Mattavelli, F. P. Marafão, H. K. Morales-Paredes, "Load characterization and revenue metering under non-sinusoidal and asymmetrical operation", *IEEE Trans. on Instrumentation and Measurement,* 63 (2), 422-431, 2014.

[10] E. H. Watanabe, H. Akagi, M. Aredes, "Instantaneous p-q power theory for compensating nonsinusoidal systems", *Przegląd Elektrotechniczny (Electrical Review),* v. 84, n. 6, pp. 28-37, 2008.

[11] M. Depenbrock, "The FBD-Method, a generally applicable tool for analyzing power relations", *IEEE Trans. on Power Systems*, v. 8, n. 2, pp. 381-387, May 1993.

[12] Agência Nacional de Energia Elétrica - ANEEL, *Procedimentos de Distribuição de Energia Elétrica no Sistema Elétrico Nacional - PRODIST, Módulo 8 - Qualidade da Energia Elétrica*, Revisão 12, vigente a partir de 01/01/2021.

[13] Agência Nacional de Energia Elétrica - ANEEL, Resolução Normativa ANEEL n. 1.000, de 7 de dezembro de 2021.

[14] CPFL Energia, *Conexão de micro e minigeração distribuída sob sistema de compensação de energia elétrica*, 2012.

[15] Agência Nacional de Energia Elétrica - ANEEL, *Resolução Normativa n. 569*, de 23 jul. 2013.

[16] Essential Service Commission, *Electricity Distribution Code - Version 6*, Austrália, Janeiro de 2011.

[17] Pacific Power & Light Company, *Schedule n. A-32, General Service 20 kW and Over*, Oregon, USA, Junho de 2015.

[18] France, *Decision du 5 Juin 2009 relative aux tarifs des réseaux publics de transport et de distribution d'électricité*, Paris, Junho de 2009, disponível em: https://www.legifrance.gouv.fr/eli/decision/2009/6/5/DEVE0911965S/jo/texte. Acesso em: 7 mar. 2023.

[19] C. A. Gross, *Power systems analysis*. New York: John Wiley & Sons, 1979.

CAPÍTULO 3

Caracterização de distúrbios e normas aplicáveis

3.1. INTRODUÇÃO

Os problemas relacionados com QEE normalmente se manifestam quando um equipamento alimentado pela rede elétrica deixa de funcionar como deveria, sem que tenha ocorrido um defeito interno. Para identificar os distúrbios que afetam a QEE, convém verificar as condições ideais de operação de um sistema elétrico. Independentemente das normas, é possível estabelecer princípios para avaliar a QEE, comparando as condições reais de operação com as características de um sistema ideal, estabelecendo uma escala quantitativa e classificatória para os desvios.

Do ponto de vista estritamente elétrico, pode-se afirmar que os problemas são decorrentes do fato de as tensões supridas não serem absolutamente reguladas ou, em outras palavras, devidos às não idealidades do sistema alimentador, que não é capaz de operar como uma fonte ideal de tensão. Esse comportamento decorre, em primeira análise, de uma impedância equivalente associada à fonte de tensão que supre o sistema elétrico ou uma carga em particular.

Do ponto de vista da modelagem básica de um circuito elétrico, normalmente é suficiente basear a análise em conceitos tão simples quanto a lei de Ohm,[1] as leis de

---

[1] Georg Simon Ohm (1789-1854) foi um físico e matemático alemão. Ohm desenvolveu a primeira teoria matemática da condução elétrica nos circuitos. Este trabalho não recebeu reconhecimento imediato, tendo a lei de Ohm permanecido desconhecida até 1841.

Kirchhoff,[2] as equações que relacionam tensão e corrente em resistores, indutores e capacitores, além dos teoremas de Thévenin e de Norton. Portanto, é recomendável que essas leis básicas de circuitos elétricos, tanto no domínio do tempo como no domínio da frequência (fasores), sejam de pleno conhecimento de quem pretende se aprofundar no estudo de temas ligados à QEE. A princípio, esse enfoque não leva em conta, diretamente, fenômenos eletromagnéticos associados à presença de campos eletromagnéticos e suas interações com o circuito. Essa área é mais bem analisada em termos de compatibilidade, interferência e suscetibilidade eletromagnética, temas que serão brevemente analisados à luz de normas internacionais em capítulos posteriores.

É importante ter em conta que o estudo de um circuito no domínio da frequência (baseado em fasores e análise espectral) somente permite que sejam tiradas conclusões no domínio do tempo em situações de regime senoidal permanente ou quase permanente. Situações transitórias só podem ser analisadas utilizando uma descrição do circuito no domínio do tempo, ou seja, a partir das equações diferenciais que descrevem os comportamentos indutivos e capacitivos porventura presentes no circuito. Pela mesma razão deve-se lembrar que o conceito de impedância somente se aplica para uma frequência específica. Caso a carga produza corrente com diversos componentes espectrais não transitórios, haverá um circuito equivalente para cada frequência, com necessários ajustes nos valores das respectivas impedâncias.

Conforme já comentado, o que todos os consumidores e cargas conectados a um mesmo PAC compartilham é a tensão, de modo que esta é a grandeza elétrica a ser preservada, em todas suas características (forma, amplitude e frequência). Daí porque, às vezes, se encontra a expressão "qualidade da tensão suprida". A diferença entre a tensão da fonte de alimentação e a tensão no PAC se deve à queda de tensão ao longo do alimentador, provocada pela circulação da corrente. Essa queda, normalmente menor que 5%, depende tanto da corrente demandada pela carga como das características do circuito entre a fonte e o ponto de conexão. Quanto menor a "impedância" desse circuito, menor a queda de tensão para atender a uma mesma carga. Em outras palavras, quanto melhor for a regulação da tensão suprida, tanto maior será o nível ou potência de curto-circuito no PAC, expresso como S_{CC}. A potência de curto-circuito em um ponto da rede muitas vezes é usada como estimativa do limite máximo de suprimento desse ponto para uma dada queda de tensão.

Quando a carga produz corrente não senoidal ou variável, a queda de tensão no alimentador se torna distorcida ou apresenta variações. Começam aí os problemas de QEE, devido aos efeitos resultantes na tensão no PAC, que também se torna distorcida e variável. Consequentemente podem surgir problemas operacionais para as cargas.

[2] Gustav Robert Kirchhoff (1824-1887) foi um físico alemão, autor de leis fundamentais da teoria clássica dos circuitos elétricos.

3.2. CONDIÇÕES IDEAIS DE OPERAÇÃO DE UM SISTEMA ELÉTRICO

Um sistema elétrico CA trifásico ideal deve satisfazer às seguintes condições de operação em regime permanente [1]:

1) Tensões e correntes alternadas, com formas senoidais;
2) Amplitudes constantes, nos valores nominais;
3) Frequência constante, no valor síncrono;
4) Tensões trifásicas equilibradas;
5) Fator de potência unitário nas cargas;
6) Perdas mínimas na transmissão e distribuição.

Essas condições garantem que o sistema atenderá adequadamente a qualquer carga prevista para operar com corrente alternada na frequência nominal e com mínimas perdas na transmissão da energia. Existem razões técnicas e econômicas para justificar essas condições.

3.2.1. FORMA SENOIDAL

A função senoidal é caracterizada por uma única frequência, permitindo toda formulação dos conceitos de impedância, reatância e análise fasorial. As operações matemáticas de derivação e integração de uma função senoidal produzem apenas mudança de amplitude e deslocamento de fase, mantendo a forma de onda senoidal e, portanto, sem alterar o conteúdo espectral. Essas são propriedades decisivas para escolher a forma senoidal para operação de sistemas elétricos interligados. Como exemplo, considere as equações a seguir, que relacionam tensões com fluxo magnético variável em condições de regime normal, como ocorre em transformadores e motores:

$$e(t) = \frac{d\phi(t)}{dt} \tag{3.1}$$

$$\phi(t) = \int e(t) \cdot dt \tag{3.2}$$

Nestas equações, $\phi(t)$ representa o fluxo magnético variando em uma região envolvida por um condutor elétrico e $e(t)$ representa a diferença de potencial elétrico resultante nos terminais do condutor. Pela relação (3.1) percebe-se que para obter uma tensão senoidal é preciso que o fluxo magnético envolvido (enlaçado) pelo(s) condutor(es) varie de modo senoidal. Nos geradores síncronos isso é obtido combinando a forma de espraiamento do campo magnético produzido nos polos do rotor com a distribuição das espiras do enrolamento induzido em ranhuras ao longo do estator. Assim, quando o rotor gira (por ação de uma máquina primária), resulta um campo magnético girante que varia senoidalmente no conjunto de bobinas do estator que compõe cada uma das três fases, no caso trifásico. Dessa forma, nas máquinas elétricas de maiores dimensões, a forma da tensão é praticamente senoidal (sem harmônicos). Em máquinas menores, a tensão gerada pode não ser perfeitamente senoidal; porém, mesmo nesses casos, a distorção resultante deve ficar abaixo dos limites prescritos pelas normas.

Já no caso de geração fotovoltaica e em algumas topologias de geração eólica, a obtenção de tensão senoidal de frequência fixa (50/60 Hz) requer conversores eletrônicos, que sintetizam a forma senoidal por meio de chaveamento de uma tensão CC obtida a partir da fonte primária. A mitigação dos componentes espectrais devidas às comutações em alta frequência do conversor é obtida por filtros passa-baixas que permitem fornecer a tensão senoidal na frequência fundamental e garantem uma forte atenuação dos componentes de frequência elevada.

A exigência de uma forma senoidal pode não ser necessária, a depender da aplicação. Por exemplo, a tensão de saída de um alternador automotivo assume forma trapezoidal, uma vez que isso permite minimizar o volume do alternador e, adicionalmente, produzir uma forma de tensão alternada achatada que produz uma tensão retificada praticamente sem ondulação (*ripple*), mais eficiente para a carga da bateria, que é a destinação final da energia produzida pelo alternador.

Grande parte das tecnologias do sistema elétrico, utilizadas majoritariamente até hoje, foi desenvolvida em épocas em que não existiam computadores, e toda atividade de projeto e análise dependia de soluções de fácil tratamento numérico, daí a importância do conhecimento das técnicas e conceitos utilizados, em especial os fasores e as impedâncias que são aplicáveis exclusivamente a formas senoidais de tensão e de corrente.

Dado que nos sistemas de potência prevalece a geração com forma de onda senoidal, a manutenção do padrão de qualidade da tensão suprida passa pela preservação das características senoidais. Para expressar matematicamente essa forma de onda associada a uma tensão, considere:

$$e(t) = A \cdot cos(2\pi ft + \varphi) \tag{3.3}$$

onde A é a amplitude da onda (em Volt ou pu); f a frequência da onda (em Hz); $2\pi f = \omega$ (em rad/s) representa a frequência angular e φ (em rad) corresponde ao ângulo de fase relativo à referência angular.

3.2.2. AMPLITUDE CONSTANTE

Amplitude constante da tensão garante o nível de potência desejado para cargas passivas de impedância constante. No entanto, para manter constante a amplitude da tensão no ponto de alimentação, independentemente de a carga variar, é necessário dispor de recursos de controle da tensão ao longo do sistema: nos geradores (síncronos) a amplitude da tensão terminal é controlada através do campo de excitação. Em transformadores reguladores, o nível de tensão é controlado através da troca de derivações.

Em outros pontos da rede, a tensão pode ser regulada através de bancos de capacitores ou por dispositivos controlados eletronicamente, os chamados compensadores estáticos de reativos, que controlam a absorção/injeção de corrente indutiva/capacitiva, em função dos desvios de tensão do valor nominal ou contratado.

3.2.3. FREQUÊNCIA CONSTANTE

A frequência constante permite manter o sincronismo entre os diferentes geradores por meio de um sistema de controle descentralizado da geração, baseado no equilíbrio dinâmico entre a potência gerada e a potência solicitada pelas cargas, que podem ser ligadas ou desligadas livremente pelo consumidor ao longo do tempo. A necessidade desse controle contínuo da geração em função da demanda variável decorre da dificuldade de armazenamento da energia elétrica em larga escala. Isso evidentemente complica o atendimento durante emergências. Desequilíbrios temporários entre a geração e a demanda acarretam variações da velocidade das turbinas e dos geradores, que, por princípio, precisam operar em sincronismo. Por essa razão os desvios de frequência são utilizados como indicador de erro de geração, para verificar se a potência gerada atende ou não à carga demandada a cada instante.

Redução da frequência em relação à síncrona acusa geração insuficiente; aumento da frequência indica excesso de geração. Uma vez que os grandes geradores conectados à rede operam em sincronismo, independentemente da distância geográfica entre elas, as suas capacidades de absorção das cargas se somam na proporção das inércias das respectivas máquinas. Com isso, além de as variações da frequência serem relativamente pequenas, as constantes de tempo envolvidas no controle da geração tornam-se elevadas. Consequentemente, o controle da frequência em um sistema de geração predominantemente hidráulica, como no caso brasileiro, é naturalmente lento e gradual, de modo que o consumidor comum quase não é afetado pelas variações da frequência.

Porém, com a entrada cada vez maior de geração eólica e solar, cujas energias são processadas por conversores eletrônicos antes de serem injetadas na rede, esse paradigma está mudando. Tais conversores não apresentam, inerentemente, uma quantidade significativa de energia armazenada capaz de estabilizar a frequência. Essa é também uma situação típica das chamadas microrredes em operação ilhada, ou seja, desconectadas da rede principal. Como exemplo, variações maiores da frequência podem ocorrer em sistemas alimentados por grupos geradores, movidos a diesel. A pequena inércia desses sistemas leva a variações de velocidade (frequência) relevantes, exigindo uma atuação rápida do controlador da máquina primária, a fim de restabelecer o equilíbrio entre a potência gerada e a consumida. Em redes maiores, as variações de frequência têm sido utilizadas para identificar o ilhamento de partes da rede principal. Esse assunto, relacionado com as chamadas redes inteligentes, certamente pertence à área de QEE e ainda está sendo gestado; por isso, não será aprofundado neste livro.

No que se refere à legislação sobre variação da frequência da rede, de acordo com o PRODIST, o sistema de distribuição e as instalações de geração conectadas a ele devem operar dentro dos limites situados entre 59,9 Hz e 60,1 Hz em condições normais de regime permanente. Em casos transitórios, as instalações de geração conectadas ao sistema de distribuição devem garantir que a frequência retorne para a faixa de 59,5 Hz a 60,5 Hz no prazo de 30 segundos após sair dessa faixa, para permitir a recuperação do equilíbrio carga-geração. Havendo necessidade de corte de geração ou de carga para permitir a recuperação do equilíbrio carga-geração, durante os distúrbios no sistema de distribuição, a frequência:

a) não pode exceder 66 Hz ou ser inferior a 56,5 Hz em condições extremas;

b) pode permanecer acima de 62 Hz por até 30 s e acima de 63,5 Hz por no máximo 10 s;

c) pode permanecer abaixo de 58,5 Hz por no máximo 10 segundos e abaixo de 57,5 Hz por no máximo 5 segundos.

A observância dessas regras relativas ao controle da frequência também é de responsabilidade dos agentes geradores ou autogeradores e não dos consumidores.

3.2.4. FASES EQUILIBRADAS

Em sistemas trifásicos, além da forma de onda, amplitude e frequência constantes é necessário garantir que a potência se distribua igualmente entre as três fases. Para que isso ocorra é preciso que o sistema seja equilibrado, ou seja, que atenda às seguintes condições:

a) os elementos em cada fase devem ter as mesmas características elétricas e magnéticas;

b) as tensões em cada fase devem apresentar amplitudes e defasagens iguais entre si.

A condição a) prevê que os parâmetros (impedâncias) dos circuitos de cada fase sejam similares. A condição b) é satisfeita se as tensões trifásicas forem dadas, por exemplo, na seguinte forma:

$$
\begin{aligned}
v_a(t) &= A \cdot cos(\omega t) \\
v_b(t) &= A \cdot cos\left(\omega t - \frac{2\pi}{3}\right) \\
v_c(t) &= A \cdot cos\left(\omega t - \frac{4\pi}{3}\right)
\end{aligned}
\qquad (3.4)
$$

Usando notação fasorial, as tensões com amplitudes iguais e defasadas de 120° podem ser representadas pelos fasores *Va*, *Vb* e *Vc* no plano complexo, como mostrado na Figura 3.1. Da forma como estão definidos os ângulos de fase das tensões em (3.4), diz-se que a sequência é positiva (os fasores giram no sentido anti-horário e, portanto, a sequência é *abc*). Trocando os ângulos das fases b e c resulta a chamada sequência negativa (*acb*).[3] Esses conceitos de sequência positiva e negativa também aparecem na análise de desequilíbrio das tensões ou correntes trifásicas (decomposição de Fortescue [2]).

Pode-se mostrar que, quando o sistema está equilibrado, o fluxo de potência total é unidirecional e constante, indo da fonte para a carga [3]. Isso garante que não haverá oscilação da potência total suprida pela rede nem sobrecarga de uma fase em relação às outras.

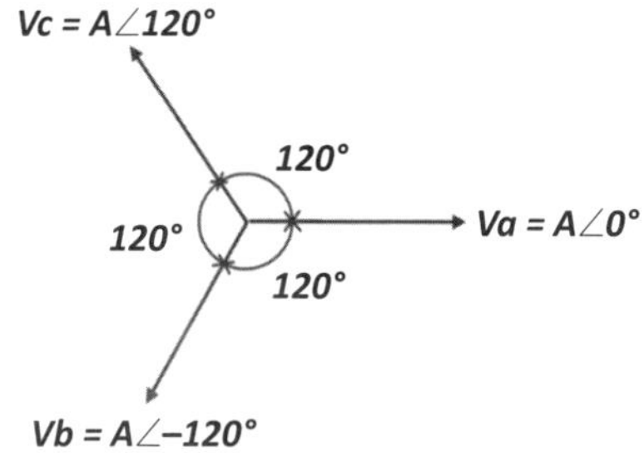

Figura 3.1 Representação fasorial de tensões trifásicas equilibradas e sequência *abc*.

3.2.5. FATOR DE POTÊNCIA UNITÁRIO

Manter o sistema trifásico equilibrado não garante, no entanto, que o fluxo de potência nas linhas seja mínimo para atender a uma dada carga. Essa condição só é satisfeita se a carga apresentar fator de potência unitário. Nessa situação os sistemas de transmissão e distribuição ficam livres de suprir potência reativa da carga. A demanda da carga por potência reativa pode ser atendida localmente, através de bancos de capacitores ou de indutores. As normas nacionais [4] preveem fator de potência mínimo de 0,92, dentro de uma certa metodologia de cálculo. Em condições não senoidais surgem problemas que já foram levantados no Capítulo 2.

3.2.6. PERDAS MÍNIMAS

Manter as perdas mínimas é, sem dúvida, uma condição desejável para a eficiência do transporte da energia elétrica desde os locais de geração até os pontos de consumo. No entanto, a presença inevitável de perdas nas resistências das linhas e transformadores produz alguns efeitos positivos, como a atenuação dos transitórios de chaveamento durante a energização das linhas, transformadores e capacitores, além de

3 A título de informação, a sequência das fases define, por exemplo, o sentido de giro de motores de indução.

limitar as eventuais correntes de curto-circuito. A excitação de qualquer frequência de ressonância pode criar sobrecorrentes ou sobretensões que se propagam pelo sistema. Devido à existência de perdas na rede, pode-se conviver com certo grau de perturbações. É usual considerar que perdas de transmissão de 3% a 5% da capacidade dos alimentadores constituem um compromisso satisfatório para a operação do sistema elétrico. Além disso, a redução da parcela resistiva de um alimentador exigiria condutores de maior bitola ou maior condutividade, com importante impacto no custo de implantação da rede.

3.3. CONDIÇÕES REAIS DE OPERAÇÃO

Em um sistema real é impossível satisfazer totalmente as condições ideais descritas anteriormente, pois a rede e os equipamentos elétricos estão sempre sujeitos a falhas ou perturbações que deterioram de alguma maneira as condições que seriam desejáveis para a operação. O grau de confiabilidade com que essas condições podem ser atendidas depende, em grande parte, dos sistemas de monitoração e controle que estiverem disponíveis. Exemplos de afastamento das condições ideais são: as quedas de tensão responsáveis pelas variações na amplitude da tensão; a operação de cargas monofásicas conectadas na rede de distribuição trifásica, provocando desequilíbrio entre fases; cargas indutivas ou capacitivas, provocando redução do fator de potência. Além disso, cargas não lineares (fornos a arco, máquinas de solda, conversores chaveados etc.) provocam correntes distorcidas, gerando componentes espectrais na corrente da rede. A circulação de tais correntes pelo sistema de alimentação causa distorção da tensão no PAC.

Parece intuitivo, tendo como referência as condições ideais de operação do sistema, adotar como critério para avaliar a qualidade da energia elétrica suprida o afastamento de tais condições ideais que o sistema real experimenta. Essa abordagem permite estabelecer índices que avaliam a deterioração das condições de operação, em função dos distúrbios que são impostos ao sistema.

3.4. CRITÉRIOS DE AVALIAÇÃO DA QUALIDADE

Assim colocado, o critério de avaliação da qualidade da energia elétrica pode incluir a verificação das normas para qualificar e quantificar a deterioração decorrente de determinado distúrbio. Pode-se, por exemplo, considerar:

a) o *nível de tensão adequado*, obtido por meio do controle dos limites mínimos e máximos de tensão de alimentação nos consumidores, bem como de índice que avalie a frequência de violação dos mesmos limites para os consumidores conectados;

b) a *distorção da forma de onda* por meio da avaliação da presença de frequências harmônicas e de inter-harmônicas;

c) a *regulação da tensão* em torno dos valores nominais, mesmo com cargas variáveis, quantificando a amplitude e frequência das flutuações de tensão;

d) a *frequência nominal* da rede, que é estabelecida por meio do balanço de energia entre sistema produtor e consumidor;

e) o *fator de potência,* estabelecendo um valor mínimo aceitável;

f) o *desequilíbrio entre fases,* dado como valor percentual dos componentes de sequência negativa e zero, em relação à sequência positiva.

3.5. TERMINOLOGIA BÁSICA

Inicialmente é apresentada uma terminologia bastante utilizada no contexto de QEE e de compatibilidade eletromagnética (sigla EMC de *Electromagnetic Compatibility*), para então caracterizar e ilustrar os principais tipos de distúrbios. Por ordem alfabética definem-se:

Componente fundamental (V_1, I_1): é o componente senoidal, na frequência nominal da rede, de um sinal de tensão ou corrente.

Desequilíbrio ou desbalanço de tensão e corrente (DV, DI): representa, em sistemas trifásicos, o desvio nos módulos ou ângulos de tensões ou correntes em relação à condição equilibrada, caracterizada pela igualdade dos módulos e defasagens de 120°.

Distorção harmônica (DH): é o afastamento da forma de onda senoidal da tensão ou da corrente, causada por harmônicos, que são componentes de frequências múltiplas inteiras da frequência fundamental da rede.

Função distribuição de tensão (FDT): é um conceito estatístico que representa a quantidade de vezes que cada nível discretizado da tensão eficaz medida em um ponto é observado durante um dado intervalo de tempo de medição. O nível de discretização usualmente corresponde a 1% da tensão nominal no ponto de medição. Os valores resultantes visam identificar a quantidade de ocorrências fora dos limites adequados ou precários estabelecidos no PRODIST.

Flutuações de tensão (V_f): representam uma série de variações do valor eficaz ou da amplitude da tensão, com possíveis efeitos sobre o funcionamento normal das cargas.

Limites adequados da tensão medida (Vad): correspondem aos limites admissíveis de variação do valor eficaz da tensão medida, para as condições permanentes de funcionamento do sistema de suprimento elétrico.

Limites precários de tensão medida (Vpre): definem os limites admissíveis de variação do valor eficaz da tensão medida, para condições provisórias de funcionamento do sistema de suprimento.

Ponto de acoplamento comum ou de entrega (PAC): representa a fronteira entre as instalações da concessionária e as de consumidores.

Tensão de fornecimento (VF): corresponde à tensão eficaz fixada pela concessionária em contrato de fornecimento a um consumidor.

Tensão medida (VM): é a média das tensões eficazes obtidas por medição, em um intervalo de tempo de 10 minutos, no ponto de entrega a um consumidor.

Tensão máxima e mínima (Vmáx, Vmín): correspondem aos valores eficazes máximo e mínimo de um conjunto de medições, obtidas sequencialmente, em um período predeterminado (dia, semana, mês), segundo procedimento descrito em norma.

Tensão nominal (Vn): representa a tensão eficaz fixada como base de operação para um sistema de energia elétrica. É também a tensão considerada como referência para fabricação de equipamentos elétricos.

Variação de tensão (ΔV): corresponde à diferença da amplitude (em algumas normas, do valor eficaz da tensão) antes e após um evento. Variação para menos constitui um afundamento e variação para mais representa uma elevação de tensão. As variações podem ser isoladas (esporádicas) ou repetitivas (flutuações), regulares ou irregulares (aleatórias).

No que se refere à compatibilidade eletromagnética definem-se:

Distúrbio eletromagnético: corresponde a qualquer fenômeno eletromagnético com capacidade de degradar o desempenho de um dispositivo, equipamento ou sistema, ou ainda afetar adversamente matéria viva ou inerte.

Interferência eletromagnética (IEM): representa a degradação do desempenho de um dispositivo, equipamento ou sistema causado por um distúrbio eletromagnético.

Compatibilidade eletromagnética (EMC): define a capacidade de um equipamento ou sistema de operar satisfatoriamente no seu ambiente eletromagnético sem impor distúrbios eletromagnéticos intoleráveis nesse ambiente.

Nível de emissão: nível de emissão de um determinado distúrbio eletromagnético por um dispositivo, equipamento ou sistema, medido de acordo com uma dada especificação.

Nível de imunidade: nível máximo de um distúrbio eletromagnético, incidente sob certas condições em um dispositivo, equipamento ou sistema sem que ocorra degradação de sua operação.

Nível de compatibilidade: nível de distúrbios eletromagnéticos usado como referência para a coordenação entre o nível de emissão e de imunidade de equipamentos.

Nível de planejamento: nível que a concessionária estabelece como objetivo, abaixo do nível de compatibilidade para garantir que este não seja ultrapassado. Por exemplo, se o nível de compatibilidade de distorção harmônica de tensão for 8%, o nível de planejamento pode ser 5%.

Nível de alarme: nível no qual ocorrerá uma notificação e levará a uma investigação, ou outro tipo de resposta, do operador do sistema. O nível de alarme deve estar acima do nível de planejamento, mas abaixo do nível de imunidade do equipamento.

Nível de danos: nível de distúrbio que, se excedido, pode representar uma ameaça ao equipamento. É importante identificar quando ocorre, porque ocorre e, se possível, impedir que aconteça. Deve haver alguma folga entre o nível de compatibilidade para o fornecimento e o nível de danos.

Nível avaliado: nível real de determinado distúrbio existente no sistema, obtido geralmente com base nas medições realizadas.

A Figura 3.2 ilustra o conceito geral de "nível de compatibilidade eletromagnética" e sua relação com outros níveis (por exemplo, de emissão, planejamento, imunidade etc.) Como regra geral, os níveis de distúrbios na rede devem ficar abaixo do nível de compatibilidade, enquanto os níveis de imunidade dos equipamentos devem ficar acima.

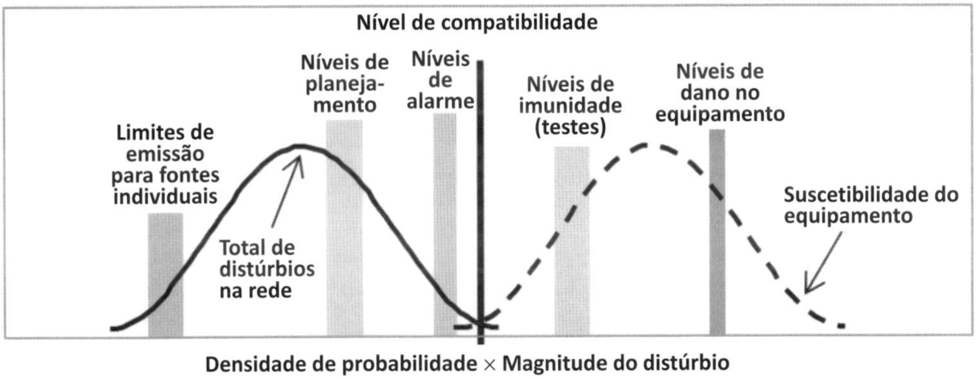

Figura 3.2 Conceito e definições relativas à compatibilidade eletromagnética [4].

A Figura 3.3 ilustra a evolução temporal da magnitude de um distúrbio genérico na rede, relacionado a algum critério específico de qualidade (por exemplo, a distorção harmônica), comparando-o com os principais níveis de compatibilidade. O impacto dos distúrbios não deve ultrapassar o nível de compatibilidade para não comprometer o nível de imunidade dos equipamentos. Por outro lado, o nível de emissão de uma fonte individual deve permanecer abaixo do nível de compatibilidade a fim de garantir haver espaço para que efeitos combinados de diversas fontes não venham a afetar o funcionamento dos equipamentos. Nota-se a importância de estabelecer limites adequados tanto para garantir a imunidade de um equipamento a distúrbios impostos pela rede como para limitar a emissão de fontes individuais.

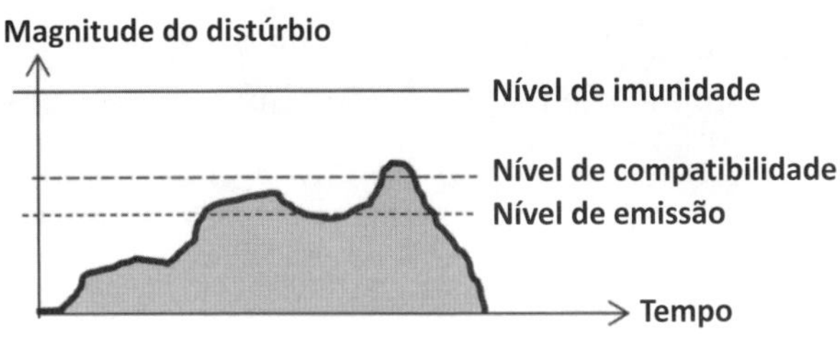

Figura 3.3 Ilustração de magnitudes de distúrbio e principais limiares.

3.6. CARACTERIZAÇÃO DE DISTÚRBIOS TÍPICOS DE QEE

Os distúrbios [5] aos quais o sistema elétrico está exposto podem ser caracterizados de diversas maneiras: em função da duração do evento (curta, média ou longa), da faixa de frequências (baixa, média ou alta), dos efeitos (aquecimento, vibrações, erro de medidas, cintilação luminosa, perda de eficiência, redução da vida útil), ou de acordo com a intensidade (pequena, média ou grande impacto). Para fazer qualquer dessas classificações é preciso conhecer as características de cada tipo de distúrbio, como será visto a seguir.

Afundamento de tensão (*voltage sag*) é uma redução do valor eficaz da tensão com duração de meio ciclo até 1 minuto. É provocado tipicamente pela entrada de uma carga temporária, de porte significativo em relação ao nível de curto-circuito local. Pode também ser devido a um curto-circuito no alimentador a jusante da carga. Em geral, o efeito desaparece após a causa ser removida. A Figura 3.4 mostra o efeito da partida de um motor de indução trifásico sobre a tensão no ponto de acoplamento comum. A corrente de partida de um motor de indução é muito elevada e permanece assim até que seja atingida a velocidade de operação, quando se reduz a corrente, permitindo a recuperação da tensão no PAC.

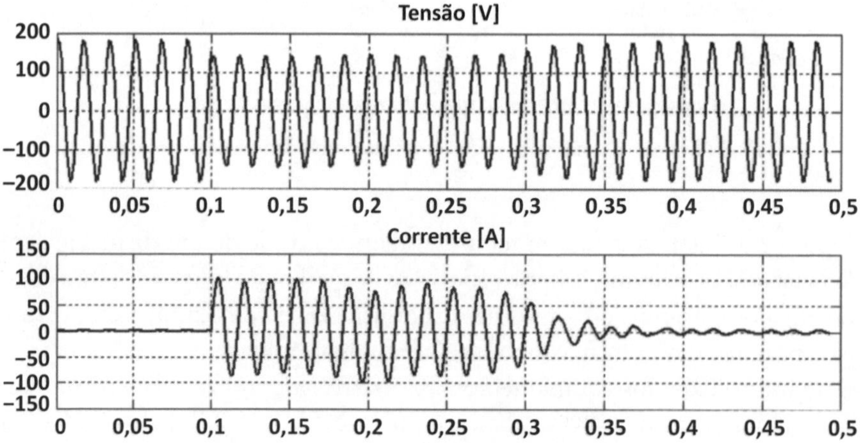

Figura 3.4 Afundamento de tensão visto em uma das fases (acima) causado pela elevada corrente de partida de motor de indução (abaixo).

Outras cargas presentes no mesmo ponto sofrem impacto da partida do motor, como se verifica na redução da tensão do lado CC de um retificador, mostrada na Figura 3.5. O circuito, simulado em MatLab/Simulink®, está mostrado na Figura 3.6.

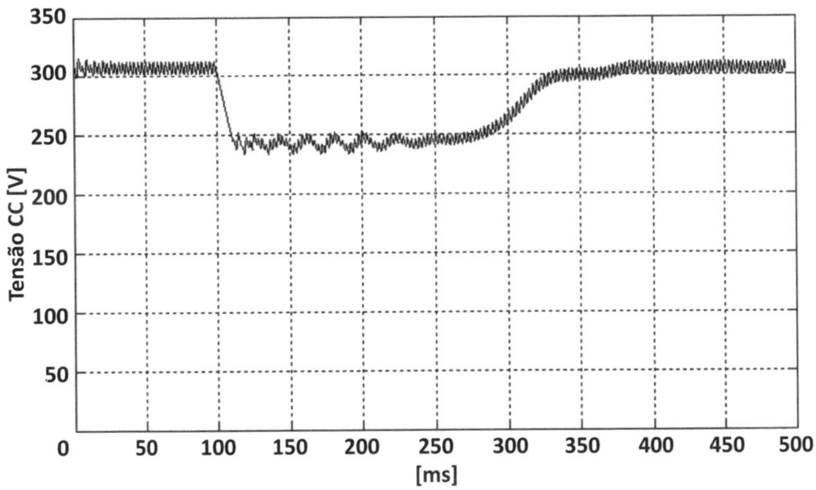

Figura 3.5 Impacto da partida do motor na tensão CC do retificador ligado no mesmo PAC.

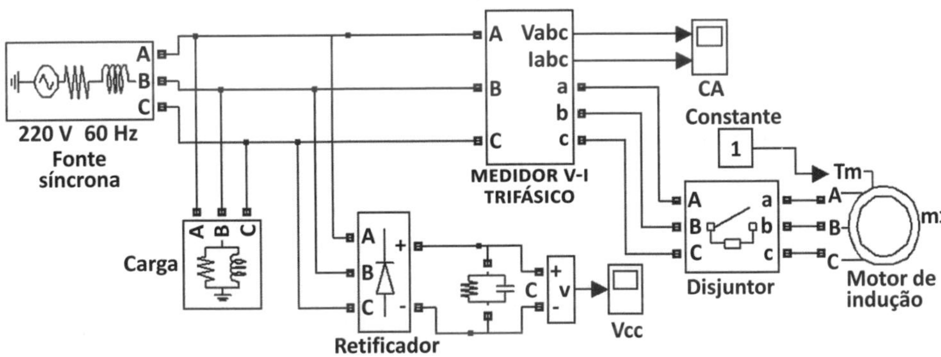

Figura 3.6 Esquema de simulação de partida de motor de indução no Matlab/Simulink® em barramento comum ao de um retificador trifásico.

Elevação de tensão (*voltage swell*) é um aumento do valor eficaz da tensão com duração de meio ciclo a um minuto. Trata-se do efeito contrário ao do afundamento. As principais causas são a saída de cargas (levando à diminuição da corrente no alimentador), a conexão de banco de capacitores e a ocorrência de falhas nos alimentadores, como um curto-circuito monofásico, provocando sobretensão nas demais fases. A Figura 3.7 mostra o esquema de simulação da partida de um motor de indução, com possibilidade de compensação capacitiva.

A Figura 3.8 mostra o valor eficaz da tensão no PAC do circuito mostrado na Figura 3.7. Com a partida do motor de indução em 100 ms a tensão sofre um afundamento significativo. Em 500 ms um banco de capacitores é adicionado de modo a corrigir o fator de potência e, consequentemente, produzir uma elevação no valor da tensão. Com a parada do motor em 750 ms, a presença da compensação capacitiva leva a uma elevação da tensão, enquanto o banco estiver conectado.

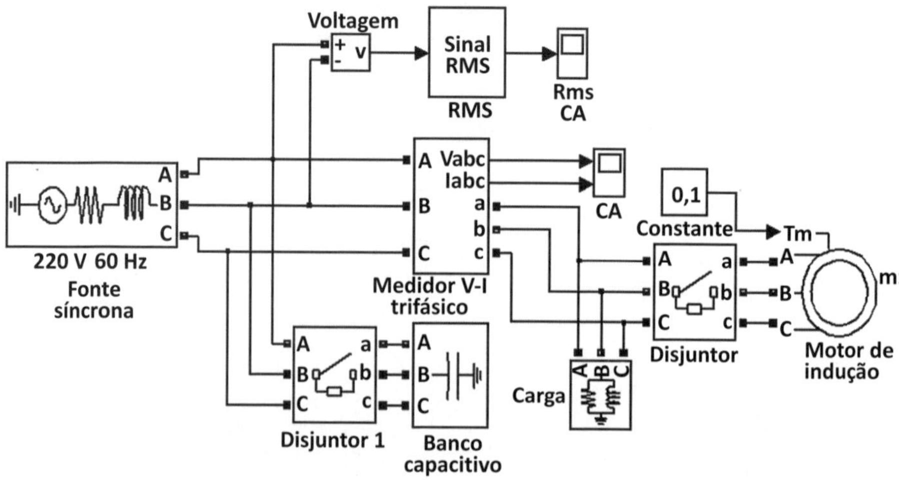

Figura 3.7 Esquema de simulação de partida do motor e compensação capacitiva no Matlab/Simulink®.

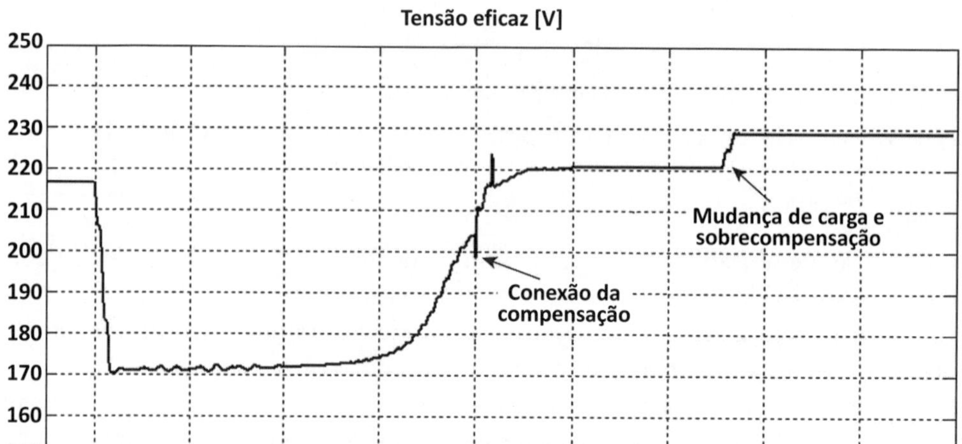

Figura 3.8 Tensão eficaz no PAC com elevação de tensão final por excesso de compensação reativa.

Sobretensão é o aumento do valor eficaz da tensão durante mais de um minuto. Corresponde ao prolongamento da elevação de tensão. Essa situação pode ocorrer no sistema interligado durante a noite, quando prevalece o efeito capacitivo das linhas de alta-tensão sobre o consumo de reativos da carga reduzida. Em geral, os equipamentos apresentam menor tolerância a sobretensões do que a subtensões, devido ao possível rompimento do dielétrico de seus componentes (capacitores e materiais de isolamento).

Subtensão é a redução do valor eficaz da tensão durante mais de um minuto. Corresponde ao prolongamento do afundamento de tensão. Em caso de subtensão pode haver interrupção no funcionamento de equipamentos. Diversos equipamentos eletrônicos operam como fonte de potência constante. Quando a tensão se reduz, automaticamente há um aumento na corrente. Isso significa uma característica dinâmica de resistência negativa, cujo impacto nos sistemas de regulação de tensão (se existirem) precisa ser cuidadosamente considerado. A Figura 3.9 mostra o efeito de perda do condutor de retorno (neutro) em rede de distribuição com cargas desbalanceadas. A partir da interrupção do condutor de retorno, que ocorre em 0,1 s, são as cargas que determinam a partição das tensões de fase (as de linha não sofrem alteração), produzindo uma fase com sobretensão e outra com subtensão, neste exemplo. A caracterização desse efeito como um afundamento, elevação, ou como sub ou sobretensão, depende da prevalência dos efeitos (pior caso) e do intervalo em que esse evento se mantém.

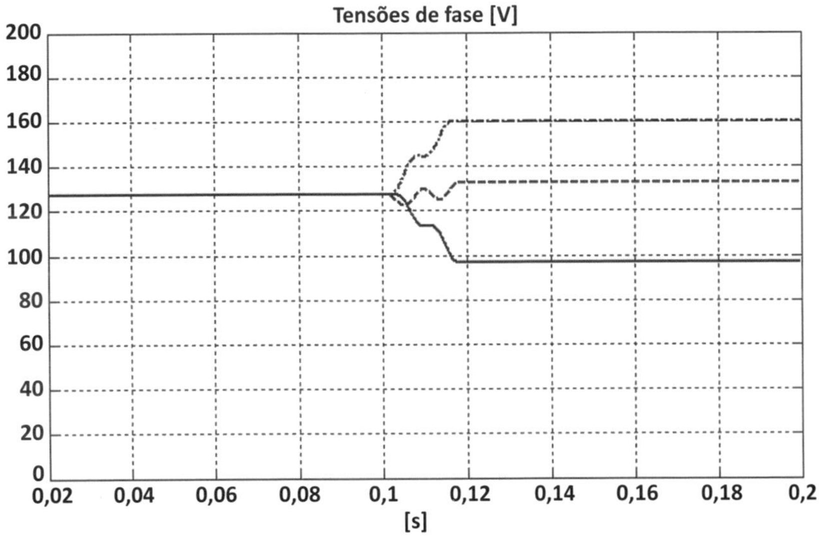

Figura 3.9 Comportamento do valor eficaz das tensões de fase com perda do condutor de retorno (em 0,1 s), sob carga desequilibrada.

Colapso de tensão é um afundamento gradual e autossustentado da tensão abaixo de níveis toleráveis pelas cargas. Ocorre, em geral, associado à falta de suporte reativo, à insuficiência da capacidade de controle ou falta de coordenação das ações de controle, por exemplo, entre reguladores de tensão e mudança de derivação de transformadores. A dinâmica típica do colapso, como mostra a Figura 3.10, é não oscilatória, com a tensão caindo gradualmente e provocando desligamentos em cascata.

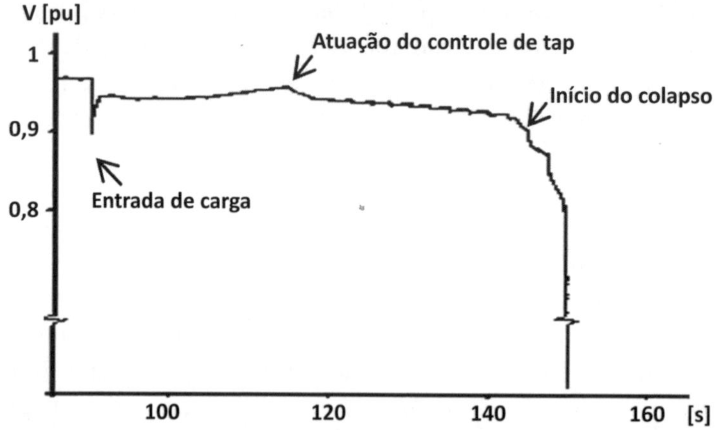

Figura 3.10 Comportamento do valor da tensão durante um processo de colapso.

Desequilíbrios de tensões são variações desiguais em amplitude e/ou fase das tensões trifásicas, como ilustrado na Figura 3.11. Normalmente são causados por cargas desequilibradas, inclusive trifásicas, como os fornos de arco elétrico.

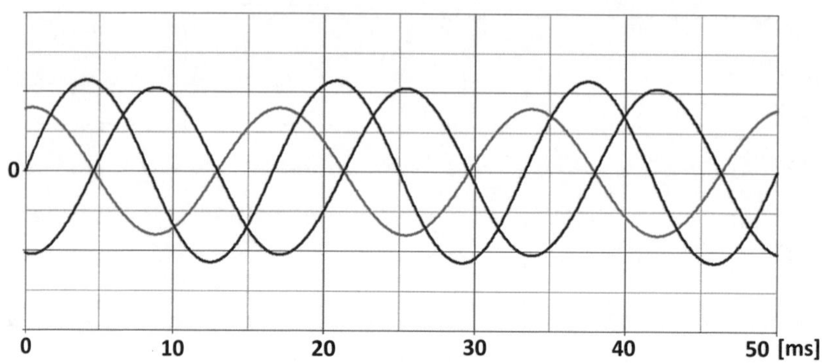

Figura 3.11 Ilustração de tensões trifásicas desequilibradas em magnitude e fase.

Interrupção momentânea é uma interrupção da tensão de suprimento de meio ciclo até três segundos de duração (Figura 3.12). No caso de interrupções causadas pela ação correta da proteção da rede, é esperado que ao final do defeito o sistema retorne à condição de operação normal. Nesses casos é desejável dispor de fontes especiais do tipo UPS (*Uninterruptible Power Supply*) para suprir energia às cargas que não devam sofrer interrupção de operação.

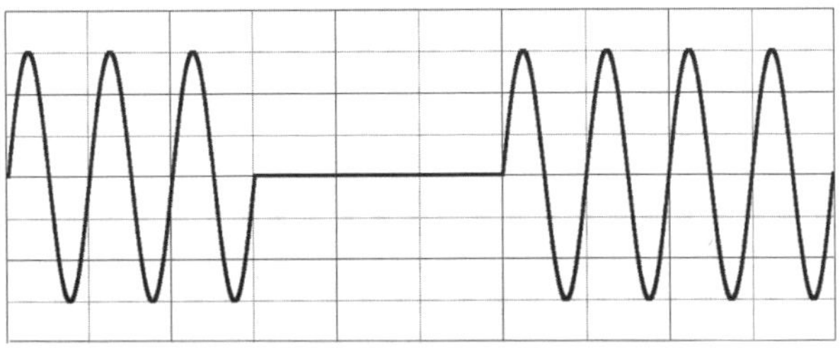

Figura 3.12 Ilustração de interrupção momentânea de tensão com duração de três ciclos.

Interrupção temporária apresenta duração entre três segundos e um minuto. Nesse caso, para garantir a operação de uma carga essencial é necessária uma fonte alternativa, normalmente baseada em baterias, que assume a alimentação da carga. Esse tipo de evento, em geral, é causado pelo sistema de proteção com religamento automático após a eliminação de curto-circuito na rede. As interrupções momentâneas e temporárias, de acordo com o padrão brasileiro, fazem parte das chamadas VTCD (Variações de Tensão de Curta Duração).

Interrupção prolongada (*outage*) é uma interrupção com duração maior que um minuto (Figura 3.13). Pode ocorrer de maneira imprevista, no caso de defeito, ou de modo programado, para fins de manutenWção ou transferência de carga. Existem critérios de qualidade do serviço, que limitam a duração ou a frequência anual das interrupções por consumidor. Para manter cargas críticas (por exemplo, hospitais) pode-se recorrer a geradores de emergência.

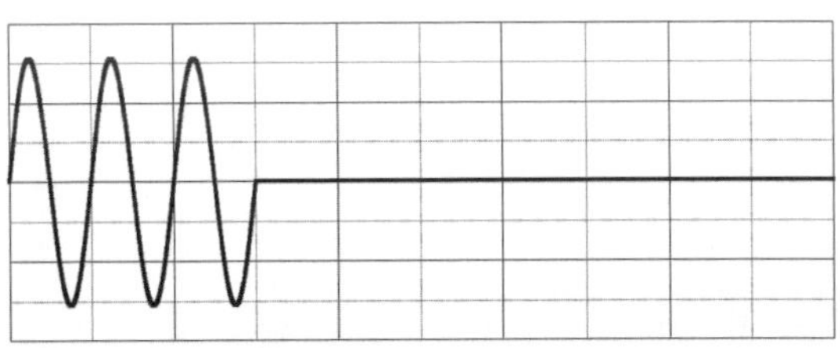

Figura 3.13 Ilustração de interrupção prolongada de tensão.

Microinterrupção é a perda completa da tensão de alimentação por até meio ciclo da frequência da rede (Figura 3.14). Esse tipo de evento em geral é devido a um curto--circuito em sistemas de distribuição com extinção rápida. Fontes de alimentação CC com capacitores dimensionados adequadamente podem suportar essa falha sem afetar o dispositivo alimentado. Se o defeito for persistente, a proteção poderá tentar uma ou mais religações, impondo tensões temporárias baixas, que por sua vez podem danificar equipamentos, principalmente motores que não conseguem partir.

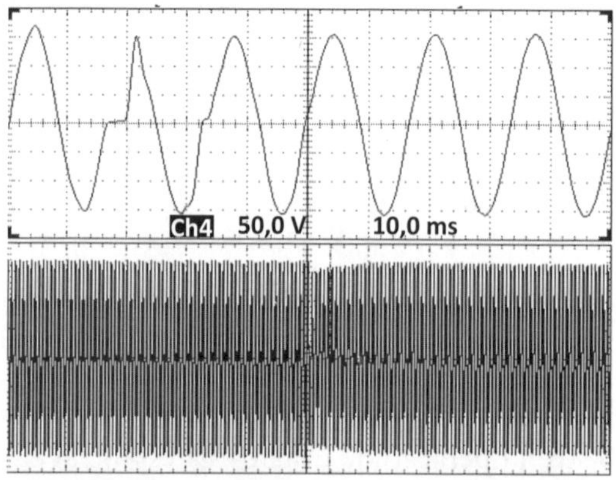

Figura 3.14 Ilustração de microinterrupção de tensão, com detalhe em escala temporal expandida, acima.

Distorção harmônica indica a presença de um ou mais componentes (de tensão ou corrente) com frequência múltipla da fundamental. Normalmente é causada por dispositivos não lineares, como pontes de retificadores, compensadores controlados a tiristores etc. A Figura 3.15 mostra a corrente em um retificador monofásico a diodos com filtro capacitivo. Essa distorção na corrente leva a uma distorção na tensão no PAC devido à queda de tensão ao longo do alimentador.

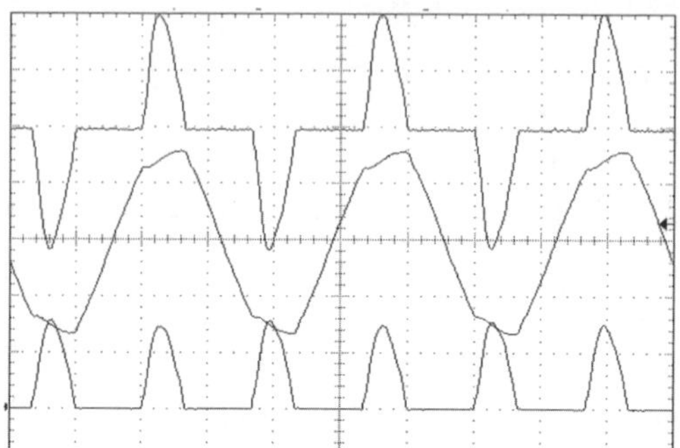

Figura 3.15 Ilustração do efeito da distorção da corrente de um retificador monofásico sobre a tensão no ponto de acoplamento. Acima, a corrente na rede; ao centro, a tensão no ponto de acoplamento; abaixo, a potência instantânea.

Distorção inter-harmônica é a combinação da tensão (ou corrente) fundamental com componentes não múltiplas inteiras (Figura 3.16). É produzida em geral por cargas não lineares, com espectro contínuo. Fornos a arco e inversores de frequência variável são exemplos típicos que produzem distorção devido a harmônicos e inter-harmônicos.

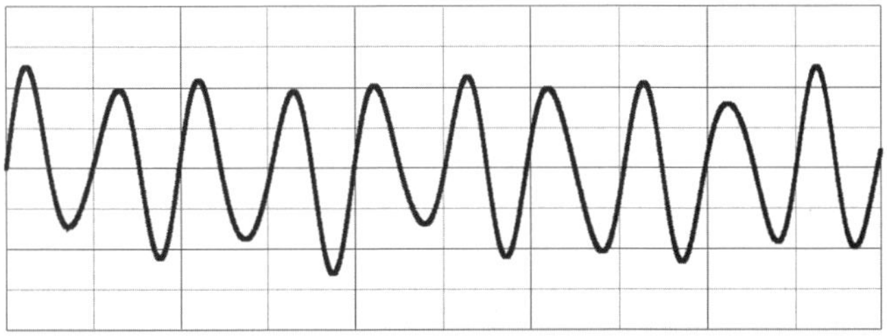

Figura 3.16 Ilustração do aspecto de distorções causadas por inter-harmônicos.

Recortes de comutações (*notches*) são transições bruscas de tensão. Normalmente estão associadas ao efeito combinado entre a indutância de um alimentador e a presença de retificadores, sejam eles a diodo ou a tiristores. Nas transições de condução das fases ocorre a condução simultânea de corrente por duas fases, o que produz um curto-circuito momentâneo no PAC. Embora a corrente seja limitada pelas indutâncias do alimentador, o efeito sobre a tensão é a distorção mostrada na Figura 3.17, que ilustra o efeito na tensão de entrada de um retificador trifásico a diodos na presença de indutâncias no alimentador. Outras cargas conectadas neste mesmo PAC sofrerão os efeitos de tal distorção.

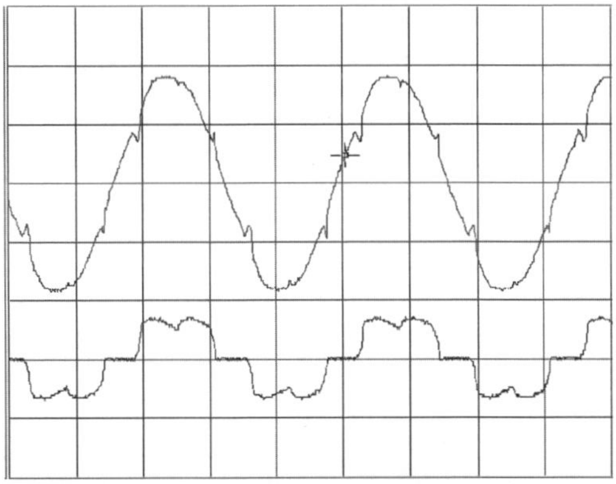

Figura 3.17 Ilustração de recortes na tensão (acima) por conta de variações bruscas da corrente (abaixo), associadas ao comportamento indutivo do alimentador.

Oscilações transitórias são oscilações rápidas que podem ser causadas por manobras de disjuntores ou por chaveamento de capacitores na rede (Figura 3.18). Devido aos elevados valores de *di/dt* provocados pela brusca energização do capacitor, são excitadas ressonâncias presentes no sistema, em geral em alta frequência, que se convertem em oscilações rápidas da tensão no ponto de conexão do capacitor. Essas oscilações podem provocar a atuação da proteção ou produzir sobretensões em outros equipamentos próximos.

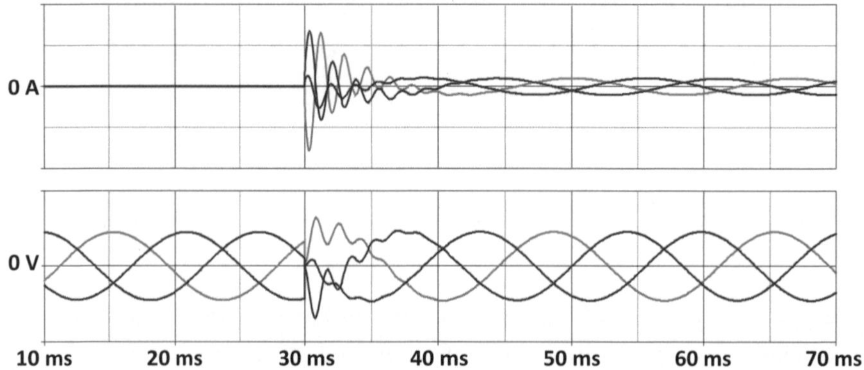

Figura 3.18 Ilustração do efeito de conexão de capacitores em uma rede trifásica. Acima, correntes no banco capacitivo. Abaixo, comportamento das tensões no PAC.

Flutuações de tensão são variações sustentadas da amplitude ou do valor eficaz da tensão fundamental (Figura 3.19). Em geral, são provocadas por cargas de ciclo variável, como fornos a arco, elevadores, equipamentos de solda etc. O efeito principal é a cintilação luminosa (*flicker*). No caso de grandes cargas variáveis, as flutuações de tensão podem ocasionar oscilações de potência nas linhas de transmissão, levando os geradores a oscilarem entre si (oscilações eletromecânicas) ou com a turbina (ressonância subsíncrona). Esse fenômeno também pode ser decorrente de ajuste inadequado ou descoordenado dos reguladores de tensão, que realimentam pequenas variações positivamente, devido à taxa de amortecimento negativa das malhas de controle.

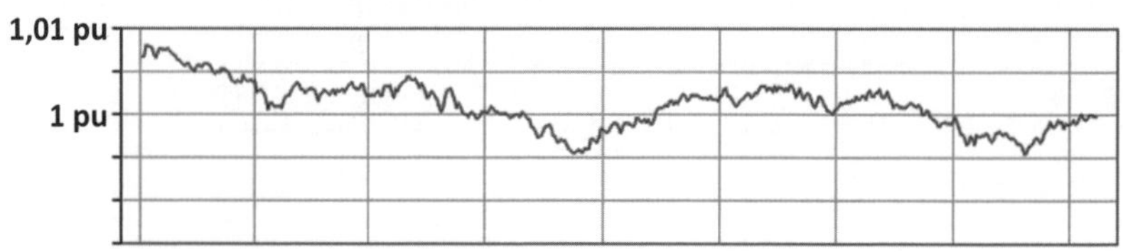

Figura 3.19 Ilustração de flutuação do valor da tensão eficaz observada ao longo de 10 minutos.

Modulação da amplitude consiste na variação sustentada e periódica da amplitude da corrente ou da tensão (Figura 3.20). O afundamento regular da tensão, provocado por cargas cíclicas como compressores de pistão, acionados por motor elétrico, causa o efeito de modulação da amplitude da corrente absorvida e, com isso, da tensão do sistema alimentador. Esse processo também pode provocar o fenômeno de *flicker* ou cintilação luminosa quando a frequência modulante estiver na faixa entre 0 e 30 Hz.

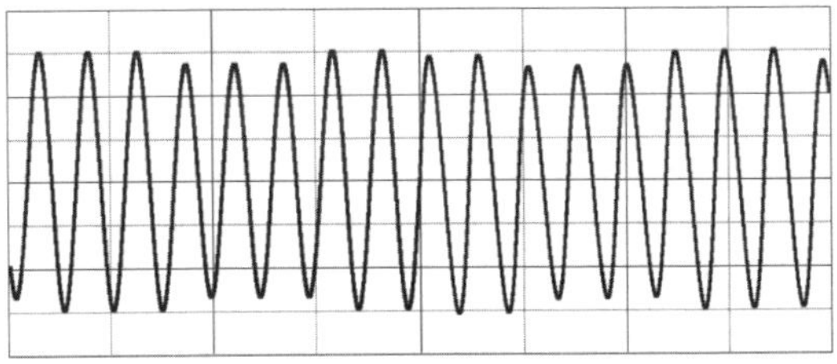

Figura 3.20 Ilustração de modulação retangular da amplitude da tensão.

Cintilação luminosa (*flicker*) é efeito da variação de emissão luminosa percebida visualmente, em decorrência de flutuações ou modulação da tensão. A percepção visual do fenômeno ocorre para frequências de variações ou modulação (f_m) entre 0 e 30 Hz (Figura 3.21). Vários fatores afetam o nível do incômodo, como a forma da modulação (aleatória, quadrada ou senoidal), o tipo de iluminação (incandescente, fluorescente ou eletrônica), a inércia térmica das lâmpadas etc. Seus efeitos são subjetivos e acumulativos, podendo afetar o sistema nervoso central, comprometendo a concentração do indivíduo e, eventualmente, causando problemas de saúde.

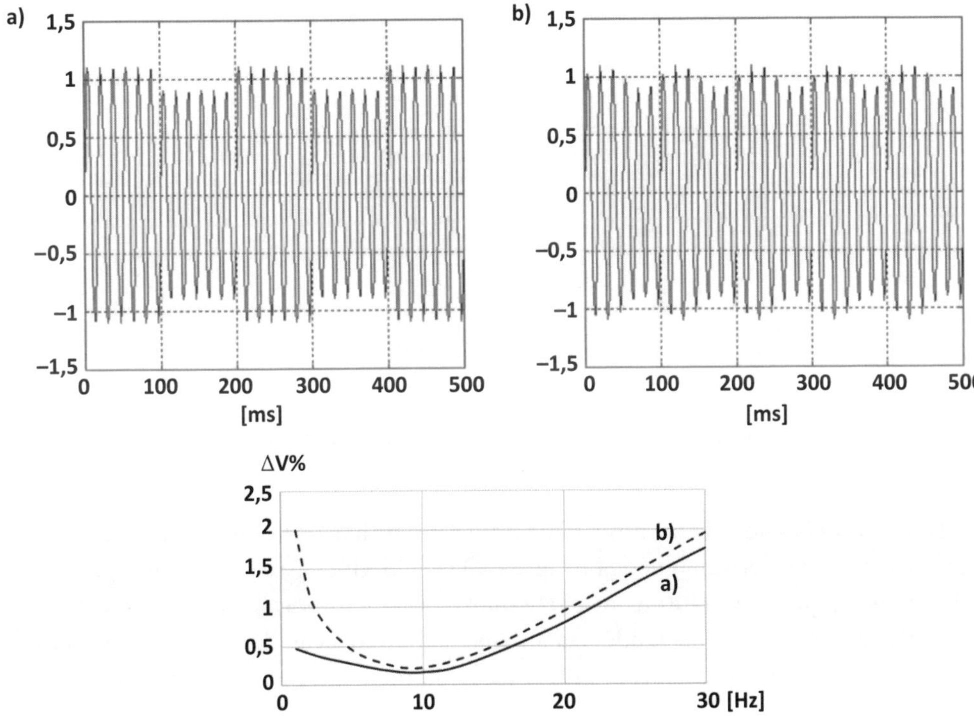

Figura 3.21 Tensão (normalizada) com modulações quadrada (a) e senoidal (b) e respectivas curvas do limiar de percepção da cintilação de lâmpada incandescente em função da frequência.

Interferência eletromagnética e ruídos são componentes espectrais que se sobrepõem à tensão ou à corrente por efeito de indução ou por condução na própria rede, sendo de larga faixa de frequências. Do ponto de vista do sistema de 50/60 Hz, no qual a faixa de avaliação vai até o 50º harmônico (3 kHz), tudo o que estiver acima pode, em uma primeira análise, ser considerado interferência eletromagnética (IEM). A origem pode estar no acoplamento magnético (indutivo) ou elétrico (capacitivo) entre circuitos que se localizam fisicamente próximos. O fenômeno é mais acentuado em altas frequências, pois aumenta a capacidade dos condutores de atuarem como antenas. No caso de acoplamento por condução, em geral, o efeito se manifesta por deficiência de filtragem, a qual deveria impedir a propagação para a rede de componentes de alta frequência (provenientes da comutação interna do equipamento).

A Figura 3.22 mostra a presença de ruído de alta frequência (aproximadamente 40 kHz, de acordo com o espectro mostrado na mesma figura). Nesse caso, o ruído é devido à presença de reatores eletrônicos de lâmpadas fluorescentes tubulares, os quais operam nessa frequência. A contaminação da tensão da rede se deve ao não aterramento do reator, sem o qual o filtro de IEM não atua corretamente, permitindo que componentes de alta frequência estejam presentes, indevidamente, na corrente e, consequentemente, na tensão da rede, podendo afetar o funcionamento de outros equipamentos conectados no mesmo alimentador.

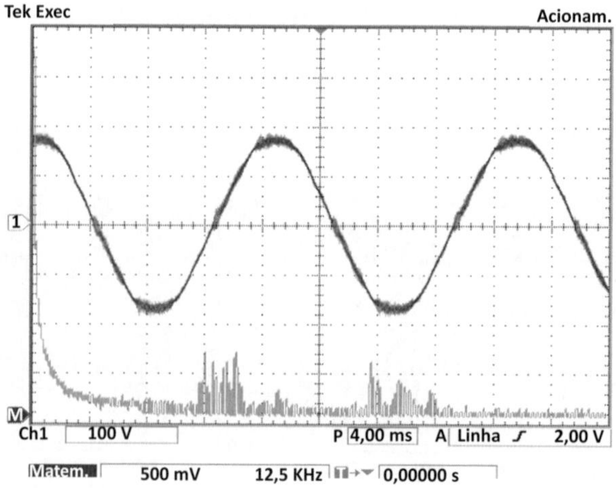

Figura 3.22 Ilustração da presença de ruído superposto à tensão.

Interferência telefônica é um ruído audível em linhas telefônicas analógicas, causado por indução eletromagnética na faixa 60 Hz a 5 kHz. Esse é um tipo especial de interferência, que teve tratamento particular devido à importância da comunicação telefônica analógica. Com a tendência atual pela digitalização dos meios de transmissão de dados e informações, esse problema ficou menos crítico devido à imunidade maior da transmissão digital. Como a sensibilidade auditiva não é uniforme em toda a faixa de percepção sonora criou-se uma curva de ponderação para o fator de interferência (TIF) aceitável na faixa entre 60 e 5.000 Hz.

Oscilações eletromecânicas são oscilações angulares do rotor do gerador em torno da velocidade síncrona. São causadas pelo desbalanço repentino entre a potência gerada e a demanda da carga. Essas oscilações de baixa frequência (0,2 a 2 Hz) são pouco amortecidas (Figura 3.23) e podem durar até minutos, causando oscilações de potência entre a máquina e a rede (modo local) ou entre diferentes máquinas ou grupos de máquinas (modos intermáquinas ou interáreas). Para prevenir essas oscilações, a solução usual é forçar o sistema de excitação do gerador a modular a tensão interna de modo a amortecer as oscilações da potência gerada e, por consequência, da velocidade do rotor.

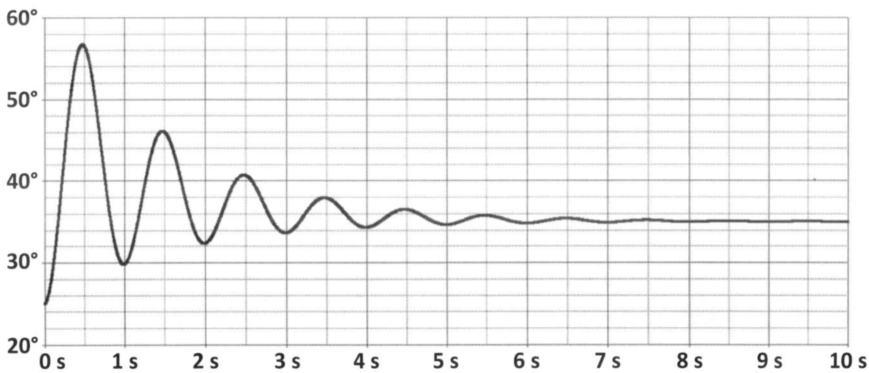

Figura 3.23 Ilustração de oscilações angulares síncronas (graus) do rotor de um gerador, causadas por degrau de carga.

Ressonâncias subsíncronas são oscilações de potência associadas com a plasticidade do acoplamento mecânico entre o rotor da turbina e o rotor do gerador. A origem desse fenômeno é externa ao gerador. Esse problema só foi observado quando se começou a usar a compensação série de linhas de transmissão, no início dos anos 1960. Devido à eventual ressonância com o sistema eletromecânico de geração, na faixa típica de 10 a 30 Hz, as massas do rotor da turbina oscilam contra as do rotor do gerador, podendo provocar cisalhamento do acoplamento mecânico. A solução também pode fazer uso de sistemas chamados estabilizadores do sistema de potência, que introduzem amortecimento das oscilações de potência entre o gerador e o sistema. Esse procedimento de estabilização também pode ser realizado, por exemplo, por um CSCT (Compensador Série Controlado por Tiristores). O estudo desses conversores eletrônicos de potência foge do escopo deste texto. Um aprofundamento no assunto pode ser feito através de referências [6].

Descargas eletrostáticas são correntes de fuga de cargas acumuladas em campos elétricos intensos. Em geral, são de origem externa (descargas atmosféricas), mas podem ser de origem interna (efeito corona) como sobretensões entre espiras e carcaça ou núcleo de máquinas e transformadores.

Surtos (*voltage surges*) e **picos de tensão** (*spikes*) são elevações impulsivas de tensão. Esses tipos de distúrbios podem estar associados a descargas atmosféricas (Figura 3.24) ou ao chaveamento de corrente imposto em circuitos altamente indutivos (elevado *di*/*dt*), seja através da conexão de capacitor ou pela comutação de dispositivo eletrônico. O dano mais comum é a ruptura do dielétrico no ponto mais fraco do isolamento e a queima de componentes eletrônicos por sobretensão ou excessivo *dv*/*dt*. Devido à rapidez do evento (microssegundos) não há muitas formas de evitar os efeitos com eficácia. Existem varistores, dispositivos que têm capacidade de ceifar os picos de tensão e drenar a energia excedente para terra, mas têm capacidade limitada e se deterioram à medida que absorvem os picos de energia.

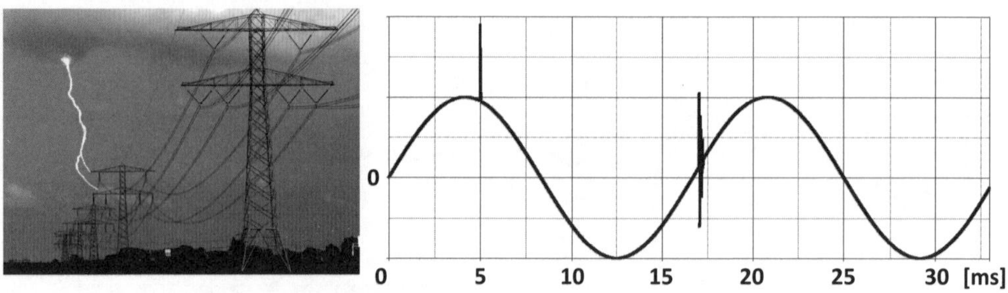

Figura 3.24 Descarga atmosférica em linha de transmissão provocando surto de tensão em 5 ms com efeito oscilatório após 12 ms.

3.7. CLASSIFICAÇÃO DOS DISTÚRBIOS SEGUNDO FAIXAS DE FREQUÊNCIAS

Em função das frequências típicas que caracterizam cada fenômeno, pode-se definir três faixas.

3.7.1. DISTÚRBIOS DE BAIXA FREQUÊNCIA OU SUBSÍNCRONOS (F < 60 Hz)

Na faixa inferior de frequências pode-se incluir:

- colapso de tensão;
- oscilação eletromecânica;
- cintilação ou *flicker*;
- ressonância subsíncrona.

Como visto, entre os distúrbios elétricos mais lentos a que o sistema está sujeito, tem-se o colapso da tensão, que pode se estender por vários minutos; depois ocorrem as oscilações eletromecânicas dos geradores, que ocorrem na faixa de 0,2 a 2 Hz; a seguir, a modulação da tensão, responsável pelo efeito da cintilação luminosa, na faixa de 0 a 30 Hz e a ressonância subsíncrona entre turbina e gerador, que se manifesta tipicamente na faixa entre 10 e 30 Hz.

3.7.2. DISTÚRBIOS DE MÉDIA FREQUÊNCIA (60 Hz < F < 9 kHz)

Na faixa intermediária de frequências têm-se basicamente os efeitos harmônicos:

- oscilações decorrentes de *inrush* de transformadores e capacitores;
- distorções harmônica e inter-harmônica;
- interferência telefônica;
- ressonâncias entre transformadores, cargas e compensadores.

Na faixa intermediária estão incluídos todos os processos que produzem distorções de forma de onda das tensões e correntes com frequência fundamental 60 Hz, cujo espectro pode apresentar componentes significativos até do 50º harmônico (3 kHz). Elementos não lineares, que distorcem as formas de onda de tensão e corrente, sempre estiveram presentes no sistema elétrico (por exemplo, em dispositivos com núcleo ferromagnético saturável). Com a introdução dos dispositivos chaveados eletronicamente, no entanto, o grau de distorção tem aumentado de modo significativo, gerando a necessidade de constantes verificações dos níveis harmônicos no sistema. A presença de harmônicos e inter-harmônicos na rede cria uma série de problemas como ressonâncias, sobreaquecimento, erros de medição, vibrações em máquinas etc.

A distorção harmônica vem se agravando nos últimos anos, o que tem levado os organismos regulamentadores a estabelecerem limites mais rigorosos, buscando atender aos interesses de consumidores, fabricantes de equipamentos elétricos e concessionárias de energia.

3.7.3. DISTÚRBIOS DE ALTA FREQUÊNCIA (9 kHz < F < 30 MHz)

Na faixa superior de frequências temos os fenômenos de interferência:

- comutações rápidas de disjuntores e conversores eletrônicos;
- descargas eletrostáticas, surtos e picos de tensão;
- interferências eletromagnéticas ruidosas conduzidas ou irradiadas.

Surtos, descargas de tensão e manobras de disjuntores são exemplos típicos de distúrbios com conteúdo espectral de alta frequência. Porém, os distúrbios de alta frequência mais comuns são devidos ao chaveamento (comutação de chave eletrônica na faixa de dezenas de kHz) para o comando de conversores estáticos. O chaveamento eletrônico em alta frequência é usado devido à melhoria da resposta dinâmica do circuito e à redução física dos elementos de filtragem (indutores e capacitores) e de eventuais transformadores, com aumento da densidade de potência do conversor.

Componentes de corrente em alta frequência podem circular pela rede, devido à própria característica topológica do conversor, em especial dos filtros de saída, além de fenômenos de acoplamento via indutâncias e capacitâncias parasitas. Isso pode afetar o funcionamento de outros equipamentos conectados à mesma linha de alimentação, sensíveis a essas interferências. Para atenuar esses problemas, utiliza-se em geral a blindagem eletromagnética. Os níveis de IEM conduzida podem ser reduzidos a valores aceitáveis pela adequada seleção e projeto do conversor ou pela inclusão de filtros de linha. Tais filtros, no entanto, podem afetar o comportamento dinâmico da estrutura de controle do conversor, e devem ser motivo de cuidadoso projeto, para cada aplicação específica.

A Figura 3.25 apresenta a distribuição dos principais distúrbios em função das faixas de frequência de sua ocorrência. O fato de haver superposição dessas faixas para diferentes eventos indica que pode haver dificuldade em identificá-los e/ou separá-los apenas com base nas suas características espectrais. Daí a necessidade de conhecer outras características de cada evento, como amplitude, duração, condições locais, efeitos provocados etc.

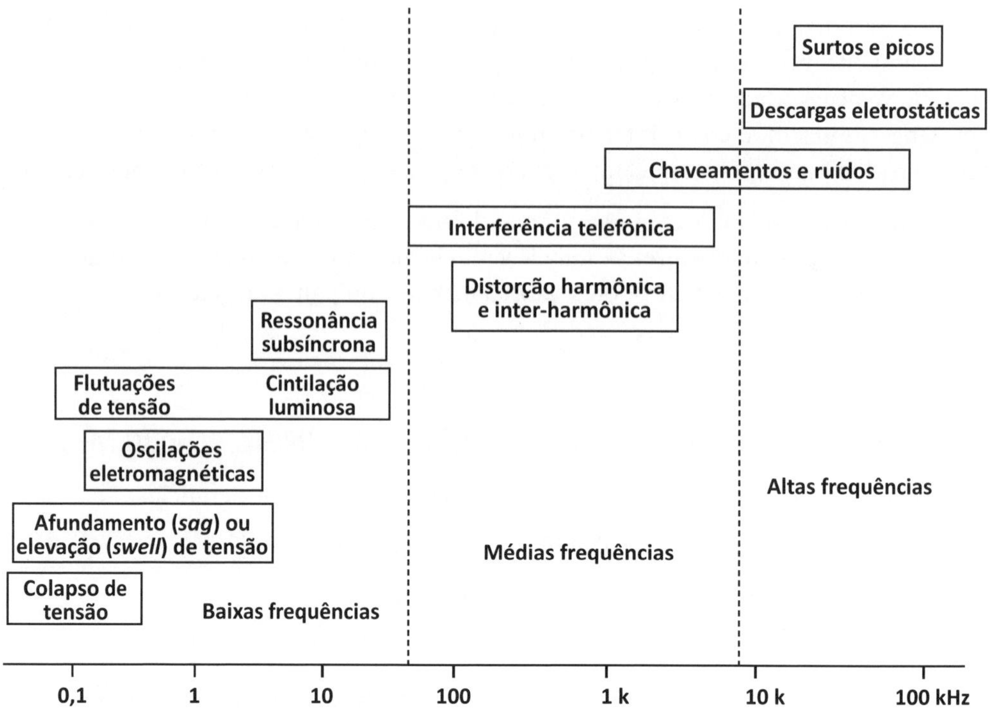

Figura 3.25 Distribuição dos distúrbios em função da frequência.

3.8. ATRIBUIÇÃO DE RESPONSABILIDADES

A atribuição de responsabilidade por eventuais danos causados por distúrbios elétricos ainda é uma questão em discussão, apesar do avanço no desenvolvimento de normas e equipamentos de medição. Os motivos são diversos, começando pelo fato de alguns distúrbios serem praticamente inevitáveis ou imprevisíveis (por exemplo, descargas atmosféricas, curtos-circuitos etc.). Outra questão a ser mais claramente definida refere-se à origem do problema (se provém do lado do agente supridor ou do lado do consumidor).

Alguns distúrbios apresentam "assinatura" bem definida e, portanto, têm sua origem mais facilmente identificável (por exemplo, fontes de *flicker* [7] ou oscilações eletromecânicas). No entanto, a maioria dos eventos causadores de problemas de QEE pode ocorrer tanto na rede de suprimento como nas instalações dos consumidores (por exemplo, VTCD [8], geração de harmônicos [9], desequilíbrio [10], ressonâncias em instalações com capacitores etc.). Nesses casos, a correta identificação das contribuições de diferentes agentes pode resultar em compartilhamento de responsabilidades. É essa uma das principais questões em discussão para a aplicação e o desenvolvimento de legislação aplicável.

As dificuldades conceituais vão além dos aspectos de atribuição ou compartilhamento de responsabilidades pelos distúrbios, sendo relevantes também os aspectos de medição. Em situações não ideais, os próprios conceitos das potências ativa, aparente, reativa, especialmente estas duas últimas, não possuem definições e maneiras de medição que sejam unanimemente aceitas, levando à dificuldade, como vimos, do uso de definições como a de fator de potência. É preciso considerar ainda que os processos internos dos medidores digitais também podem resultar em erros de medição e, consequentemente, de tarifação [11], [12]. Esses aspectos fogem dos objetivos deste livro, mas, por sua importância, devem ser acompanhados pelos que atuam nos temas de QEE.

Um exemplo de circuito simples pode ser usado para mostrar que o assunto traz aspectos surpreendentes. Considere a Figura 3.26, na qual uma fonte de tensão senoidal ideal alimenta uma carga não linear e que, portanto, provoca corrente contendo harmônicos através de um alimentador puramente resistivo de valor R.

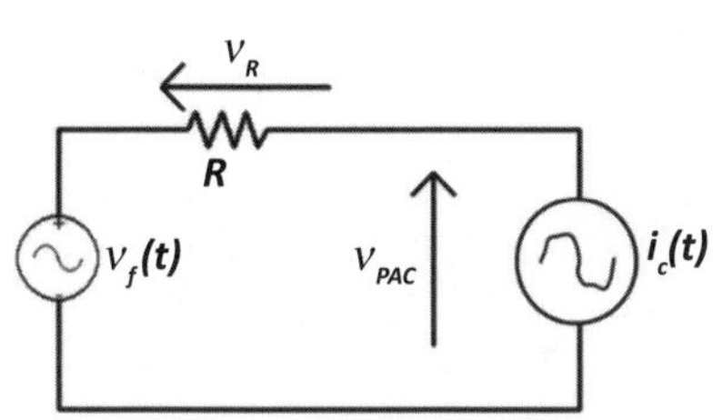

Figura 3.26 Circuito com fonte senoidal de tensão e carga não linear.

Considere-se que a tensão da fonte ideal seja dada por:

$$v_f(t) = V_1 \cdot \sqrt{2} \cdot sen(\omega_1 t)$$

e que a corrente demandada pela carga não linear, contendo um harmônico I_h, seja:

$$i_c(t) = I_1 \cdot \sqrt{2} \cdot sen(\omega_1 t) + I_h \cdot \sqrt{2} \cdot sen(h\omega_1 t) \tag{3.5}$$

A queda de tensão na resistência vale, portanto:

$$v_R(t) = R \cdot i_c(t) \tag{3.6}$$

e a tensão no ponto de acoplamento da carga resulta em:

$$v_{PAC}(t) = v_f(t) - v_R(t) \tag{3.7}$$

A potência ativa entregue pela fonte senoidal (P_f) é dada por:

$$P_f = \frac{1}{T}\int_0^T v_f(t) \cdot i_c(t)dt \tag{3.8}$$

Desenvolvendo essa equação, resulta:

$$P_f = \frac{1}{T}\int_0^T \left[V_1 \cdot \sqrt{2} \cdot sen(\omega_1 t)\right] \cdot \left[I_1 \cdot \sqrt{2} \cdot sen(\omega_1 t) + I_h \cdot \sqrt{2} \cdot sen(h\omega_1 t)\right]dt, \tag{3.9}$$

cujo valor médio por período se reduz a:

$$P_f = V_1 \cdot I_1 \tag{3.10}$$

ou seja, a fonte ideal só fornece potência ativa na frequência fundamental. No entanto, olhando para a resistência do alimentador, a potência nesta dissipada vale:

$$P_R = \frac{1}{T}\int_0^T v_R(t) \cdot i_c(t)dt \tag{3.11}$$

Desenvolvendo o produto do integrando resulta:

$$P_R = \frac{1}{T}\int_0^T R\left[I_1 \cdot \sqrt{2} \cdot sen(\omega_1 t) + I_h \cdot \sqrt{2} \cdot sen(h\omega_1 t)\right] \cdot \left[I_1 \cdot \sqrt{2} \cdot sen(\omega_1 t) + I_h \cdot \sqrt{2} \cdot sen(h\omega_1 t)\right]dt \tag{3.12}$$

que pode ser reduzida às seguintes parcelas:

$$P_R = RI_1^2 + RI_h^2 = P_{R1} + P_{Rh} \tag{3.13}$$

A questão que se coloca é: de onde surge a potência harmônica dissipada na resistência (RI_h^2), uma vez que a fonte de tensão só produz potência ativa na frequência fundamental? Para responder a essa pergunta devemos olhar o que acontece com a potência na carga. A tensão na carga vale:

$$v_{PAC}(t) = v_f(t) - v_R(t) = v_f(t) - R \cdot i_c(t) \tag{3.14}$$

A potência ativa na carga é expressa por:

$$P_c = \frac{1}{T}\int_0^T v_{PAC}(t) \cdot i_c(t)dt \tag{3.15}$$

cuja equação pode ser desenvolvida como segue:

$$P_c = \frac{1}{T}\int_0^T \left[\left(V_1 - RI_1\right)\cdot\sqrt{2}\cdot sen\left(\omega_1 t\right) - RI_h\cdot\sqrt{2}\cdot sen\left(h\omega_1 t\right)\right]\cdot\left[I_1\cdot\sqrt{2}\cdot sen\left(\omega_1 t\right)\right.$$
$$\left. + I_h\cdot\sqrt{2}\cdot sen\left(h\omega_1 t\right)\right]dt$$

resultando as parcelas:

$$P_c = I_1\left(V_1 - RI_1\right) - RI_h^2 = P_1 - P_{R1} - P_{Rh} \tag{3.16}$$

Constata-se que a potência ativa na carga P_c corresponde à potência produzida na fonte P_1 descontadas as duas parcelas P_{R1} e P_{Rh} que representam as perdas na resistência do alimentador. Se a parcela de potência harmônica P_{Rh} não é fornecida pela fonte de tensão senoidal, ela só pode ser atribuída a uma fonte de corrente harmônica I_h representando a parte não linear da carga.

Nesse caso, o ponto a focalizar refere-se ao aspecto de tarifação: quem paga pelas perdas harmônicas observadas no alimentador?

A resposta depende de como o medidor, instalado junto ao consumidor, realiza o cálculo da potência ativa. Se o medidor não levar em conta a presença de harmônicos (seja pela falta de resolução espectral na medição da tensão ou da corrente, seja por efeito de filtragem intencional) então, segundo (3.13), o termo RI_h^2 será ignorado e apenas as perdas fundamentais no alimentador (P_{R1}) serão descontadas da potência total fornecida pela fonte supridora e o consumidor será onerado pelo restante (P_1 - P_{R1}).

Caso o medidor leve em conta os harmônicos de corrente, constata-se por (3.16) que o consumidor terá descontado (por ser negativa) também a parcela de perdas harmônicas no alimentador, sendo ele mesmo o responsável pela injeção dessa potência indesejável na rede. Essa questão não é óbvia se considerarmos o caso do consumidor com autogeração. Nesse caso ele injeta potência fundamental (desejável) na rede, mas que também é mensurada como negativa. Isso mostra como as análises para quantificação de potência da carga são sensíveis ao método de cálculo de potência empregado pelo medidor ou analisador de energia, podendo levar a resultados diferentes e até equivocados [13], [14].

Esta análise pode ser feita com exatidão quando se considera potência ativa, que é uma grandeza conservativa, pois segue o Princípio de Conservação da Energia. O mesmo não se aplica à análise das potências não ativas, uma vez que, por não obedecerem a tal princípio, não permitem a análise algébrica conforme realizada nas equações anteriores. Essa é uma das dificuldades ainda não totalmente superadas no campo da conceituação de parcelas de potências não ativas e vai demandar mais pesquisas até se chegar a normativas consensuais sobre o tema.

3.9. PADRONIZAÇÃO E NORMAS

Existe uma tendência constante para rediscutir e atualizar as normas relacionadas com QEE e compatibilidade eletromagnética buscando adequá-las às inovações tecnológicas e chegar a um consenso internacional. Iniciativas nesse sentido vêm de entidades que têm patrocinado a maior parte dos estudos normativos, como o IEEE (norte-americano), IEC e CIGRE (europeus). A convergência normativa tem como vantagem a uniformização dos procedimentos a serem seguidos, por exemplo, pelos fabricantes de equipamentos de medição e das cargas. Isso talvez venha a ocorrer em longo prazo. A falta de unificação de procedimentos e critérios pode até prejudicar determinados consumidores.

Por exemplo, um equipamento previsto para ser utilizado sob determinadas condições no país de fabricação pode apresentar mau funcionamento quando conectado em uma rede com características e padrões de qualidade distintos. Fato é que devemos seguir as normas nacionais ou regionais e, na falta dessas, as recomendações internacionais. No entanto, a ausência de normas formalmente estabelecidas oferece um cenário em que não se pode obrigar um dado equipamento a apresentar conformidade com padrão de validade não oficializado.

No Brasil, algumas normas estrangeiras são adotadas de modo integral ou parcialmente adaptadas. Coordenados pela ANEEL e pelo ONS, grupos de técnicos e especialistas têm trabalhado para chegar a um conjunto de procedimentos e recomendações aplicáveis tanto na rede básica como nas redes de distribuição, para viabilizar os contratos de conexão entre os diversos agentes do setor elétrico. Os procedimentos podem ser encontrados nos repositórios da ANEEL e do ONS. No caso de regulamentações referentes a equipamentos, sistemas ou dispositivos específicos, os padrões podem ser encontrados junto ao INMETRO ou à ABNT.

Outro aspecto importante na distinção dos enfoques regionais das normas é a diferença entre as abordagens dos procedimentos do IEC e do IEEE. Quando se trata de verificar o impacto das cargas, por exemplo, a filosofia de trabalho da entidade norte-americana se preocupa com o *efeito de uma unidade consumidora sobre a rede*, sem atenção especial ao que existe internamente na instalação do consumidor (que é "problema dele"). Por sua vez, a abordagem europeia da IEC visa *limitar a emissão de cada equipamento* (especialmente os de maior uso e impacto), buscando o controle individual dos aparelhos que possam causar efeito negativo em termos de QEE. Essa é uma das dificuldades para a unificação das normas.

A Tabela 3.1 apresenta um resumo das causas e efeitos dos principais distúrbios na rede elétrica e que afetam a qualidade da energia elétrica.

Tabela 3.1 Resumo de causas e efeitos dos distúrbios

Distúrbios	Causas	Efeitos
Afundamento da tensão	Degrau de carga, curto-circuito	Perda de potência, falha de operação
Cintilação luminosa	Cargas variáveis	Incômodo visual, estresse
Colapso da tensão	Falta de suporte de reativos	Perda de sincronismo, desligamentos
Descarga eletrostática	Sobretensões	Ruptura de isolantes, sobrecorrentes
Desequilíbrio de tensões	Cargas desiguais, curto entre fases	Sobretensão, sobrecorrente, vibração em máquinas
Elevação da tensão	Redução da carga, excesso de reativos, curto desequilibrado	Estresse de dielétrico, sobrecarga
Flutuação da tensão	Cargas variáveis, oscilação de potência	Cintilação, modulação de torque
Harmônicos	Cargas não lineares, chaveamento, descontinuidades	Ressonância, perdas adicionais, ruído, aquecimento, interferência telefônica
Impulso da tensão	Descarga eletrostática	Ruptura de dielétrico
Interferência eletromagnética	Mau contato provocando arcos, chaveamento em alta frequência	Aquecimento localizado, falha de sistemas digitais
Interferência telefônica	Correntes harmônicas em linhas	Ruído telefônico
Inter-harmônicos	Cargas não lineares variáveis	Modulação harmônica, interferências
Interrupção momentânea	Curto-circuito momentâneo	Falha de equipamentos sensíveis
Interrupção temporária	Curto-circuito temporário, atuação da proteção	Perdas em processos produtivos
Interrupção permanente	Manutenção programada, falha imprevista	Parada de produção

(*continua*)

Tabela 3.1 Resumo de causas e efeitos dos distúrbios (*continuação*)

Distúrbios	Causas	Efeitos
Microinterrupção	Curto-circuito momentâneo	Falha de equipamentos sensíveis
Modulação de amplitude	Carga cíclica, ressonância	Cintilação, oscilação de torque
Oscilação eletromecânica	Desbalanço entre geração e carga	Modulação da potência gerada, variação da frequência
Oscilação transitória	Manobra de disjuntor, curto-circuito	Sobretensões, ressonâncias
Recorte de comutação	Curto-circuito momentâneo devido à comutação de conversores eletrônicos	Estresse de dielétricos, modulação harmônica, poluição sonora
Ressonância subsíncrona	Compensação capacitiva série de linha	Vibração mecânica entre turbina e gerador
Ruído	Descargas e arcos elétricos, mau contato	Interferências, falha de sistemas digitais
Sobretensão	Curto desequilibrado, entrada de capacitor, redução de carga	Ruptura de dielétricos, sobrecorrente, aumento de perdas, queima de aparelhos, redução da vida útil
Subtensão	Curto-circuito, partida de motores, falta de suporte reativo	Sobrecorrente, falha na operação, desligamento
Surto ou pico de tensão	Descarga eletrostática, curto-circuito	Ruptura de dielétrico, queima de equipamentos

Nos próximos itens são apresentadas as principais entidades, nacionais e internacionais, que tratam da normatização de processos e grandezas envolvendo qualidade da energia elétrica. O objetivo é oferecer uma primeira noção sobre as estruturas dessas instituições, seus objetivos e campos de atuação. As informações contidas nos registros técnicos normativos vão muito além da simples compilação de regras, limites, tabelas e gráficos. Em muitos casos constituem leitura essencial para quem pretende se envolver com os temas técnicos ou de pesquisa nas áreas da engenharia elétrica, uma vez que contêm preciosas descrições sobre os problemas e motivações que deram origem a cada norma específica. É bom sempre ter em mente que as normas são fruto de anos de discussões entre especialistas, expressando a síntese da experiência desses grupos de trabalho.

Ao final dos próximos capítulos, que tratam mais diretamente de cada tipo de distúrbio de QEE, mais detalhes das normas aplicáveis serão apresentados.

3.10. PADRÕES BRASILEIROS PARA AVALIAÇÃO DA TENSÃO SUPRIDA

Os objetivos dos Procedimentos de Distribuição de Energia Elétrica no Sistema Elétrico Nacional (PRODIST), Módulo 8 – Qualidade da Energia Elétrica [4], são definidos como:

- Estabelecer os procedimentos relativos à qualidade da energia elétrica (QEE), abordando a qualidade do produto e a qualidade do serviço prestado.
- Para a *qualidade do produto*, o módulo define a terminologia e os indicadores, caracteriza os fenômenos, estabelece os limites ou valores de referência, a metodologia de medição, a gestão das reclamações relativas à conformidade de tensão em regime permanente e às perturbações na forma de onda de tensão e os estudos específicos de qualidade da energia elétrica para fins de acesso aos sistemas de distribuição (conforme Rev. 8, de 2017).
- Para a *qualidade dos serviços prestados*, este módulo estabelece a metodologia para apuração dos indicadores de continuidade e dos tempos de atendimento a ocorrências emergenciais, definindo padrões e responsabilidades.

Os procedimentos de QEE definidos devem ser observados por diferentes tipos de agentes:

a) consumidores com instalações conectadas em qualquer classe de tensão de distribuição;

b) produtores de energia;

c) distribuidoras;

d) agentes importadores ou exportadores de energia elétrica;

e) transmissoras detentoras de demais instalações de transmissão;

f) Operador Nacional do Sistema (ONS).

Os aspectos de qualidade do produto (energia elétrica) em regime permanente ou transitório são:

a) tensão em regime permanente;

b) fator de potência;

c) nível de harmônicos;

d) desequilíbrio de tensões;

e) flutuações de tensão;

f) variações de tensão de curta duração;

g) variação de frequência.

3.10.1. DEFINIÇÕES ACERCA DE EQUIPAMENTOS DE MEDIÇÃO

Em 2021 entrou em vigor a Revisão 12 do Módulo 8 do PRODIST. Como esperado e em face da necessidade, acontecem frequentes alterações nas normativas buscando aperfeiçoar seu entendimento e adequá-la à evolução tecnológica. Na Revisão 8, de 2017, introduziram-se importantes atualizações em relação aos procedimentos de medição. As versões anteriores traziam definições consideradas inadequadas (por exemplo, baixa taxa amostral) à correta avaliação de vários distúrbios. Com a adoção das definições do padrão IEC 61000-4-30 (ou eventualmente de normas brasileiras específicas), foi estabelecido que os equipamentos destinados à avaliação da qualidade da energia devem ser capazes de identificar e mensurar a totalidade dos eventos definidos, realizando o processamento de acordo com o prescrito nas normas.

3.11. COMISSÃO INTERNACIONAL DE ELETROTÉCNICA (INTERNATIONAL ELECTROTECHNICAL COMMISSION)

A Comissão Internacional de Eletrotécnica [15] é a organização mundial que prepara e publica padrões internacionais para todas as tecnologias elétricas, eletrônicas e afins. Ela também gerencia sistemas de avaliação para certificar equipamentos, sistemas ou componentes em conformidade com seus padrões. Cerca de 180 comitês técnicos (*Technical Committees* [TC]) e subcomissões (SC) realizam o trabalho relativo às normas da IEC. Esses grupos de trabalho são compostos por especialistas de todo o mundo, a maioria vindos da indústria e do comércio, com participação de entidades governamentais, laboratórios de pesquisa, universidades e grupos de consumidores. A principal tarefa do TC 77 e suas três subcomissões é preparar publicações na área de Compatibilidade Eletromagnética (EMC), especificando padrões para emissões, imunidade, procedimentos de teste, técnicas de medição etc. As três subcomissões tratam dos seguintes temas:

- SC 77A: lida com fenômenos de baixa frequência (até 9 kHz);
- SC 77B: cuida de fenômenos contínuos e transitórios de alta frequência, incluindo as descargas eletrostáticas, por exemplo;
- SC 77C: abrange transitórios de alta potência, como os campos EM produzidos por detonações nucleares em grandes altitudes.

Na Tabela 3.2 são listadas algumas das principais normas da IEC na área de compatibilidade eletromagnética. Os problemas relacionados com QEE, segundo essa tabela, são analisados pela IEC do ponto de vista de compatibilidade eletromagnética, ou seja, dos níveis de emissão de cada equipamento.

Tabela 3.2 Exemplo de normas IEC na área de EMC

Distúrbios conduzidos em BF		
61000-3-2	PPUB Am.	Limites para emissão de correntes harmônicas (n < 40), I < 16A, BT
61000-3-3	PPUB Am.	Limitações de flutuações de tensão & *flicker*, I < 16A
61000-3-4	PPUB TR	Limites para emissão de correntes harmônicas (n < 40), I > 16A, BT
61000-3-5	PPUB TR	Limitações de flutuações de tensão & *flicker*, I > 16A
61000-3-6	PPUB TR	Limites para emissão de harmônicos em sistemas de MT & AT
61000-3-7	PPUB TR	Limitações de flutuações de tensão & *flicker* em sistemas de MT & AT
61000-3-8	PPUB	Níveis de emissão, faixas de frequência e níveis de perturbação para sinalização em instalações de BT
61000-3-12	ACDV	Limites para emissão de correntes harmônicas, < 75A, BT
Distúrbios conduzidos em AF		
CISPR 11 Am. 1 e 2	PPUB	Limites para equipamentos RF industriais, científicos e médicos, 0,15-30 MHz
CISPR 14-1 Am.1 e 2	PPUB	Limites para eletrodomésticos para fins domésticos e similares, 0,15-30 MHz e *clicks*
CISPR 22 Am. 1 e 2	PPUB	Limites para equipamentos de TI, 0,15-30 MHz
Distúrbios radiados em AF		
CISPR 11 Am. 1 e 2	PPUB	Limites para equipamentos RF industriais, científicos e médicos, 30-1.000 MHz
CISPR 14-1 Am. 1 e 2	PPUB	Limites para eletrodomésticos para fins domésticos e similares, 30-1.000 MHz e *clicks*
CISPR 22 Am. 1 e 2	PPUB	Limites para equipamentos de TI, 30-1.000 MHz

TR: relatório récnico
Am.: em processo de emenda
PPUB: publicação publicada
ACDV: *draft* aprovado
BF: baixa frequência
AF: alta frequência
RF: rádio frequência
BT: baixa tensão
MT: média tensão
AT: alta tensão

Uma vez que existem diferenças nas características das redes de suprimento, como impedâncias dos alimentadores, níveis de tensão de alimentação, formas de conexão e de aterramento, densidade de consumidores por alimentador, é esperado que a emissão harmônica de determinada carga venha a produzir impactos distintos nas redes. Em função disso, a aplicação dos limites de emissão por consumidor poderá ser adaptada segundo as práticas mais comuns de conexão em cada país, atendendo aos critérios gerais de compatibilidade entre os níveis de emissão e de tolerância, descritos no item 3.5.

3.12. ASSOCIAÇÃO BRASILEIRA DE NORMAS TÉCNICAS

Fundada em 1940, a **Associação Brasileira de Normas Técnicas (ABNT)** [16] é o órgão responsável pela normatização técnica no país. A ABNT é uma entidade privada, sem fins lucrativos. É a representante no Brasil das seguintes entidades internacionais: ISO (*International Organization for Standardization*) e IEC (*International Electrotechnical Comission*), além das entidades de normalização regional COPANT (Comissão Pan-americana de Normas Técnicas) e AMN (Associação Mercosul de Normalização). A ABNT não estabelece normas relativas à qualidade da energia elétrica, mas define especificações para equipamentos eletroeletrônicos, incluindo aspectos como fator de potência, emissão de harmônicos etc. A certificação é dada pelo INMETRO (Instituto Nacional de Metrologia).

Por exemplo, a norma *ABNT NBR 14418:2011 - Reatores eletrônicos alimentados em corrente alternada para lâmpadas fluorescentes tubulares - Prescrições de desempenho* contém especificações para reatores de lâmpadas fluorescentes acima de 60 W, que têm ampla aplicação comercial e industrial (o que justifica o foco nesta potência). A norma indica, entre outros aspectos, fator de potência mínimo de 0,95 (o que garante uma baixa distorção harmônica na corrente). Ou ainda, a ABNT NBR 15204:2005 *Conversor a semicondutor - Sistema de alimentação de potência ininterrupta com saída em corrente alternada (nobreak) - Segurança e desempenho*, que se refere à qualidade da tensão CA de saída de uma fonte ininterrupta de energia (UPS).

3.13. IEEE STANDARDS ASSOCIATION E AMERICAN NATIONAL STANDARDS INSTITUTE (ANSI)

O IEEE-SA [17] é uma entidade que desenvolve normas relacionadas a produtos e serviços, nos setores de telecomunicações, de tecnologia da informação e de geração de energia. Possui uma carteira ativa de cerca de 1.300 normas e projetos em desenvolvimento. Embora de caráter predominantemente estadunidense, suas normas e recomendações têm impacto em todo o mundo. As resoluções do IEEE podem ser adotadas pelas entidades nacionais de normatização, como a ABNT, no caso brasileiro, ou a ANSI [18], no caso dos Estados Unidos, assumindo, dessa forma, uma recomendação oficial.

Exemplos dessa relação são as normas IEEE 1159-2009 *Recommended Practice for Monitoring Electric Power Quality* e a norma SEMI F50-0200 (REAPPROVED 1108) *Guide for Electric Utility Voltage Sag Performance for Semiconductor Factories*, originárias de diferentes entidades e tornadas normas nacionais pela ANSI.

3.14. INTERNATIONAL COUNCIL ON LARGE ELECTRIC SYSTEMS (CIGRE)

CIGRE [19], [20] é uma organização permanente, não governamental, sem fins lucrativos, fundada em 1921 na França, que se dedica a tratar aspectos técnicos, econômicos, ambientais, organizacionais e de regulamentação relacionados a sistemas elétricos de grande porte. Também neste caso não se trata de uma organização normativa, mas seus estudos servem de base para as definições de normas e regulamentações. Possui organizações nacionais associadas. Por exemplo, o Comitê Nacional Brasileiro de Produção e Transmissão de Energia Elétrica (CIGRE Brasil) é uma sociedade civil, sem fins lucrativos, fundada em 1971, que tem por objetivo promover o intercâmbio e desenvolvimento técnico, tecnológico e da engenharia no Brasil, no campo da produção de energia elétrica, de sua transmissão em alta-tensão e na distribuição, abrangendo basicamente:

- aspectos elétricos e eletromecânicos da geração de energia elétrica;
- estudos, projetos, construção, operação e manutenção de linhas de transmissão, subestações e equipamentos ou sistemas associados;
- planejamento eletroenergético de sistemas isolados ou interligados e sua operação, racionalização ou conservação de energia;
- telecomunicações, controle e proteção em sistemas elétricos;
- desenvolvimentos e aplicação de materiais, equipamentos e sistemas eletroenergéticos;
- desenvolvimento e aplicação de métodos e técnicas destinadas à análise e ao desenvolvimento dos sistemas elétricos de potência;
- aspectos de regulação e mercado de energia, geração distribuída, meio ambiente e tecnologia de informação.

Dentre os vários comitês de estudo, dois tratam especificamente de aspectos relacionados à qualidade da energia e sua avaliação. São eles:

CE-B4 Elos de corrente contínua e eletrônica de potência - CCAT: abrange aspectos econômicos, aplicações, aspectos de planejamento, projeto, desempenho, controle, proteção, controle e teste de estações conversoras. Eletrônica de potência para transmissão CA, sistemas de distribuição e melhoria de qualidade da energia: aspectos econômicos, aplicações, planejamento, projeto, desempenho, controle, proteção, construção e teste. Eletrônica de potência elevada: desenvolvimento de novas tecnologias em conversores incluindo controles, novos semicondutores, aplicações dessas tecnologias em CCAT, FACTS e qualidade da energia.

CE-C4 Desempenho de sistemas elétricos - Abrange estudos, desenvolvimentos e recomendações de métodos e instrumentos para análises e medições do desempenho de sistemas elétricos relacionado com a Qualidade da Energia Elétrica, Compatibilidade eletromagnética, Descargas atmosféricas e Coordenação de isolamentos.

3.15. NORMATIZAÇÃO DE QEE EM AMBIENTES ESPECIAIS

Aspectos de QEE podem estar presentes em outros ambientes que não as redes elétricas comerciais. Exemplos são os sistemas embarcados em navios, aeronaves ou satélites. A STANAG-1008 [21] refere-se às fontes de energia elétrica em navios de guerra da OTAN. Este é um padrão originado da MIL-STD-1399 (NAVY) - Seção 300 A [22]. Esta norma, que se aplica à operação normal de navios de guerra, introduziu uma série de quesitos sobre QEE.

No campo aeronáutico, tem-se a norma MIL-STD-704 [23], que estabelece os padrões de qualidade da rede elétrica interna a um avião. Essa rede pode ser CA em 400 Hz, em frequência variável (360 a 800 Hz) ou 60 Hz, bem como redes CC (28 V ou 270 V). A norma RTCA DO-160F [24], por sua vez, estabelece procedimentos para os ensaios dos equipamentos eletroeletrônicos que são instalados no interior de um avião. Os conceitos de QEE permanecem essencialmente inalterados. Os limites, no entanto, são adaptados às peculiaridades de cada aplicação.

3.16. EVOLUÇÃO TECNOLÓGICA E OBSOLESCÊNCIA DE NORMAS: O CASO DE *FLICKER*

A constante evolução da tecnologia pode fazer emergir novos fenômenos que, por seus impactos, apresentam novos problemas de QEE. De maneira inversa, distúrbios que eram comuns no passado, com a modernização de equipamentos e tecnologias, podem perder significado ou mesmo desaparecer. Nesse sentido, é muito importante que as entidades normativas constantemente atualizem suas recomendações, adequando-as à realidade tecnológica.

Como exemplo, considere-se o tema da cintilação luminosa, que será detalhadamente tratado no Capítulo 4. Esse problema parecia superado depois da substituição das lâmpadas incandescentes por lâmpadas de menor consumo (LED ou fluorescentes). Isso porque o efeito *flicker* foi inicialmente associado a variações luminosas de lâmpadas incandescentes, causadas por flutuações de tensão de alimentação devido à operação de cargas variáveis.

O elaborado processamento das flutuações da tensão para extrair o nível de *flicker* leva em consideração a curva de sensibilidade do olho humano, sendo que a maior sensibilidade ocorre em torno de 9 Hz e que a faixa de percepção vai desde uma variação isolada até variações de 30 a 35 Hz. Maiores detalhes sobre o processamento para extração dos índices usados para quantificar o efeito *flicker* serão descritos no Capítulo 4.

Neste ponto cabe comentar que a partir de 2015 as lâmpadas incandescentes deixaram, por lei, de ser aplicadas para iluminação residencial e comercial, sendo substituídas por lâmpadas tipo LED ou fluorescentes, que possuem controle eletrônico. Além de serem mais eficientes e de maior durabilidade, eram consideradas imunes às pequenas variações de tensão que causavam *flicker* nas lâmpadas incandescentes e assim o problema deixaria de ser uma preocupação.

Porém, mais recentemente, têm surgido pesquisas indicando que esses novos dispositivos de iluminação podem não ser imunes ao efeito *flicker* provocado por batimento de altas frequências, como as geradas por equipamento eletrônico com controle chaveado em vários kHz. Esse novo problema, a ser mais bem investigado para melhor compreensão, no entanto, não deveria surpreender por dois motivos:

1) Já era sabido [25] que níveis excessivos de *flicker* podiam ser provocados por modulação de harmônicos presentes na tensão, mesmo quando estes atendiam aos níveis de distorção recomendados pelas normas da época;
2) Os níveis de potência associados às variações de tensão capazes de produzir *flicker* são extremamente baixos, podendo, em princípio, afetar lâmpadas LED, que também são de baixa potência. Efeitos de batimento em baixa frequência devido a chaveamento em alta frequência de equipamentos eletrônicos poderiam afetar as tensões em conversores que alimentam lâmpadas eletrônicas.

O fato de que a modulação de harmônicos ou mesmo o batimento entre altas frequências próximas possam provocar efeitos equivalentes a *flicker* nos atuais sistemas de iluminação é um dos motivos para continuar estudando esse fenômeno e suas novas formas de manifestação. Outro motivo é que a metodologia tradicional de detecção e o processamento digital desse fenômeno sensível, não linear, aleatoriamente variável e de espectro visual conhecido, envolve diversas ferramentas de processamento de sinais como: normalização, demodulação, quadramento, filtragem, discretização, tratamento estatístico, entre outras técnicas analógicas e digitais de medição e análise. Ou seja, trata-se de excelente meio para estudar técnicas para obtenção de indicadores de QEE.

3.17. RESUMO

Neste capítulo foram apresentadas as bases para determinar a ocorrência de problemas de qualidade da energia elétrica. Inicialmente foram explicitadas as condições ideais de operação de um sistema elétrico para depois descrever as condições reais, que podem apresentar diversos tipos de distúrbios, comprometendo a operação normal do sistema. Além de caracterizar os vários tipos de distúrbios observáveis em diferentes faixas de frequências e as fontes causadoras, constata-se a dificuldade de atribuir responsabilidade por eventuais danos causados pelos eventos detectados e que comprometem a qualidade da energia que chega aos consumidores. Para fazer frente a essas dificuldades existem as normativas. Além de descrever os principais órgãos normativos nacionais, o capítulo também apresenta as principais instituições normativas internacionais que cobrem boa parte dos problemas de QEE em diferentes ambientes de uso da energia elétrica. Chama-se a atenção para o constante e necessário aperfeiçoamento das normas, que, além de atentar para os problemas existentes, precisam se adequar aos novos problemas que a evolução tecnológica costuma introduzir. O que deve nortear esse aperfeiçoamento normativo é a busca pela compatibilidade eletromagnética entre os limites de emissão de distúrbios e a imunidade das cargas sujeitas a eles.

QUESTÕES

1) Considerando as seis condições ideais assumidas no texto, analise o seguinte:
   a) O que cabe à concessionária com respeito a cada uma delas?
   b) O que cabe ao consumidor com respeito a essas condições?
2) Para a definição do que constitui um problema de QEE costuma-se levar em conta principalmente os aspectos econômicos. O que poderia ser alterado nas atribuições de concessionária e consumidor se fossem levados em conta também fatores como impacto ambiental, compatibilidade eletromagnética, novas tecnologias de produção de energia elétrica etc.?
3) Em quais situações, dos pontos de vista do fornecedor e do consumidor, é importante levar em conta o valor instantâneo máximo de uma tensão em vez de valores eficazes?
4) Por quais motivos deve-se observar se a capacidade de curto-circuito no ponto de acoplamento (PAC) de uma carga é adequada?
5) De que maneira as perdas em um alimentador podem ser consideradas benéficas?
6) Suponha que o consumidor de baixa tensão seja alimentado pela concessionária diretamente com corrente contínua:
   a) Quais seriam as vantagens e desvantagens para ambos?
   b) Quais problemas de QEE deixariam de existir?
   c) Quais novos problemas poderiam surgir?

7) Os problemas de QEE em SEE podem ser analisados sob diferentes enfoques. Considere a medição da magnitude da tensão alternada e os correspondentes limites de conformidade.
   a) Aponte o que é necessário para se obter uma medida representativa dessa grandeza.
   b) O que é necessário levar em conta para estabelecer um limite aceitável para essa grandeza?
8) Quais são as vantagens de se abordar a questão da normatização do ponto de vista do impacto de uma unidade consumidora (UC) no SEE, como no caso usual das normas norte-americanas? E as desvantagens?
9) Quais são as vantagens de abordar essas questões do ponto de vista dos equipamentos elétricos individuais, como no caso das normas europeias? Quais são as desvantagens?
10) Por que no planejamento de instalação de uma UC ou no desenvolvimento de um aparelho elétrico os limites de distúrbios provocados devem ser mais restritivos do que os limites estabelecidos para o agente supridor?

REFERÊNCIAS

[1] Comissão de Serviços Públicos de Energia - CSPE, "Qualidade do fornecimento de energia elétrica - indicadores, padrões e penalidades". *Documento Preliminar para Discussão.* Versão 2, Jul. 1997.

[2] C. L. Fortescue, "Method of Symmetrical Co-Ordinates Applied to the Solution of Polyphase Networks", *Transactions of the American Institute of Electrical Engineers,* Volume: XXXVII, Issue: 2, 1918

[3] C. A. Castro, M. R. Tanaka, *Circuitos de Corrente Alternada.* Campinas: Unicamp, 1992.

[4] Agência Nacional de Energia Elétrica - ANEEL, *Procedimentos de Distribuição de Energia Elétrica no Sistema Elétrico Nacional - PRODIST, Módulo 8 - Qualidade da Energia Elétrica*, Revisão 12, vigente a partir de 01/01/2021.

[5] IEEE Std 1250, *IEEE Guide for Identifying and Improving Voltage Quality in Power Systems*, 2011.

[6] N. G Hingorani, L. Gyugyi, "*Understanding FACTS: Concepts and Technology of Flexible AC Transmission Systems*", Wiley-IEEE Press, 2000.

[7] S. M. Deckmann, E. Nunes, R. Milanese, "Aplicação da Matriz Z na Análise de Qualimetria", IX *Conferência sobre Qualidade da Energia Elétrica, CBQEE* 2011, Cuiabá, agosto de 2011.

[8] A. R. Ferreira, J. C. Oliveira, P. H. O. Rezende, "Uma proposta para a identificação da responsabilidade das VTCDs através da transferência dos indicadores de desequilíbrios nos transformadores de conexão", *XIV Conferência sobre Qualidade da Energia Elétrica, CBQEE* 2021, agosto de 2021.

[9] I. N. Santos, J. C. Oliveira, A. Santos, "Dominant impedance method to assign harmonic voltage contributions at a point of common coupling", *International Transactions on Electrical Energy Systems*, April 2021.

[10] M. A. Moraes, R. C. Filiagi Gregory, B. M. Gianesini, J. C. de Oliveira, I. N. Santo, "Análise comparativa dos métodos para o compartilhamento da responsabilidade dos desequilíbrios de tensão em sistemas elétricos", *XIV Conferência sobre Qualidade da Energia Elétrica,* CBQEE 2021, agosto de 2021.

[11] G. L. Xavier, G. Miyasaka, E. T. Silvério, H. R. J. da Silva, L. L. Braz, J. R. Macedo, "An update on the performance of reactive energy meters under non-sinusoidal conditions", *Electrical Engineering* 102 (4), 1881-1891, 2020.

[12] J. R. Macedo, G. L. Xavier, I. N. Gondin, L. T. S. Oliveira, R. F. B. de Oliveira, "An update on the performance of active energy meters under non-sinusoidal conditions", *Electrical Engineering* 102 (3), 1785-1794, 2020.

[13] J. R. Macedo, G. L. Xavier, I. N. Gondin, et al. "An update on the performance of active energy meters under non-sinusoidal conditions". *Electrical Engineering* 102, 1785-1794, 2020.

[14] M. B. Arcadepani, D. T. Rodrigues, A. C. Moreira, J. P. Bonaldo, H. Guillardi Junior, H. K. Morales-Paredes, "Conservative power theory for harmonic voltage responsibility assignment", *IEEE Transactions Latin America*, v. 20, n. 3, pp. 443-450, March 2022.

[15] International Electrotechnical Commission – IEC, acessível em http://www.iec.ch/

[16] Associação Brasileira de Normas Técnicas – ABNT, acessível em http://www.abnt.org.br/

[17] The Institute of Electrical and Electronics Engineers – IEEE, acessível em http://standards.ieee.org/

[18] American National Standards Institute – ANSI, acessível em http://web.ansi.org/

[19] International Council on Large Electric Systems – CIGRE, acessível em: http://www.cigre.org

[20] Comitê Nacional Brasileiro de Produção e Transmissão de Energia Elétrica – CIGRE-Brasil, acessível em http://www.cigre.org.br

[21] STANAG 1008, *Characteristics of shipboard electrical power systems in warships of the North Atlantic treaty navies*, NATO, ed. 8, 21 Febr. 1994, Edition 9, 24 Aug. 2003.

[22] USA MIL-STD-1399 (NAVY), *Interface standard for shipboard systems – Section 300 A – Electric Power, Alternating Current.*

[23] Department of Defense, Interface Standard, MIL-STD-704F, *Aircraft Electric Power Characteristics*, 1991.

[24] RTCA DO-160F, *Environmental conditions and test procedures for airborne equipment,* Section 16 Power Input, 2007.

[25] J. A. Pomilio, S. M. Deckmann, "Flicker produced by harmonic modulation". *IEEE Trans. on Power Delivery*, v. 18, n. 2, pp. 387-392, April 2003.

CAPÍTULO 4
Flutuações de tensão e efeito da cintilação luminosa

4.1. INTRODUÇÃO

Flutuações de tensão são variações aleatórias, esporádicas ou repetitivas que se manifestam tanto no valor eficaz quanto na amplitude da tensão. Normalmente o impacto das flutuações é tanto maior quanto maiores forem essas variações. No entanto, a frequência com que essas variações se manifestam também pode mudar a percepção de seus efeitos. Uma carga que varie ciclicamente produz variações da corrente demandada da rede, que por sua vez podem provocar alterações periódicas da tensão no ponto de conexão. Um exemplo é o compressor de ar, no qual um repentino aumento de torque é aplicado periodicamente ao motor elétrico, provocando aumentos cíclicos na corrente, resultando em flutuação da tensão. O efeito mais sensível causado pelas flutuações da tensão é a cintilação luminosa, tradicionalmente observável em lâmpadas incandescentes (em inglês, *lamp flicker* ou simplesmente *flicker*). As variações da tensão também podem afetar outras cargas sensíveis ao valor eficaz, como motores de baixa inércia (ventiladores, geladeiras e máquinas de lavar), além de interagir com sistemas reguladores que buscam estabilizar o valor eficaz da tensão.

A maioria das normas regulamentadoras das flutuações de tensão visa limitar o efeito *flicker*. Por isso, o desenvolvimento normativo se encontra atrelado ao efeito luminoso nas lâmpadas incandescentes. Atualmente, tais lâmpadas estão quase banidas do uso comercial, substituídas por luminárias eletrônicas, lâmpadas fluorescentes e LED. No entanto, as normas relativas às flutuações de tensão continuam a se valer do processo de estimar e quantificar o efeito *flicker* pelas razões mencionadas no capítulo anterior. As características desse fenômeno, bem como os limites e procedimentos de medição, são estabelecidas em normas como IEC 61000-3-3 [1], IEC 61000-3-11 [2] e IEC 61000-3-5 [3].

Os limites de conformidade dependem da incidência de eventos e de sua severidade, como indica a Figura 4.1. No eixo horizontal, a grandeza é o número de alterações por minuto do valor da tensão. Assim, um fenômeno que ocorra em 10 Hz representa 1.200 variações por minuto, pois se considera o aumento e a diminuição no valor como dois eventos distintos.

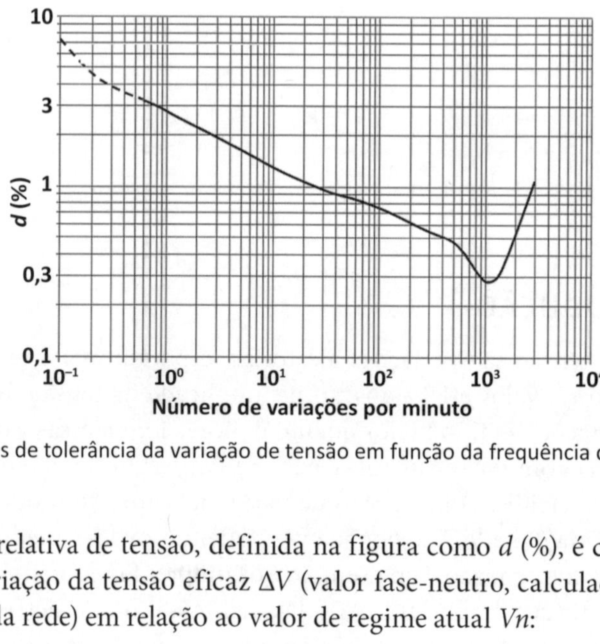

Figura 4.1 Limites de tolerância da variação de tensão em função da frequência das ocorrências [1].

A variação relativa de tensão, definida na figura como *d* (%), é calculada a partir do valor da variação da tensão eficaz ΔV (valor fase-neutro, calculado em meio ciclo da frequência da rede) em relação ao valor de regime atual *Vn*:

$$d = \frac{\Delta V}{V_n} \cdot 100\% \tag{4.1}$$

Para aparelhos que se enquadram na IEC 61000-3-3 ou na IEC 61000-3-11 (corrente menor que 16 A e corrente menor que 75 A, respectivamente), o teste é feito em um alimentador que apresenta uma impedância, como mostra a Figura 4.2, verificando-se o impacto nos pontos de conexão do EUT (*Equipment Under Test*). A norma define procedimentos para aparelhos como fornos, aquecedores de diferentes tipos, luminárias de alta potência, máquinas de lavar, secadoras, aspiradores de pó, máquinas copiadoras, máquinas de solda etc. Conhecido o comportamento da corrente do EUT, é possível calcular a variação esperada de tensão, determinando o valor de *d* e, dada a periodicidade de variações, verificar analiticamente a conformidade dessa carga com os limites da Figura 4.1.

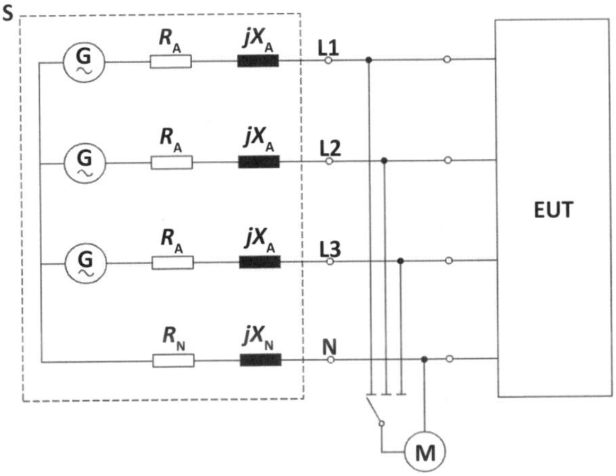

Figura 4.2 Rede de referência para testes de flutuação de tensão causados pelas cargas. $R_A = 0,24\ \Omega$; $R_N = 0,16\ \Omega$; $jX_A = 0,15\ \Omega$ e $jX_N = 0,1\ \Omega$ em 50 Hz [1]. M indica o medidor de tensão (voltímetro) e S indica a fonte de alimentação com impedância série padronizada.

4.2. CINTILAÇÃO LUMINOSA OU EFEITO *FLICKER*

Testes com observadores, realizados nos Estados Unidos, na Inglaterra e na França, demonstraram que a sensibilidade visual humana às variações luminosas se restringe à faixa de frequências entre 0 e 30 Hz. A sensibilidade não é uniforme, sendo máxima em torno de 8,8 Hz, como mostra a Figura 4.3, caso o ensaio seja feito com uma lâmpada incandescente de filamento. O fenômeno também pode ser observado, de modo atenuado, com outros tipos de dispositivos de iluminação.

A unidade para a sensação de cintilação instantânea é definida de tal forma que um valor unitário corresponde ao limite de percepção para 50% dos indivíduos submetidos aos testes em laboratório, ou seja, em condições controladas.

Muitas pessoas já experimentaram a sensação de variação da intensidade de iluminação artificial quando outras cargas ligadas ao mesmo circuito de alimentação provocam variação na tensão (por exemplo, ao ligar ou desligar um chuveiro). Uma descrição mais precisa de *flicker* é encontrada na (IEC) EN 61000-3-3, que o define como "a gravidade subjetiva da cintilação imposta à luz produzida por lâmpadas incandescentes de 230 V, 60 W pelas flutuações da tensão de alimentação". *Flicker* foi definido em termos de comportamento de lâmpada incandescente de padrão europeu (60 W, 230 V) por causa do uso disseminado de tal tipo de dispositivo na época em que surgiu essa normatização.[1]

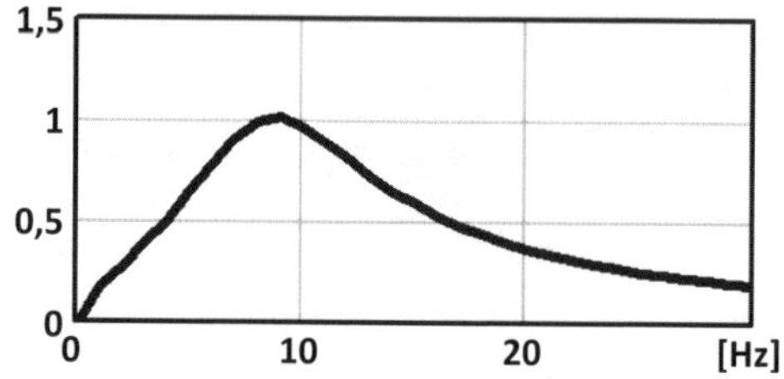

Figura 4.3 Sensibilidade relativa do olho humano às variações luminosas produzidas por lâmpada incandescente, normalizada pelo maior valor, em 8,8 Hz.

4.2.1. EFEITOS PROVOCADOS PELA CINTILAÇÃO LUMINOSA

Apesar de se tratar, aparentemente, de um mero problema de desconforto visual, já foi demonstrado que esse efeito pode atingir o sistema nervoso central e provocar disfunções neurológicas em observadores submetidos ao processo [4]. Para o observador comum, as variações luminosas podem causar dificuldades para leitura, incômodo visual, dor de cabeça, cansaço visual, estresse mental, perda de concentração etc. Isso significa que as pessoas podem ser mais ou menos afetadas por esses efeitos, mas de qualquer modo a sua capacidade produtiva física ou intelectual fica prejudicada.

4.2.2. CAUSAS DO EFEITO *FLICKER*

Em ambientes domésticos, aquecedores e fornos elétricos com controle automático de temperatura, fornos de micro-ondas, geladeiras e condicionadores de ar são exemplos de cargas que podem gerar *flicker* observável. Em ambientes industriais, as cargas variáveis que costumam provocar o efeito são: aparelhos de solda elétrica, prensas e estamparias, elevadores, bombas industriais, fornos a arco, laminadores siderúrgicos etc.

O problema fica mais evidente quando se constata que o olho é capaz de perceber a variação luminosa de uma lâmpada incandescente submetida a alterações bruscas de apenas 0,2% da tensão de operação. Para que essa percepção se transforme em in-

---

1 As restrições legais ao uso de lâmpadas incandescentes em projetos de iluminação, no Brasil, começaram em 2012, com a proibição da venda de lâmpadas com mais de 150 W. Em 2013, houve a eliminação das lâmpadas de potência entre 60 W e 100 W. Em 2014, foi a vez das lâmpadas de 40 W a 60 W. Em 2016 foram proibidas também a produção e a importação de lâmpadas incandescentes de 25 W a 40 W. Esse tipo de lâmpada ainda é utilizado em aplicações especiais (não em projetos de iluminação), como no interior de eletrodomésticos, semáforos ou em veículos, por exemplo.

cômodo é preciso aumentar a intensidade da variação ou repetir essa variação na faixa de frequências de maior sensibilidade.

4.3. MEDIÇÃO DO EFEITO *FLICKER*

A atual norma da Comissão Internacional de Eletrotécnica IEC 61000-3, com origem na antiga IEC-555-3 [5], trata da avaliação das flutuações e, em particular, do efeito de cintilação, estabelecendo curvas-limite para o nível de *flicker*, como mostra a Figura 4.4.

Para avaliar os níveis de *flicker* existe uma metodologia específica de processamento da tensão, originalmente proposta pela UIE (União Internacional de Eletrotermia) em 1982 [6] e aprovada em 1986 pela IEC como Std. 868 [7], atualmente IEC – 61000-4-15 [8]. A Figura 4.5 ilustra o processamento do sinal de tensão necessário para extrair o nível de *flicker* provocado pelas variações da amplitude sobre o sistema de iluminação. Desde 1994 existem equipamentos de medição de *flicker*, desenvolvidos por meio de pesquisas no Brasil, baseados nessa metodologia [9], [10].

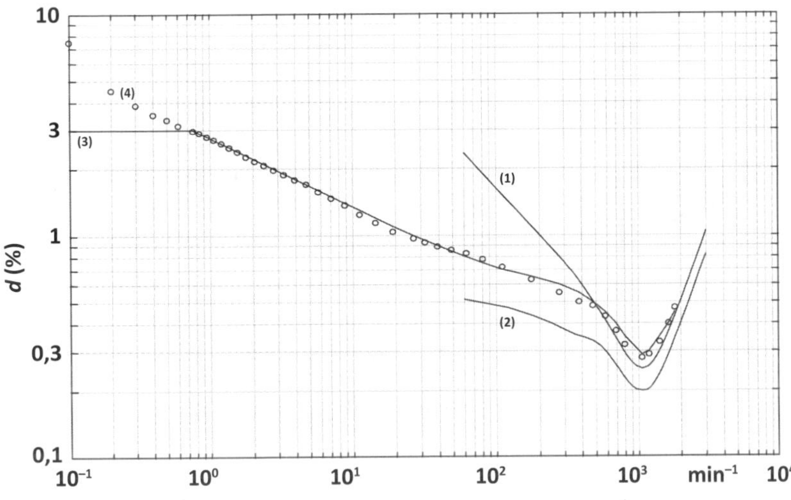

Figura 4.4 Curva 1 – Limiar de percepção visual para modulação senoidal;
Curva 2 – Limiar de percepção visual para modulação quadrada;
Curva 3 – Limite aceitável segundo a IEC para lâmpada de 60 W, 230 V;
Curva 4 – Valores-limite medidos pelo método proposto pela IEC.

4.3.1. DESCRIÇÃO DETALHADA DO MEDIDOR DE *FLICKER*

A Figura 4.5 representa um diagrama de blocos para o medidor de *flicker*, conforme definido na IEC 868 e na IEC 61000-4-15. Nas seções que seguem, cada bloco é descrito em detalhes, no que diz respeito tanto às funções de processamento do sinal fornecido pelo bloco quanto à sua relação com os fenômenos fisiológicos correspondentes. Uma vez que a resposta espectral de alguns blocos proporciona uma maior compreensão de sua função, os comportamentos desses blocos no domínio da frequência são incluídos.

Bloco 1 – Adaptador de tensão de entrada

A principal função do adaptador de tensão de entrada é fornecer uma tensão eficaz normalizada para a entrada do Bloco 2. Um controlador automático de ganho (CAG, em inglês AGC), com uma característica de resposta ao degrau de 10 a 90% em um minuto, fornece a funcionalidade necessária. De uma perspectiva de resposta de frequência, a constante de tempo especificada corresponde a um filtro passa-altas de primeira ordem, com frequência de corte de 5,83 mHz. Flutuações de tensão em frequências mais elevadas passam pelo CAG sem atenuação, enquanto componentes de muito baixa frequência são removidas. Do ponto de vista fisiológico, o circuito de CAG imita uma característica da visão, que consegue se ajustar a diferentes níveis de iluminação depois de certo tempo. Isso significa que o olho é capaz de perceber pequenas variações isoladas de iluminação, porém isso só se torna um incômodo quando essas variações passam a ser repetidas com intervalos menores que o tempo de adaptação.

O Bloco 1 também inclui entrada para um sinal de calibração. Essa função é adequada para garantir a calibração dos instrumentos mais antigos, de tipo analógico, descritos na norma IEC 61000-4-15. É menos necessária em instrumentos digitais, que possuem maior estabilidade de calibração. O transformador de entrada do Bloco 1 a rigor não faz parte do processamento. Sua função é adaptar a tensão de entrada do instrumento para um nível-padrão ou de referência do sinal medido. Instrumentos modernos podem diferir desse esquema em virtude de utilizarem amplificadores diferenciais de ganho variável, ao invés de transformadores.

A saída do Bloco 1 é aplicada à entrada do Bloco 2. Também pode ser aplicada a um circuito opcional de medição/indicação da tensão eficaz, que pode servir para analisar mudança de tensão ao longo do tempo. Essa facilidade serve para alguns testes previstos na IEC 61000-3-3. A medição do valor eficaz é normalmente incluída no medidor de *flicker*, embora não seja utilizada diretamente para avaliar o valor da perturbação.

Bloco 2 – Demodulador da tensão de entrada adaptada

O Bloco 2 faz uso de um circuito quadrador (multiplica o sinal por ele mesmo) como demodulador. O objetivo deste bloco é a recuperação do sinal modulante, ou seja, aquele que faz a tensão CA alterar seu valor eficaz. A escolha do método de quadramento para a demodulação tem um motivo: o quadramento simula as variações de potência associadas às variações da amplitude da tensão (similar ao cálculo do valor eficaz). Além disso, a ação do quadrador suprime o sinal da frequência portadora (50 ou 60 Hz da rede).

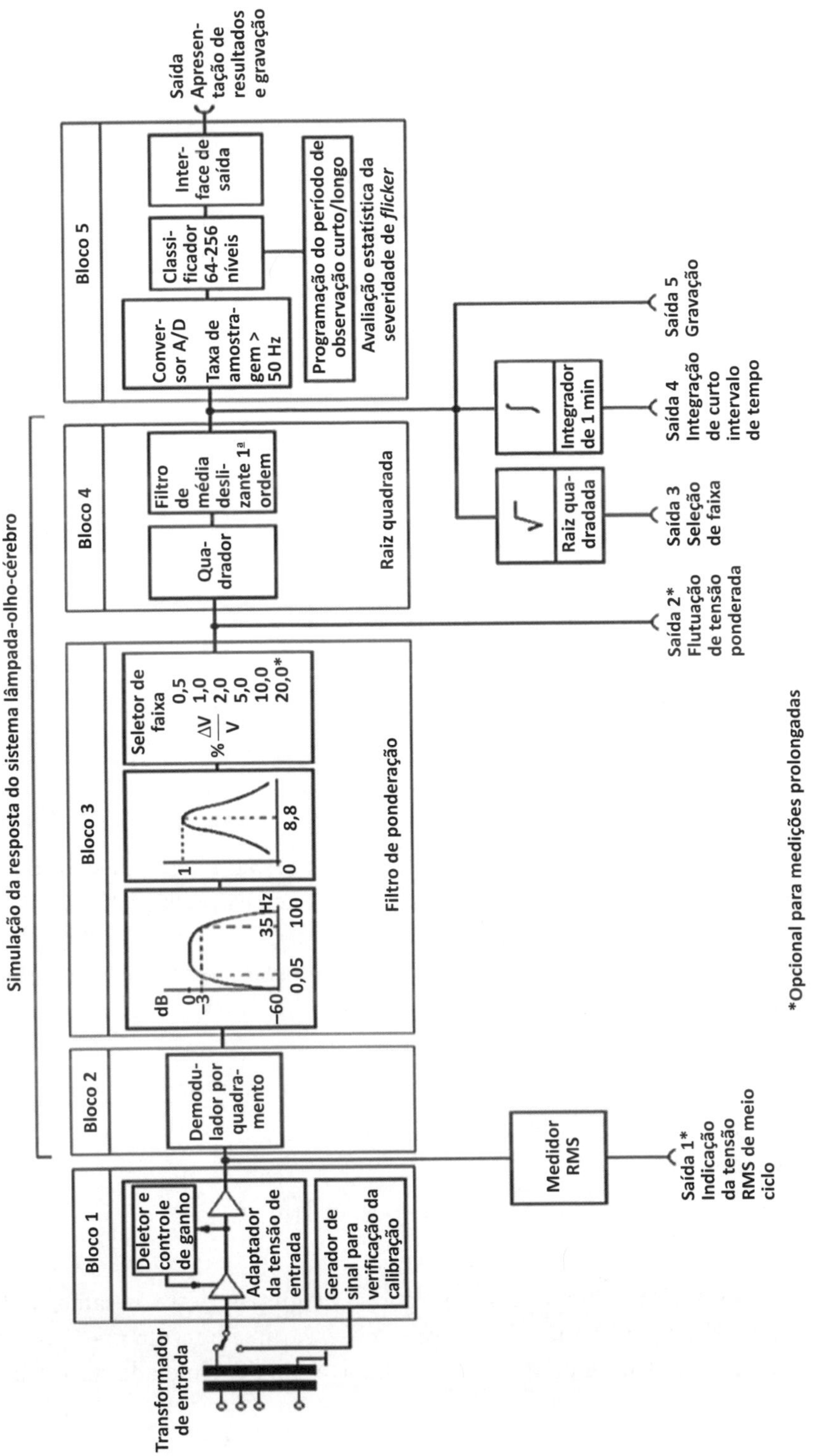

Figura 4.5 Metodologia UIE/IEC para medição de *flicker*.

Considere que o sinal de entrada do Bloco 2 da Figura 4.5 seja uma tensão cossenoidal portadora com frequência (f_p), modulada cossenoidalmente na frequência (f_m) com índice de modulação $0 \le m \le 1$, conforme:

$$v(t) = V_p cos\left(2\pi f_p t\right)\left[1 + m\ cos\left(2\pi f_m t\right)\right] \tag{4.2}$$

onde V_p é a tensão de pico da portadora sem modulação; $2\pi f_p = \omega_p$ é a frequência angular da portadora; $2\pi f_m = \omega_m$ é a frequência angular da modulante; m é o índice de modulação ($0 \le m \le 1$). Ao quadrar o sinal modulado resulta:

$$v^2(t) = \frac{V_p^2}{2}\left[1 + cos\left(2\omega_p t\right)\right]\left[1 + 2m\ cos\left(\omega_m t\right) + m^2 cos^2\left(\omega_m t\right)\right] \tag{4.3}$$

A expressão (4.3) representa o sinal de saída do Bloco 2 e entrada no Bloco 3. Os principais termos desse sinal são:

- valor médio ou CC que vale: $\frac{V_p^2}{2}$,
- termo de dupla frequência da portadora que vale: $\frac{V_p^2}{2} \cdot cos\left(2\omega_p t\right)$,
- termo modulante que vale: $2m\frac{V_p^2}{2} \cdot cos\left(\omega_m t\right)$,
- um termo modulante na dupla frequência da portadora: $2m\frac{V_p^2}{2} \cdot \cos\left(\omega_m t\right) \cdot \cos\left(2\omega_p t\right)$.

Os demais termos são multiplicados por m^2 e se tornam desprezíveis para baixos níveis de modulação ($m \le 0{,}03 = 3\%$), que são típicos nesse tipo de distúrbio. Portanto, para isolar o termo modulante, basta eliminar o nível CC e o termo de dupla frequência da portadora (rede). Dessa eliminação por filtragem, que ocorre no início do Bloco 3, resulta apenas a parcela:

$$v_f(t) = m \cdot V_p^2 \cdot cos\left(\omega_m t\right) \tag{4.4}$$

que, normalizada pela amplitude da portadora, fica sendo:

$$\Delta v(t) = \frac{v_f(t)}{V_p} = m \cdot V_p \cdot cos\left(\omega_m t\right) \tag{4.5}$$

e que expressa o sinal modulante normalizado. Na Figura 4.5, essa é a saída do Bloco 3 caso o seletor tenha ganho unitário. Deve-se observar que o termo $m \cdot V_p$ representa a amplitude do sinal modulante e que isso corresponde à metade da variação da amplitude da tensão, usada para quantificar as variações segundo a norma IEC. A Figura 4.6 ilustra essa diferença, importante para a calibração do instrumento. Essa diferença fica mais evidente no caso de modulação retangular.

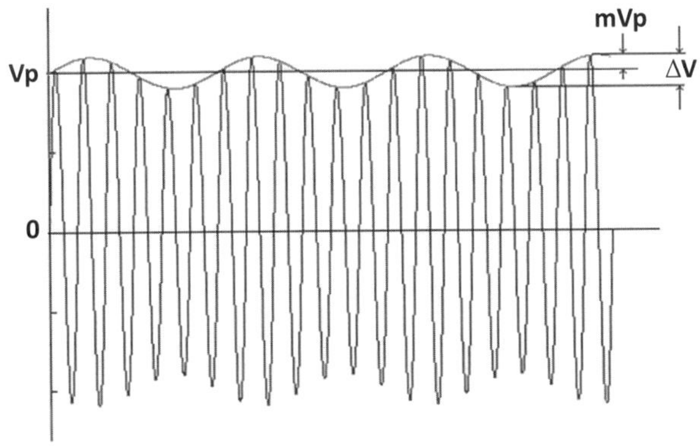

Figura 4.6 Variação de tensão (ΔV) provocada pela modulação senoidal (m).

No domínio da frequência a operação do Bloco 2 pode ser entendida em função das figuras seguintes. A Figura 4.7 mostra o espectro resultante em escala dB com 1% de modulação senoidal em 9 Hz. O nível equivalente $\Delta V/V$ é de 2%. Para fins de ilustração, o sinal de portadora de 60 Hz está normalizado para 0 dB.

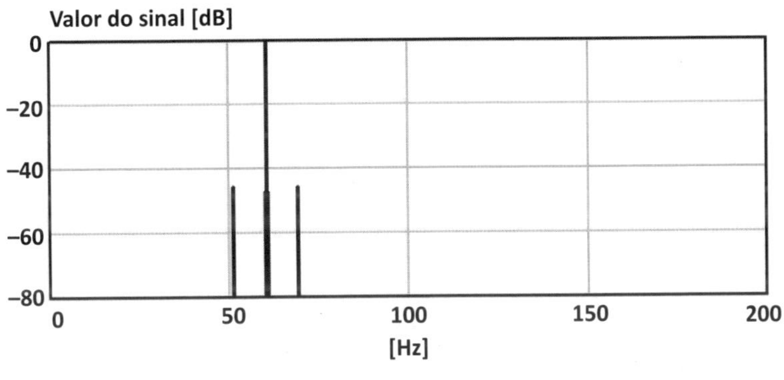

Figura 4.7 Espectro do sinal de entrada do Bloco 1 (4.2) para 1% de modulação em 9 Hz.

Nessa figura, o sinal modulante aparece como duas varetas laterais com 9 Hz abaixo e acima da vareta central da portadora (60 Hz). Tais componentes estão 6 dB abaixo do nível de –40 dB (1%) do sinal modulante, ou seja, cada vareta representa metade da amplitude.

Após o processo de quadramento do demodulador, o espectro resultante é mostrado na Figura 4.8. Como é de esperar de uma operação não linear, aparecem outras frequências na saída do Bloco 2. A portadora de 60 Hz é duplicada em frequência e aparece em 120 Hz. A frequência modulante é recuperada e aparece em 9 Hz, com −40 dB (ou seja, 1%). Um insignificante segundo harmônico do sinal modulante também aparece na saída (em 18 Hz), além de um componente CC. Outros componentes muito atenuados aparecem em torno de 120 Hz.

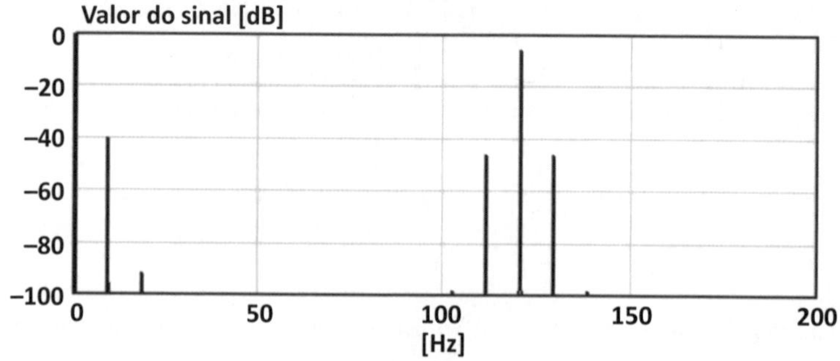

Figura 4.8 Espectro da saída do Bloco 2 que corresponde ao sinal quadrático (4.3), antes de qualquer filtragem.

Na continuação, a saída do Bloco 2 constitui a entrada do Bloco 3, que realiza a filtragem dos componentes indesejados. O único componente de interesse da saída do Bloco 2 é a modulante. A remoção das demais frequências é executada por meio dos filtros passa-altas (que elimina o nível CC) e passa-baixas (que elimina componentes superiores a 35 Hz).

Bloco 3 – Filtros de ponderação

O Bloco 3 inclui três filtros em cascata com um circuito de escalonamento na saída: um filtro passa-altas de primeira ordem com frequência de corte de 0,05 Hz para eliminar o componente CC; em seguida, um filtro passa-baixas, de sexta ordem, com uma frequência de corte de 35 Hz para eliminar frequências acima de 60 Hz; o terceiro filtro com resposta passa-faixa representando a sensibilidade visual normalizada para 8,8 Hz.

A resposta combinada dos filtros do Bloco 3 é mostrada na Figura 4.9 e representa a característica ponderada do sistema filamento-olho-cérebro para uma média de observadores humanos às variações luminosas emitidas por uma lâmpada incandescente de 60 W, alimentada em 230 V, 50 Hz. O pico da resposta é em 8,8 Hz e as funções de transferência de cada filtro são definidas em norma para a implementação de medidores de *flicker*.

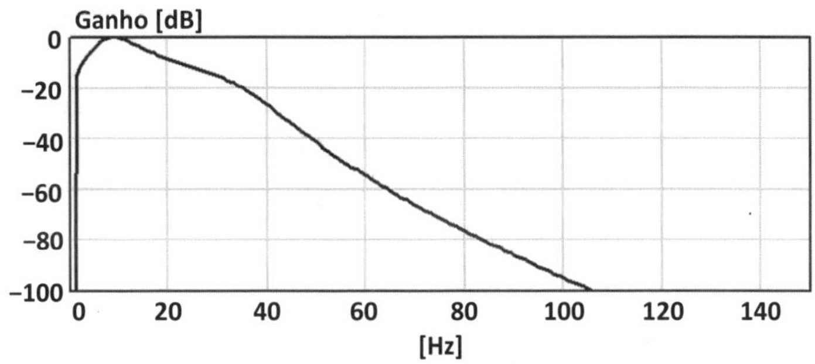

Figura 4.9 Resposta em frequência dos três filtros (elimina CC, passa-baixas e de ponderação) atuando em cascata sobre o sinal.

A Figura 4.10 mostra o espectro do sinal demodulado e filtrado (saída do Bloco 3), comprovando que, no exemplo, aparece apenas o componente modulante de 1% (–40 dB em 9 Hz).

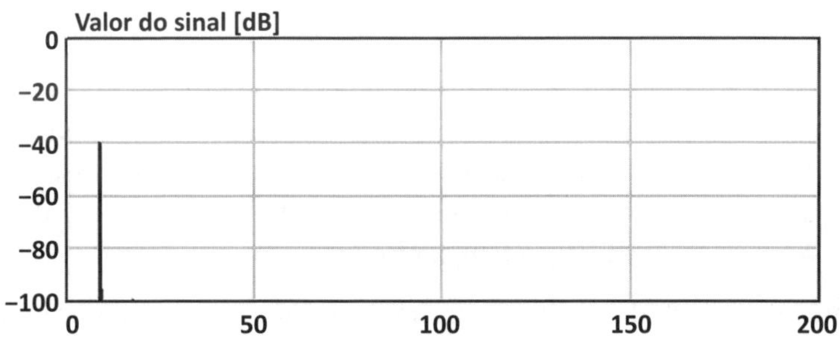

Figura 4.10 Espectro do sinal de saída do Bloco 3.

O objetivo do seletor de faixas na saída do Bloco 3 (Figura 4.5) é garantir que o sinal em análise não seja nem muito pequeno nem muito grande para tratamento posterior.

Bloco 4 – Obtenção da sensação instantânea de *flicker* (S_f)

Para simular o processo não linear de conversão das flutuações ponderadas de tensão em variação da energia luminosa percebida pelo olho humano, é obtido o valor quadrático médio das flutuações ponderadas. O sinal resultante é designado como sensação instantânea de *flicker*:

$$S_f = \frac{1}{\tau}\int_t^{t+\tau}\left[a_f \cdot \Delta v(t)\right]^2 \cdot dt \tag{4.6}$$

onde τ é o intervalo de tempo para média móvel (τ = 300 ms); a_f representa a ponderação em frequência, que depende da lâmpada incandescente considerada (Figura 4.9) e $\Delta v(t)$ corresponde à flutuação normalizada de tensão (4.5). O produto $a_f \cdot \Delta v(t)$ representa a flutuação ponderada de saída do Bloco 3. O quadramento dessa função simula a potência equivalente à variação do fluxo luminoso emitido pela lâmpada usada como referência. A integração dessa função quadrática representa a energia luminosa média sobre o intervalo de 300 ms. Esse tempo foi escolhido por representar a característica de acomodação média da retina do olho humano às variações de luminosidade. Na prática, o efeito de média móvel pode ser implementado como um filtro passa-baixas de primeira ordem com frequência de corte de 0,53 Hz.

O sinal de saída do Bloco 4 constitui a sensação instantânea de *flicker* S_f. Esse é o sinal que serve para quantificar os diversos indicadores de *flicker*. Seu mérito é que representa, de maneira normalizada, um sinal temporal com espectro contido dentro da faixa de percepção de variações luminosas provocado por qualquer tipo de variação da tensão de entrada, ou seja, representa o efeito *flicker* causado por qualquer tipo de carga variável que afete o comportamento da tensão.

O limiar humano médio para sensação de *flicker* deve produzir 1 pu na saída do Bloco 4. Para isso, o valor de S_f resultante do processamento, para portadora unitária (normalizada), deve ser dividido por $7{,}8 \cdot 10^{-7}$, que corresponde ao nível de modulação $(m \cdot Vp)$ = 0,125% em 8,8 Hz (metade do valor-limite de ΔV para essa frequência na curva da Figura 4.4, considerando modulação senoidal). A frequência de 8,8 Hz é escolhida pois o filtro de ponderação tem ganho unitário (a_f = 1).

Considere uma portadora de 60 Hz normalizada com modulação senoidal de 0,125% em 9 Hz, na presença de 3% de 5º e 7º harmônicos. A Figura 4.11 mostra os espectros dos sinais após passagem pelos três blocos iniciais de processamento (Figuras 4.11 a, b, c). O sinal de S_f, saída do Bloco 4, é mostrado na Figura 4.11 d), verificando-se a obtenção do valor esperado de 1pu.

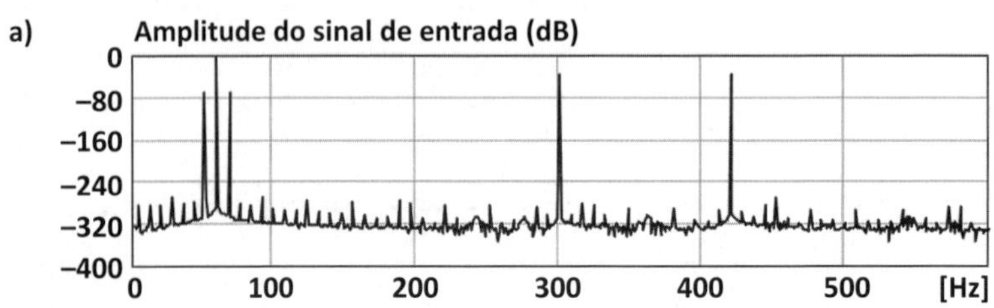

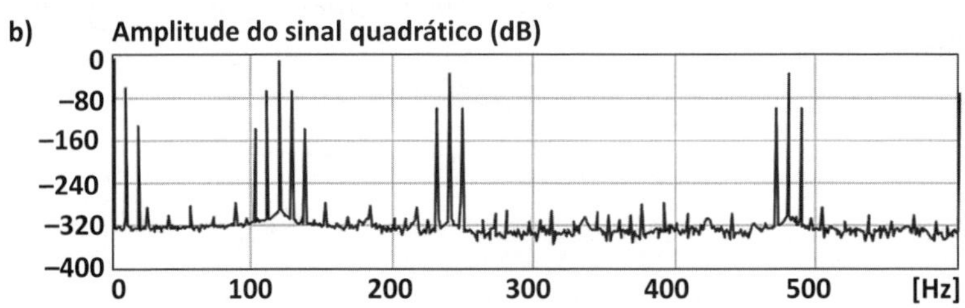

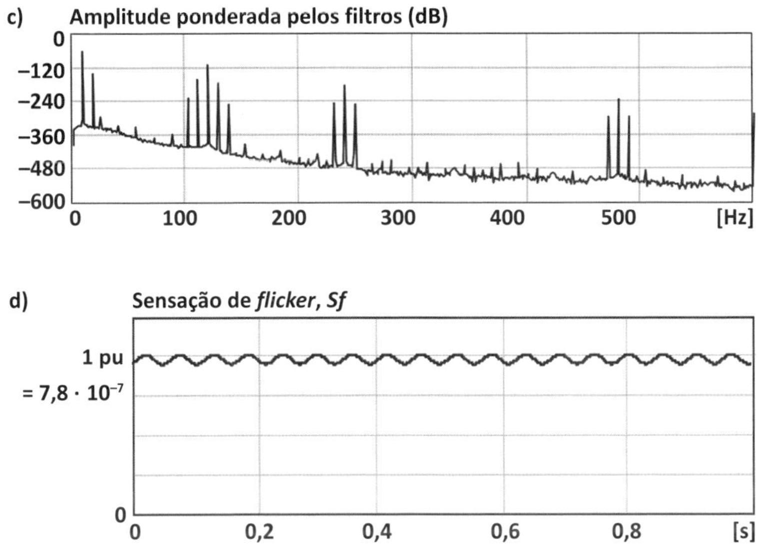

Figura 4.11 Sinais nas saídas dos blocos 1, 2, 3 e 4 para modulação senoidal em 9 Hz na fundamental.

Várias etapas de processamento adicional podem ser realizadas na saída do Bloco 4 para auxiliar na escolha da escala do instrumento ou para fins de pesquisa. Para a IEC 61000-3-3 estas saídas são opcionais, assumindo o uso de um classificador não linear no Bloco 5, pois as saídas do Bloco 5 são usadas exclusivamente para determinar a conformidade das emissões de cintilação.

Bloco 5 – Classificador de *flicker* por níveis

A entrada para o Bloco 5 mostra um conversor A/D, seguido por um classificador de amostras de S_f por níveis. Em instrumentos digitais modernos, a conversão do analógico para digital ocorre já no início do processamento, na entrada do Bloco 1. De acordo com a IEC 61000-4-15, se o medidor for usado para monitoramento geral da qualidade da energia, em que podem ocorrer diferentes níveis de flutuações de tensão durante longos períodos de medição, recomenda-se resolução de 16 bits (65.536 níveis) e pelo menos 512 classes logarítmicas (128 níveis em cada classe) para o classificador interpretar medidas de sensação de cintilação instantânea (S_f). Uma vez que a relação entre percepção de *flicker* S_f e $\Delta V/V$ varia com a frequência, não há relação direta entre os dois conjuntos de valores. No entanto, as faixas de $\Delta V/V$ são especificadas para garantir que a variação da sensação de cintilação seja acomodada (ponderada) para qualquer frequência de modulação.

O tratamento estatístico de S_f é necessário, pois as flutuações da tensão da rede variam aleatoriamente ao longo do tempo. O classificador por níveis gera o chamado histograma de frequências de ocorrência de cada nível durante o tempo de observação, ilustrado na Figura 4.12.

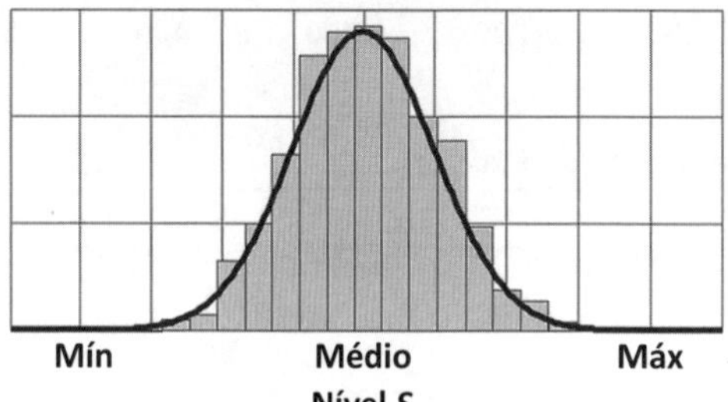

Figura 4.12 Ilustração de histograma de classificação de S_f por níveis.

A partir dessa curva de distribuição por níveis, pode-se calcular a porcentagem do tempo de observação em que cada nível foi ultrapassado, como o nível assumido como limite de irritabilidade visual causada pela sensação instantânea ao longo do tempo. O *flicker* é mais tolerável se ocorrer com baixa frequência. A tolerância diminui com o crescimento da intensidade da perturbação e com o aumento da frequência dos eventos. O detalhamento do processo de obtenção da curva de distribuição por níveis é apresentado no Capítulo 11. Da curva de distribuição pode-se extrair também as informações estatísticas necessárias para calcular a severidade de *flicker* de curta duração (P_{ST} - *Short Term Probability*), bem como a severidade de *flicker* de longa duração (P_{LT} - *Long Term Probability*), como previsto na legislação. A severidade da cintilação de curto prazo (P_{ST}) é calculada utilizando valores chamados percentis (P_i), obtidos a partir do classificador por níveis das amostras de S_f sobre um intervalo padrão de 10 minutos. Assumindo, por hipótese, que as amostras são obtidas a uma taxa de 100 Hz e que é usado o período de observação de 10 minutos, serão adquiridas 60.000 amostras de S_f para cada cálculo de P_{ST}, cujo valor é obtido pela expressão:

$$P_{ST} = \sqrt{a_1 P_{50} + a_2 \cdot P_{10} + a_3 \cdot P_3 + a_4 \cdot P_1 + a_5 \cdot P_{0,1}} \tag{4.7}$$

Para o cálculo do P_{ST} em (4.7) são necessários os seguintes parâmetros:

P_i são os percentis estatísticos que correspondem aos níveis de S_f ultrapassados durante i% do tempo. Por exemplo, P_{50} representa o nível de S_f que é violado 50% do tempo; P_{10} é o nível ultrapassado durante 10% do tempo, e assim por diante.

a_1 a_2 a_3 a_4 e a_5 são valores de ponderação atribuídos de modo que a combinação dos percentis P_i produzam valores de $P_{ST} = 1$ pu para flutuações dadas pela curva IEC 61000-3-3, mostrada na Figura 4.1. Testes em laboratório mostraram que a escolha apenas dos cinco percentis indicados em (4.7), ponderados pelos valores dados a seguir, cobre satisfatoriamente toda a faixa de sensibilidade de *flicker*:

$$a_1 = 0{,}08;\ a_2 = 0{,}28;\ a_3 = 0{,}0657;\ a_4 = 0{,}0525;\ a_5 = 0{,}0314$$

Uma vez que S_f corresponde ao valor quadrático médio da flutuação ponderada (4.6), é necessário extrair a raiz quadrada da soma dos percentis em (4.7), de modo a se poder comparar os valores de P_{ST} com a curva de sensibilidade de *flicker* mostrada na Figura 4.4.

A grandeza P_{LT} é definida como uma média cúbica de 12 valores consecutivos de P_{ST} (2 horas de medição) para expressar o efeito *flicker* para períodos mais longos, de vários dias, a fim de cobrir, por exemplo, o ciclo semanal da carga. Sua obtenção por meio da combinação cúbica a seguir não é consensual, pois pressupõe operação independente das várias cargas geradoras das flutuações da tensão no ponto de medição:

$$P_{LT} = \sqrt[3]{\frac{1}{12} \cdot \sum_{i=1}^{12} \left(P_{ST_i}\right)^3} \tag{4.8}$$

Outras formas de combinação foram propostas, porém todas esbarram no fato de que se está tratando de cargas não lineares. Talvez por isso esse indicador de longo prazo não seja muito usado. A edição de 2021 do PRODIST não estabelece valores para o P_{LT}, embora mantenha sua definição. Os limites indicados na Tabela 4.1 são expressos em termos de atendimento percentual do P_{ST} 95% durante um período de observação de um dia, ou seja, admite-se violação durante 5% do respectivo tempo de observação.

Tabela 4.1 Limites de severidade de flutuação de tensão

Indicador	Tensão nominal *Vn*		
	Vn ≤ 1 kV	1,0 kV < *Vn* < 69 kV	69 kV ≤ *Vn* < 230 kV
P_{ST} 95%	1,0 pu	1,5 pu	2,0 pu

Limites mais elásticos para tensões superiores se baseiam nos seguintes pressupostos:

1) sistemas de iluminação são alimentados em baixas tensões;
2) flutuações produzidas em altas tensões são atenuadas tanto no sentido das fontes primárias como no sentido das baixas tensões.

A atenuação se deve aos elementos armazenadores de energia (indutâncias, capacitâncias) e à inércia das máquinas girantes.

4.4. EXEMPLO DE MEDIÇÃO DE *FLICKER*

Os resultados seguintes foram obtidos em uma subestação em 138 kV, que alimenta uma indústria siderúrgica com forno a arco de 50 MW. Havia reclamações de consumidores sobre a ocorrência de *flicker* na região. Os resultados dessa medição [9], [10], Figuras 4.13 e 4.14, nas três fases mostram que tanto o nível de P_{ST} como de P_{LT} ultrapassam o valor de 1 pu durante quase 30% do tempo. Isso viola o limite aceitável para essa instalação, confirmando as reclamações de consumidores das áreas próximas.

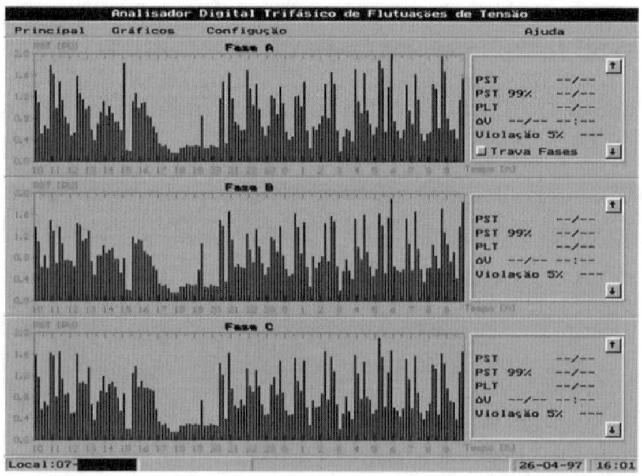

Figura 4.13 Valores de P_{ST} medidos durante 24 horas em instalação com forno a arco.

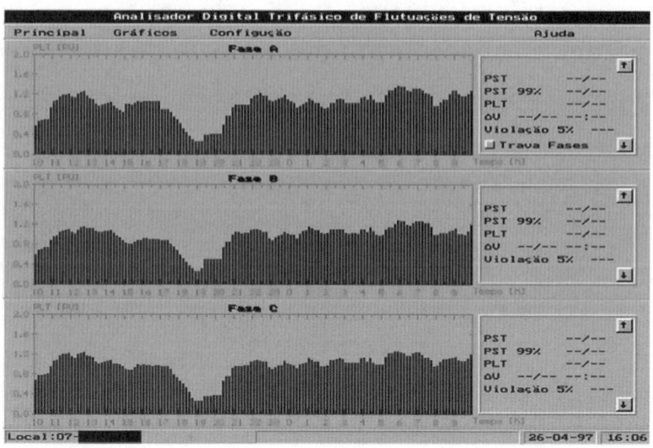

Figura 4.14 Valores de P_{LT} medidos durante 24 horas em instalação com forno a arco.

4.5. FORMAS DE ATENUAR O EFEITO *FLICKER*

A atenuação do efeito *flicker* exige capacidade de controlar dinamicamente o nível de tensão na presença das cargas variáveis responsáveis pelo fenômeno. Para isso utilizam-se normalmente compensadores reativos com capacidade de resposta em até meio ciclo de 60 Hz, uma vez que o espectro de *flicker* vai até 30 Hz. Compensadores estáticos, como o Capacitor Chaveado a Tiristores (CCT), têm sido usados para garantir o fator de potência da carga variável, enquanto o Reator Controlado por Tiristores (RCT) tem sido a solução mais eficiente quando se trata de instalações com fornos a arco [11]. Reatores saturados também já foram empregados, porém o seu uso aumenta o nível de perdas introduzidas no sistema [12].

No caso de novas instalações industriais com cargas variáveis, para evitar problemas de *flicker*, deve-se prever já na fase de projeto do alimentador um nível de curto-circuito no ponto de entrega da energia ao consumidor com pelo menos 50 vezes a capacidade da maior carga reativa a ser chaveada. Dessa forma se limitará a máxima variação da tensão local, que pode ser aproximada pela relação seguinte, baseada no equivalente de Thévenin do sistema no ponto de entrega, ou seja:

$$\Delta V\% = \frac{\Delta V_{PAC}}{V_{th}} = \frac{Z_{th} \cdot Ic}{Z_{th} \cdot Icc} = \frac{Ic}{Icc} \cong \frac{\Delta Qc}{Scc} \cdot 100\% \tag{4.9}$$

onde ΔV_{PAC} corresponde à variação da tensão devido à carga reativa; V_{th} é a tensão do equivalente Thévenin no PAC; Z_{th} é a impedância de Thévenin representando a rede sem perdas no PAC; *Ic* é a corrente eficaz absorvida pela carga reativa; *Icc* é a corrente eficaz de curto-circuito no PAC; ΔQc corresponde à carga reativa no PAC e *Scc* corresponde à potência de curto-circuito local.

No caso de *Scc* ser 50 vezes maior que ΔQc resulta $\Delta V \cong 2\%$. A aproximação se deve à presença dos efeitos resistivos na rede. Cargas ativas também podem causar variações de tensão, principalmente em redes de baixa tensão, onde a resistência dos alimentadores predomina. No entanto, em média e alta tensão, onde predomina a indutância série da rede, as maiores quedas de tensão são provocadas pelas cargas reativas (cargas indutivas causam afundamento da tensão e cargas capacitivas provocam elevação da tensão no PAC). Uma simples análise fasorial permite fazer essa constatação, como mostrado no Capítulo 2 (Figura 2.4).

A relação (4.9) também pode ser usada para estimar a capacidade reativa do compensador a ser utilizado para atenuar as variações da tensão. Indústrias com geração própria ou com compensadores síncronos, que em geral são usados para melhorar o fator de potência da instalação, dispõem de controle da tensão local por meio do reajuste da excitação. Além disso, essas máquinas síncronas aumentam o nível de curto-circuito local, contribuindo para atenuar o problema de regulação da tensão, reduzindo com isso o nível de *flicker*.

4.6. *FLICKER* EM OUTROS DISPOSITIVOS DE ILUMINAÇÃO

O Centro de Aplicações de Eletrônica de Potência do EPRI [13] realizou testes de cintilação em vários tipos de luminárias. Foi analisada, entre outras, a característica de amplificação da cintilação luminosa (fator de ganho) devido a flutuações de tensão. Testes adicionais mostraram como inter-harmônicos (múltiplos não inteiros) e mudanças na fase de harmônicos podem causar cintilação em lâmpadas fluorescentes, apesar de apresentarem fatores de baixo ganho quando comparados às lâmpadas incandescentes. As lâmpadas fluorescentes, por terem uma característica dinâmica de uma resistência negativa (a corrente aumenta quando a tensão diminui), necessitam de um circuito que limita a corrente, o chamado *ballast* ou reator eletrônico. Assim, o efeito luminoso depende não apenas da lâmpada, mas também (e principalmente) do comportamento do reator às alterações na tensão.

O fator de ganho é definido e calculado medindo mudanças relativas no nível de luz, a partir da indução de flutuações controladas de tensão. Ao controlar a magnitude e a frequência das flutuações de tensão, a resposta da lâmpada pode ser determinada usando um fotômetro. Se a percentagem de variação de luz relativa for maior que a porcentagem de flutuação de tensão, a lâmpada pode ter um efeito amplificador, resultando em fator de ganho superior à unidade. A Figura 4.15 mostra os fatores de ganho para lâmpadas incandescentes e lâmpadas fluorescentes.

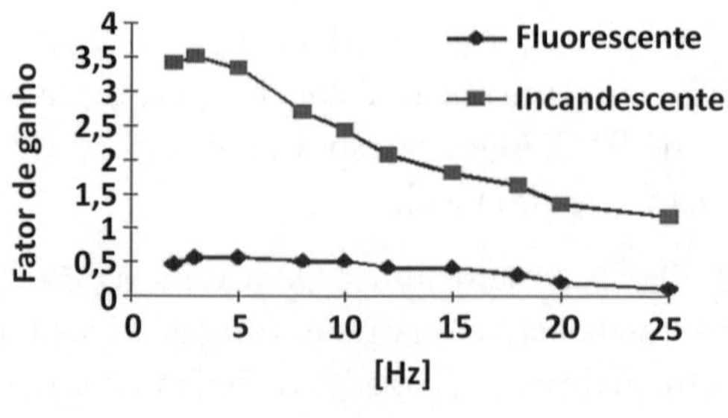

Figura 4.15 Variação do "Fator de ganho" para diferentes lâmpadas [13].

Pelo fato de as lâmpadas fluorescentes terem pouca inércia térmica, reagem mais rapidamente que as incandescentes a uma variação de tensão. A constante de tempo para uma lâmpada incandescente de 120 V é de aproximadamente 28 ms e para uma lâmpada de 230 V é cerca de 19 ms. Uma lâmpada fluorescente típica tem uma constante de tempo de menos de 5 ms. No entanto, o fator de amplificação é muito menor na lâmpada fluorescente, tornando-a menos sensível ao efeito *flicker*. A razão é que o circuito eletrônico que alimenta o tubo de descarga é alimentado por uma tensão CC, obtida da retificação da tensão da rede, minimizando os impactos de variações do valor eficaz da tensão CA. Esse tipo de lâmpada se mostra mais sensível ao valor de pico da tensão CA, que afeta a tensão retificada. O valor de pico, por sua vez é influenciado pelos harmônicos e suas fases. Comportamento similar é válido para lâmpadas LED, que também são alimentadas a partir de retificador.

4.7. OUTROS FENÔMENOS QUE PODEM PRODUZIR O EFEITO *FLICKER*

A Figura 4.16 mostra uma situação em que o componente fundamental permanece constante, mas ocorre modulação nas amplitudes de 5º e 7º harmônicos [14]. Tais harmônicos estão dentro do limite das normas (3% da fundamental). Sua variação pode ser causada, por exemplo, pela alteração no ângulo de disparo de uma ponte retificadora ou de um RCT. Observe-se que o limite tolerável de sensação de *flicker* é ultrapassado. Isso significa que outros fenômenos, além da alteração na tensão fundamental, podem provocar a cintilação luminosa.

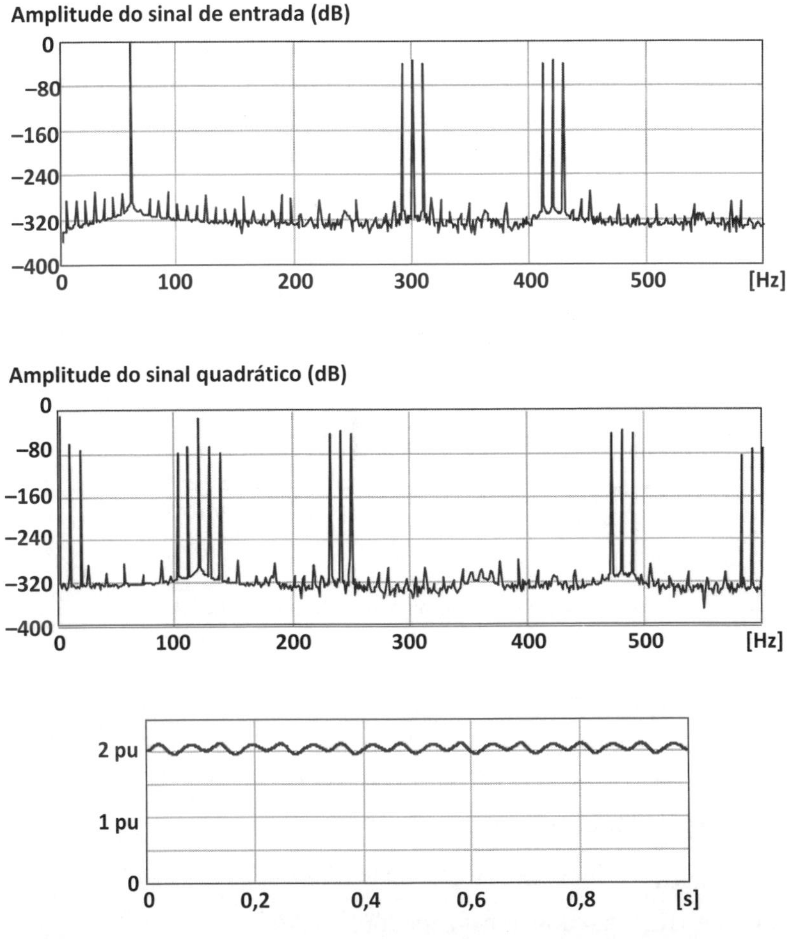

Figura 4.16 Espectros e valor final de S_f para modulação em harmônicos (3%), produzindo *flicker* acima do limite tolerável.

4.8. PROPAGAÇÃO DE *FLICKER* POR MEIO DA REDE ELÉTRICA

Essa é uma questão importante no que diz respeito ao estabelecimento dos limites de flutuação para os níveis mais elevados de tensão. Uma vez que o fenômeno da cintilação luminosa, em princípio, só é observado diretamente em baixa tensão, para a qual foi desenvolvida a metodologia de medição UIE/IEC, há a necessidade de se estabelecer uma relação entre as flutuações em média e alta tensão e o respectivo efeito de cintilação provocado na baixa tensão. Para analisar esse problema é necessário conhecer:

a) a configuração do sistema na condição normal de operação;

b) a atenuação das flutuações de tensão ao se propagar pela rede.

A configuração normal do sistema permite estabelecer os níveis de curto-circuito em cada ponto e, com isso, estimar as atenuações das flutuações de tensão no sentido carga → fonte por meio do equivalente de Thévenin. Pode-se mostrar que a atenuação natural no sentido carga → fonte pode ser estimada pela relação inversa dos níveis de curto-circuito entre os pontos considerados:

$$\Delta V_1 = \frac{X_s}{X_s + X_{12}} \Delta V_2 \cong \frac{S_{CC2}}{S_{CC1}} \Delta V_2 \text{ [pu]} \tag{4.10}$$

onde *Scc1*, *Scc2* são as potências de curto-circuito nos pontos 1 e 2; ΔV_1, ΔV_2 correspondem às variações de tensão nesses pontos. A Figura 4.17 ilustra o circuito considerado.

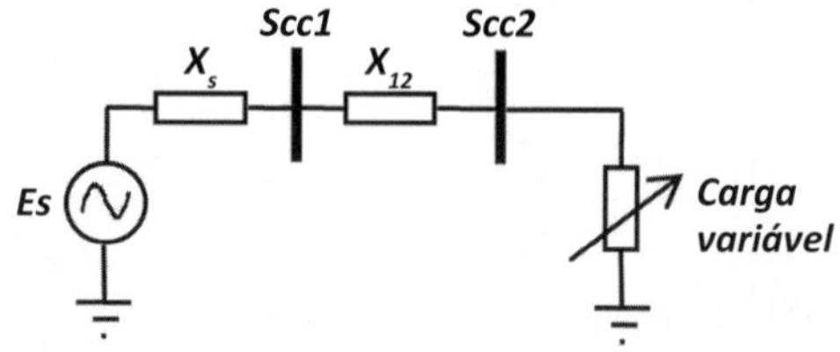

Figura 4.17 Sistema alimentando carga variável.

A determinação da atenuação das flutuações no sentido oposto, ou seja, dos níveis de média e de alta para os de baixa tensão, não é tão simples. Estudos [15] mostram que a atenuação nesse sentido pode variar, basicamente, em função de:

- efeito regulador das cargas girantes,
- ação de dispositivos reguladores de tensão,
- nível de saturação dos transformadores.

A saturação dos transformadores introduz uma atenuação de no máximo 5%. Porém, o efeito autorregulador de tensão de cargas girantes (motores) e os reguladores de tensão podem introduzir fatores de atenuação significativos (até da ordem de 30%), dependendo da parcela que representam na carga local. Uma vez que a composição da carga pode se alterar, fica difícil prever os fatores de atenuação de *flicker* aplicáveis quando uma carga variável é conectada no sistema em média ou alta tensão, como é o caso das instalações industriais com forno a arco. Neste caso propõe-se a realização de medições simultâneas nos diferentes níveis de tensão, para extrair os fatores de atenuação característicos (valores médios, máximos etc.). Se os fatores de atenuação na rede forem disponíveis, os limites de *flicker* para os vários níveis de tensão podem ser estabelecidos, tomando-se como base o limite de cintilação para baixa tensão e aplicando os fatores de atenuação para chegar aos limites aceitáveis medidos a partir das tensões superiores.

Medições de cintilação, baseadas na metodologia UIE/IEC, foram realizadas em uma subestação alimentando um forno a arco a partir de um dos barramentos de 138 kV, suprido por um transformador de 345/138 kV. Outro barramento de 138 kV, suprido pelo mesmo transformador, alimenta os demais ramais em média e baixa tensão da região. Considerando que o ponto de entrega (a subestação no caso) constitui o ponto crítico para avaliar o nível de flutuações provocadas pela carga variável, torna-se necessário verificar a relação entre os níveis de cintilação medidos nos diversos níveis de tensão disponíveis na subestação e assim calcular a atenuação resultante entre esses pontos. Para que os valores apurados fossem representativos, as medições nos diferentes pontos foram obtidas simultaneamente. Para isso, utilizou-se um instrumento com três canais independentes de medição. A Figura 4.18 mostra o resultado dessas medições. Nesse caso, o que está indicado como Fase A, B, C são os canais de medição (sinais A, B, C), como identificado na legenda abaixo da figura.

A razão ou fator de atenuação (*FA*) de *flicker* foi baseada no nível de P_{ST} equivalente à média cúbica similar à dada em (4.8), considerando todos os valores de cada medição. Nota-se que a média cúbica privilegia os valores maiores de P_{ST}. Assim, para a relação do barramento 138 kV (sinal B) para 345 kV (sinal C), resulta:

$$FA_{138 \to 345} = \frac{\overline{P_{ST\,345}}}{\overline{P_{ST\,138}}} = \frac{2{,}4}{4{,}9} = 0{,}49 \tag{4.11}$$

Portanto, houve redução de 51% de *flicker* para o nível de tensão mais alto. Esse fator pode ser comparado com a relação inversa dos níveis de curto-circuito dos dois barramentos, ou seja:

$$R_{CC138 \to 345} = \frac{S_{CC138}}{S_{CC345}} = \frac{1.085}{2.035} = 0{,}53 \tag{4.12}$$

As medições realizadas confirmam que, ao se propagar no sentido da fonte de energia (sistema 345 kV), o nível de *flicker* é atenuado aproximadamente na razão inversa das capacidades de curto-circuito.

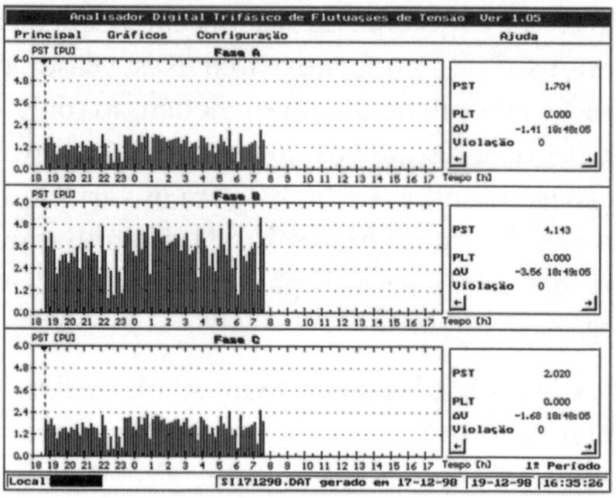

Figura 4.18 Níveis de P_{ST} observados simultaneamente em três pontos da subestação: Sinal A – 138 kV barramento para demais consumidores (Scc = 1.250 MVA); Sinal B – 138 kV barramento do consumidor com forno (Scc = 1.085 MVA); Sinal C – 345 kV barramento principal (Scc = 2.035 MVA).

Já o fator de atenuação de *flicker* da alta-tensão (345 kV) para o outro ramal de 138 kV (Sinal A) é dado por:

$$FA_{345\rightarrow 138} = \frac{\overline{P_{ST\ 138}}}{\overline{P_{ST\ 345}}} = \frac{2,0}{2,4} = 0,83 \tag{4.13}$$

que corresponde a uma redução de 17%. Neste caso não se aplica a relação de curto-circuito, uma vez que a propagação é no sentido fonte → cargas. Neste caso a atenuação é definida pela ação de reguladores de tensão e pela capacidade de autorregulação da tensão devido a cargas girantes, conectadas nos níveis mais baixos de tensão daquele ramal.

Constata-se assim que o nível de *flicker* produzido em médias tensões (por exemplo, fornos a arco) é amortecido tanto no sentido das fontes primárias (alta tensão) como no sentido das baixas tensões. Por causa dessa capacidade de amortecimento foi estabelecido por norma que fontes de *flicker* provenientes de médias e altas tensões teriam limites admissíveis maiores que os de baixa tensão, quando o fenômeno pode ser observado diretamente no sistema de iluminação.

4.9. RESUMO

Este capítulo foi dedicado ao estudo das flutuações de tensão, responsáveis pelo fenômeno da cintilação luminosa (*lamp flicker* ou simplesmente *flicker*). Por se tratar de um problema conhecido há algum tempo e com procedimentos de medição e análise bem estabelecidos internacionalmente, a descrição detalhada de todas as etapas desses procedimentos constitui um raro caso de consenso para análise de sinal variável e aleatório, tanto para processamento analógico como digital. Mesmo depois da substituição das lâmpadas incandescentes (para as quais o método de medição foi originalmente desenvolvido) por fontes luminosas de menor consumo (luminárias eletrônicas, lâmpadas fluorescentes e LED), o problema da cintilação ainda não foi totalmente eliminado, já que possíveis fontes de modulação da tensão em baixa frequência podem surgir com a aplicação de novas tecnologias de chaveamento em alta frequência. Daí a necessidade de conhecer as técnicas de processamento e de quantificação desse fenômeno.

QUESTÕES

1) Historicamente, o fenômeno da cintilação (*flicker*) está associado às variações luminosas observáveis em lâmpadas incandescentes.
   a) Por que esse problema ainda é levado em consideração se o uso de lâmpadas incandescentes praticamente foi abolido?
   b) Lâmpadas incandescentes apresentam inércia térmica muito maior que as lâmpadas LED. Qual é a implicação disso no efeito de cintilação?
   c) Qual é a principal adaptação a ser realizada no processamento de S_f (sensação instantânea de *flicker*), considerando que a iluminação predominante seja do tipo eletrônico?
2) Existe uma definição de variação de tensão ($\Delta V\%$) como sendo a variação relativa da tensão antes (*Va*) e depois (*Vd*) de um evento. Por outro lado, define-se flutuação relativa da tensão ($\Delta V_f\%$) em termos do índice de modulação ($m\%$) da tensão.
   a) Escreva as expressões referentes a cada uma dessas definições.
   b) Explique a diferença entre as duas relações.
   c) Para quais eventos a primeira definição é mais apropriada? Por quê?
   d) Qual delas é normalmente usada nas normas de *flicker*? Por quê?

REFERÊNCIAS

[1] International Electrotechnical Commission, IEC 61000-3-3:2019, Electromagnetic compatibility (EMC) – Part 3-3: Limits – *Limitation of voltage changes, voltage fluctuations and flicker in public low-voltage supply systems, for equipment with rated current ≤16 A per phase and not subject to conditional connection.*

[2] International Electrotechnical Commission, IEC 61000-3-11:2000, Electromagnetic compatibility (EMC) – Part 3-11: Limits – *Limitation of voltage changes, voltage fluctuations and flicker in public low-voltage supply systems – Equipment with rated current ≤ 75 A and subject to conditional connection.*

[3] International Electrotechnical Commission, IEC/TS 61000-3-5:2009 Electromagnetic compatibility (EMC). Limits. *Limitation of voltage fluctuations and flicker in low-voltage power supply systems for equipment with rated current greater than 75 A.*

[4] Inger R, Bennie J, Davies TW, Gaston KJ (2014) Potential Biological and Ecological Effects of Flickering Artificial Light. *PLoS ONE* 9(5): e98631. https://doi.org/10.1371/journal.pone.0098631

[5] International Electrotechnical Commission, IEC 555-3, *Disturbances in Supply Systems caused by Household Appliances and Similar Electrical Equipment, Part 3 - Voltage Fluctuations*, Subcommittee 77, 1982.

[6] União Internacional de Eletrotermia, UIE Disturbance Study Committee, UIE *Flickermeter - Functional and Design Specifications*, 1982.

[7] International Electrotechnical Commission, IEC 868, *Flickermeter - Functional and Design Specifications*, International Electro-technical Commission, Subcommittee 77, 1986.

[8] International Electrotechnical Commission, EN 61000-4-15:2011 Electromagnetic compatibility (EMC) - Part 4-15: *Testing and measurement techniques - Flickermeter - Functional and design specifications.*

[9] J. P. S. Rocha, S. M. Deckmann, "Sistema digital para medição e análise de *flicker*", *X Congresso Brasileiro de Automática,* Rio de Janeiro, RJ, Out. 1994.

[10] S. M. Deckmann, J. P. Rocha, F. Junqueira Jr., E. Melo, A. Arruda, F. Cavalcanti, N. Vilares, R. Monteiro, "A compact three-phase digital flickermeter", Artigo premiado no BIEL'97 *Bienal de la Industria Electrica y Luminotecnica*, Buenos Aires, Out. 1997.

[11] N. G. Hingorani, "Power electronics in electric utilities: role of power electronics in future power systems", *Proc. IEEE*, v. 76, n. 4, 1988.

[12] T. J. E. Miller, *Reactive power control in electric systems.* New York: John Wiley & Sons, 1982.

[13] S. Mark Halpin, R. Bergeron, T. Blooming, R. F. Burch, L. E. Conrad, T. S. Key, "Voltage and lamp flicker issues: Should the IEEE adopt the IEC approach?", *IEEE Transactions on Power Delivery,* Vol. 18, No. 3, July 2003.

[14] J. A. Pomilio, S. M. Deckmann, "Flicker produced by Harmonic Modulation", *IEEE Trans. on Power Delivery,* v. 18, n. 2, April 2003, pp. 387-392.

[15] M. C. Simões, S. M. Deckmann, "Flicker Propagation and Attenuation", *10th ICHQP - Intern. Conf. on Harmonics and Quality of Power,* Rio de Janeiro, Brazil, oct. 2002.

CAPÍTULO 5

Distorções de forma de onda: causas, efeitos, atenuação e normas

5.1. INTRODUÇÃO

A distorção de forma de onda periódica é dita harmônica quando a análise espectral contém apenas frequências múltiplas inteiras da fundamental. Esse tipo de deformação geralmente é imposta por dispositivos como transformadores e motores, que apresentam relação não linear entre tensão e corrente devido aos núcleos ferromagnéticos sujeitos à saturação. Outros exemplos de elementos não lineares são as cargas eletrônicas que produzem descontinuidades na corrente, devido ao chaveamento dos conversores [1].

Cargas que, além de não lineares, variam ao longo do tempo, produzindo distorções variáveis, podem levar ao aparecimento de frequências inter-harmônicas, além de harmônicos modulados [2]. Nestes casos, o espectro pode cobrir uma larga faixa de frequências, não apenas os harmônicos típicos. É o caso de fornos a arco e compensadores reativos controlados por tiristores [3], [4].

5.2. CAUSAS DE DISTORÇÕES HARMÔNICAS DAS TENSÕES

Os exemplos descritos a seguir mostram o efeito distorcivo que as não linearidades da carga ou as ações de controle e chaveamento podem provocar na corrente absorvida da rede, afetando, com isso, a forma de onda da própria tensão de suprimento.

5.2.1. DISTORÇÕES CAUSADAS POR SATURAÇÃO MAGNÉTICA

Para entender como esse problema se manifesta, comecemos com um caso hipotético simples. Vamos assumir que uma tensão cossenoidal seja aplicada a um transformador e que a característica de saturação do núcleo ferromagnético seja conhecida. Aplicando-se a tensão ao primário do transformador, resulta um fluxo magnético senoidal de idêntica frequência. Considere-se ainda que a curva de magnetização do núcleo (a qual determina o comportamento da corrente de magnetização) seja aproximada por uma característica $\phi(t) \times i(t)$ não linear. Esta situação pode ser expressa pelas equações seguintes:

$$v(t) = V_p \cdot cos(\omega t) \tag{5.1}$$

$$\phi(t) = \int v(t) \cdot dt = \phi_p \cdot sen(\omega t) \tag{5.2}$$

$$i(t) = k \cdot \phi(t) \cdot 1{,}3^{(\phi(t))^2} \tag{5.3}$$

Para $k = 0{,}1$ e $\phi_p = 2$ resulta a característica $\phi(t)$ por $i(t)$ mostrada na Figura 5.1, que se aproxima de uma curva de magnetização típica, sem histerese. Essa é uma função ímpar, pois $f(x) = -f(-x)$ ou, no caso específico, $\phi(i) = -\phi(-i)$.

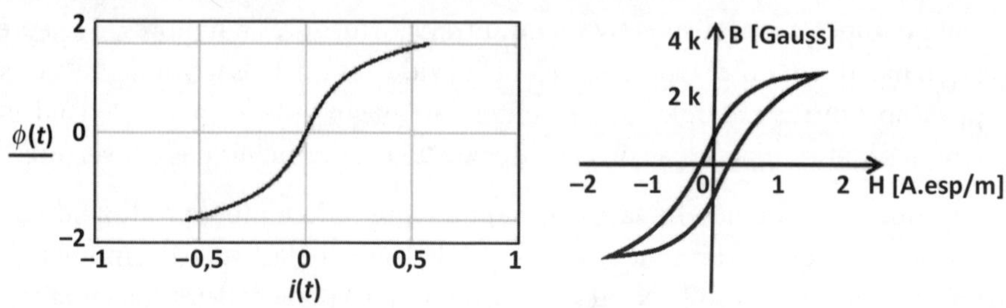

Figura 5.1 Ilustração de curva de magnetização *φ(t) x i(t)* e curva *B x H* típica de núcleo ferromagnético, com histerese.

Na prática, existe o efeito de histerese do núcleo ferromagnético e, portanto, o deslocamento temporal entre a tensão e a corrente distorcida não se deve apenas à integral em (5.2). Para ilustrar o caso, foi simulada a aplicação de tensão senoidal em um modelo de núcleo de ferrite com excitação em 400 Hz que, além de saturação, apresenta o efeito de histerese na curva densidade magnética (*B*) *versus* intensidade do campo magnético (*H*), também mostrada na Figura 5.1.

A Figura 5.2 apresenta as ondas de tensão aplicada e corrente de magnetização resultante, bem como o espectro da corrente.

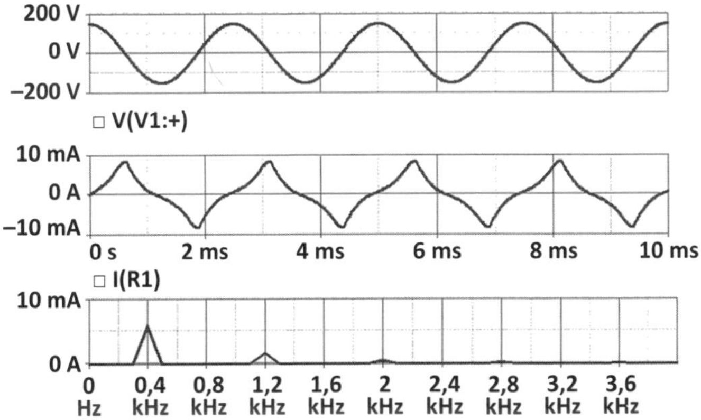

Figura 5.2 Ondas de tensão senoidal aplicada e corrente de magnetização resultante da característica não linear de núcleo de ferrite (acima) e o espectro da corrente de magnetização (abaixo).

Pode-se notar, pelos cruzamentos das formas de onda por zero, que existe um deslocamento temporal entre as ondas de tensão e corrente. Esse exemplo serve para mostrar que harmônicos de corrente são produzidos por características não lineares tipo saturação magnética, cujo espectro típico contém harmônicos ímpares (3,5,7...), com amplitudes decrescentes. A predominância do 3º harmônico é significativa.

No caso de transformador trifásico conectado em Δ-Δ, o terceiro harmônico fica restrito aos enrolamentos do transformador, aumentando as perdas internas. No caso de o secundário ser conectado em Y com neutro aterrado ou com condutor de retorno das fases, o 3º harmônico da corrente de magnetização poderá circular pela rede secundária e as cargas conectadas entre fase e neutro, contribuindo para perdas tanto no alimentador como na própria carga. Porém, em condições normais de operação de um transformador, a corrente de magnetização é muito menor que a corrente demandada pela carga que, sendo linear, torna a propagação do efeito da saturação magnética para o restante da rede praticamente desprezível. No entanto, esse efeito pode ser observado caso haja um aumento na tensão aplicada (ou redução na frequência), que tende a elevar o fluxo magnético, acentuando o efeito da saturação, ampliando a distorção, como mostra a Figura 5.3.a, na qual a tensão foi elevada de 110 para 130 V.

Outra fonte de harmônicos está associada com a assimetria de meia onda, que ocorre se as ondas de tensão apresentam alguma característica de função par [$f(x) = f(-x)$]. Esta situação provoca harmônicos pares e que ocorrem, por exemplo, durante a energização se o transformador for ligado em um instante em que a tensão CA está próximo do pico. Neste caso, o fluxo magnético cresce de maneira assimétrica, aumentando em uma única direção a saturação e causando mais perdas. Harmônicos pares também podem ser causados por assimetrias de chaveamentos de conversores eletrônicos, como ilustrado na Figura 5.3.b. Quando a tensão apresenta assimetria de meia onda, pode ocorrer uma interação com algumas cargas não lineares [5], principalmente retificadores, levando à produção, inclusive, de componente CC na corrente da rede CA.

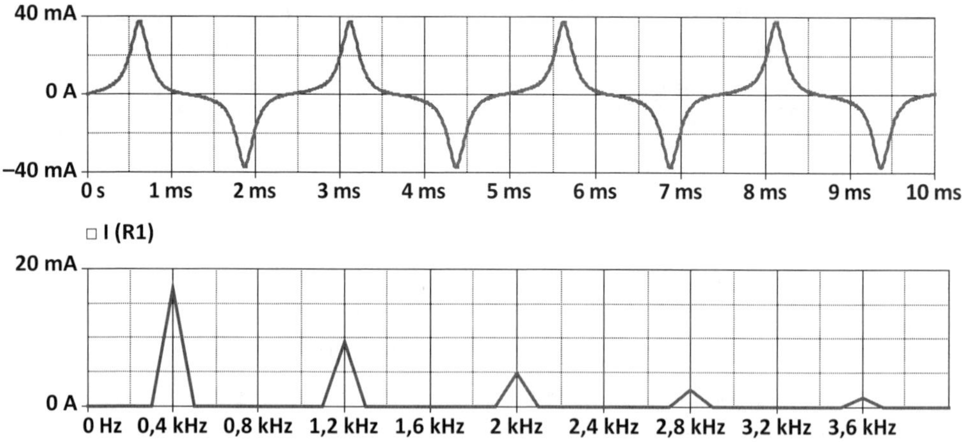

a) Aumento dos harmônicos devido à saturação causada por sobretensão de 18%. Acima, forma de onda da corrente de magnetização; abaixo, o espectro resultante.

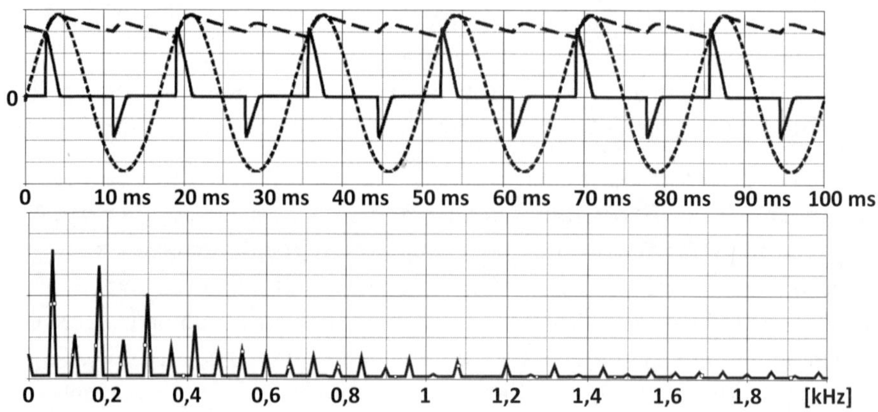

b) Assimetria de meia onda da tensão devida à presença de 5% de 2º harmônico.

Figura 5.3 Ilustração de harmônicos gerados por saturação magnética e assimetria de meio ciclo da tensão. Acima, formas de onda de entrada (tensão e corrente) e tensão na saída de retificador com filtro capacitivo. Abaixo, o espectro da corrente absorvida da rede.

5.2.2. DISTORÇÕES CAUSADAS POR REATORES CONTROLADOS POR TIRISTORES

"Reator" é a denominação que pode ser dada a um indutor quando opera em regime permanente senoidal. Em tal situação, conhecida a frequência, o valor da reatância é o produto da indutância pela frequência angular ($\omega = 2\pi f$). Quando a forma de onda não for exclusivamente senoidal, os termos "reator" e "reatância" não são estritamente corretos, embora usuais.

Um Reator Controlado a Tiristores (RCT) é um dispositivo comandado eletronicamente, utilizado como compensador estático de reativos, com principal aplicação na regulação de tensão de alimentadores e, com menor frequência, para a correção do fator de potência. Tiristores são interruptores semicondutores, unidirecionais em corrente (a qual circula exclusivamente de anodo para catodo) e bidirecionais em tensão (são capazes de bloquear tensões positivas ou negativas dentro de seus limites de especificação). A passagem do estado de bloqueio para o de condução ocorre quando se aplica um adequado sinal de comando entre o terminal de "gatilho" (*gate*) e o catodo. A condução do tiristor se interrompe naturalmente quando a corrente cai abaixo de um valor mínimo (corrente de manutenção), que corresponde a uma fração (tipicamente inferior a 1%) de sua corrente nominal. Aplicações em redes CA levam a corrente a tentar se inverter, o que resulta no desligamento do tiristor.

No caso de um indutor ideal (sem perdas), a corrente para um determinado ângulo de disparo assume a forma descontínua mostrada na Figura 5.4. A descontinuidade da corrente introduz harmônicos que dependem do ângulo de disparo α. O ângulo de condução vale $\sigma = 2(\pi - \alpha)$. O ângulo de extinção, no qual a corrente do tiristor vai a zero, vale $\beta = 2\pi - \alpha$.

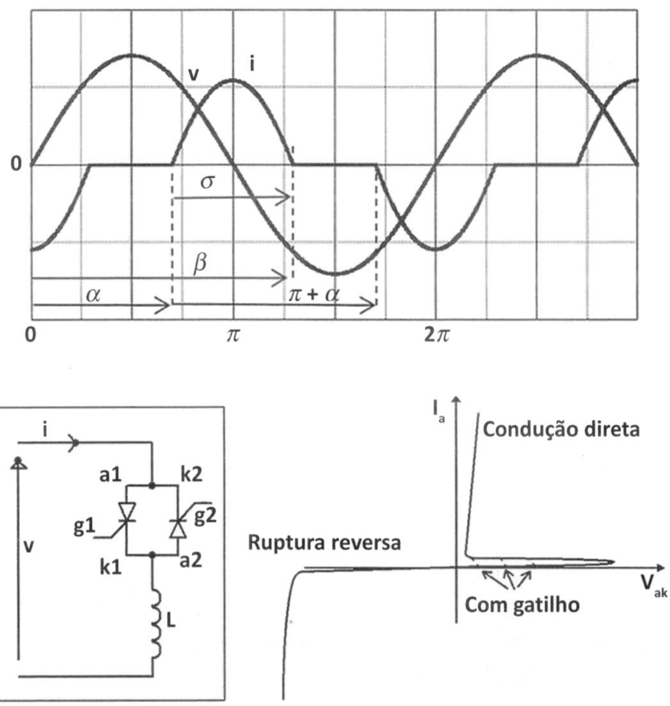

Figura 5.4 Formas de onda, circuito de RCT e característica I-V de tiristor.

Um RCT associado em paralelo a um banco capacitivo constitui o chamado SVC (*Static var Compensator*), capaz de atuar com compensação capacitiva ou indutiva. O controle é realizado pela variação do ângulo de disparo dos tiristores que controlam a corrente por meio do indutor. O circuito de um SVC, que permite obter uma potência reativa ajustável, tanto capacitiva quanto indutiva, é mostrado na Figura 5.5.

A Figura 5.6 mostra o espectro da corrente resultante no RCT. Nota-se que só há harmônicos ímpares, sendo que, neste ponto de operação, o 3º alcança mais de 30% da fundamental. A corrente obedece à seguinte expressão:

$$i(t)=\frac{V_p}{\omega L}\left[cos\alpha-cos(\omega t)\right] \tag{5.4}$$

onde α é o ângulo de disparo do tiristor, medido a partir do cruzamento da tensão por zero. V_p é o valor de pico da tensão.

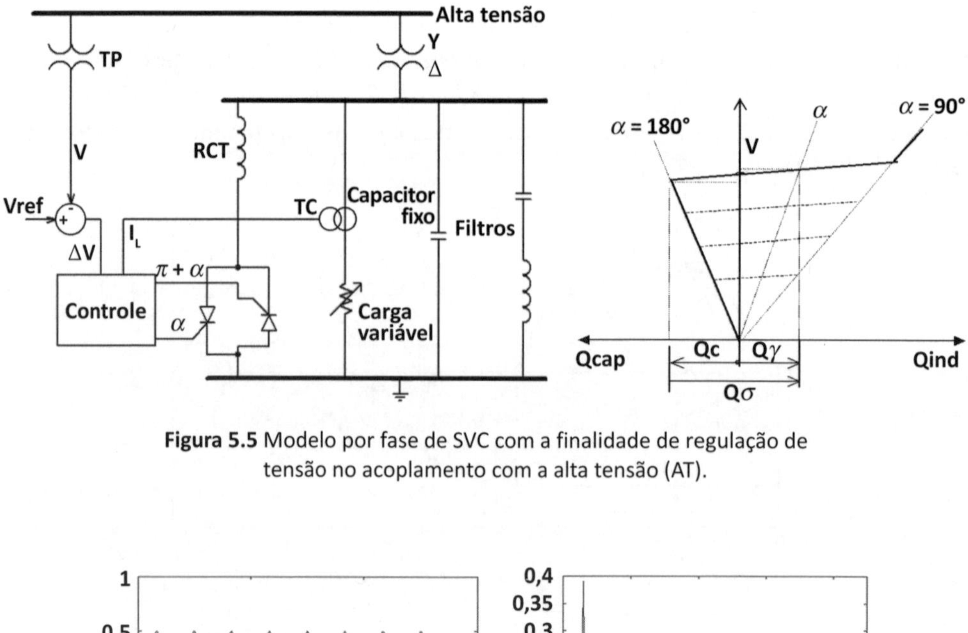

Figura 5.5 Modelo por fase de SVC com a finalidade de regulação de tensão no acoplamento com a alta tensão (AT).

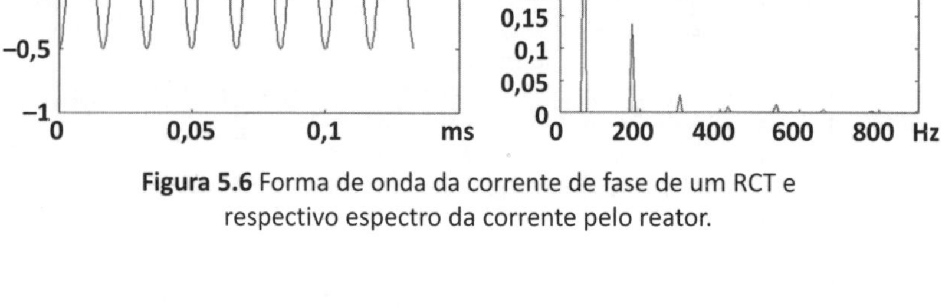

Figura 5.6 Forma de onda da corrente de fase de um RCT e respectivo espectro da corrente pelo reator.

Os componentes harmônicos (valor eficaz) são dados por (5.5). A Figura 5.7 mostra a composição de alguns harmônicos em função de α.

$$I_h = \frac{4}{\pi}\frac{V_p}{\sqrt{2}\cdot\omega L}\left[\frac{sen\left[(h+1)\cdot\alpha\right]}{2(h+1)}+\frac{sen\left[(h-1)\cdot\alpha\right]}{2(h-1)}-\cos\alpha\cdot\frac{sen(h\cdot\alpha)}{h}\right],\ \mathrm{h}=3{,}5{,}7... \quad (5.5)$$

Em redes trifásicas, para evitar que os harmônicos múltiplos de três se propaguem pela rede, utiliza-se a conexão do RCT ou SVC em triângulo, que confina tais harmônicos, como mostra a Figura 5.8. Dessa forma, reduz-se o conteúdo harmônico nas correntes de linha e se evita a necessidade de filtragem desses harmônicos na rede.

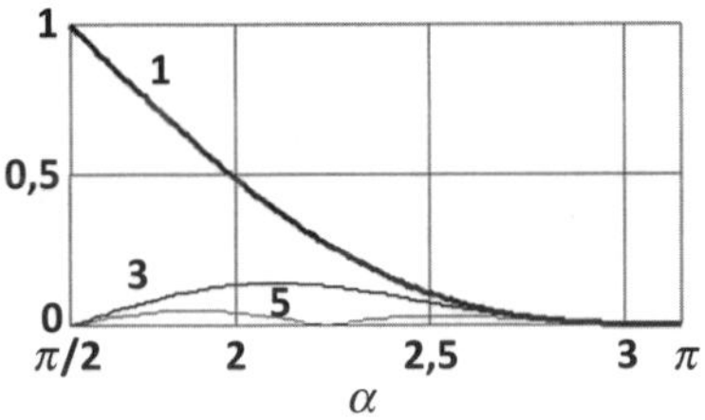

Figura 5.7 Variação do valor de cada componente harmônico de corrente em relação à fundamental máxima (ângulo de disparo de 90° e condução de 180°).

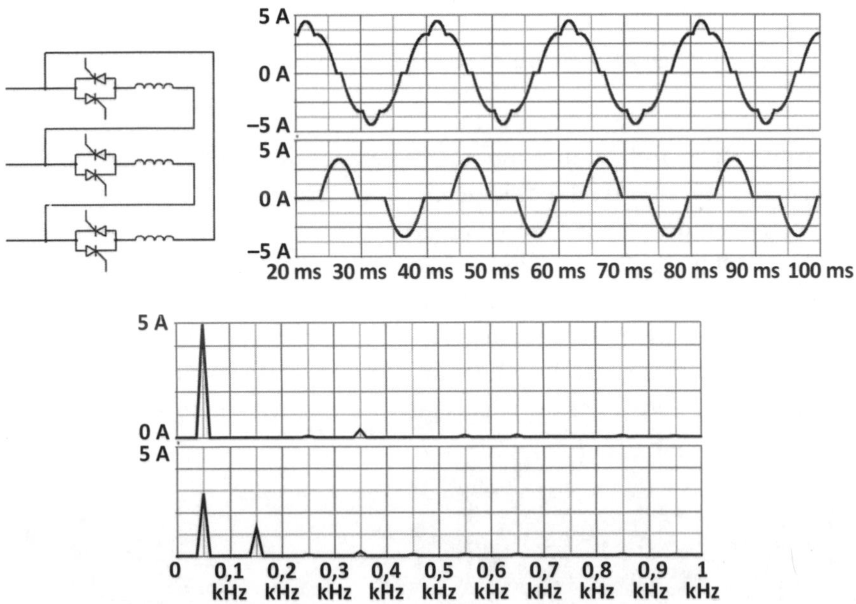

Figura 5.8 Circuito RCT trifásico em conexão em Δ e formas de onda de corrente de fase (inferior) e de linha (superior) com carga indutiva. Os respectivos espectros das correntes de fase (inferior) e de linha (superior).

5.2.3. DISTORÇÕES CAUSADAS POR FORNOS A ARCO

Os fornos a arco elétrico direto são usados na indústria siderúrgica para a produção de ligas de aço a partir da fusão de sucatas. O calor necessário à fusão é obtido através do plasma de arco elétrico que se estabelece entre os eletrodos (normalmente um por fase) de grafite e a sucata. Para sustentar o arco de corrente alternada no plasma, é necessário que haja suficiente indutância no circuito de alimentação. Essas indutâncias, ao mesmo tempo que estabilizam e limitam a corrente de arco, também impõem um elevado consumo de reativos. Por isso é comum encontrar baixo fator de potência em instalações com fornos a arco. A Figura 5.9 ilustra um forno a arco e os respectivos elementos de alimentação elétrica.

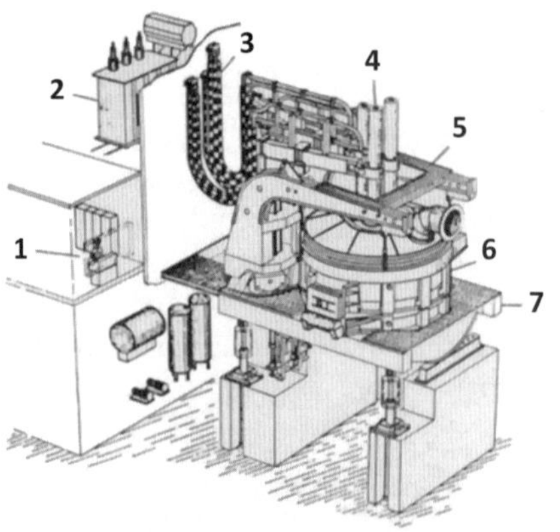

1 – Sala do operador
2 – Transformador do forno
3 – Cabos de alimentação
4 – Eletrodos de carbono
5 – Suporte móvel da tampa
6 – Cuba com refratário
7 – Plataforma basculante

Figura 5.9 Forno a arco direto. Fonte: adaptada de [6].

O arco elétrico é também um importante gerador de distorções harmônicas devido à relação não linear entre a tensão de arco e a corrente. Essa não linearidade varia com o comprimento do arco e com as características do próprio meio condutor do plasma, como temperatura, pressão, secção transversal, tipo de gás etc. O comprimento do arco é uma variável de controle, que é exercido por meio da elevação dos eletrodos sobre a sucata ou sobre o material fundente. Na fase mais crítica, a ignição para início da fusão, os eletrodos são abaixados até se curto-circuitarem através da sucata. A Figura 5.10 ilustra as principais fases de operação do forno a arco.

a) Início da fusão
Potências intermediárias

b) Fusão depois da fornada
Poças sobre os eletrodos
Potência máxima

c) Final da fusão
Superaquecimento
e manutenção
Potência reduzida

Sequência de operação na fusão

Figura 5.10 Fases de operação, da fusão ao refino. Fonte: adaptada de [6].

Com o início da condução começa a fase da fusão e o controlador posiciona os eletrodos tentando manter constante a relação tensão/corrente de arco, ou seja, a resistência do arco. Como esse controle é lento em relação à dinâmica do próprio arco, a corrente tende a variar bastante em cada fase. Essas variações provocam flutuações da tensão da rede (efeito *flicker*) e modificam o nível de harmônicos e inter-harmônicos responsáveis pela distorção, produzindo, além disso, desequilíbrios momentâneos [7].

À medida que o material vai sendo fundido, o arco se estabiliza e o nível de perturbações também diminui. Durante a fase final de refino do material, a operação do forno costuma ser estável, com níveis aceitáveis de flutuações, desequilíbrio e distorção. A Figura 5.11 mostra a corrente de arco típica, obtida por simulação e o respectivo espectro [8].

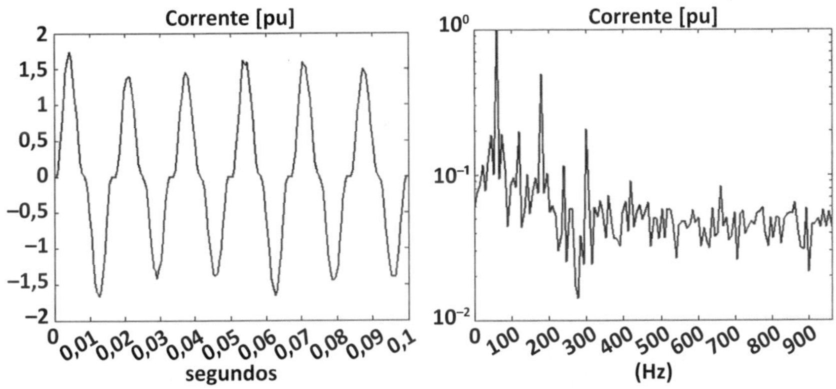

Figura 5.11 Corrente típica de arco elétrico e respectivo espectro.

Durante a fase inicial da fusão, a corrente pode mudar significativamente em amplitude e de forma. Prevalecem os harmônicos ímpares, mas existem também componentes pares, indicando assimetria de meia onda, o que ocorre principalmente quando a corrente é baixa, ou seja, o arco é longo. A riqueza do espectro produzido pelo forno mostra que se trata de uma importante fonte de harmônicos e inter-harmônicos.

5.2.4. RESSONÂNCIA ENTRE BANCO DE CAPACITORES E ALIMENTADOR

Outro caso de distorção harmônica pode ocorrer na instalação de um banco capacitivo em um alimentador predominantemente indutivo (por exemplo, próximo a um transformador, como ilustrado na Figura 5.12):

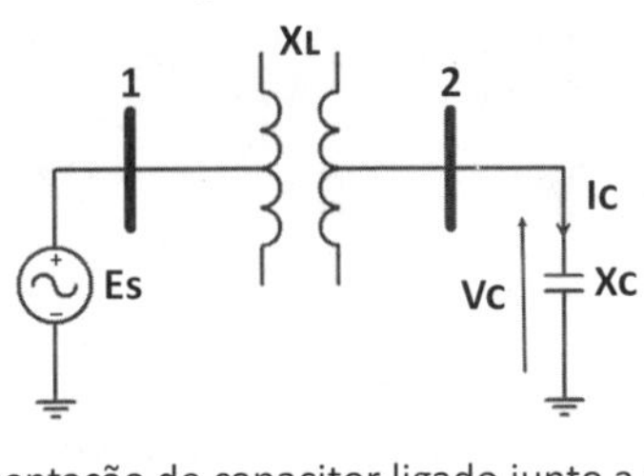

Figura 5.12 Representação de capacitor ligado junto a um transformador.

A ordem harmônica h da frequência de ressonância desse circuito, supondo fonte de tensão ideal na barra 1, pode ser estimada pela relação:

$$h = \frac{f_r}{f_1} = \sqrt{\frac{1}{\omega_1^2 LC}} = \sqrt{\frac{X_c}{X_L}} \cong \sqrt{\frac{S_{cc}}{Q_c}} \tag{5.6}$$

onde f_r é a frequência de ressonância; f_1 é a frequência fundamental da rede; S_{cc} é a potência de curto-circuito local e Q_c é a potência reativa injetada pelo capacitor. A última relação em (5.6) decorre de aproximações aplicáveis a sistemas de potência:

$$S_{cc} = \frac{E_S^2}{X_L} \cong \frac{1}{X_L}\ pu \qquad \text{e} \qquad Q_C \cong \frac{E_S^2}{X_C} \cong \frac{1}{X_C}\ pu \tag{5.7}$$

Portanto, conhecendo a potência de curto-circuito e a capacidade do banco, pode--se estimar a ordem harmônica da ressonância do circuito.

A Figura 5.13 ilustra uma ressonância entre um banco de capacitores e a reatância indutiva equivalente do alimentador, ocorrendo no 12º harmônico, com a decorrente amplificação das correntes harmônicas próximas, de ordem 11 e 13. A partir do momento que o banco capacitivo é conectado (60 ms), percebe-se claramente a amplificação dos harmônicos. Neste caso, a origem dos harmônicos é a própria fonte de tensão, levemente distorcida com apenas 1% desses harmônicos. No espectro da tensão da fonte, tais componentes sequer são visualizadas. Na tensão no capacitor, o efeito da ressonância já é visível. Nesse caso, o 11º harmônico é amplificado para 4,8%, a 13ª atinge 4,1% e a DHT_V é de 6,3%. Na corrente, os harmônicos se elevam significativamente, resultando DHT_I de 45%.

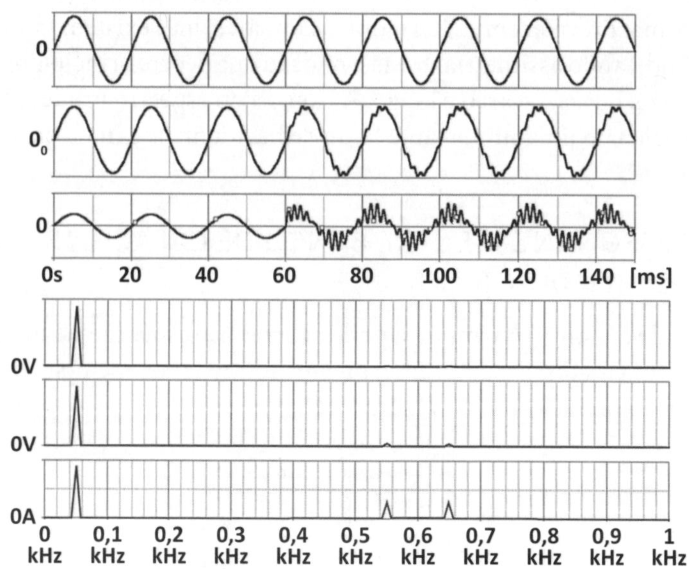

Figura 5.13 Ilustração de ressonância de banco de capacitores com a reatância série do alimentador, a partir de 60 ms. Acima, ondas de tensão na fonte, tensão no capacitor e corrente na fonte. Abaixo, os correspondentes espectros de frequência.

Ressonância série e ressonância paralela

A ressonância entre um capacitor e os elementos indutivos em uma rede pode ser do tipo série ou paralela. Para os mesmos parâmetros, a frequência de ressonância nos dois casos é a mesma. A diferença está apenas na forma como a fonte de injeção harmônica enxerga esses componentes e, por isso, os efeitos sobre os demais elementos da rede podem ser distintos.

No exemplo anterior pressupõe-se que a origem dos harmônicos é a própria fonte de tensão, de modo que a ressonância ocorre entre a associação série das reatâncias do transformador (dominada pela reatância de dispersão) e do capacitor. No caso de ressonância série, resulta impedância total mínima $X_T = X_L - X_C = 0$, que causa um significativo aumento da corrente harmônica nesse caminho. Embora a queda de tensão harmônica total seja mínima sobre a associação série de X_L e X_C, como a corrente é máxima, ocorre sobretensão harmônica em cada um dos elementos em ressonância, porém com fases opostas.

Caso a fonte harmônica fosse uma carga não linear do tipo fonte de corrente, conectada na saída do transformador, a ressonância ocorreria entre a associação paralela da reatância capacitiva com a reatância do transformador. Neste caso, a impedância total vista pela fonte harmônica corresponderia à associação paralela, $X_T = X_L \cdot X_C/(X_L - X_C)$, que apresenta um valor nulo no denominador na frequência de ressonância. Isso significa que a impedância total vista pela fonte harmônica seria infinita, provocando uma sobretensão harmônica no ponto de injeção da corrente harmônica. Nesse caso, as correntes em cada ramo ressonante é que teriam fases opostas.

Prevenindo ressonâncias com bancos capacitivos

Para evitar a amplificação de harmônicos de baixa ordem que poderiam surgir, por exemplo, durante a energização de transformadores, pode-se tomar algumas precauções, como dimensionar o banco capacitivo de modo que a frequência de ressonância f_r não excite um harmônico h que possa estar presente na tensão ou na corrente da carga. Para isso, sugere-se:

i) para grandes bancos capacitivos (Q_c da ordem de S_{cc}) escolher: $h = 3 < f_r < h = 4$

ii) para bancos pequenos ($Q_c << S_{cc}$) escolher: $f_r > h = 20$.

A escolha da frequência de ressonância próxima do 4º harmônico só é aceitável se existir suficiente amortecimento das oscilações durante a energização do transformador e se não houver 3º harmônico (por exemplo, sistema trifásico a três fios). Em operação normal, essas frequências dificilmente serão excitadas. Para bancos menores fica mais fácil a escolha, pois os harmônicos superiores naturalmente têm menor amplitude e tendem a ser amortecidas pelas próprias resistências na rede. Em todos os casos é conveniente confirmar, por meio de medições, se de fato a solução adotada não causa aumento da distorção harmônica da tensão ou corrente após a instalação do banco capacitivo.

Efeito Ferranti

Sempre que se conecta um elemento capacitivo a uma rede com características indutivas, a magnitude da tensão fundamental no ponto de conexão e no seu entorno se eleva devido ao chamado efeito Ferranti.[1] Isso pode ser verificado pela regra do divisor de tensão do circuito da Figura 5.12, expresso por:

$$I_C = E_S \left| \frac{1}{X_L - X_c} \right| \quad \text{e} \quad V_C = E_S \left| \frac{-X_C}{X_L - X_C} \right| \tag{5.8}$$

Assumindo que a reatância capacitiva seja sintonizada para o harmônico de ordem h, ou seja, ($f_r = h \cdot f_1$) resulta, com base em (5.6), que:

$$X_C = h^2 \cdot X_L \tag{5.9}$$

e, com isso, na frequência fundamental, a tensão sobre o capacitor é dada por:

$$V_C = E_S \frac{h^2}{h^2 - 1} \tag{5.10}$$

Tem-se, portanto, um fator de amplificação em função da ordem harmônica da ressonância, que define uma sobretensão no capacitor na frequência fundamental, tanto maior quanto mais baixa for a ordem harmônica sintonizada. Esse fenômeno (efeito Ferranti) ocorre com qualquer valor de capacitor instalado ($h > 1$), mesmo fora da faixa de ressonância. Considere-se, por exemplo, sintonia no 4º harmônico:

$$h = 4 \rightarrow V_C = \frac{16}{15} E_S = 1{,}0667 \cdot E_S$$

de modo que, ao conectar o banco sintonizado no 4º harmônico, a sobretensão na fundamental atinge 6,67%. Nota-se que esse fenômeno ocorre mesmo em vazio (sem carga adicional).

A capacidade dos capacitores de elevar a tensão tem sido utilizada em locais sujeitos a afundamento da tensão por falta de suporte reativo. É comum instalar bancos capacitivos em ramais de distribuição como forma econômica de suprir essa deficiência e elevar a tensão de suprimento. No entanto, é necessário tomar cuidado para evitar a ocorrência de ressonâncias, bem como a saturação magnética excessiva de transformadores.

[1] Foi observado pela primeira vez em 1887, pelo engenheiro eletricista britânico e inventor Sebastian Pietro Innocenzo Adhemar Ziani de Ferranti (1864-1930), durante a instalação de cabos subterrâneos em um sistema de distribuição de energia de 10 kV.

5.2.5. CARACTERÍSTICAS NÃO LINEARES DE CARGAS ELETRÔNICAS

Retificadores trifásicos

Retificadores são usados em aplicações que requeiram alimentação CC. Quando a potência da carga é relativamente elevada, são utilizados retificadores trifásicos a fim de evitar desequilíbrios, distribuindo a corrente igualmente entre as três fases. Neste caso, a corrente é fornecida, a cada intervalo de 60 graus, por apenas duas das três fases. Conduzem aquelas fases que tiverem, em módulo, as maiores tensões. Ou seja, a fase que for mais positiva faz conduzir o respectivo diodo na semiponte superior. Na semiponte inferior, conduz o diodo conectado à fase com tensão mais negativa. Pelas fases com tensão intermediária não haverá corrente nesse intervalo. A Figura 5.14 mostra o circuito e as formas de onda típicas para alimentação trifásica em 220 V.

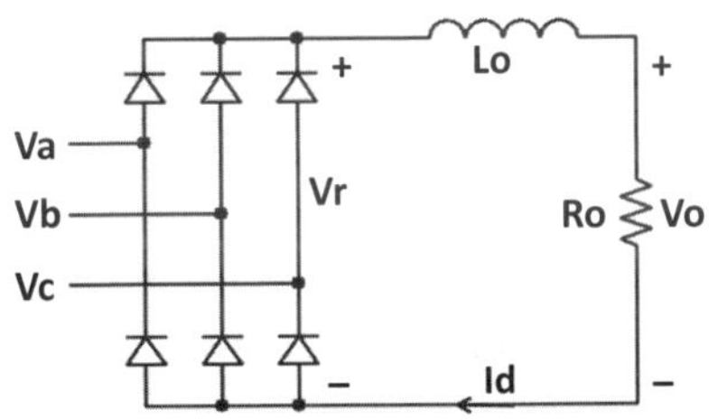

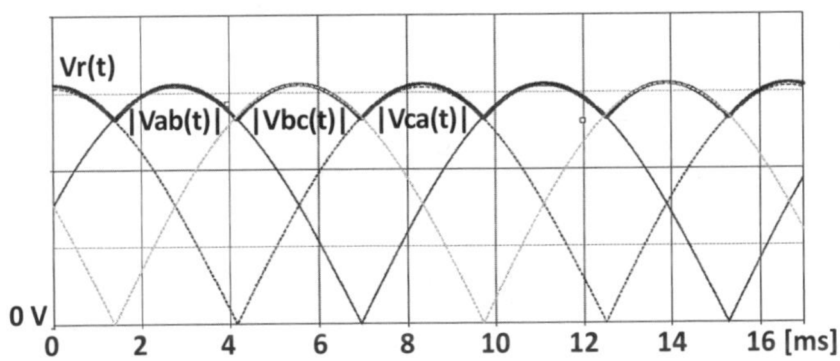

Figura 5.14 Circuito retificador trifásico. Tensão de saída, Vr para condução contínua (100 V/div).

Um filtro indutivo (série) no lado CC produz o alisamento da corrente, de modo que a onda no lado CA apresenta-se praticamente retangular, como na Figura 5.15. Nessa figura tem-se a forma da corrente em uma fase da entrada do retificador e seu espectro. As amplitudes dos harmônicos, normalizados pela fundamental, são dados por:

$$I_h = \frac{1}{h} \quad \text{para} \quad h = k \cdot q \pm 1 \tag{5.11}$$

onde h é a ordem harmônica; k é qualquer inteiro positivo e q é a relação entre a frequência da ondulação da tensão de saída e a de alimentação CA, referido como "número de pulsos" (seis no retificador trifásico). A *DHT* da corrente é 31,08% e o fator de deslocamento (ângulo entre a tensão e o componente fundamental da corrente) é unitário.

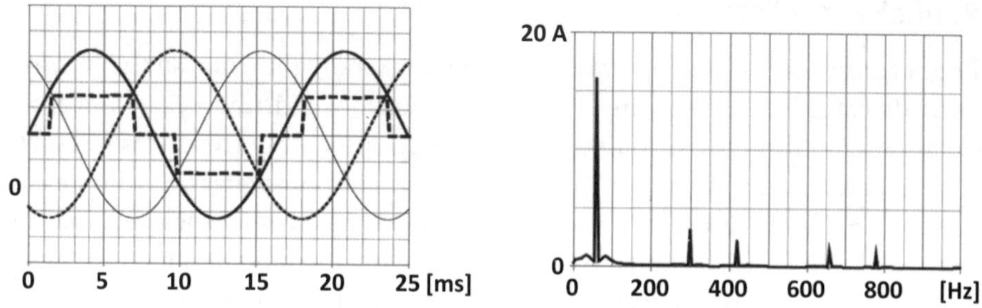

Figura 5.15 Tensões senoidais trifásicas (100 V/div) e corrente de entrada (em uma das fases, 10/div) com filtro indutivo no lado CC e respectivo espectro da corrente.

Comportamento similar ocorre no retificador controlado, como mostra a Figura 5.16. A corrente no lado CA é retangular, com duração de 2/3 do semiciclo. O início da condução ocorre em um instante que depende do ângulo de disparo (α) dos tiristores. Dessa forma, não há alteração dos componentes harmônicos, embora haja uma alteração de fase da fundamental e, por conseguinte, no fator de potência visto pela rede.

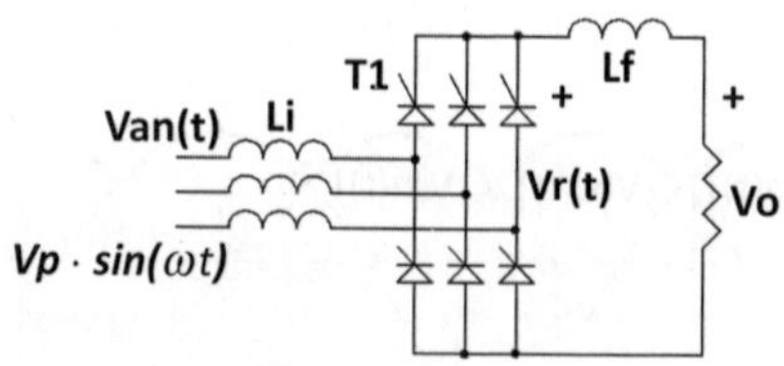

a) Retificador trifásico controlado por tiristores

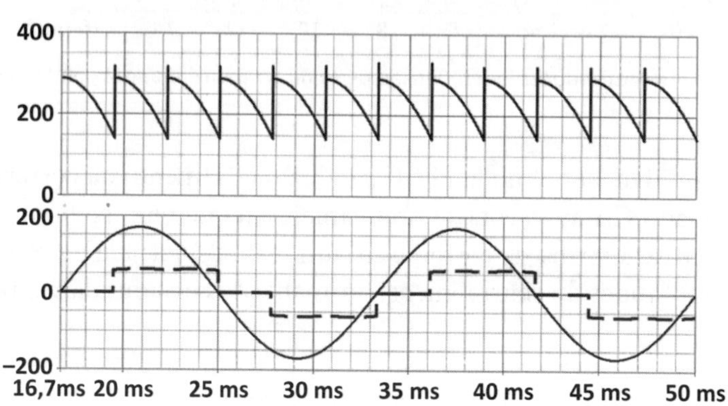

b) Tensão no lado CC Vr(t) (acima), tensão senoidal , Van(t), e respectiva corrente de fase (abaixo)

Figura 5.16 Retificador trifásico controlado e respectivas formas de onda para α = 30°.

O componente fundamental da corrente está atrasada, o que confere ao circuito um comportamento "indutivo", embora isso se deva ao atraso no início da condução e não à efetiva existência de uma indutância no circuito visto pela rede. A corrente da rede apresenta apenas componentes espectrais de ordem ímpar, exceto os múltiplos da terceira, que não existem. A tensão média no barramento CC é dada por:

$$V_0 = \frac{3\sqrt{2}}{\pi} \cdot V_{linha} \cdot cos\alpha \tag{5.12}$$

o fator de forma é o mesmo do retificador não controlado, enquanto o fator de deslocamento é cosα. O fator de potência neste caso é dado por:

$$FP = \frac{3}{\pi} cos\alpha \tag{5.13}$$

Associações série/paralela de retificadores

A análise que segue, embora tome como exemplo retificadores a diodo, pode ser estendida para circuitos com tiristores. Em determinadas situações, pode ser conveniente fazer uma associação de circuitos retificadores, como mostra a Figura 5.17.

A associação série é normalmente empregada quando se deseja uma tensão CC de saída elevada, que não poderia ser obtida com um retificador único. A associação paralela é usada quando a carga exige uma corrente que não poderia ser fornecida por um único retificador.

Em ambos os casos, estas associações servem para reduzir o conteúdo harmônico da corrente drenada da rede, utilizando um transformador cujos secundários produzam tensões de igual amplitude, mas devidamente defasadas. Ao aplicar tensões defasadas na entrada de cada retificador melhora-se a forma de onda da corrente CA, como mostra a Figura 5.18. No exemplo, no qual se tem um retificador de 12 pulsos, cada um é alimentado por tensões de mesmo valor eficaz, mas com defasagem de 30° entre os sistemas trifásicos, o que se obtém pela configuração do transformador de entrada. Isso faz a corrente da rede se apresentar de uma forma "multinível". Neste caso, têm-se seis níveis e o respectivo espectro mostra que só existem harmônicos em frequências de ordem $12h \pm 1$, ou seja, após a fundamental, teremos componentes de ordem 11, 13, 23, 25, e assim por diante.

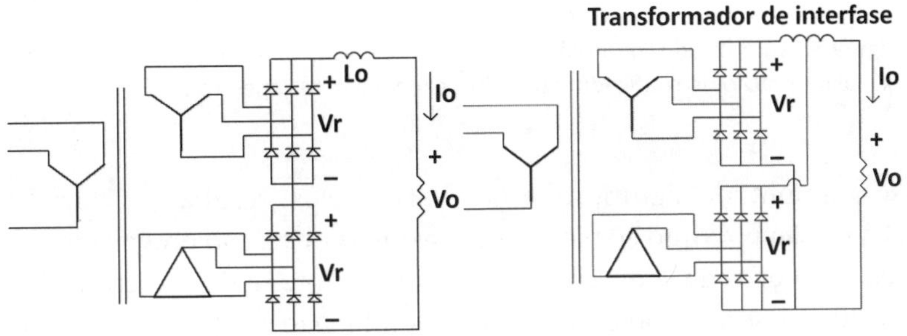

Figura 5.17 Associação em série (à esquerda) e em paralelo (à direita); de retificadores não controlados.

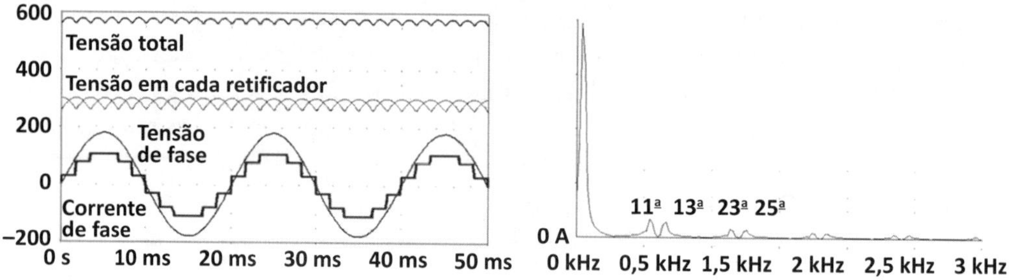

Figura 5.18 Formas de onda (à esquerda) e espectro da corrente na rede (à direita); para retificador de 12 pulsos.

Retificadores com filtro capacitivo

Grande parte dos equipamentos eletrônicos de menor potência, por razões de minimização de custo, possui um estágio de entrada (conversor CA-CC) constituído apenas por um retificador monofásico com filtro capacitivo. Esse tipo de circuito resulta na rede corrente de maneira impulsiva, que ocorre ligeiramente adiantada em relação ao pico da onda senoidal de tensão. O circuito, as formas de onda e o espectro estão mostrados na Figura 5.19.

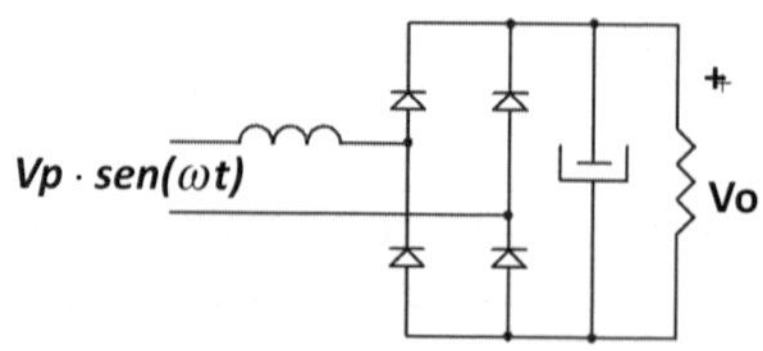

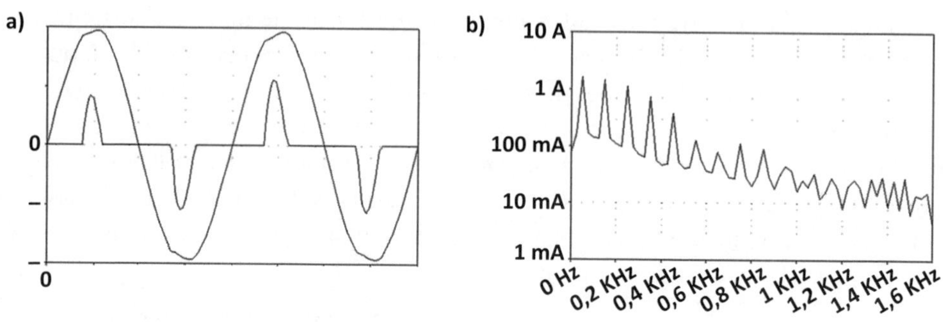

Figura 5.19 Retificador monofásico com filtro capacitivo. a) Tensão e corrente de alimentação de retificador com filtro capacitivo. b) Espectro da corrente.

Note-se a amplitude significativa dos harmônicos, resultando elevada *DHT*. A distorção na tensão próximo ao pico se deve à queda de tensão provocada pela corrente na impedância da rede. Comportamento semelhante se dá no retificador trifásico da Figura 5.20. Em termos do espectro, no entanto, não existem componentes múltiplos de três. Não obstante, a *DHT* também é muito elevada.

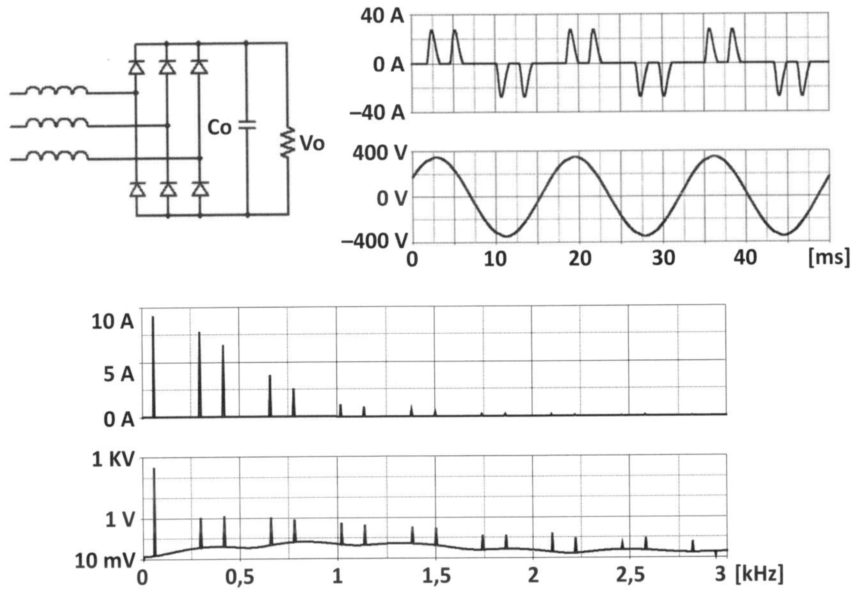

Figura 5.20 Retificador trifásico com filtro capacitivo. Acima: circuito, formas de onda da corrente de entrada e da tensão de alimentação. Abaixo: espectros da corrente e da tensão de fase.

Efeitos indesejados da comutação

Uma forma de corrente retangular, como a mostrada anteriormente na Figura 5.15, pressupõe a não existência de indutâncias em seu caminho. Na presença de indutâncias, como mostrado na Figura 5.20, no entanto, a transferência de corrente de uma fase para outra não pode ser instantânea. Ao invés disso, existe um intervalo no qual estarão em condução o diodo que está entrando e o que está em processo de desligamento. Isso configura um curto-circuito na tensão de linha na entrada do retificador. A duração desse curto-circuito depende de quão rapidamente se dá o crescimento da corrente na fase que está entrando em condução, ou seja, da diferença de tensão entre as fases que estão envolvidas na comutação.

A Figura 5.21 mostra o efeito relativo a um retificador deste tipo. Neste caso, a corrente não é uniforme e apresenta uma ondulação determinada pelo comportamento do lado CC. As transições da corrente de entrada não são instantâneas e se verifica que, durante as transições, há uma perturbação na tensão na entrada do retificador (Vi). O valor instantâneo dessa tensão (fase-neutro) é a média das tensões das fases que estão comutando, supondo iguais as indutâncias da linha. O recorte da tensão é chamado de *notching*. Um resultado experimental deste fenômeno está representado na Figura 5.22. A distorção na tensão ocorre devido ao comportamento da corrente associada à reatância da linha (Li).

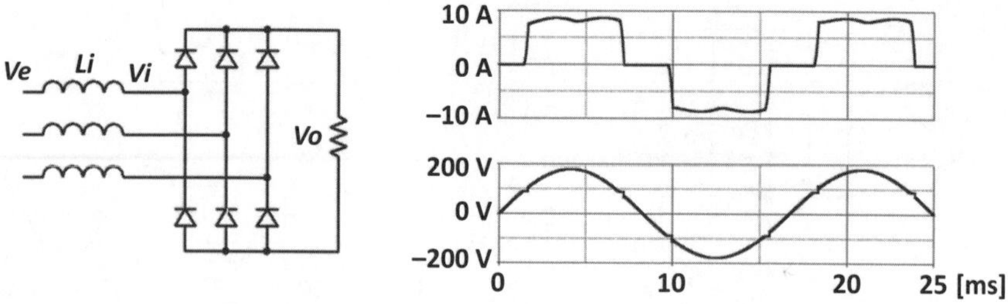

Figura 5.21 Retificador trifásico não controlado, com formas de onda da corrente e tensão na entrada do retificador (*Vi*), obtidas por simulação.

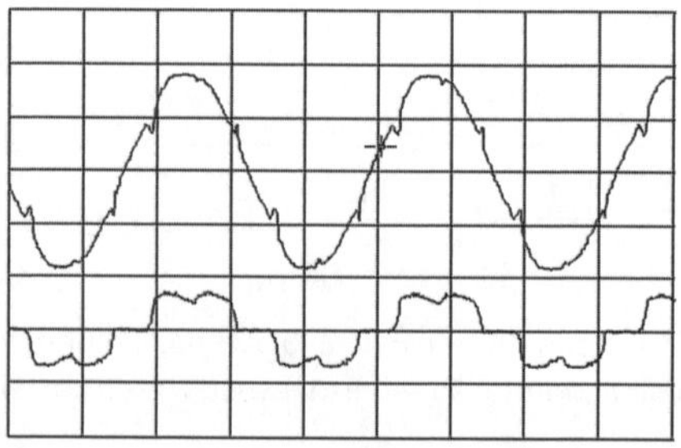

Figura 5.22 Distorção tipo *notching* na tensão devido ao fenômeno de comutação (acima). Corrente no lado CA (abaixo).

5.3. SEQUÊNCIA DE FASE DE HARMÔNICOS TRIFÁSICOS

Alguns fenômenos importantes dependem da sequência (positiva, negativa ou zero, conforme definido por Fortescue [9]) que as tensões ou correntes harmônicas assumem em relação às ondas fundamentais na rede trifásica. Os comentários que seguem valem, desde que a fundamental e os harmônicos estejam equilibrados. Qualquer desequilíbrio faz surgir, em cada harmônica, componentes de sequência atípica.

A Figura 5.23 mostra os harmônicos de ordem três e as tensões trifásicas com sequência positiva (abc). Os 3os harmônicos estão em fase entre si e, portanto, se caracterizam como componentes de sequência zero (cuja soma algébrica não é nula). Isso acontece com todos os harmônicos múltiplos de três ($3h$, h = 1,2,3...). O fato de apresentarem sequência zero indica que poderá haver uma significativa corrente circulando pelo condutor de retorno, no caso de conexão Y a quatro fios, ou então internamente pela malha do triângulo, no caso de conexão em Δ.

A Figura 5.24 mostra o que ocorre com o 5º harmônico equilibrado. Como se pode ver, tais harmônicos apresentam sequência negativa. O mesmo ocorre com todos os harmônicos de ordem $3h$-1 (para h = 1,2,3...). O fato de os harmônicos equilibrados de ordem 2, 5, 8... apresentarem sequência negativa indica que sua presença na tensão terá efeito de redução do torque em máquinas baseadas em campos girantes, como motores de indução, máquinas síncronas, medidores eletromecânicos de energia etc. Os efeitos mais sensíveis devido a tais componentes de sequência negativa são vibração, perdas adicionais, aquecimento e redução do torque útil. Os demais harmônicos, de ordem $3h$-2 (para h = 1,2,3...) apresentam sequência positiva. Excetuando a fundamental, também provocam perdas adicionais e aquecimento, embora o efeito sobre o torque em um motor seja no mesmo sentido de giro do componente fundamental.

Harmônicos pares produzem assimetrias de meia onda, ou seja, um semiciclo tem formato diferente do outro. Como esse tipo de assimetria não é muito comum nos dispositivos elétricos, mesmo nos casos não lineares, os harmônicos pares se manifestam em menor intensidade no sistema elétrico. No entanto, alguns transitórios como a energização de transformadores ou a corrente de ignição de fornos elétricos a arco têm a capacidade de produzir tal assimetria e, portanto, podem gerar harmônicos pares, especialmente a 2ª e a 4ª.

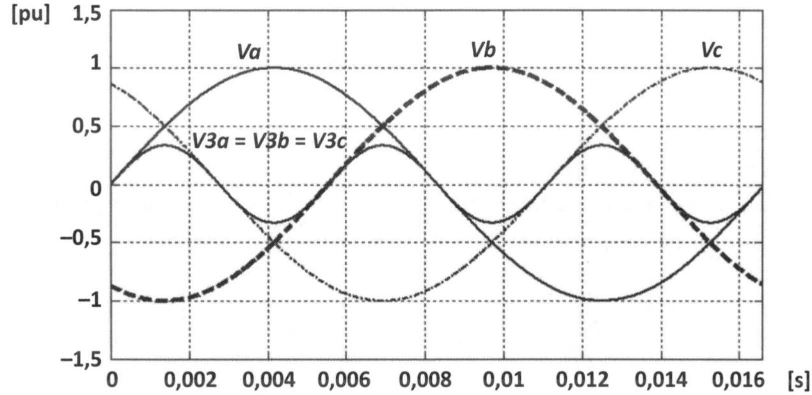

Figura 5.23 Componente fundamental e respectivos harmônicos de 3ª ordem sobrepostos, por serem componentes de sequência zero.

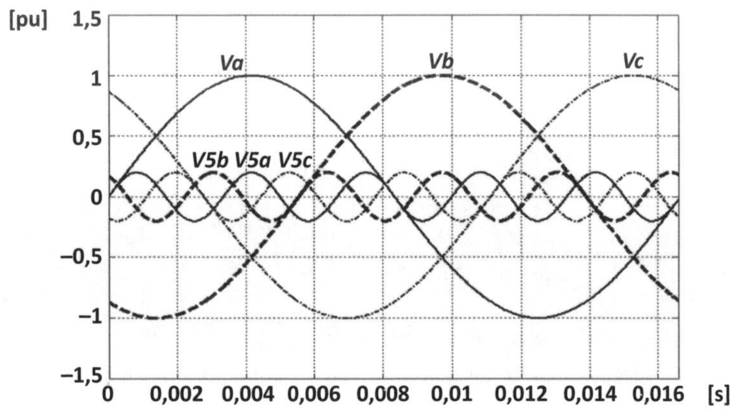

Figura 5.24 Componentes fundamentais e harmônicos de 5ª ordem apresentando sequência negativa (acb).

5.3.1. FASES RELATIVAS DOS HARMÔNICOS

Assim como na frequência fundamental, a fase entre as tensões e correntes harmônicas determina o fluxo de potência na rede (magnitude, direção e *FP*). Enquanto um harmônico pode estar "fluindo" numa direção, outro pode estar transferindo energia no sentido oposto, dependendo de onde se encontra a fonte (*source*) e o atrator (*sink*) das correntes harmônicas. Uma simples mudança de fase de um harmônico modifica a forma de onda, sem alterar o seu valor eficaz. Cargas que sejam sensíveis à forma de onda (como um retificador com filtro capacitivo) reagirão de maneira distinta em cada situação. Seja a onda de tensão dada pela expressão que contém nível CC e harmônicos de ordem 5 e 7, ambos com a mesma fase inicial:

$$v(t) = 1 + 2cos(2\pi 60t) - 0,4cos(2\pi 300t) - 0,2cos(2\pi 420t) \tag{5.14}$$

Nesse sinal, mostrado na Figura 5.25, as sobretensões devidas aos harmônicos são evidentes, elevando o valor de pico. Invertendo-se a fase de 5º harmônico, obtém-se o sinal seguinte:

$$v(t) = 1 + 2cos(2\pi 60t) + 0,4cos(2\pi 300t) - 0,2cos(2\pi 420t) \tag{5.15}$$

Neste caso, a onda assume a forma mostrada na Figura 5.26. Pela simples comparação visual não fica óbvio que se trata de sinais com componentes espectrais de mesma amplitude. Por isso é importante recorrer a métodos matemáticos para analisar os sinais no domínio da frequência.

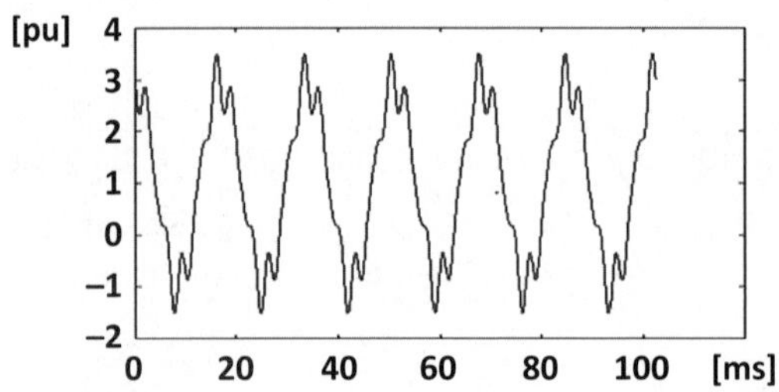

Figura 5.25 Tensão com mesma fase inicial para 5º e 7º harmônicos e nível CC.

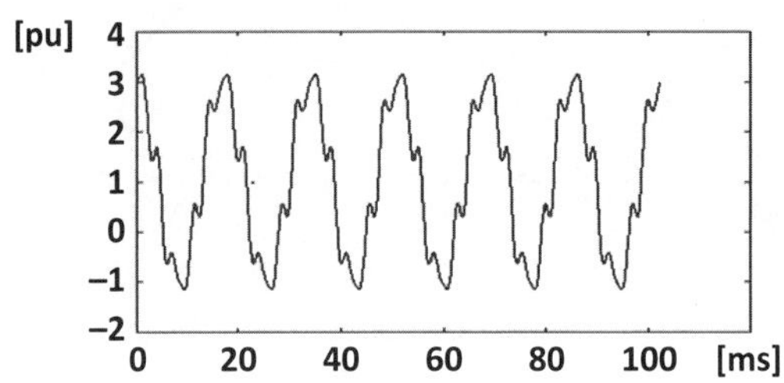

Figura 5.26 Tensão com a fase de 5º harmônico invertida.

O espectro das amplitudes nos dois casos é mostrado na Figura 5.27:

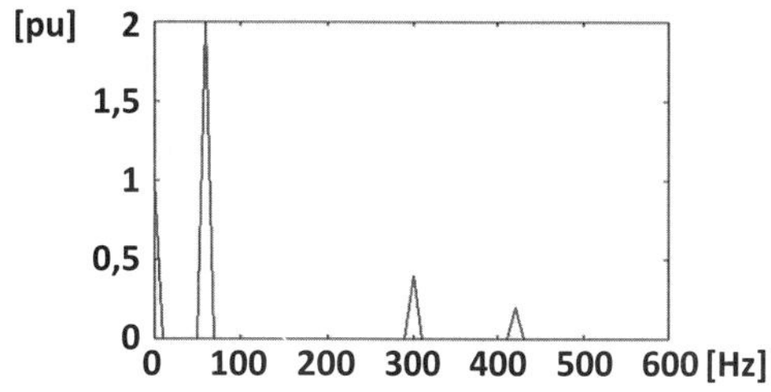

Figura 5.27 Espectro de amplitudes nos dois casos.

Apenas os espectros das fases acusam a inversão do 5º harmônico, como indicam as Figuras 5.28 e 5.29. Esse exemplo mostra que uma dada composição harmônica pode apresentar efeitos temporais que não são percebidos pela simples avaliação do valor eficaz ou apenas pelo espectro de amplitudes.

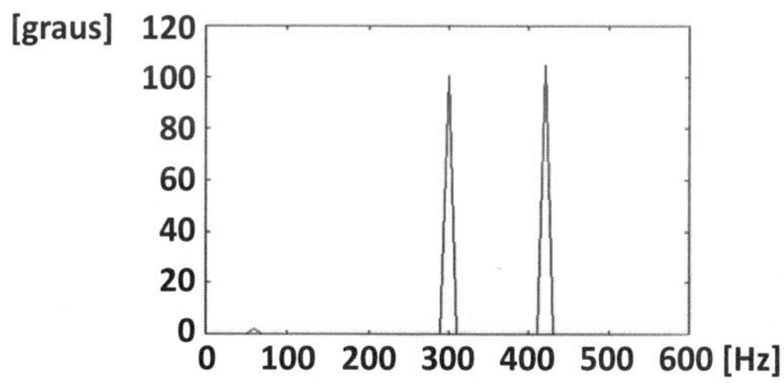

Figura 5.28 Espectro de fase para caso com fases iguais.

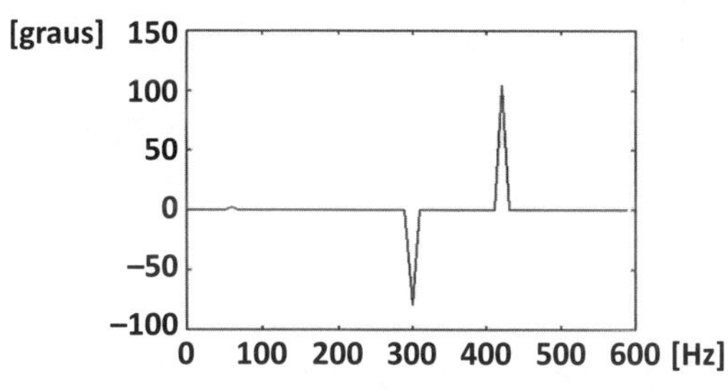

Figura 5.29 Espectro de fase para caso de fases opostas.

5.4. EFEITOS PROVOCADOS POR HARMÔNICOS DE CORRENTE E DE TENSÃO NA REDE

Depois de apresentar vários exemplos de ocorrência de harmônicos, pode-se sintetizar os principais efeitos que a presença dos harmônicos em um sistema de potência pode acarretar e apontar os casos típicos em que tendem a se manifestar [10]:

1) *Excitação de correntes ou tensões ressonantes entre indutâncias e capacitâncias.*

   Casos típicos: associações de capacitores com transformadores, cabos com blindagem, capacitores associados com motores, capacitores operando com reatores, dispositivos de correção de fator de potência etc.

2) *Aparecimento de vibrações e ruído.*

   Casos típicos: ferro-ressonância em transformadores e reatores, motores de indução ressonando com a compensação capacitiva etc.

3) *Sobreaquecimento de núcleos ferromagnéticos.*

   Casos típicos: aumento de perdas por histerese e correntes parasitas em núcleos de motores, geradores, transformadores, reatores, relés etc.

4) *Sobreaquecimento de capacitores.*

   Caso típico: ressonância de capacitores *shunt*, provocando sobretensão e perdas excessivas no dielétrico. Risco de explosão do capacitor por incapacidade de dissipação do calor gerado internamente.

5) *Erros de medição de grandezas elétricas.*

   Casos típicos: medidores de energia com disco de indução, medidores de valor eficaz baseados no valor de pico ou no valor médio absoluto etc.

6) *Erros de controle de conversores.*

   Casos típicos: detectores de sincronismo e comparadores de nível, usados como referência para gerar pulsos de controle em chaves eletrônicas;

7) *Erros de atuação da proteção.*

   Casos típicos: relés eletromagnéticos atracando devido à contribuição dos harmônicos, relés eletrônicos e digitais com erro de calibração na presença de distorções etc.

8) *Sobrecorrente de neutro.*

   Casos típicos: circuitos com lâmpadas de descarga com reatores ferromagnéticos ou circuitos retificadores monofásicos podem provocar correntes de neutro maiores que as de linha, devido a harmônicos de sequência zero.

9) *Interferências e ruídos eletromagnéticos.*

   Casos típicos: fontes chaveadas, inversores de frequência, pontes retificadoras, sistemas de acionamento controlados eletronicamente etc.

5.5. QUANTIFICAÇÃO DA DISTORÇÃO DA ONDA

O conteúdo espectral de um sinal periódico com período *T*, com forma de onda qualquer, pode ser obtido pela decomposição em série de Fourier[2] [11] (mais detalhes serão dados no Capítulo 12). Como será visto, a decomposição em funções seno e cosseno fornece as amplitudes e as fases relativas dos componentes nas frequências múltiplas inteiras da frequência fundamental, definida por $f_1 = 1/T$. Um analisador de ondas digital realiza essa decomposição usando um eficiente algoritmo, conhecido como transformada rápida de Fourier ou FFT (*Fast Fourier Transform*), e determina amplitudes e fases dos componentes harmônicos, a partir de amostras do sinal.

Considere-se uma onda quadrada unitária, simétrica em torno da origem (Figura 5.30), que pode ser expressa por meio da série de cossenos, na forma:

$$v_T(t) = \frac{4}{\pi} \sum_{h=2k+1} (-1)^k \cdot \frac{1}{h} \cdot cos(h2\pi f_1 t) \text{ para } k = 0,1,2,3\ldots \quad (5.16)$$

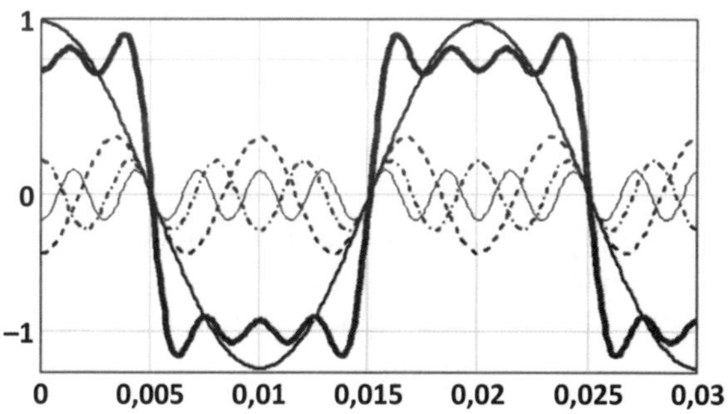

Figura 5.30 Composição aproximada de onda quadrada unitária a partir dos quatro componentes harmônicos de menor ordem: 3, 5 e 7.

Para estabelecer o grau de distorção da onda é necessário conhecer o componente fundamental, usada como base de normalização. Isolando de (5.16) o componente fundamental resulta:

$$v_T(t) = \frac{4}{\pi} cos(2\pi f_1 t) + \frac{4}{\pi} \sum_{h=2k+1} (-1)^k \cdot \frac{1}{h} \cdot cos(h2\pi f_1 t), \text{ para } k = 1,2,3\ldots \quad (5.17)$$

e, portanto, a onda fundamental dessa forma quadrada unitária é dada pelo primeiro termo:

$$v_1(t) = \frac{4}{\pi} cos(2\pi f_1 t) \quad (5.18)$$

---

2 Jean-Baptiste Joseph Fourier (21 de março de 1768 – 16 de maio de 1830) foi um matemático e físico francês, celebrado por iniciar a investigação sobre a decomposição de funções periódicas em séries trigonométricas convergentes.

ou seja, a amplitude da fundamental vale $4/\pi$. Nota-se que essa amplitude é maior que a amplitude da onda quadrada ($4/\pi > 1$), da qual foi extraída.

Pode-se definir o sinal distorcivo como o que resta de (5.17), eliminando-se a fundamental. Para quantificar o efeito distorcivo dessa parcela, normaliza-se o sinal restante ou residual pela onda fundamental, resultando:

$$v_{res}(t)=\frac{v_T(t)-v_1(t)}{v_1(t)}=\frac{\frac{4}{\pi}\sum_{h=2k+1}(-1)^k\cdot\frac{1}{h}\cdot cos\left(h2\pi f_1 t\right)\ k=1,2,3\ldots}{\frac{4}{\pi}cos\left(2\pi f_1 t\right)} \tag{5.19}$$

Pode-se também expressar essa relação em termos do valor eficaz dos componentes, resultando (letra maiúscula indica valor eficaz da onda):

$$V_{res}=\frac{\sqrt{\sum_{h=2}^{\infty}\left(V_h^2\right)}}{V_1}=\sqrt{\sum_{h=2}^{\infty}\left(\frac{V_h}{V_1}\right)^2} \tag{5.20}$$

onde $V_h=\sqrt{\frac{1}{T}\int_0^T v_h^2(t)\cdot dt}$ é o valor eficaz de cada componente harmônico $v_h(t)$ e $V1$ é o valor eficaz da fundamental $v_1(t)$. Comparando (5.20) com a definição da Distorção Harmônica Total (*DHT*) para tensão, obtém-se:

$$DHT_V=\frac{\sqrt{\sum_2^{40}V_h^2}}{V_1}=\sqrt{\sum_{h=2}^{40}\left(\frac{V_h}{V_1}\right)^2} \tag{5.21}$$

Assim, a *DHT* é uma aproximação do valor eficaz normalizado da tensão distorciva (5.20), considerando os harmônicos até uma dada ordem (no caso h = 40). Essa constatação permite estimar o valor de *DHT* diretamente no domínio do tempo por meio do cálculo do valor eficaz do resíduo da tensão após a filtragem da fundamental. Esse processo para estimar a distorção harmônica no domínio do tempo será visto com maiores detalhes no Capítulo 10.

A *DHT* da tensão é geralmente uma boa indicação do nível dos harmônicos, uma vez que o valor do componente fundamental é relativamente constante em pu. Isso não vale para a corrente, uma vez que a alteração da magnitude do componente fundamental (em função das variações da carga) pode variar entre zero e valores nominais. Por esse motivo a análise do efeito das distorções de correntes é mais representativa se forem considerados os valores absolutos dos harmônicos. Quando normas estabelecem limites de distorção harmônica da corrente sempre definem o valor-base, que é fixo, conhecido *a priori* e normalmente relacionado à máxima potência de um aparelho ou à máxima demanda de uma unidade consumidora.

5.6. REDUÇÃO DO CONTEÚDO HARMÔNICO DA TENSÃO E DA CORRENTE POR MEIO DE FILTRAGEM

Nos próximos itens serão tratados os princípios básicos de filtragem dos harmônicos contidos nas tensões e/ou nas correntes em uma instalação elétrica. Serão ressaltadas as diferenças de tratamento a serem aplicadas a fontes harmônicas de corrente ou de tensão. Não custa lembrar que fontes de corrente tendem a impor a sua corrente ao restante do circuito, enquanto fontes de tensão tendem a impor a sua tensão no ponto de conexão. Essa diferença de comportamento é fundamental para a escolha do tipo de filtro e da forma de conexão a serem usados em cada caso.

5.6.1. FILTRAGEM PASSIVA COM CARGAS NÃO LINEARES TIPO FONTE DE CORRENTES HARMÔNICAS

A solução clássica para a redução dos harmônicos de corrente é o uso de filtros sintonizados, conectados em derivação no alimentador, funcionando como um divisor de corrente, representado por meio de relação de impedâncias para cada frequência em análise:

$$\frac{I_a}{I_c} = \frac{Z_f}{Z_f + Z_a} \tag{5.22}$$

onde Z_a representa a impedância do alimentador e Z_f, a impedância do filtro. I_c é a corrente da carga e I_a é a corrente no alimentado para uma dada frequência. Se o alimentador for uma fonte ideal de tensão ideal ($Z_a = 0$), a expressão anterior mostra que não ocorre filtragem. A estrutura típica de um filtro passivo de harmônicos de corrente é mostrada na Figura 5.31. As várias células LC série são sintonizadas nas proximidades das frequências que se deseja eliminar, usualmente os componentes harmônicos de ordem inferior. Para frequências maiores é usado, em geral, um capacitor funcionando como filtro passa-altas. A carga considerada neste exemplo é do tipo fonte de correntes harmônicas.

Uma carga real, com comportamento de fonte de corrente pode ser, por exemplo, um retificador tiristorizado trifásico, alimentando uma carga indutiva, como um motor de CC. O que caracteriza uma fonte de corrente é o fato de a corrente ser independente da tensão em seus terminais. Estritamente falando, não existem tais dispositivos em uma rede CA. No entanto, quando a carga apresenta um comportamento indutivo significativo, considerá-la como uma fonte de corrente pode ser uma simplificação razoável, mas não deixa de ser uma aproximação, sujeita a uma avaliação crítica dos resultados alcançados.

Na frequência da rede, os filtros harmônicos apresentam reatância capacitiva, de modo que contribuem para a correção do fator de potência (na frequência fundamental), o que é desejável em caso de carga indutiva. Além disso, o efeito capacitivo dos filtros ajuda a elevar a tensão fundamental, o que também tem as suas vantagens na operação sob carga indutiva. No entanto, os filtros não devem ser sintonizados exatamente nas frequências harmônicas, pois, na eventualidade de a tensão do alimentador também apresentar distorção, surgiriam correntes harmônicas muito elevadas nos filtros [12], [13] e [14].

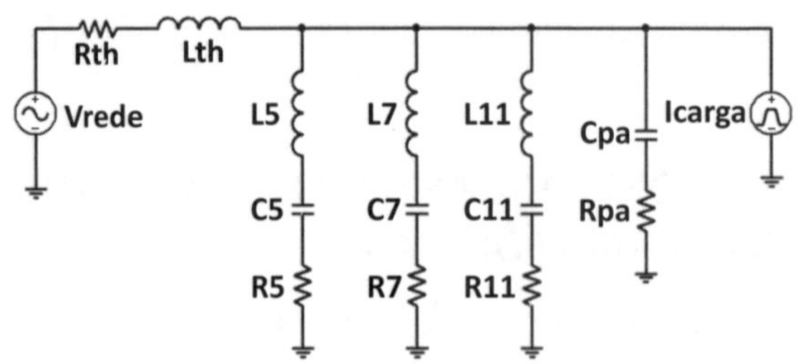

L5 = 2,15 mH
C5 = 150 μF
R5 = 190 mΩ
L7 = 1,05 mH
C7 = 150 μF
R7 = 130 mΩ
L11 = 440 μH
C11 = 150 μF
R11 = 85 mΩ
Cpa = 20 μF
Rpa = 2 Ω
Rth = 100 mΩ
Lth = 250 μH

Figura 5.31 Esquema de filtragem passiva harmônicos de ordem 5, 7 e 11 de corrente para mitigação de efeitos de carga não linear na corrente da rede.

Os filtros usados nas simulações que seguem tiveram a capacitância total distribuída igualmente entre os três ramos "sintonizados" e uma parcela menor incluída no ramo passa-altas.

O fator de qualidade[3] de cada ramo é de 20, que é um valor típico para indutores com núcleo ferromagnético. Dispositivos com núcleo de ar têm fator de qualidade superior, mas apresentam volume e massa consideravelmente maiores. O ramo passa-altas possui uma resistência de amortecimento. O ramo do 5º harmônico foi sintonizado em 290 Hz enquanto os demais ramos foram dessintonizados em 20 Hz abaixo do respectivo harmônico.

O alimentador apresenta um nível de curto-circuito de 20 pu. A impedância em série com a fonte tem um papel essencial na eficácia do filtro. Se for considerada uma fonte de tensão ideal, qualquer filtro é indiferente, posto que, por definição, a impedância de uma fonte de tensão é nula. Ou seja, o caminho preferencial para os componentes harmônicos da corrente da carga sempre seria através da fonte. A carga

[3] Fator de qualidade (FQ) é um parâmetro adimensional que relaciona a energia acumulada no filtro e as perdas. Equivale a uma relação entre a frequência central do filtro e sua largura de banda. Um FQ elevado indica uma taxa de perda de energia baixa e uma banda estreita, ou seja, uma sintonia mais estreita.

$$FQ \stackrel{\text{def}}{=} 2\pi \frac{\text{(Energia acumulada)}}{\text{(Energia dissipada por ciclo)}} = \frac{f_o}{\Delta f}$$

considerada apresenta fator de deslocamento de 0,866 e fator de forma de 0,95, configurando um fator de potência de 0,82. Dada a simetria da forma de onda, não estão presentes os componentes pares, assim como não há os múltiplos de ordem três.

A Figura 5.32 mostra a resposta em frequência da tensão do lado da carga que, por ser fonte de corrente, é considerada um circuito aberto neste ensaio. As três ressonâncias surgem da combinação paralela entre a reatância do alimentador e cada ramo do filtro. Em tais frequências observa-se uma amplificação da tensão sobre os filtros, pois são ressonâncias paralelas.

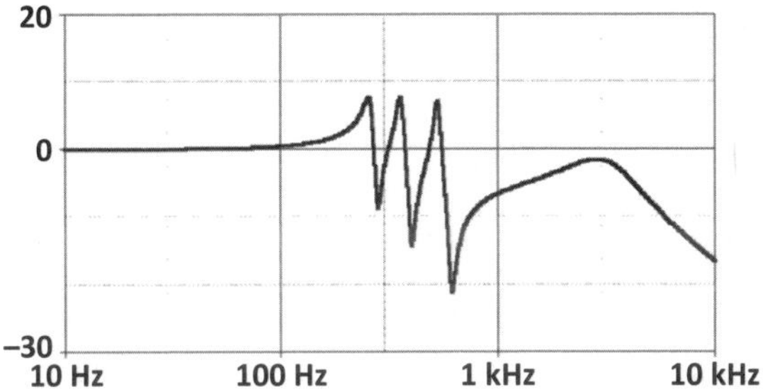

Figura 5.32 Ganho (em dB) de tensão do filtro, em relação à tensão da fonte CA.

Na Figura 5.33 tem-se a impedância vista pelo lado da carga. Nesse teste a fonte de tensão é curto-circuitada. Em baixa frequência, a corrente flui pela rede. Nas ressonâncias dos filtros, os respectivos componentes, presentes na corrente da carga, devem ser drenados através desses filtros. No entanto, nas frequências em que a impedância aumenta (ressonâncias paralelas), eventuais componentes presentes na corrente da carga produzirão distorções significativas na tensão do barramento da instalação do filtro. Conclui-se que a presença de vários filtros numa mesma rede produz interferências mútuas, de modo que o comportamento de cada filtro é influenciado pela presença dos outros elementos de filtragem, bem como das próprias cargas.

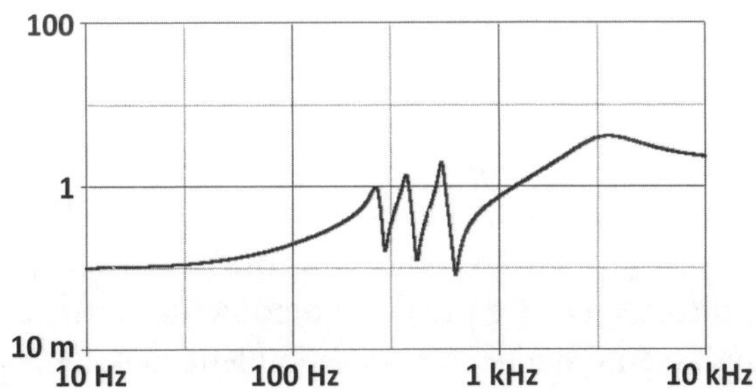

Figura 5.33 Impedância (Ohm) em função da frequência vista pela carga.

A Figura 5.34 mostra as formas de onda do sistema simulado, com uma carga não linear, que absorve uma corrente retangular (como ocorreria em um retificador controlado, alimentando uma carga altamente indutiva).

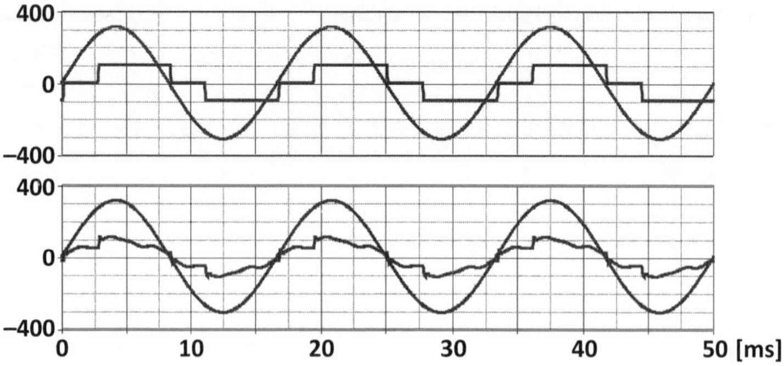

Figura 5.34 Tensão e corrente supridas pela rede: acima sem filtragem passiva e abaixo, com filtragem.

A ação dos filtros, além de reduzir o conteúdo harmônico da corrente na rede, ajuda a compensar o fator de deslocamento entre tensão e corrente fundamental, confirmando que nas baixas frequências as capacitâncias dos filtros predominam sobre as indutâncias, injetando potência reativa. A *DHT* da corrente da carga é de 29%, enquanto na rede cai para 15%. Os espectros destas correntes são mostrados na Figura 5.35. A redução do componente fundamental deve-se à melhoria do fator de deslocamento.

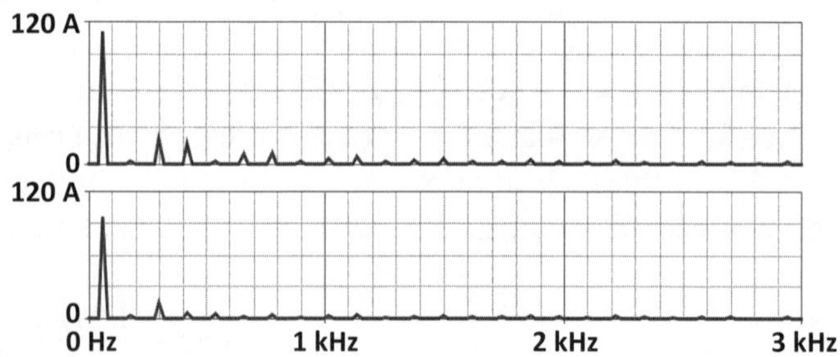

Figura 5.35 Espectros da corrente suprida sem filtro (acima) e com filtro (abaixo).

A Figura 5.36, para o mesmo exemplo, mostra a tensão no PAC e o espectro sem e com filtragem. Os recortes na tensão coincidem com as elevadas derivadas da corrente da carga. Sem os filtros, a *DHT* da tensão no ponto de conexão da carga é de 13%. Com o filtro, o afundamento não é compensado plenamente, mas a *DHT* se reduz a 8%. Mesmo com a atenuação introduzida neste ramo passa-altas, tem-se alguma oscilação em torno de 3 kHz, conforme se poderia antever pelo resultado da Figura 5.32.

Verifica-se assim que o uso do filtro permite reduzir não só a *DHT* da corrente, mas também a distorção da tensão, que é a grandeza elétrica compartilhada com outros usuários no mesmo alimentador.

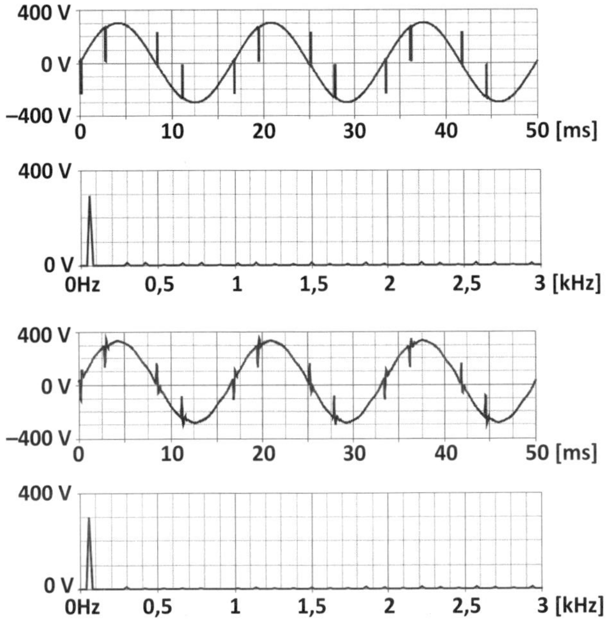

Figura 5.36 Tensão com *notches* na carga e seu espectro: acima, sem filtros e abaixo, com filtros.

5.6.2. FILTRAGEM PASSIVA EM CARGAS NÃO LINEARES TIPO FONTE DE TENSÕES HARMÔNICAS

Os casos estudados anteriormente consideravam cargas com comportamento de fonte de corrente, que são mais comuns quando se analisa o comportamento de harmônicos em níveis de tensões mais elevadas e em ambientes industriais. Para cargas não lineares nas redes de distribuição em baixa tensão, a modelagem como uma fonte de corrente pode ser adequada para motores (sujeitos à saturação do núcleo ferromagnético) e conversores eletrônicos com indutâncias de alisamento, por exemplo.

A função do filtro é reduzir a circulação de componentes harmônicos pela rede. A análise deve ser feita, portanto, verificando o quanto o filtro passivo é capaz de impedir que a circulação dos harmônicos de corrente produzidos na carga penetre na fonte.

Para os retificadores com filtro capacitivo no lado CC, que são utilizados em equipamentos eletrônicos de menor potência, como aparelhos de TV, computadores, monitores de vídeo etc., a tensão no lado CA é imposta pelo capacitor do lado CC durante o intervalo em que os diodos conduzem, uma vez que, tipicamente, a capacitância CC é muito elevada e sua tensão varia pouco. Assim, esses dispositivos são mais bem representados por fontes de tensão harmônica [15]. Essa mudança de enfoque traz profundas alterações na concepção de filtros passivos.

A situação é ilustrada pela Figura 5.37, onde Z_i e v_i representam o equivalente de Thévenin da rede. Para qualquer valor de Z_o diferente de zero é possível passar do equivalente Norton para o equivalente Thévenin que representa a carga. No entanto, quando o valor de Z_o é muito baixo, o modelo simplificado (sem Z_o) mais próximo da realidade é o de fonte de tensão.

No caso de uma fonte de corrente na carga, a relação entre I_c e a corrente na rede, I_i, é dada por um divisor de corrente. Para uma fonte de tensão ideal da rede (Z_i = 0) não ocorre filtragem alguma, pois I_f resulta nula. Já no caso de uma carga com comportamento de fonte de tensão (esquerdo inferior), a eficácia do filtro Z_f em desviar da rede os componentes harmônicos produzidos na carga pode ser expressa em termos de uma admitância equivalente:

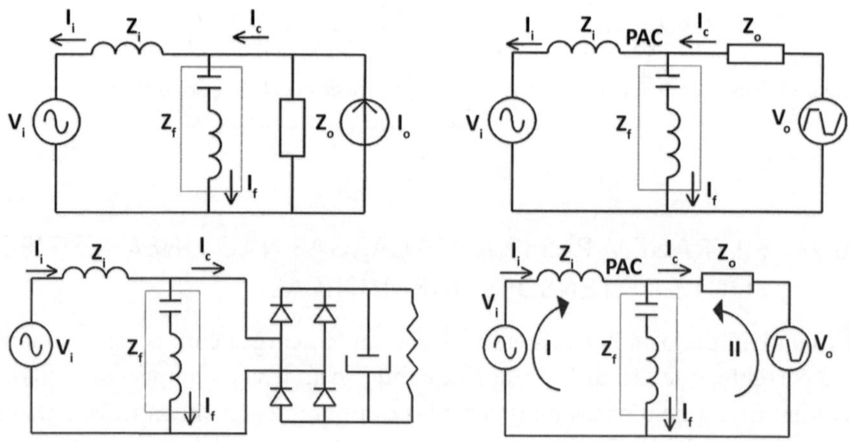

Figura 5.37 Filtro passivo Z_f em derivação para cargas tipo fonte de corrente (esquerda acima) e fonte de tensão (esquerda abaixo). À direita, com os equivalentes Thévenin das cargas.

$$\frac{I_i}{V_0} = \frac{Z_f}{Z_0 Z_i + Z_0 Z_f + Z_i Z_f} \qquad (5.23)$$

Portanto, a compensação depende tanto da impedância da carga Z_o quanto da impedância da rede Z_i. Se Z_o ou Z_i for nula, o filtro conectado em derivação não é capaz de alterar as formas de onda impostas no PAC pelas respectivas fontes de tensão. Neste caso, filtros série seriam mais efetivos, porém essa solução seria um problema em equipamentos já instalados, pois exigiria a interrupção do alimentador. Além disso, a presença de filtros série torna necessário verificar seu impacto no funcionamento da própria carga.

5.6.3. FILTROS ATIVOS

A realização de um filtro ativo de potência (FAP) utiliza a capacidade de um conversor CC-CA (inversor) para produzir tensão ou corrente alternada com qualquer forma de onda. A capacidade de síntese é limitada em termos espectrais a um valor de aproximadamente 1/10 da frequência de comutação, admitindo-se ainda a existência de um filtro de saída que minimize a penetração de componentes de alta frequência na rede elétrica. A função do filtro ativo é produzir uma corrente ou tensão que siga uma dada referência, a qual está relacionada com os componentes da corrente (ou tensão) que se quer compensar.

a) Filtro ativo série

Neste caso, em geral, o objetivo é minimizar a distorção da tensão, corrigindo os eventuais componentes harmônicos presentes na tensão da rede local. A tensão produzida pelo filtro é de poucos percentuais (para compensar as variações) da tensão nominal da rede, enquanto a corrente que o percorre é a própria corrente da carga. A Figura 5.38 mostra um circuito de filtro série monofásico.

Na Figura 5.39 tem-se uma forma de onda distorcida, por efeito da carga (*notches*) e pela presença de distorção na rede (3% de 5º harmônico). A atuação do filtro (iniciada no instante 30 ms) cancela o efeito da distorção harmônica da tensão e minimiza o afundamento da tensão, embora não o elimine. A rede e a carga são as mesmas utilizadas no exemplo anterior dos filtros passivos em derivação (ver Figura 5.31). Neste caso utilizou-se filtro ativo série. A atenuação dos *notches* é similar nos dois casos.

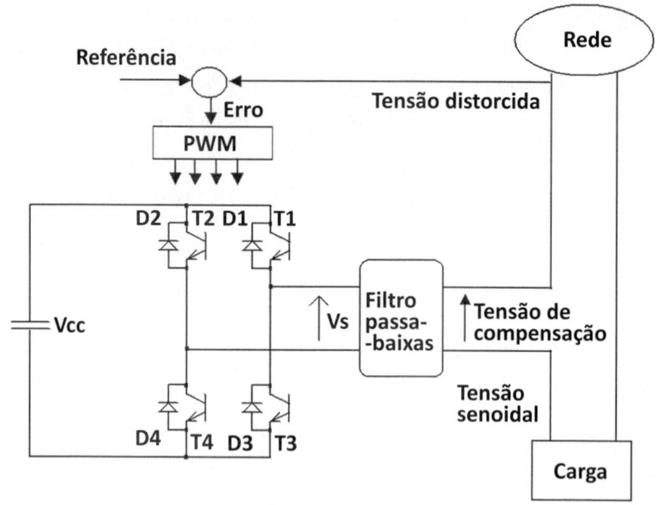

Figura 5.38 Filtro ativo série monofásico para compensação de tensão na carga.

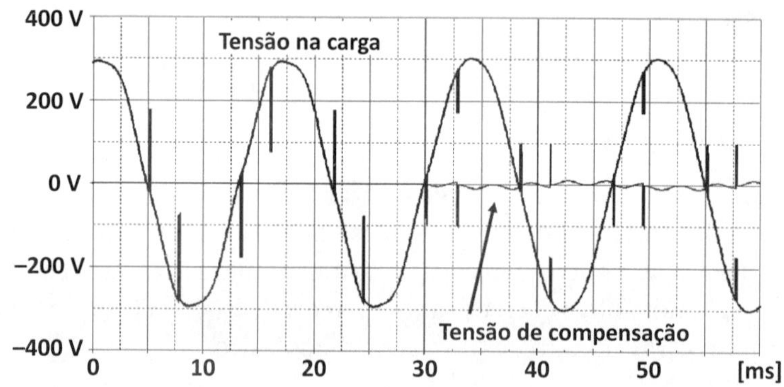

Figura 5.39 Tensão na carga antes e após a entrada do filtro ativo série (em 30 ms). Nota-se a pequena tensão de compensação imposta pelo filtro.

b) Filtro ativo em derivação

O objetivo de um filtro em derivação (*shunt*), mostrado na Figura 5.40, é minimizar a distorção da corrente na rede. O filtro deve ser capaz de produzir uma corrente que, somada à corrente da carga, resulte em uma corrente "limpa" na rede. Note-se que o conversor CC-CA, por não alterar a potência ativa pela rede, não necessita de uma fonte de potência no barramento CC, o qual pode conter apenas um capacitor e a devida malha de controle de tensão (não indicada na figura).

A Figura 5.41 mostra o resultado experimental de um filtro monofásico corrigindo a corrente de um retificador a diodos com filtro capacitivo no lado CC. Diferentemente do filtro passivo, a filtragem ativa em derivação é eficiente, pois o circuito eletrônico opera como uma fonte de corrente controlada, produzindo os componentes que, somados aos harmônicos da carga, resultam em uma corrente senoidal na rede [16].

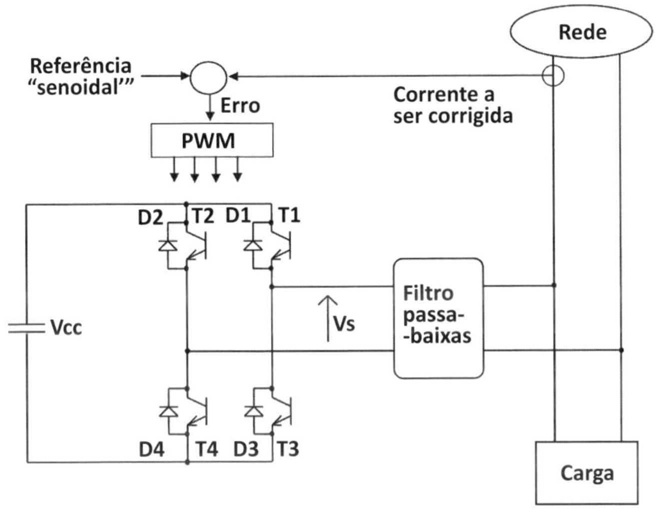

Figura 5.40 Filtro ativo monofásico, tipo derivação.

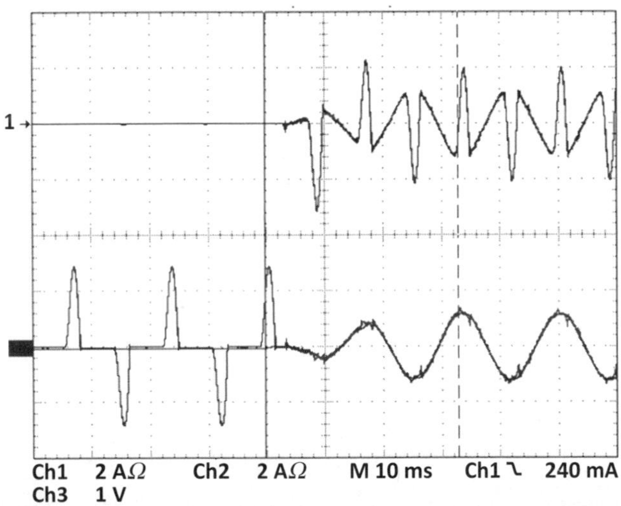

Figura 5.41 Formas de onda de correntes: acima, a corrente no filtro ativo em derivação; abaixo, a corrente na rede antes e depois da compensação pelo filtro.

A Figura 5.42 mostra um resultado experimental referente à atuação do filtro ativo derivação para uma carga do tipo fonte de corrente, realizada por um retificador monofásico a diodos com filtro indutivo no lado CC. Verifica-se a incapacidade de compensação plena nas situações de elevada taxa de variação da corrente. Nesse caso, isso ocorre nas transições dos semiciclos da rede, quando há a inversão no sentido da corrente. Essa limitação é dada pela banda passante da malha de controle da corrente do FAP [17].

Os espectros da corrente da linha antes e depois da ação do filtro estão mostrados na Figura 5.43. Nota-se a expressiva melhoria nas formas de onda, representada pela redução da amplitude dos harmônicos. A diminuição no 5º componente não é tão significativa porque este é um harmônico que está presente na tensão da rede e que, portanto, também aparece na corrente, mesmo após a compensação realizada pelo filtro ativo.

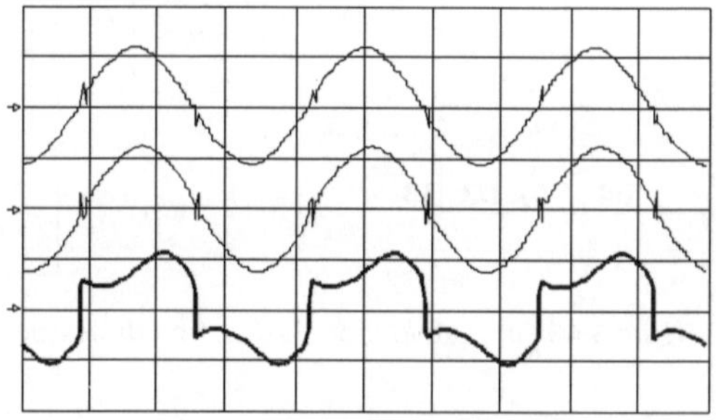

Figura 5.42 Tensão (acima, 150 V/div.) e corrente (meio, 5 A/div.) da rede após compensação. Abaixo, a corrente da carga (5 A/div.) para carga com filtro LC ativo. Horiz.: 5 ms/div.

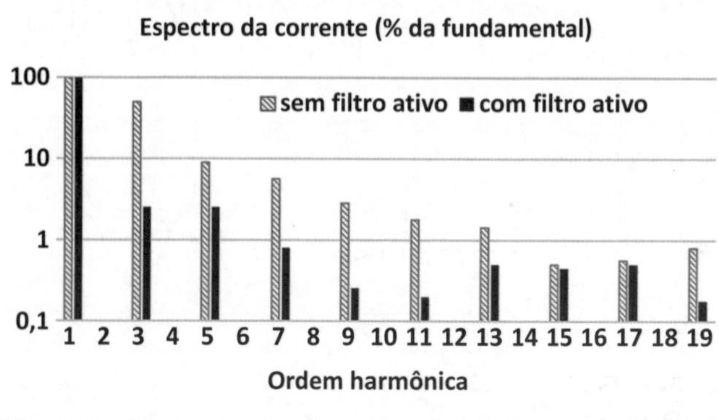

Figura 5.43 Espectros da corrente da rede antes e depois da ação do filtro em derivação.

A Figura 5.44 mostra o caso de uma carga trifásica não linear balanceada (retificador de 6 pulsos). Depois da compensação, as correntes na rede são similares às respectivas tensões, incluindo as distorções. As transições rápidas não são completamente compensadas devido à limitação da resposta em frequência da malha de controle que regula a corrente [18].

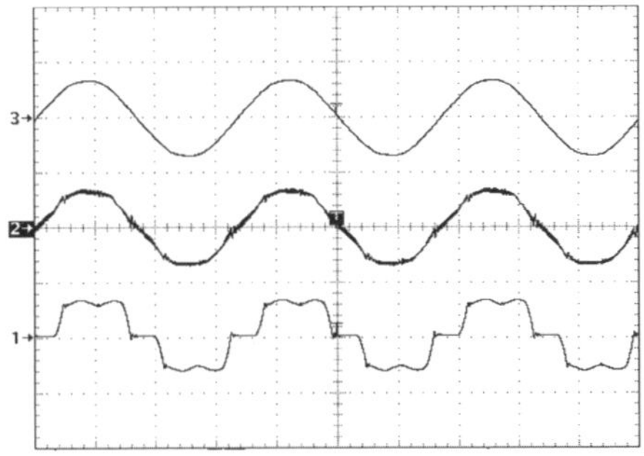

Figura 5.44 Formas de onda de filtro ativo compensando carga trifásica não linear balanceada. Acima: tensão (500 V/div.); meio: corrente de linha (5 A/div.); abaixo: corrente de carga (5 A/div).

A Figura 5.45 mostra o resultado do FAP trifásico atuando sobre uma carga não linear desbalanceada (retificador monofásico). A corrente da carga existe apenas nas fases indicadas como R2 e R3. A terceira fase tem corrente nula. Também neste caso o FAP é capaz de compensar as correntes da carga, refletindo na rede uma carga linear (resistiva) balanceada.

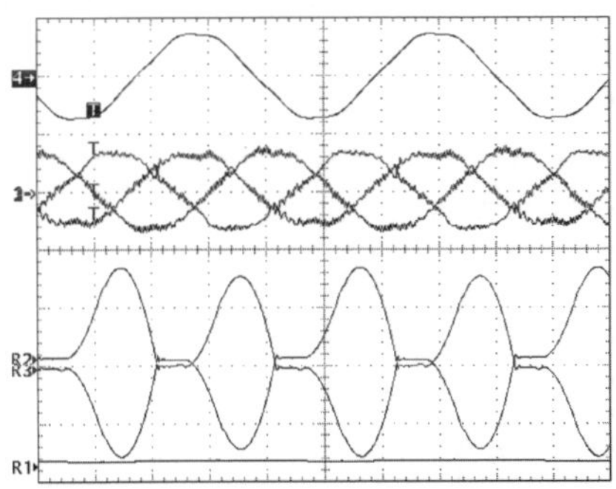

Figura 5.45 Formas de onda de filtro ativo compensando carga não linear monofásica: Acima: tensão de uma fase (500V/div.); meio: correntes de linha na rede (1A/div.); abaixo: correntes da carga (1A/div).

A Figura 5.46 mostra os espectros da tensão antes e depois da entrada do FAP. Antes a *DHT* é relativamente alta (4,2%). Depois da compensação, a *DHT* é reduzida para 2,8%, que é aproximadamente o valor da distorção da tensão local. O fator de potência medido foi de 0,995.

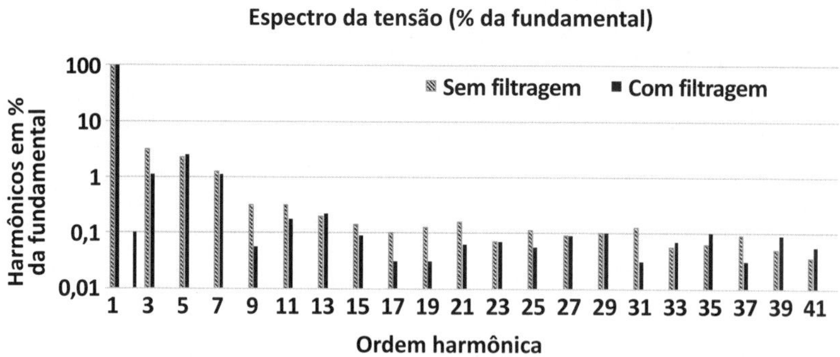

Figura 5.46 Espectro da tensão da rede com carga não linear, antes e depois da atuação do FAP.

5.7. INTER-HARMÔNICOS

A presença de harmônicos não múltiplos da fundamental [19] pode ter diferentes causas, algumas já citadas, como o comportamento complexo de uma carga como um forno a arco. Também podem resultar da interação entre conversores eletrônicos que operam com frequências diferentes, como é o caso de uma conversão de 50 para 60 Hz, ou ainda um sistema como o mostrado na Figura 5.47, no qual um retificador alimentado em 60 Hz serve de estágio de entrada para um inversor que opera em frequência variável (por exemplo, 50 Hz). A depender do comportamento do barramento CC, os efeitos da corrente da carga (no caso, um motor) se refletirão na rede CA, produzindo componentes espectrais decorrentes da interação entre as frequências envolvidas.

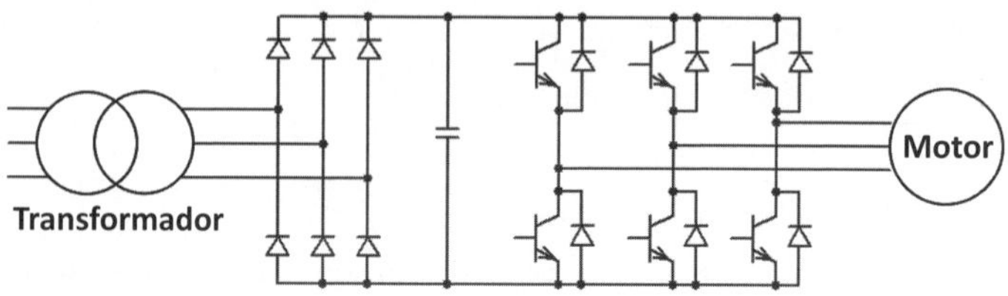

Figura 5.47 Sistema de dupla conversão com frequências distintas na entrada e na saída.

A Figura 5.48 mostra formas de onda e respectivos espectros de um sistema composto por um retificador monofásico e um inversor, também monofásico. O primeiro é alimentado por uma fonte de 60 Hz, enquanto o segundo tem uma saída modulada em largura de pulso, com comutação em 5 kHz, e segue uma referência senoidal de 50 Hz.

A corrente na rede (60 Hz), vista no primeiro gráfico, apresenta a forma característica do retificador com filtro capacitivo, porém não é perceptível a interação com o comportamento da carga (inversor). No segundo gráfico tem-se a tensão produzida pelo inversor, no qual é clara a oscilação (120 Hz) da tensão do capacitor do barramento CC, apresentando ainda a interação com a frequência da saída (50 Hz), que se evidencia na análise espectral.

Quando se verificam os espectros de ambos os sinais (corrente na rede e tensão de saída do conversor), mostrados na Figura 5.48.b, ficam evidentes os componentes não característicos, produzidos pela interação entre as diferentes frequências presentes no sistema. Os valores são baixos (menores que 1%), mas podem trazer problemas para a operação de alguns sistemas, excitando, por exemplo, filtros passivos dessintonizados.

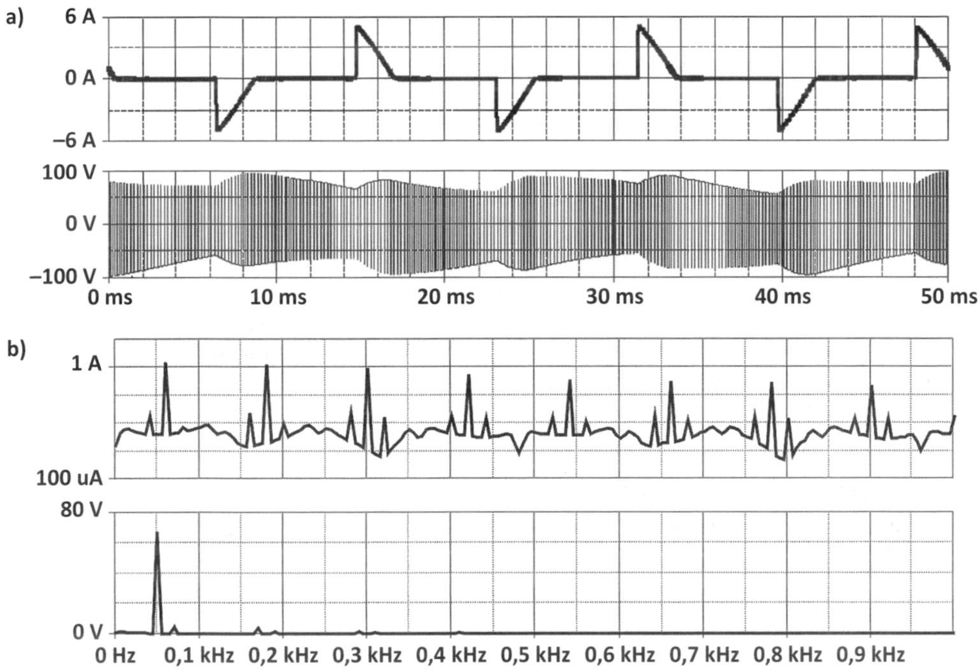

Figura 5.48 Produção de inter-harmônicos em sistema com retificador (60 Hz) e inversor (50 Hz). a) Corrente da rede em 60 Hz e a tensão de saída PWM do inversor, com modulante em 50/60 Hz. b) Espectros da corrente da rede e da tensão da saída do conversor.

5.8. NORMAS E CRITÉRIOS DE AVALIAÇÃO DE DISTORÇÃO HARMÔNICA

Com respeito a normas relacionadas com harmônicos existe uma grande variedade de abordagens e recomendações, sendo apresentadas a seguir algumas das mais importantes.

5.8.1. RECOMENDAÇÃO IEEE STD. 519

Esse documento do IEEE tem uma longa trajetória, iniciada em 1981 [20]. Esta primeira versão, assim como a versão posterior, de 1992 [21], era bastante abrangente, não se restringindo aos aspectos de limitação de perturbações harmônicas, tratando dos seguintes assuntos:

- definições e notação simbólica;
- normas relacionadas e referências bibliográficas;
- geração de harmônicos;
- características de resposta do sistema;
- efeitos dos harmônicos;
- compensação reativa e controle de harmônicos;
- métodos de análise;
- medições;
- práticas recomendadas para consumidores individuais e para concessionárias;
- metodologias recomendadas para avaliação de novas fontes harmônicas;
- exemplos de aplicação.

A partir da edição de 2014 [22], o texto passou a se concentrar apenas nos aspectos de definições normativas e estabelecimentos de limites. A edição de 2022 [23] apresenta-se como "Norma", enquanto as anteriores eram "Práticas" referentes a harmônicos. O texto apenas destaca alguns pontos principais, como limites de correntes harmônicas para o consumidor, limites de tensões harmônicas globais para o sistema (concessionárias) e limites para *notching*. A versão de 2022 revê alguns aspectos emergentes, como a parte de inter-harmônicos.

a) Distorção harmônica

Dado que, segundo essa norma, a gestão de harmônicos em um sistema de energia é considerada uma responsabilidade conjunta envolvendo usuários e proprietários ou operadores do sistema, os limites de harmônicos são recomendados para ambas: tensões e correntes. Para unidades consumidoras (e não para equipamentos individuais), a IEEE 519 estabelece limites de correntes harmônicas em função da demanda máxima da carga, e que variam de acordo com o nível de curto-circuito da instalação local.

O documento em suas versões mais recentes é explícito ao afirmar que os limites se aplicam apenas no ponto de acoplamento comum e não devem ser utilizados em equipamentos individuais ou em locais dentro de instalações de um consumidor. Além disso, na edição de 2022 é feita uma diferenciação entre unidades consumidoras com ou sem geração local. Em instalações com geração distribuída baseada em inversores, cuja geração anual de energia supere 10% da demanda das cargas, os usuários são direcionados para outras normas aplicáveis, como a IEEE 1547-2018 [24] ou IEEE 2800-2022 [25].

Em relação aos procedimentos de verificação dos níveis dos harmônicos, este padrão faz uso de equipamentos de análise da qualidade da energia elétrica conforme definidos nas normas IEC 61000-4-30 [26] e IEC 61000-4-7 [27].

Dado que o valor dos harmônicos se altera ao longo do dia, é preciso um tratamento estatístico para a avaliação da conformidade. A largura da janela de medição usada por instrumentos digitais que empregam a transformada discreta de Fourier[4] deve ser de 12 ciclos (200 ms) para sistemas de energia de 60 Hz (10 ciclos de 50 Hz). Com esta largura de janela, os componentes espectrais poderão ser identificados com exatidão apenas se forem múltiplos de 5 Hz (1/0,2 s). Para os fins da quantificação, a magnitude do componente harmônico é considerada como o valor da frequência central, combinada com os dois valores de 5 Hz adjacentes. Os três valores devem ser combinados em um único valor eficaz que define a magnitude harmônica para a frequência central em particular.

O documento define um "valor de harmônicos em tempo muito curto", o qual é avaliado em um intervalo de três segundos, com base na agregação de 15 janelas consecutivas de 200 ms. Componentes de frequência individuais são agregados com base no cálculo RMS, conforme mostrado em (5.24), em que F representa a tensão (V) ou corrente (I), h representa a ordem harmônica. O índice vs é utilizado para designar a característica de "muito curta duração" (*very short*). Em todos os casos, o valor de F representa um valor eficaz.

$$F_{h,vs} = \sqrt{\frac{1}{15}\sum_{i=1}^{15} F_{h,i}^2} \tag{5.24}$$

A norma define ainda o "valor de harmônicos em tempo curto" (sh), obtido em um intervalo de 10 minutos pela agregação de 200 valores sucessivos da medição em intervalos "muito curtos", calculado segundo:

$$F_{h,sh} = \sqrt{\frac{1}{200}\sum_{i=1}^{200} F_{(h,vs),i}^2} \tag{5.25}$$

Os valores em "tempo muito curto" devem ser acumulados ao longo de um dia, enquanto os valores em "tempo curto" devem ser acumulados por uma semana. Para medições de tempo "muito curto", o valor do percentil 99 (isto é, o valor que é excedido em 1% do período de medição) deve ser calculado em cada período de 24 horas para comparação com os limites. Para medições de "tempo curto", os valores dos percentis 95 e 99 (ou seja, aqueles valores que são ultrapassados durante 5% e 1% do período de medição) devem ser calculados a cada período de sete dias para comparação com os limites.

---

[4] Técnicas digitais de processamento de sinais são discutidas na segunda parte deste livro.

Os limites estão indicados nas tabelas apresentadas a seguir. Observe-se que, à medida que cresce o nível de curto-circuito, admite-se um maior conteúdo harmônico na corrente. A lógica está no fato de que a grandeza importante a preservar é a qualidade da tensão suprida. Assim, alimentadores com menor impedância podem ter maiores níveis de harmônicos na corrente que, ainda assim, produzirão uma limitada distorção na tensão. Pela mesma razão, à medida que cresce a ordem harmônica se reduz o nível admissível, dado que a impedância do alimentador, dominantemente indutiva, se eleva com a frequência. Os usuários devem limitar os harmônicos de corrente como segue:

- **avaliação diária**: percentil 99, considerando a medição de "tempo muito curto" (3 s), os valores devem ser inferiores a 2 vezes os indicados nas Tabelas 5.1, 5.2 e 5.3.
- **avaliação semanal**: percentil 99, considerando a medição de "tempo curto" (10 min), os valores devem ser menores do que 1,5 vezes os valores dados nas Tabelas 5.1, 5.2 e 5.3.
- **avaliação semanal**: percentil 95, considerando a medição de "tempo curto" (10 min), os valores devem ser menores do que os valores dados nas Tabelas 5.1, 5.2 e 5.3.

Tabela 5.1 Limites de distorção da corrente para unidades consumidoras (Valores em % da corrente I_L). Válidos para redes entre 120 V e 69 kV

I_{cc}/I_L	$3 \leq h < 11$	$11 \leq h < 17$	$17 \leq h < 23$	$23 \leq h < 35$	$35 \leq h \leq 50$	DDT
< 20	4	2	1,5	0,6	0,3	5
20-50	7	3,5	2,5	1	0,5	8
50-100	10	4,5	4	1,5	0,7	12
100-1.000	12	5,5	5	2	1	15
> 1.000	15	7	6	2,5	1,4	20

h = ordem do harmônico.
Icc = corrente de curto-circuito do alimentador.
DDT = distorção de demanda total.
Harmônicos pares são limitados a ¼ dos valores da Tabela 5.1.

A grandeza I_L é definida no PAC (portanto, para a *unidade consumidora* e não para equipamentos individuais), sendo calculado como a soma das correntes (componente fundamental) correspondentes à demanda máxima durante cada um dos doze meses anteriores dividido por 12. Ou seja, não é o valor medido durante alguma sessão de teste, mas sim um valor que corresponde à média das demandas máximas no ano anterior, sendo, portanto, um valor que pode se alterar ao longo do tempo.

Tabela 5.2 Limites de distorção da corrente para unidades consumidoras (Valores em % da corrente I_L). Válidos para tensão maior que 69 kV e até 161 kV

I_{cc}/I_L	$3 \leq h < 11$	$11 \leq h < 17$	$17 \leq h < 23$	$23 \leq h < 35$	$35 \leq h \leq 50$	DDT
< 20	2	1	0,75	0,3	0,15	2,5
20-50	3,5	1,75	1,25	0,5	0,25	4
50-100	5	2,25	2	0,75	0,35	6
100-1.000	6	2,75	2,5	1	0,5	7,5
> 1.000	7,5	3,5	3	1,25	0,7	10

Tabela 5.3 Limites de distorção da corrente para unidades consumidoras (Valores em % da corrente I_L). Válidos para tensões acima de 161 kV

I_{cc}/I_L	$3 \leq h < 11$	$11 \leq h < 17$	$17 \leq h < 23$	$23 \leq h < 35$	$35 \leq h \leq 50$	DDT
< 25	1	0,5	0,38	0,15	0,1	1,5
25 < 50	2	1	0,75	0,3	0,15	2,5
> 50	3	1,5	1,15	0,45	0,22	3,75

A IEEE 519 recomenda para as concessionárias os limites harmônicos por níveis de tensão dados na Tabela 5.4. No PAC, os proprietários ou operadores de sistemas devem limitar os harmônicos na tensão fase-neutro como segue:

- avaliação diária: percentil 99, considerando a medição de "tempo muito curto" (3 s), os valores devem ser inferiores a 1,5 vezes os indicados na Tabela 5.4.
- avaliação semanal: percentil 95, considerando a medição de "tempo curto" (10 min), os valores devem ser menores do que os valores dados na Tabela 5.4.

Tabela 5.4 Limites de distorção de tensão

Nível de tensão no PAC	Máximo individual	Máxima *DHT*
$VPAC \leq 1$kV	5%	8%
1 kV < $VPAC \leq 69$ kV	3%	5%
69 kV < $VPAC \leq 161$ kV	1,5%	2,5%
$VPAC > 161$ kV	1%	1,5%

Sistemas de alta-tensão (> 161 kV) podem ter distorção harmônica total de até 2% se a origem dessa maior distorção for a existência de um sistema HVDC no alimentador. No entanto, a distorção deve ser minimizada nos pontos da rede nos quais futuros usuários porventura vierem a ser conectados.

b) Inter-harmônicos

Componentes espectrais inter-harmônicos não são múltiplos inteiros da frequência fundamental. Na versão IEEE Std 519-2014 [23], os limites sugeridos para inter-harmônicos de tensão eram correlacionados com o valor de P_{ST} de cintilação luminosa igual à unidade, avaliado usando a técnica de medição descrita no capítulo anterior. Os limites recomendados não eram baseados nos efeitos de inter-harmônicos em outros equipamentos e sistemas, como sistemas geradores, motores, transformadores, sistemas de sinalização e comunicação, e filtros passivos. Conforme já previsto em [20], sugere-se que a devida consideração seja dada a esses efeitos e que eventuais limites de correntes inter-harmônicas devam ser desenvolvidos caso a caso utilizando conhecimento específico do sistema, cargas de usuários e provisões de futuros utilizadores.

Trata-se de um assunto ainda em estudo [28], cujas condições se alteram à medida que a tecnologia se moderniza, tanto em termos de cargas quanto de efeitos espectrais.

c) Recortes (*notches*)

A norma dá especial atenção às descontinuidades (Figura 5.49) causadas pela comutação de chaves eletrônicas, que é uma distorção muito frequente provocada pelos retificadores eletrônicos na presença de indutâncias no acoplamento com a rede CA. A Tabela 5.5 mostra os limites aceitáveis de acordo com [23].

Tabela 5.5 Limites para recortes de tensão

Notch	Aplicações especiais	Sistemas gerais	Sistemas dedicados
Profundidade (d/v)	10%	20%	50%
Área (w · d) *	16.400 V · μs	22.800 V · μs	36.500 V · μs

* em condições nominais de tensão e corrente.

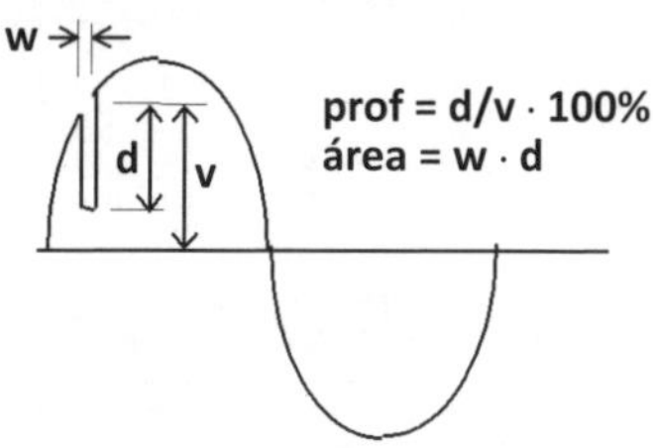

Figura 5.49 Caracterização de recorte tipo *notch*.

5.8.2. NORMAS IEC

1. IEC 61000-2-2: níveis de compatibilidade para perturbações conduzidas e sinalização em baixa frequência em sistemas públicos de fornecimento de energia

Esta norma [29] estabelece o padrão de qualidade para o fornecimento de eletricidade, incluindo aspectos de harmônicos, variações transitórias, flutuações, inter-harmônicos etc. No que se refere a harmônicos, a norma observa que, ao especificar níveis de compatibilidade, deve-se ter em mente que há aumento progressivo de fontes de harmônicos e isso ocorre conjuntamente à redução de cargas puramente resistivas, as quais funcionam como elementos de amortecimento nos sistemas. Portanto, espera-se que venha a ocorrer um aumento dos níveis de harmônicos nos sistemas de fornecimento de energia, até que as fontes de emissões sejam devidamente contidas pela imposição de normas específicas.

A distorção da tensão (DHT_V), avaliada em janela de medição de 10 minutos, é limitada em 8%, com valores individuais conforme a Tabela 5.6. Essas medições em janelas longas são relevantes principalmente pelo impacto térmico causado em transformadores, capacitores, cabos, motores etc. Já a medição em janela "muito curta" (3 segundos) se relaciona a distúrbios observáveis na operação de equipamentos eletrônicos.

Tabela 5.6 Níveis de compatibilidade para componentes individuais de tensão em redes de baixa tensão (valores eficazes % em relação ao valor eficaz do componente fundamental)

Harmônicos ímpares não múltiplos de 3		Harmônicos ímpares múltiplos de 3		Harmônicos pares	
Ordem	%	Ordem	%	Ordem	%
5	6	3	5	2	2
7	5	9	1,5	4	1
11	3,5	15	0,4	6	0,5
13	3	21	0,3	8	0,5
17 ≤ h ≤ 49	2,27 x (17/h) – 0,27	21 < h < 45	0,2	10 ≤ h ≤ 50	0,25 x (10/h) + 0,25

Para a verificação do comportamento em tempo "muito curto" (janela de 3 s), a DHT_V total admissível é de 11%, enquanto os limites individuais da Tabela 5.6 devem ser aumentados por um fator dado por:

$$k = 1{,}3 + \frac{0{,}7}{45} \times (h - 5) \tag{5.26}$$

2. IEC 61000-3-2: limites para emissão de harmônicos de corrente (< 16 A por fase)

Esta norma [30] refere-se às limitações dos harmônicos de corrente injetados na rede pública de alimentação por equipamentos individuais. Aplica-se a aparelhos elétricos e eletrônicos que tenham uma corrente de entrada de até 16A por fase, conectados à rede pública de baixa tensão, de 50 ou 60 Hz, com tensão fase-neutro entre 220 e 240 V. Para correntes maiores aplica-se a norma IEC 61000-3-4 [31]. Para tensões inferiores, os limites não foram estabelecidos, pois esta norma tem aplicação principalmente na comunidade europeia, onde as tensões fase-neutro encontram-se na faixa especificada. Os equipamentos são classificados em quatro categorias:

- *Classe A*: Equipamentos com alimentação trifásica equilibrada; aparelhos de uso doméstico, excluindo os da classe D; ferramentas, exceto as portáteis; *dimmers* para lâmpadas incandescentes; equipamentos de áudio e todos os demais não incluídos nas classes seguintes.
- *Classe B*: Ferramentas portáteis e equipamentos de soldagem de uso não industrial.
- *Classe C*: Dispositivos de iluminação.
- *Classe D*: Computadores pessoais, monitores de vídeo, aparelhos de televisão, refrigeradores e *freezers* (desde que possuam inversor para acionamento do motor do compressor). A potência ativa de entrada deve ser igual ou inferior a 600 W, medida feita obedecendo às condições de ensaio estabelecidas na norma (que variam de acordo com o tipo de equipamento).

A inclusão apenas destes aparelhos como classe D deve-se ao fato de seu uso em larga escala e disperso por todo sistema. Outros equipamentos poderão ser incluídos nesta categoria caso passem a apresentar tais características.

Para equipamentos da Classe C e potência menor ou igual a 25 W, a conformidade se dá pela obediência aos limites da tabela ou, ainda, caso o terceiro harmônico da corrente – expresso em percentagem da corrente fundamental – seja inferior a 86% e o quinto harmônico não exceda 61%. Também a forma de onda da corrente de entrada deve ser tal que atinja o nível de corrente de 5% antes de 60°, tenha o seu valor máximo antes de 65° e não caia abaixo dos 5% do máximo da corrente antes de 90°, com referência a qualquer cruzamento de zero da tensão, como ilustra a Figura 5.50. O objetivo de tais restrições é garantir que a corrente "se espalhe" ao longo do semiciclo. Isso pode ser obtido, tipicamente, com uma redução na capacitância de filtragem em retificadores com filtro capacitivo.

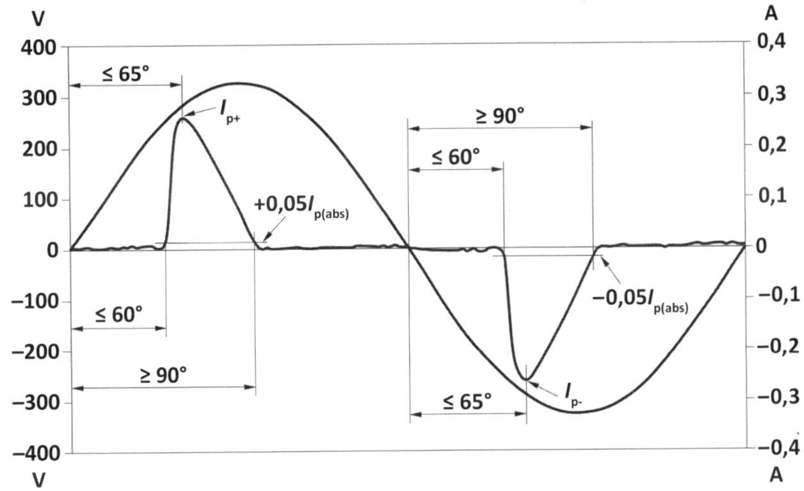

Figura 5.50 Forma de onda da corrente para verificação de conformidade de equipamento Classe C, com potência igual ou menor que 25 W.

Os limites individuais de correntes harmônicas (< 16 A por fase) estão definidos na Tabela 5.7.

Tabela 5.7 Limites para harmônicos de corrente

Ordem do harmônico n	Classe A Máxima corrente [A]	Classe B Máxima corrente [A]	Classe C (> 25W) % da fundamental	Classe D (> 75W, < 600W) [mA/W]
Harmônicos ímpares				
3	2,30	3,45	30.FP	3,4
5	1,14	1,71	10	1,9
7	0,77	1,155	7	1,0
9	0,40	0,60	5	0,5
11	0,33	0,495	3	0,35
13	0,21	0,315	3	0,296
15 < n < 39	$0{,}15 \cdot 15/n$	$0{,}225 \cdot 15/n$	3	3,85/n
Harmônicos pares				
2	1,08	1,62	2	
4	0,43	0,645		
6	0,3	0,45		

A instrumentação a ser utilizada para análise espectral (harmônicos e inter-harmônicos) em equipamentos e redes elétricas é detalhada na IEC 61000-4-7 [27]. As especificações para analisadores da QEE são definidas na IEC 61000-4-30 [26]. Esta norma é a adotada pela ANEEL para procedimentos de aferição de indicadores de QEE.

5.8.3. ANEEL – PROCEDIMENTOS DE DISTRIBUIÇÃO DE ENERGIA ELÉTRICA NO SISTEMA ELÉTRICO NACIONAL (PRODIST). MÓDULO 8 – QUALIDADE DA ENERGIA ELÉTRICA

Como já foi afirmado, é importante buscar sempre atualizações nas normas, uma vez que a evolução tecnológica muitas vezes implica alterações normativas. No que se refere ao PRODIST [32], as normativas estão em vigência desde 31 de dezembro de 2008. Diversas alterações ocorreram e continuam acontecendo. Algumas com pequenos ajustes e correções, outras com mudanças mais profundas e de impacto em valores e procedimentos. Uma das mudanças mais significativas entrou em vigor em 2017 (Revisão 8) com a atualização de definições e quantificações relacionadas à distorção harmônica. Um primeiro aspecto foi a reunião dos componentes espectrais individuais em três grupos, com as respectivas definições de DTT (Distorção Total de Tensão):

- DTT_p: para os componentes pares não múltiplos de 3;
- DTT_i: para os componentes ímpares não múltiplos de 3;
- DTT_3: para os componentes múltiplos de 3.

O cálculo é indicado até uma ordem harmônica genérica $h_{máx}$. Na especificação da instrumentação para verificação de QEE, presente no Módulo 5 do PRODIST [33], indica-se que a medição deve ser feita, no mínimo, até o 40º harmônico. O fato de não existir um limite superior para essa análise pode indicar que se deve (ou se pode) ir até o limite de identificação dos analisadores de QEE, o que pode trazer diferenças de índices a depender da capacidade de análise de cada equipamento ao considerar maior ou menor quantidade de elementos espectrais.

Os limites são especificados utilizando o percentil de conformidade de 95%, ou seja, admite-se que os limites sejam ultrapassados em 5% das 1.008 amostras coletadas para o processamento digital, conforme indica a Tabela 5.8. De acordo com o estabelecido no procedimento, caso a medição seja feita por transformador de potencial (TP) em conexão V (delta aberto), os valores de *DTT3* são 50% dos indicados na Tabela 5.8. Ao indicar apenas limites de distorção total, sem especificar os limites individuais, deixa-se de considerar o efeito de relevância do aumento da impedância do alimentador com a frequência.

Tabela 5.8 Valores de referência das distorções harmônicas totais (% da tensão fundamental)

Indicador	Tensão nominal Vn		
	Vn ≤ 1kV	1 kV < Vn < 69 kV	69 kV ≤ Vn < 230 kV
DTT 95%	10%	8%	5%
DTT_p95%	2,5%	2%	1%
DTT_i95%	7,5%	6%	4%
$DTT_3$95%	6,5%	5%	3%

Para fins de comparação com outras normas e mesmo para considerações sobre os possíveis impactos da atual regulamentação da ANEEL, a Tabela 5.9 mostra o que era vigente nas versões anteriores a 2017 do PRODIST.

Tabela 5.9 Antigos níveis de referência para distorções harmônicas individuais de tensão (em percentagem da tensão fundamental) – Versões do PRODIST anteriores a 2017

Ordem harmônica		Distorção harmônica individual de tensão (% de Vn)			
		Vn ≤ 1 kV	1 kV < Vn ≤ 13,8 kV	13,8 kV < Vn ≤ 69 kV	69 kV < Vn < 230 kV
Ímpares não múltiplas de 3	5	7,5	6	4,5	2,5
	7	6,5	5	4	2
	11	4,5	3,5	3	1,5
	13	4	3	2,5	1,5
	17	2,5	2	1,5	1
	19	2	1,5	1,5	1
	23	2	1,5	1,5	1
	25	2	1,5	1,5	1
	> 25	1,5	1	1	0,5
Ímpares múltiplas de 3	3	6,5	5	4	2
	9	2	1,5	1,5	1
	15	1	0,5	0,5	0,5
	21	1	0,5	0,5	0,5
	> 21	1	0,5	0,5	0,5

(continua)

Tabela 5.9 Antigos níveis de referência para distorções harmônicas individuais de tensão (em percentagem da tensão fundamental) – Versões do PRODIST anteriores a 2017 (*continuação*)

Ordem harmônica		Distorção harmônica individual de tensão (% de Vn)			
		Vn ≤ 1 kV	1 kV < Vn ≤ 13,8 kV	13,8 kV < Vn ≤ 69 kV	69 kV < Vn < 230 kV
Pares	2	2,5	2	1,5	1
	4	1,5	1	1	0,5
	6	1	0,5	0,5	0,5
	8	1	0,5	0,5	0,5
	10	1	0,5	0,5	0,5
	12	1	0,5	0,5	0,5
	> 12	1	0,5	0,5	0,5

Considerando-se o limite $DTT_i 95\% = 7{,}5\%$ (Vn ≤ 1 kV), tal distorção relacionada aos harmônicos ímpares não múltiplos de 3, poderia, em tese, ser devida exclusivamente a um componente de ordem elevada, o 17º, por exemplo, que, individualmente, tinha um limite de 2,5%. Ou seja, são admissíveis distorções maiores nos harmônicos superiores. Ainda neste contexto, já foi enfatizado o impacto negativo que a distorção da tensão causa em bancos de capacitores. Em um capacitor a corrente cresce com a ordem harmônica da tensão aplicada. Assim, 5% de 25º harmônico produz corrente cinco vezes maior em um capacitor do que os mesmos 5% de quinto harmônico. Consequentemente, as perdas por efeito Joule são 25 vezes maiores, causando um maior aquecimento e redução de tempo de vida do dispositivo.

Na regulamentação, os níveis elevados de *DTT* são admitidos em todas as faixas de tensão. Observe-se que os valores são mais elevados do que os estabelecidos pelo IEEE e pela IEC.

5.8.4. NORMAS DE HARMÔNICOS EM AMBIENTES EMBARCADOS

a) Norma Aeronáutica MIL-STD-704F

Faz-se aqui uma breve apresentação dos aspectos relacionados aos limites de distorção de tensão estabelecidos pela norma MIL-STD-704F [34]. Esta norma se refere às propriedades que a tensão do sistema elétrico de uma aeronave deve apresentar.

São considerados os diversos barramentos de distribuição de energia que podem estar presentes nos aviões, incluindo alimentadores CA em frequência constante (60 ou 400 Hz) e em frequência variável (entre 360 e 800 Hz). São também regulamentados os barramentos CC em 28 e em 270 V.

A Figura 5.51 mostra os limites de componentes espectrais presentes na tensão. No eixo vertical à direita da figura, tem-se os valores eficazes equivalentes aos valores em dBV (na base de 1 V – valor eficaz), que estão colocados no eixo à esquerda.

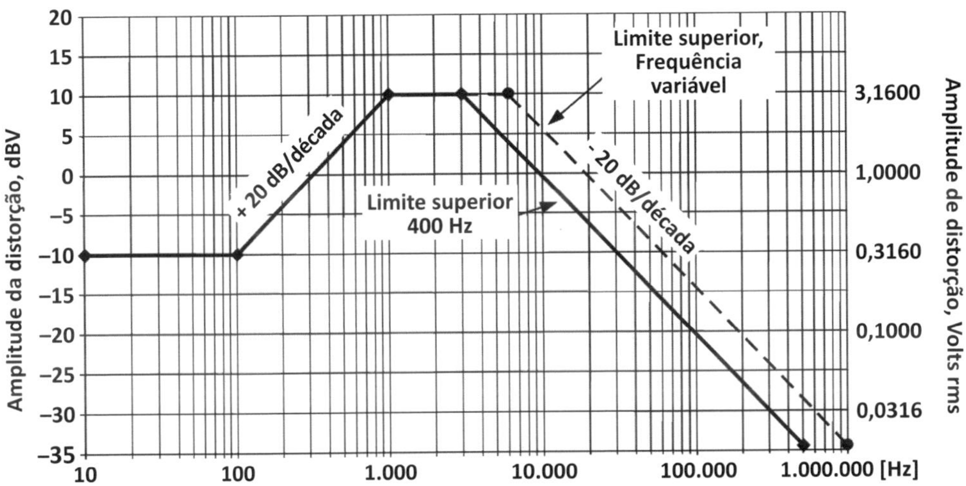

Frequência	Amplitude da distorção, dBV	
	400 Hz	VF
10	−10	−10
100	−10	−10
1.000	10	10
3.000	10	10
6.000	4	10
500.000	−34,44	−24,44
1.000.000	–	−34,44

Figura 5.51 Limites de distorção de tensão para sistema CA de 400 Hz ou de frequência variável (VF).

Na análise são incluídos também componentes não harmônicos, ou seja, componentes que não sejam múltiplos da fundamental. Estão ainda presentes limites para componentes abaixo da frequência fundamental, chamados de sub-harmônicos. Tais componentes de baixa frequência podem estar associados, por exemplo, a efeitos de regulação da amplitude da fundamental, ou a cargas cíclicas que perturbam a tensão.

O Fator de Distorção, definido em (5.27), tem um valor máximo admissível de 5%,[5]

$$FD = \frac{I_{RMS}}{I_1} - 1 \tag{5.27}$$

No caso dos barramentos CC, não cabe o conceito de harmônicos, uma vez que não há uma frequência fundamental. Componentes espectrais eventualmente presentes são devidos ao processo de produção da tensão CC (retificação da tensão CA, por exemplo) ou por ação da corrente associada a cada carga alimentada. A Figura 5.52 mostra os limites para o barramento de 28 V. Na faixa de 1 a 5 kHz são aceitáveis componentes espectrais de até 1 V, e valores menores abaixo de 1 kHz e acima de 5 kHz. O Fator de Distorção aceitável é de 3,5%, com amplitude de *ripple*[6] de 1,5 V máximo.

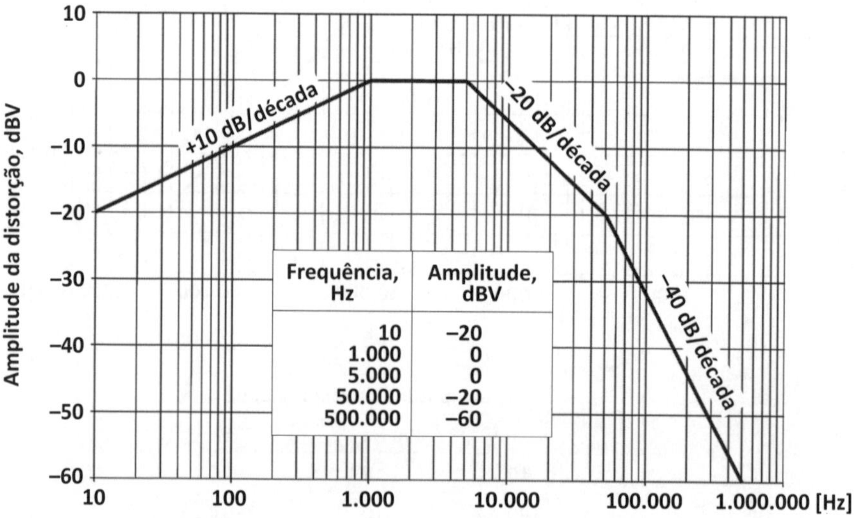

Figura 5.52 Limites de distorção para sistema CC de 28 V.

[5] Fator de distorção: o fator de distorção CA é a relação entre a distorção CA e o valor eficaz do componente fundamental. O fator de distorção CC é a relação entre a distorção CC e o valor médio de regime permanente.
Distorção: é o valor eficaz de uma forma de onda alternada (CA), retirando-se seu componente fundamental. Em um sistema CC, a distorção é definida como o valor eficaz da grandeza, retirando-se o valor médio.

[6] *Ripple* (ondulação): é a variação da grandeza elétrica (tensão ou corrente) sobre o valor médio, em uma situação de regime permanente. A amplitude do *ripple* é o máximo valor da diferença entre o valor médio e o valor instantâneo.

b) Distorção da corrente absorvida conforme recomendações RTCA DO-160F

Essa recomendação [34] se aplica a equipamentos com alimentação CA acima de 35 VA, ou ainda a um conjunto de cargas iguais que totalizem pelo menos 150 VA. Alimentado por uma tensão com *DHT* menor que 1,25%, o EUT não deve absorver correntes harmônicas que sejam 25% acima daqueles limites especificados nas Tabelas 5.10 e 5.11, para cada 1% de distorção nos correspondentes harmônicos de tensão.

Tabela 5.10 Limites de componentes harmônicos de corrente para equipamento monofásico

Ordem harmônica	Limites
Ímpares não triplas (5ª, 7ª...37ª)	$I_h = 0{,}3\ I_1/h$
Ímpares múltiplas de três (3ª até 39ª)	$I_h = 0{,}15\ I_1/h$
2ª e 4ª	$I_h = 0{,}01\ I_1/h$
Demais pares até 40ª	$I_h = 0{,}0025\ I_1/h$

- I_1 é o máximo componente fundamental medida em regime permanente, com demanda máxima de potência pelo EUT, para uma única frequência de teste. Este valor deve ser usado para o cálculo dos valores percentuais dos harmônicos em todas as demais condições de teste.
- I_h é o máximo componente harmônico obtido no conjunto de modos de operação.

A Tabela 5.11 mostra os limites para equipamentos com alimentação trifásica. As restrições são mais severas do que no caso monofásico, com harmônicos de ordens 3, 5 e 7 limitados, cada um, a 2% da fundamental. Por outro lado, o de ordem 11 pode atingir 10% da fundamental, enquanto o 13º pode ir a 8%. Há, assim, uma grande restrição a harmônicos de baixa ordem, o que tem grande influência da escolha dos conversores que podem ser conectados ao barramento CA, os quais, por exemplo, devem ser isentos (ou quase) de harmônicos de ordem 3, 5 e 7. O equipamento deve ser testado em duas condições de distorção na tensão. Em ambos os casos, a tensão de alimentação é de 115 V e as frequências de ensaio são:

- A(CF): 400 Hz ± 1%
- A(NF): 360, 400, 500, 600 e 650 ± 1 Hz
- A(WF): 360, 400, 500, 600, 650, 700 e 800 ± 1 Hz

Tabela 5.11 Limites de componentes harmônicos de corrente para equipamento trifásico

Ordem harmônica	Limites
3ª, 5ª, 7ª	$0,02\ I_1$
Ímpares múltiplas de três (9ª até 39ª)	$I_h = 0,1\ I_1/h$
11ª	$I_{11} = 0,1\ I_1$
13ª	$I_{13} = 0,08\ I_1$
17ª e 19ª	$= 0,04\ I_1$
23ª e 25ª	$= 0,03\ I_1$
Ímpares de 29ª até 37ª	$I_h = 0,3\ I_1/h$
2ª e 4ª	$I_h = 0,01\ I_1/h$
Demais pares até 40ª	$I_h = 0,0025\ I_1/h$

Condição de Teste 1 – A tensão na entrada do EUT deve ter distorção menor que 1,25% durante todo o procedimento. Se a potência do equipamento for superior a 2 kVA, pode ser que a impedância de saída da fonte não seja baixa o suficiente para garantir essa baixa distorção na tensão. Nesse caso, é aceitável uma distorção de até 4%.

Condição de Teste 2 – A *DHT* da tensão na entrada do EUT deve ser maior ou igual a 8% para equipamentos A(CF) e A(NF) e 10% para a categoria A(WF). Devem ser tabulados os valores até o harmônico de ordem 40, para cada fase da alimentação. A resolução espectral deve ser melhor que 20 Hz (intervalo de coleta de amostras de 50 ms). O cálculo da fase dos harmônicos é opcional. Os testes devem ser realizados para máxima e mínima potência em regime permanente. Se a diferença entre esses valores for menos que 25%, toma-se apenas a situação de máxima potência. O sensor de corrente deve ter um erro de amplitude menor que 3% e erro de fase menor que 5°, na faixa até 50 kHz. Componentes espectrais menores que 10 mA ou 0,25% da fundamental (o que for maior) devem ser desconsiderados.

5.9. INTERFERÊNCIA ELETROMAGNÉTICA CONDUZIDA PELA REDE

Dois tipos de interferência podem ser considerados: a conduzida pela rede de alimentação e a irradiada. Quando se discute o problema de QEE, o foco está na presença de ruídos na rede, de modo que serão enfatizados apenas aspectos de IEM conduzida. Não se trata de um problema de harmônicos, mas sim de um caso geral de presença de componentes espectrais, de frequência distinta da fundamental e de seus múltiplos inteiros. Várias normas determinam os valores-limites admissíveis para o ruído eletromagnético produzido pelo equipamento. No Brasil, a adoção de normas específicas sobre este assunto está em discussão, seguindo-se, em princípio, as normas IEC/CISPR. Tais normas, além dos limites, determinam os métodos de medição, os equipamentos de teste e classificam os produtos a serem testados em função de suas características próprias e do local onde devem ser utilizados (CISPR 16) [35]. Os limites mais severos referem-se a produtos utilizados em ambiente "doméstico" (classe B), o que significa que são alimentados por uma rede na qual existem usuários que não são indústrias ou estabelecimentos comerciais. Ambientes industriais e comerciais têm seus equipamentos incluídos na chamada classe A.

Quanto à IEM conduzida, os equipamentos de informática possuem suas normas (CISPR 22), enquanto os aparelhos de uso industrial, científico e médico (ISM) são regulados pela CISPR 11 [36]; eletrodomésticos, pela CISPR 14 e os dispositivos de iluminação pela CISPR 15.

5.9.1. IEM CONDUZIDA PELA REDE

A principal motivação para que se exija um limitante para a IEM que um equipamento injeta na rede é evitar que tal interferência afete o funcionamento de outros aparelhos alimentados pela mesma rede [37]. Essa suscetibilidade dos aparelhos aos ruídos presentes na alimentação não está sujeita a normalização, embora cada fabricante procure atingir níveis de baixa suscetibilidade.

A medição desse tipo de interferência é normalmente feita por meio de uma impedância-padrão LISN (*Line Impedance Stabilization Network*) colocada entre a rede e o equipamento em teste, cujo esquema está mostrado na Figura 5.53.

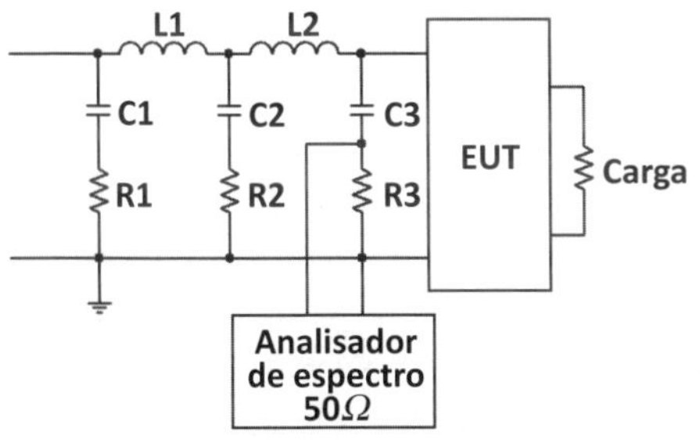

9 kHz a 150 kHz	150 kHz a 30 MHz
L1 = 250 μH	L1 = 0
L2 = 50 μH	L2 = 50 μH
C1 = 4 μF	C1 = 0
C2 = 8 μF	C2 = 1 μF
C3 = 250 nF	C3 = 100 nF
R1 = 10 Ω	R1 = R2 = 0
R2 = 5 Ω	R3 = 1 kΩ
R3 = 1 kΩ	

Figura 5.53 Impedância de linha normalizada (LISN).

As indutâncias em série (L1 e L2) evitam que os ruídos produzidos pelo equipamento fluam para a rede, sendo direcionados para a resistência de 1 kΩ, sobre a qual é feita a medição (com um analisador de espectro com impedância de entrada de 50 Ω).

Os eventuais ruídos presentes na linha são desviados pelo capacitor de 1 μF colocado do lado da rede. Essa impedância de linha pode ser utilizada na faixa entre 150 kHz e 30 MHz, que é a banda normalizada pela CISPR. A faixa entre 9 kHz e 150 kHz era definida pela norma alemã (VDE), a qual foi desconsiderada após a formação da Comunidade Europeia e a adoção de normas unificadas. Nessa faixa inferior, a LISN é implementada com outros componentes, como mostrado na mesma figura.

São feitas distinções quanto à aplicação e ao local de instalação do equipamento. A Figura 5.54 mostra esses limites para a norma CISPR 11 (equipamentos ISM). O ambiente de medição é composto basicamente por um plano terra sobre o qual é colocada a LISN. Acima desse plano e isolado dele, coloca-se o equipamento a ser testado.

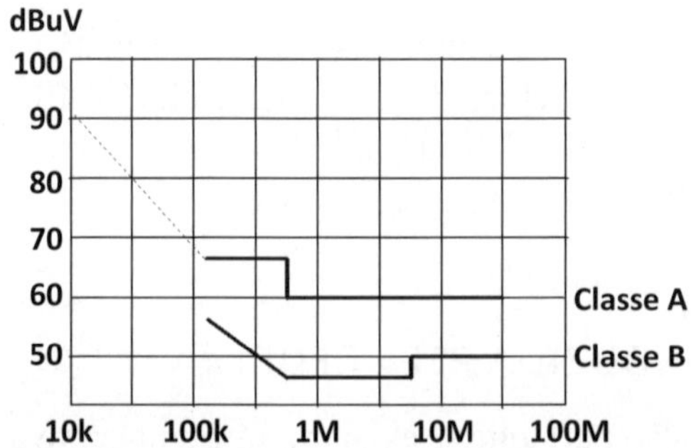

Figura 5.54 Limites de IEM conduzida pela norma CISPR 11 (equipamentos de uso Industrial, Científico e Médico – ISM).

Como exemplo de fontes de IEM, pode-se considerar as elevadas taxas de variação de tensão presentes numa fonte chaveada e as correntes pulsadas presentes em retificadores com correção ativa de fator de potência. No caso das correntes pulsadas, uma vez que a corrente na entrada do conversor é comutada em alta frequência, seus harmônicos estarão na faixa de verificação de IEM conduzida.

A Figura 5.55 mostra formas de onda típicas de um retificador tipo *flyback*, atuando para minimizar a distorção da corrente CA e, consequentemente, elevar o fator de potência. Essa é uma das soluções possíveis para o atendimento das limitações de harmônicos de corrente estabelecidas na IEC 61000-3-2. A corrente do conversor, antes da filtragem, possui comutações em alta frequência que, se injetadas diretamente na rede, muito provavelmente violariam os limites de IEM. A filtragem, conforme mostra a parte inferior da figura, minimiza os componentes de chaveamento e deve ser ajustada para que aconteça conformidade com os limites da norma.

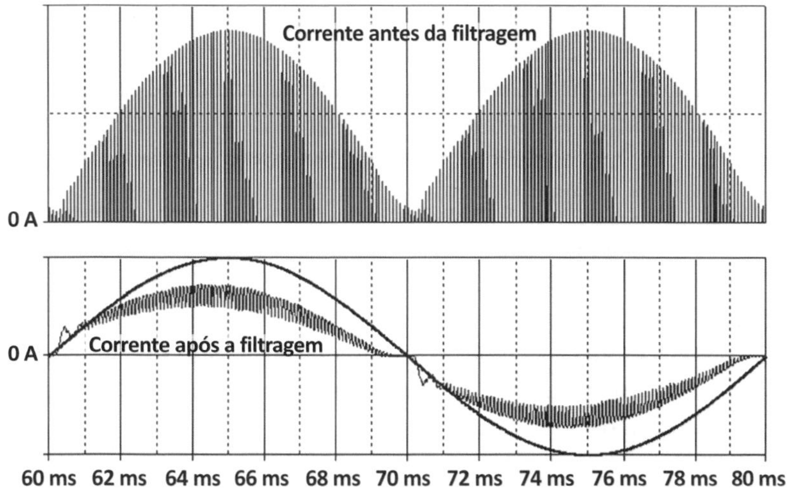

Figura 5.55 Corrente interna (acima) e filtrada (abaixo) de um retificador com correção de fator de potência tipo *flyback*.

No caso das variações de tensão em alta frequência é preciso considerar alguns efeitos de segunda ordem presentes nos conversores eletrônicos de potência. Considere-se a forma de onda mostrada na Figura 5.56 como a tensão de algum ponto do conversor em relação ao terra. Tipicamente as partes metálicas dos conversores eletrônicos são aterradas para a segurança dos usuários. A variação do potencial elétrico faz que em relação ao referencial terra tenha-se uma forma de onda de tensão, como indicado na Figura 5.56.

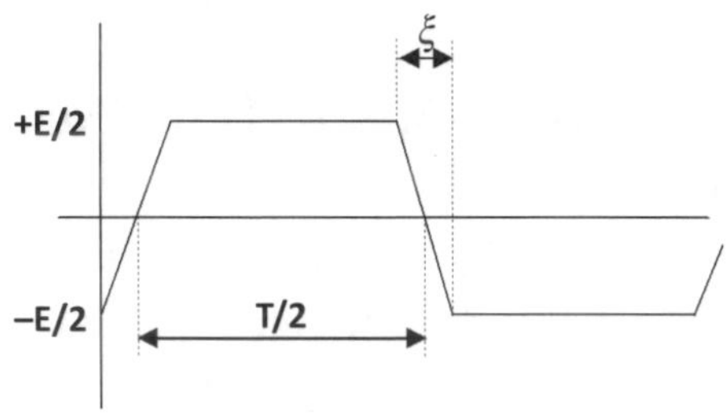

Figura 5.56 Tensão típica entre coletor de transistor e terra em fonte chaveada.

A forma trapezoidal leva a componentes espectrais cujas amplitudes são dadas por:

$$V_h = \frac{2E}{h\pi} \cdot \frac{sen(h\pi f\xi)}{h\pi f\xi} \cdot sen^2\left(\frac{h\pi}{2}\right) \tag{5.28}$$

Esses componentes espectrais, através de acoplamentos capacitivos parasitas, inevitavelmente provenientes da própria montagem do conversor, resultarão em correntes de alta frequência que circularão para a rede. A magnitude dessa corrente depende da tensão de alimentação, da frequência e dos tempos de comutação, bem como da montagem do circuito, que determina os acoplamentos capacitivos.

A redução dos níveis de IEM conduzida pode ser obtida por dois enfoques básicos: a minimização dos fenômenos parasitas associados à sua produção e o uso de filtros de linha. Quanto aos filtros de linha, seu objetivo é criar um caminho de baixa impedância, de modo que os componentes de corrente em alta frequência circulem por tais caminhos, e não pela linha. A Figura 5.57 ilustra um circuito típico de filtro de IEM conduzida que inclui um elemento de "modo comum", que atenua a corrente que circula pela conexão com o aterramento, e um elemento de "modo diferencial", que minimiza a corrente que circula pelos condutores de alimentação do equipamento.

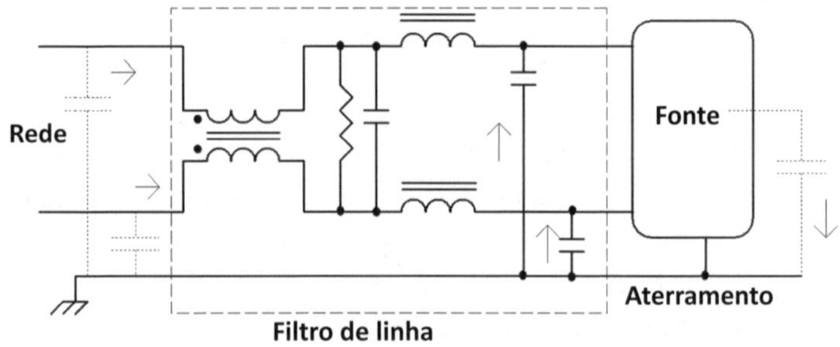

Figura 5.57 Circuito típico com filtro de linha.

5.9.2. A FAIXA DE 3 kHz A 150 kHz: TRANSMISSÃO DE SINAIS E RUÍDOS DE COMUTAÇÃO

Nesta faixa de frequência, a rede elétrica (baixa tensão) pode ser utilizada para a transmissão de sinais, seja na rede de distribuição pública, seja no interior de uma instalação de consumidor [38]. Normas especificam as bandas de frequência para cada tipo de usuário, os limites de tensão de saída dos sinais e os limites de distúrbios conduzido e irradiado, além dos métodos de medida. A faixa entre 3 e 9 kHz é restrita aos fornecedores de energia elétrica. Eventualmente, com autorização do fornecedor, o usuário pode utilizar também essa faixa dentro de suas instalações. Na faixa de 9 a 95 kHz, o uso é exclusivo do fornecedor de energia elétrica e seus licenciados. As faixas de 95 a 125 kHz e de 140 a 148,5 kHz são exclusivamente privadas e seu uso não exige um protocolo de acesso. Entre 125 e 140 kHz o uso é também privado, mas com a necessidade de um protocolo de acesso. A preocupação com a presença de ruído eletromagnético conduzido nessa faixa de frequência tem crescido em virtude, principalmente, da proliferação de inversores associados a painéis fotovoltaicos de uso residencial, assim como diversas outras aplicações [39].

O uso de inversores conectando um barramento CC à rede CA está presente em inúmeras aplicações, como painéis fotovoltaicos, fontes ininterruptas de energia (UPS), sistemas de carga/descarga de bancos de baterias, sistemas de acionamento/frenagem de motores etc. Em um cenário de redes inteligentes de eletricidade (*smart grids*), que se anuncia de grande interesse e viabilidade, a presença de tais conversores dispersos pela rede é certa, de modo que se torna importante qualificar e quantificar a presença de componentes advindos da comutação dos conversores eletrônicos sobre a rede elétrica. Tais análises vão além da faixa de harmônicos (2 kHz no padrão europeu, 3 kHz no padrão norte-americano) e, de fato, tais componentes espectrais não devem ser qualificados como harmônicos, uma vez que sua origem está na comutação dos conversores, sem relação direta com a frequência da rede.

Há intensa discussão sobre procedimentos de medição e limites de emissão nessa faixa espectral, denominada de "supra-harmônicos". Organismos e instituições acadêmicas [40] têm desenvolvido estudos nesse assunto, dada a potencial deterioração na qualidade da tensão que pode advir com o aumento da quantidade desses elementos de interferência [41]. A norma IEC 61000-2-2 [29] indica que devem ser considerados apenas efeitos de longa duração (10 minutos ou mais) para a análise das perturbações e que os limites estabelecidos devem garantir a conformidade com as normas de IEM (a partir de 150 kHz), bem como com as normas que se referem ao uso da rede física para transmissão de dados e comunicação.

Uma premissa é que a presença de componentes espectrais de elevada frequência não deve produzir danos aos equipamentos alimentados. Assim, por exemplo, deve haver uma restrição de nível, à medida que aumenta a frequência como forma de proteger, principalmente, os capacitores contra um aumento excessivo em suas correntes.

5.10. RESUMO

Este capítulo foi dedicado ao estudo das distorções de forma de onda de tensões e correntes em sistemas de energia elétrica, provocadas por cargas não lineares. Os principais efeitos foram descritos e analisados por meio de exemplos. Formas de atenuação usando filtragem passiva e ativa também foram apresentadas. Vários dos exemplos apresentados se basearam em resultados experimentais e em simulações. Extensa lista de normas e recomendações nacionais e internacionais, relativas ao tema, foi acrescentada e analisada criticamente. A questão da interferência eletromagnética também foi discutida.

QUESTÕES

1) Explique por que em sistemas elétricos os harmônicos pares aparecem mais raramente que os ímpares. Analise por que, mesmo assim, as normas restringem bastante a sua aparição.

2) Por que e como se pode limitar a propagação de harmônicos múltiplos de 3 em sistemas trifásicos balanceados sem o uso de filtros sintonizados?

3) Quando uma carga resistiva não linear é alimentada por uma fonte de tensão senoidal ideal observa-se a circulação de correntes harmônicas no circuito de alimentação por conta da carga. Uma vez que o alimentador possui resistência, a corrente harmônica irá provocar perda ôhmica nesse elemento. Analise as seguintes questões:

   a) Mostre que a fonte de tensão só é capaz de entregar potência na frequência fundamental.

   b) Qual é a origem da potência harmônica e como ela pode ser representada no circuito equivalente?

   c) O que esse exemplo diz sobre a medição da potência ativa entregue ao consumidor?

REFERÊNCIAS

[1] J. K. Phipps, J. P. Nelson, P. K. Sen, "Power quality and harmonic distortion on distribution systems", *IEEE Trans. on Industry Applications,* v. 30, n. 2, March/April 1994.

[2] J. A. Pomilio, S. M. Deckmann, "Efeito *flicker* produzido pela modulação harmônica". SBQEE'97 – *Seminário Brasileiro de Qualidade da Energia Elétrica,* Nov. 1997, São Lourenço, MG.

[3] T. J. E. Miller, *Reactive Power control in electric systems.* New York: John Wiley & Sons, 1982.

[4] J. Arrillaga, A. Bradley, P. S. Bodger, *Power system harmonics.* New York: John Wiley & Sons, 1989.

[5] J. A. Orr, A.E. Emanuel, "On the need for strict second harmonic limits", *IEEE Transactions on Power Delivery,* v. 15, n. 3, July 2000.

[6] A. Betzios, *Fornos Elétricos a Arco,* Publ. ABM - Associação Brasileira de Metais, São Paulo, 1987.

[7] A. Tang et al. "Analysis of DC furnace operation and flicker caused by 187 Hz voltage distortion". *IEEE Trans. on Power Delivery,* v. 9, n. 2, Apr. 1994.

[8] S. M. Deckmann, G. F. Rabelo. "A quality index based on voltage flicker and distortion evaluations." *IEEE APEC'97 – Applied Power Electronics Conference and Exposition,* Atlanta, USA, Fev. 1997.

[9] C. L. Fortescue, "Method of Symmetrical Co-Ordinates Applied to the Solution of Polyphase Networks", *Transactions of the American Institute of Electrical Engineers,* Volume: XXXVII, Issue: 2, 1918.

[10] R. L. Almonte, A. W. Ashley, "Harmonics at the utility industrial interface: a real world example", *IEEE Trans. on Industry Application,* v. 31, n. 6, Nov.-Dec. 1994.

[11] A. V. Oppenheim, R.W Schaffer, *Digital signal processing.* New Jersey: Prentice Hall, 1989.

[12] J. A. Bonner et al., "Selecting ratings for capacitors and reactors in applications involving multiple single-tuned filters", *IEEE Trans. on Power Delivery,* v.10, January 1995.

[13] L. S. Czarnecki, H. L. Ginn III, "The effect of the design method on efficiency of resonant harmonic filters", *IEEE Trans. on Power Delivery,* v. 20, n. 1, pp. 286-271, Jan. 2005.

[14] L. S. Czarnecki, "Effect of minor harmonics on the performance of resonant harmonic filters in distribution systems", *IEE Proc. of Electric Power Applications,* v. 144, n. 5, Sept. 1997.

[15] F. Z. Peng, G-J Su, G. Farquharson, "A series LC filter for harmonic compensation of AC Drives". *IEEE PESC'99,* Charleston, USA, June 1999.

[16] S. P. Pimentel, "Aplicação de inversor multinível como filtro ativo de potência", Dissertação de Mestrado, FEEC, Unicamp, Agosto de 2006.

[17] M. V. Ataíde, "Contribuição ao estudo e projeto de filtros ativos monofásicos de potência", Dissertação de Mestrado, FEEC, Unicamp, Janeiro de 1997.

[18] T. E. Nuñez-Zuñiga, "Projeto e implementação de filtro ativo trifásico de potência, usando o método da síntese de carga resistiva", Dissertação de Mestrado, FEEC, Unicamp, Maio de 1999.

[19] A. Testa, "Interharmonics and related issues: aspects related to effects, modeling and simulation, measurement and limits", *VIII International Conference on Industry Applications,* Poços de Caldas, Minas Gerais, Brazil, August 2008.

[20] ANSI/IEEE Std 519-1981, "*IEEE Guide for harmonic control and reactive compensation of static power convertors*", April 1981.

[21] IEEE Std 519-1992, "*IEEE recommended practices and requirements for harmonic control in electrical power systems*", April 1993.

[22] IEEE Std. 519, "*IEEE recommended practices and requirements for harmonic control in electric power systems*", 2014.

[23] IEEE Std 519-2022, "*IEEE standard for harmonic control in electric power systems*", (Revision of IEEE Std 519-2014), Aug. 2022.

[24] IEEE Std 1547.9-2022, "*IEEE Guide for Using IEEE Std 1547 for interconnection of energy storage distributed energy resources with electric power systems*", Aug. 2022.

[25] IEEE Std 2800-2022, "*IEEE Standard for interconnection and interoperability of Inverter-Based Resources (IBRs) interconnecting with associated transmission electric power systems*", April 2022.

[26] International Electrotechnical Commission, Electromagnetic compatibility (EMC) – Part 4-30: *Testing and measurement techniques – Power quality measurement methods* (IEC 61000-4-30:2015)

[27] International Electrotechnical Commission, Electromagnetic compatibility (EMC) Part 4-7: *Testing and measurement techniques – General guide on harmonics and interharmonics measurements and instrumentation, for power supply systems and equipment connected thereto* (IEC 61000-4-7:2011)

[28] Drapela, J., M. Halpin, R. Langella, J. Meyer, D. Mueller, H. Sharma, A. Testa, N. Watson and D. Zech, "*Issues and challenges related to interharmonic distortion limits*", *19th International Conference on Harmonics and Quality of Power (ICHQP)*, Dubai, United Arab Emirates, 2020.

[29] International Electrotechnical Commission, IEC 61000-2-2, "*Part 2-2: Environment – Compatibility levels for low-frequency conducted disturbances and signaling in public low-voltage power supply systems*", 2002.

[30] International Electrotechnical Commission, IEC 61000-3-2, "*Limits for harmonic current emissions (equipment input current ≤ 16A per phase)*", 2014.

[31] International Electrotechnical Commission, IEC/TR 61000-3-4, "*Electromagnetic compatibility (EMC) - Part 3-4: Limits - Limitation of emission of harmonic currents in low-voltage power supply systems for equipment with rated current greater than 16 A*", 1998.

[32] Agência Nacional de Energia Elétrica - ANEEL, "*Procedimentos de Distribuição de Energia Elétrica no Sistema Elétrico Nacional - PRODIST, Módulo 8 - Qualidade da Energia Elétrica*", Revisão 12, vigente a partir de 01/01/2021.

[33] Agência Nacional de Energia Elétrica - ANEEL, *Procedimentos de Distribuição de Energia Elétrica no Sistema Elétrico Nacional - PRODIST, Módulo 5 - Sistemas de Medição e Procedimentos de Leitura*, Revisão 6, vigente a partir de 01/01/2021.

[34] USA, Department of Defense, Interface Standard, MIL-STD-704F, *Aircraft electric power characteristics*, 1991.

[35] Radio Technical Commission for Aeronautics - RTCA, Standard DO-160F *Environmental conditions and test procedures for airborne equipment*, 2008.

[36] International Electrotechnical Commission, IEC-CISPR16, *Specification for radio interference measuring apparatus and measuring methods*, 1993.

[37] International Electrotechnical Commission, IEC-CISPR11, *Limits and methods of measurements of electromagnetic disturbance characteristics of Industrial, Scientific, and Medical (ISM) Radio-frequency Equipment*, 1990.

[38] E. F. Magnus, J. C. M. de Lima, V. M. Canali, J. A. Pomilio, and F. S. dos Reis: "Tool for conducted EMI and filter design", *Proc. of the IEEE IECON 2003*, Roanoke, USA, Nov. 2003.

[39] European Standard 50065-1, European Committee for Eletrotechnical Standardization: *Signaling on low-voltage electrical installations in the frequency range 3 kHz to 148.5 kHz - Part 1: General requirements, frequency bands and electromagnetic disturbances,* Jan. 1991.

[40] International Electrotechnical Commission, IEC Technical Specification, IEC TS 62578, *Power electronics systems and equipment - Operation conditions and characteristics of active infeed converter (AIC) applications including design recommendations for their emission values below 150 kHz*, 2nd edition, April 2015.

[41] J. I. Y. Ota, R. K. Carneiro, J. P. Santos, F. C. Rufino, J. A. Pomilio, "Problema emergente das distorções entre 2 e 150 kHz em redes elétricas: levantamento bibliográfico", *VIII Simpósio Brasileiro de Sistemas Elétricos*, 25 a 28 de agosto de 2020.

CAPÍTULO 6
Transitórios e desequilíbrio

6.1. INTRODUÇÃO

Nos capítulos anteriores verificou-se o impacto causado pela operação de cargas com características não lineares devido à saturação magnética, ao chaveamento de tiristores, retificadores em geral, arco elétrico etc. Neste capítulo será mostrado que mesmo cargas lineares ou quase lineares, como motores, podem causar distúrbios importantes, como transitórios durante a partida, capazes de perturbar a operação normal de outras cargas do sistema [1], [2]. Além disso, faz-se uma análise de sistemas trifásicos desequilibrados e seus efeitos indesejáveis.

6.2. IMPACTO DA PARTIDA DE MOTORES

Esse problema se verifica em muitos ambientes industriais que utilizam grandes motores em seus processos de produção. A partida direta de um motor elétrico demanda um pico de corrente para magnetizar o núcleo e vencer a inércia do rotor, acelerando a máquina até atingir a velocidade de operação. A maneira como essa corrente se manifesta depende do tipo de motor, do tipo de acionamento, da carga mecânica acionada e da impedância do alimentador.

No motor de corrente contínua, a chamada força contraeletromotriz (fcem) induzida em função do movimento das espiras do rotor no campo estacionário do estator cresce com a velocidade e se incumbe de reduzir gradualmente a corrente absorvida da fonte. No motor de indução é a diminuição do escorregamento relativo entre o rotor e o campo girante do estator que permite reduzir a corrente absorvida da fonte de alimentação. Em ambos os casos, a corrente inicial de partida pode superar várias vezes (3 a 10 vezes) a corrente nominal.

No caso de motores que devem partir com carga (compressores, esteiras, elevadores, guindastes etc.) a sobrecorrente de partida é sustentada enquanto o motor acelera, só caindo aos níveis normais quando o motor se aproxima da velocidade de regime. Dependendo da inércia acoplada ao rotor, do esquema de partida e das características da carga, a aceleração pode se estender por vários segundos, o que poderá causar um afundamento da tensão de alimentação durante todo esse tempo.

6.2.1. FORMAS DE REDUZIR O IMPACTO DEVIDO À PARTIDA DE MOTORES

Uma primeira análise, que se aplica para qualquer tipo de instalação, consiste em verificar se o nível de curto-circuito no ponto de conexão da carga é adequado. Como já comentado anteriormente (Capítulo 3), o afundamento relativo da tensão é diretamente proporcional à relação entre a demanda reativa da carga e a potência de curto-circuito no ponto de conexão. Essa relação também pode ser explicada por meio do diagrama fasorial da Figura 6.1.

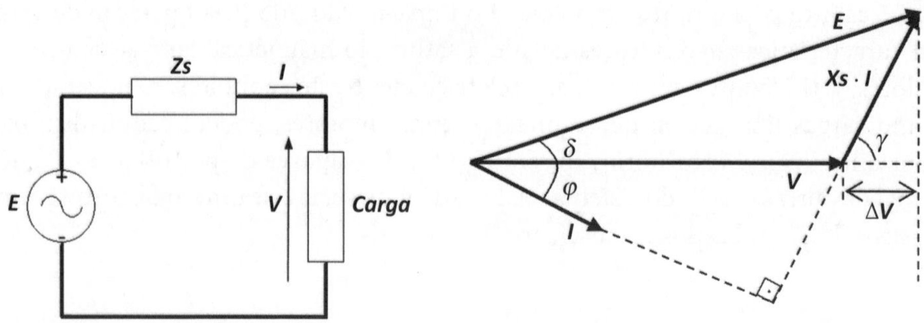

Figura 6.1 Equivalente Thévenin para sistema de alimentação de carga genérica.

Neste caso, a variação da magnitude da tensão devido à conexão da carga pode ser aproximada por:

$$\Delta V_{pu} = \frac{\Delta V}{V} = \frac{Z_s \cdot I \cdot cos\gamma}{V} = \frac{\left(R_s cos\varphi + X_s sen\varphi\right) \cdot I}{V} = \frac{R_s \cdot P + X_s \cdot Q}{V^2} \qquad (6.1)$$

onde $\boldsymbol{Z}_s = R_s + jX_s$ é a impedância da rede na frequência fundamental; $\boldsymbol{S} = P + jQ$ define a potência aparente da carga e φ representa a defasagem entre tensão $\boldsymbol{V}$ e corrente $\boldsymbol{I}$. A aproximação pode ser aplicada quando o ângulo δ entre as tensões $\boldsymbol{E}$ e $\boldsymbol{V}$, como indicado na Figura 6.1, é menor que 10°, que é o caso usual em sistemas de alimentação. Quando, além de a abertura angular entre tensões ser pequena, a reatância do alimentador predominar sobre a resistência e a potência reativa demandada for significativa, como no caso da energização do circuito magnético de um transformador ou motor, verifica-se de (6.1) que $(Rs \cdot P << Xs \cdot Q)$ e a queda de tensão passa a ser determinada principalmente pela potência reativa absorvida, podendo-se aproximar (6.1) por:

$$\Delta V_{pu} \cong \frac{X_s Q}{V^2} \tag{6.2}$$

Considerando, ainda, que, em pu $|E| \cong |V|$, a potência de curto-circuito nos terminais da carga pode ser expressa por:

$$S_{cc} \cong \frac{V^2}{X_s} \tag{6.3}$$

Substituindo (6.3) em (6.2), chega-se à relação simplificada (6.4), que permite estimar a variação da magnitude da tensão causada pela conexão de potência reativa em um ponto onde a potência de curto-circuito é conhecida:

$$\Delta V_{pu} \cong \frac{Q}{S_{cc}} \tag{6.4}$$

A Figura 6.2 ilustra o comportamento da tensão eficaz e da onda de corrente durante a partida de um motor de indução.

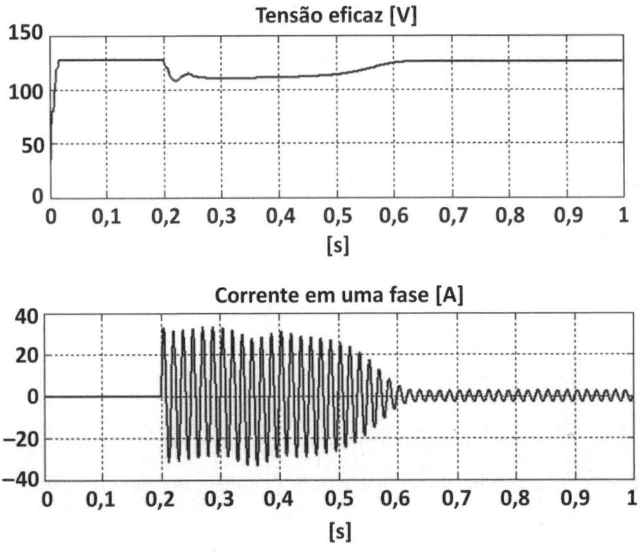

Figura 6.2 Efeitos de partida de motor de indução trifásico. Sinais relativos a uma das fases – Acima: tensão eficaz. Abaixo: corrente de partida.

Os primeiros ciclos da corrente correspondem à magnetização, que logo se transforma em corrente de aceleração, responsável pelo afundamento prolongado da tensão. Com o motor se aproximando da velocidade de operação, a corrente decai para um valor bem menor, ditado apenas pela carga e pelas perdas.

Para diminuir o impacto da partida do motor sobre a tensão da rede, se poderia reduzir a impedância do alimentador, limitando o afundamento da tensão. No entanto, essa solução iria aumentar ainda mais a corrente de partida e poderia implicar a troca de cabos e disjuntores. Como essa solução em geral é bastante onerosa, só se justifica se a carga como um todo tiver crescido além da capacidade da instalação existente, viabilizando a expansão do sistema. Outra alternativa é limitar a corrente inicial na partida do motor, o que, no entanto, prolonga o tempo da aceleração. No caso específico de motores CA, as soluções mais comuns para atenuar os transitórios de partida consistem em usar esquemas que diminuem a corrente de partida, como:

- partida com tensão reduzida por meio de transformador com derivações;
- partida do motor em conexão Y e depois passar para Δ nominal;
- partida do motor em vazio, aplicando a carga posteriormente;
- usar motor auxiliar para partida antes de energizar o principal;
- usar reostato de partida no rotor (se for rotor bobinado);
- usar controle de partida suavizada (*soft-start*);
- usar inversor de frequência variável.

Nem sempre esses métodos se aplicam, seja porque o custo seria elevado (caso de transformador com derivações), seja porque o motor não permite (rotor em gaiola não permite conexão de reostato) ou porque a carga já vem acoplada, inviabilizando partida a vazio (bombas). A Figura 6.3 mostra duas soluções passivas para reduzir a corrente de partida.

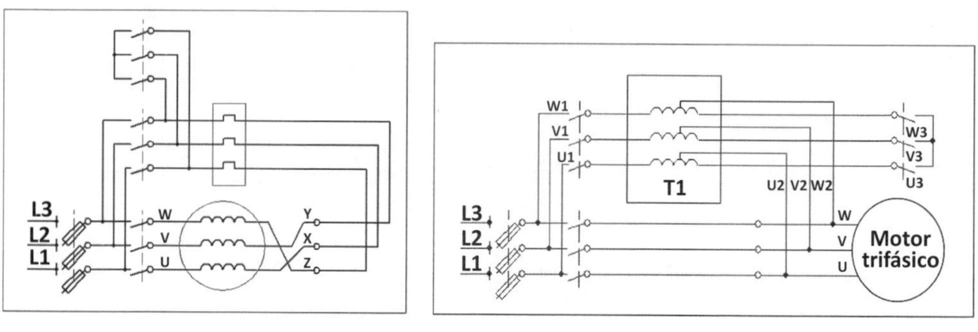

Figura 6.3 Esquemas de partida com chave estrela-delta e com transformador com derivações.

Em termos de soluções eletrônicas, o conversor *soft-starter* mais simples é composto por tiristores, como mostrado na Figura 6.4. O ângulo de disparo vai sendo ajustado de modo a que o valor eficaz da corrente se mantenha em um valor adequado, para garantir o torque de partida para a carga, sem sobrecarregar o alimentador. Com essa solução tem-se uma redução da tensão eficaz sobre o motor, o que limita o máximo torque. Durante a fase da partida, a operação do conversor produz ondas de corrente distorcidas. A tensão eficaz aplicada no motor, durante a atuação do *soft-starter*, é dada por:

$$V_o = \frac{V_i}{\sqrt{2}} \cdot \sqrt{\frac{1}{\pi}\left[\beta - \alpha + \frac{sen2\alpha}{2} - \frac{sen2\beta}{2}\right]} \tag{6.5}$$

onde V_i é a tensão eficaz antes da partida, α é o ângulo de disparo do tiristor e β é o ângulo de extinção, no qual a corrente se anula e o tiristor desliga.

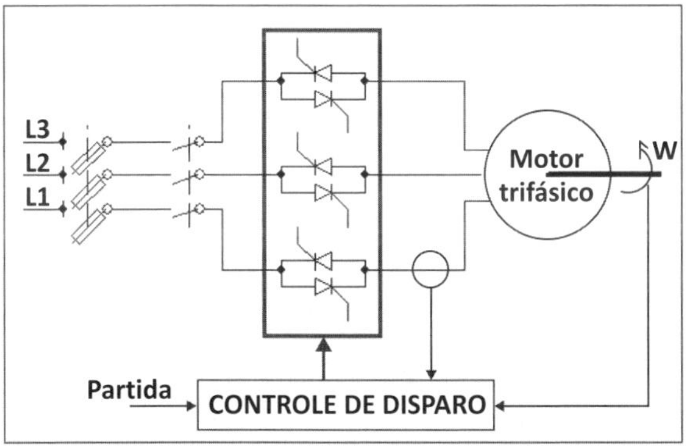

Figura 6.4 Partida suavizada (*soft-start*) usando tiristores.

O uso de inversor de frequência variável, por sua vez, permite controlar a velocidade do motor de indução suavemente desde a partida até velocidades acima da nominal. Esses sistemas de acionamento controlado eliminam os transitórios de partida, mas, por serem tipicamente alimentados por meio de retificadores a diodos, geram harmônicos e inter-harmônicos na rede CA. O controle por frequência variável, além de permitir uma partida suave, também pode proporcionar um fluxo magnético constante durante o transitório. A Figura 6.5 ilustra o esquema de um sistema de acionamento composto de retificador e inversor. A corrente na rede CA se apresenta distorcida pelo comportamento do retificador. O afundamento da tensão durante a partida é minimizado. Em contrapartida, o tempo de aceleração é maior. Ao reduzir a frequência e, consequentemente, a velocidade do campo girante, a necessidade de energia para acelerar o motor se reduz, minimizando a corrente drenada do alimentador. Mantido o torque, a potência demandada cresce linearmente com a velocidade.

Com isso, a corrente absorvida pelo retificador aumenta linearmente, como se observa na Figura 6.5. Como o processo de aceleração é controlado, o impacto sobre a tensão é reduzido.

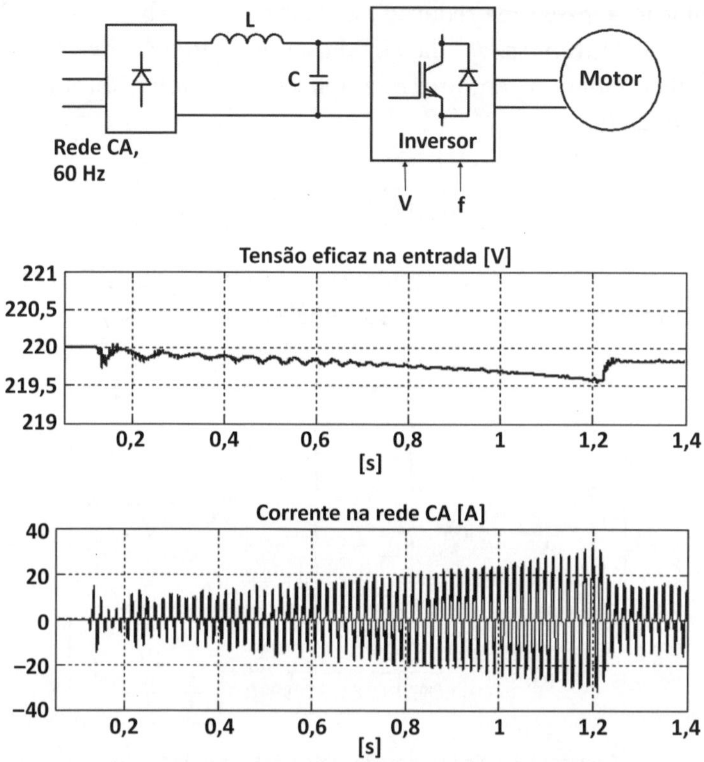

Figura 6.5 Sistema de acionamento controlado de motor de indução. Comportamento da tensão eficaz (acima) e da corrente na rede CA durante a partida do motor (abaixo).

6.3. ENERGIZAÇÃO DE TRANSFORMADORES

A corrente de energização ou *inrush* de transformadores pode causar um transitório com aparecimento de harmônicos pares (principalmente de ordem 2 e 4). A razão disso é a assimetria de meia onda durante a magnetização do núcleo.

Em um circuito linear (sem saturação), ao se iniciar a magnetização com a aplicação de uma tensão senoidal, a corrente, na ausência de um efeito resistivo significativo, apresenta a forma $[1 - cos(\omega t)]$, o que produz um nível CC inicial na corrente e, consequentemente, no fluxo magnético. Considerando o efeito da saturação e o magnetismo residual do material magnético do núcleo, ocorre saturação desigual dos semiciclos positivos e negativos. Depois de alguns ciclos o laço vai se tornando simétrico e o transformador passa a operar da forma esperada. Assimetria magnética também pode ocorrer pela presença de componente CC na corrente demandada, por exemplo, pelo funcionamento inadequado de conversores eletrônicos de potência.

A Figura 6.6 mostra os laços de histerese iniciais, a respectiva corrente de magnetização assimétrica e o espectro de frequências desse processo. Além dos harmônicos ímpares (3 e 5) aparecem os componentes pares (2 e 4). As formas de onda mostram que o nível CC inicial é significativo.

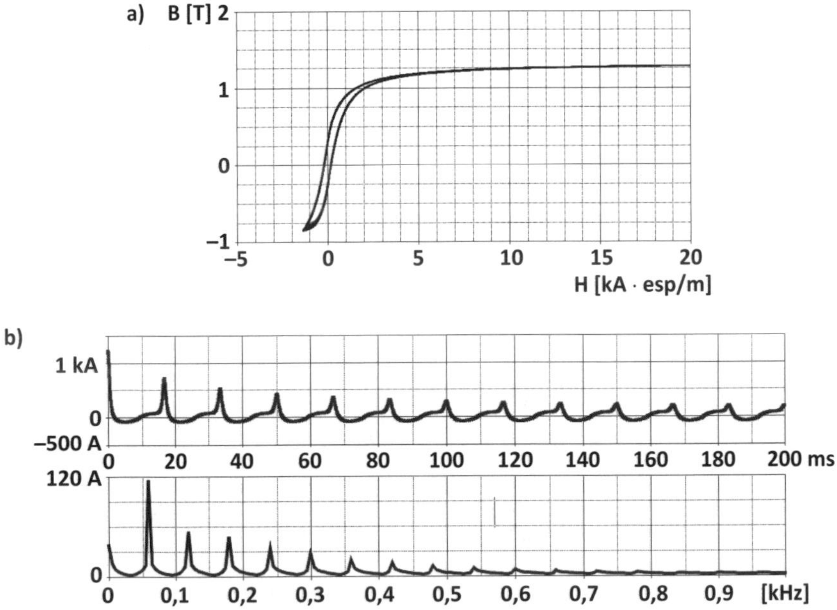

Figura 6.6 a) Laço de histerese nos ciclos iniciais; b) corrente de magnetização do transformador e espectro da corrente durante o *inrush*.

A intensidade do distúrbio depende do instante em que se faz a conexão, o que vale dizer que depende do valor inicial da tensão aplicada ao transformador. Caso a tensão aplicada inicialmente esteja com fase 90° ou 270°, a corrente será uma senoide com fase inicial 180° ou 0°, respectivamente, de modo que não apresenta o termo CC. No entanto, é praticamente impossível garantir tal condição de conexão, além do que, em transformadores trifásicos, é uma condição impossível de ser obtida para as três fases simultaneamente. Para minimizar esse tipo de distúrbio, a solução usual é colocar um contator com resistores de pré-inserção, cuja função é limitar a corrente de *inrush*, permitindo a energização controlada do transformador devido à queda de tensão nesse resistor, de modo a limitar a tensão inicial aplicada ao transformador (Figura 6.7).

Soluções eletrônicas, que têm como vantagem minimizar as perdas ocasionadas pelos resistores, também podem ser aplicadas.

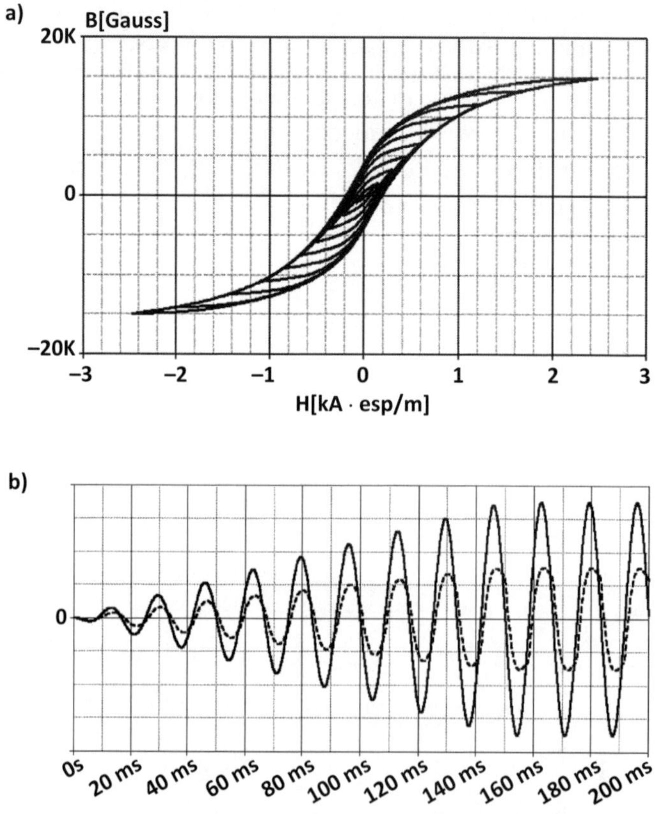

Figura 6.7 Processo de energização suave de transformador: a) comportamento da curva B x H; b) tensão (—) e corrente (- - -).

Além de suavizar a partida, os resistores de pré-inserção também proporcionam amortecimento de eventuais oscilações de corrente por excitação de frequências ressonantes. Após o transitório, um mecanismo se incumbe de curto-circuitar os resistores de pré-inserção, evitando perdas desnecessárias em funcionamento normal. Ao abrir os contatos, os resistores podem novamente exercer a função de atenuar o impacto do desligamento do transformador e evitar que se forme um arco entre os contatos devido à característica indutiva da carga. Por se tratar de um evento transitório, não se aplicam as restrições de harmônicos apresentados no capítulo anterior.

6.4. CHAVEAMENTO DE CAPACITORES

Um transitório bastante comum ocorre ao se conectar um capacitor na rede. Suponha um sistema de alimentação simples e a conexão para energizar um capacitor, como mostrado na Figura 6.8. O capacitor será ligado no PAC, junto com a carga representada por *R*. A frequência natural de oscilação desse circuito de 2ª ordem é dada por:

$$\omega_r = 2\pi f_r = \frac{1}{\sqrt{LC}} \tag{6.6}$$

O transitório da energização do capacitor pode excitar esse modo de oscilação, provocando sobretensões no alimentador, associadas à corrente elevada nessa frequência. As formas de onda mostradas na Figura 6.8 indicam como se dá esse processo em três situações. Com condição inicial nula no capacitor, a qualquer momento em que a chave for fechada (exceto nos instantes em que a tensão cruzar o zero), haverá a excitação da ressonância, como se vê no primeiro transitório (em 65 ms). Um segundo evento (em 105 ms) se dá quando a chave abre com corrente nula, o que implica tensão máxima no capacitor, que permanece carregado. O terceiro evento (em 135 ms) apresenta a pior condição, com o religamento do capacitor quando a tensão no PAC está no pico oposto à tensão residual, resultando em transitórios ainda mais severos na tensão do PAC e nas correntes.

Por norma de operação, após a desconexão de um capacitor, este deve permanecer desligado por pelo menos um minuto, tempo no qual deve se descarregar sobre uma resistência de valor adequado. A tensão residual para a reconexão deve ser inferior a 50 V [3]. O ideal é que a conexão do capacitor ao circuito ocorra quando a tensão estiver cruzando o zero, buscando minimizar o transitório. Esse sincronismo é viável quando se utiliza uma chave eletrônica (a tiristores), sendo praticamente impossível com o uso de chaves eletromecânicas.

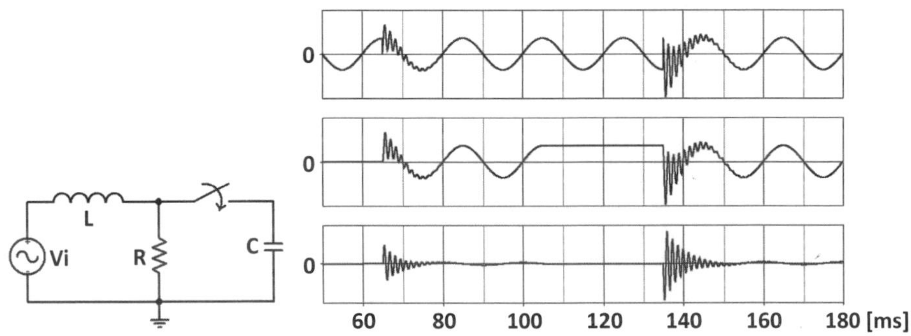

Figura 6.8 Circuito simplificado e formas de onda devido à energização de capacitor com tensão inicial nula (65 ms) e com tensão máxima (135 ms). De cima para baixo, tensão na carga, tensão no capacitor e corrente no capacitor.

O uso de resistor em série com o capacitor, conectado por algum tempo de modo a atenuar a oscilação transitória, é mostrado na Figura 6.9. Pode-se notar o efeito do capacitor em elevar a tensão (em 25 ms), em consequência da injeção de reativos no ponto de conexão, além de não haver oscilação. Em 50 ms o resistor de pré-inserção é curto-circuitado e o capacitor se conecta diretamente ao barramento CA, produzindo uma pequena oscilação. O resistor de amortecimento deve ser dimensionado para dissipar a energia correspondente aos ciclos que está atuando.

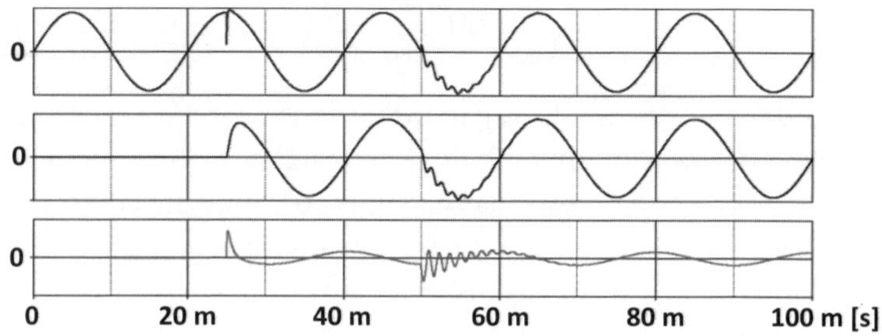

Figura 6.9 Ação de amortecimento do resistor de pré-inserção. De cima para baixo, tensão no PAC, tensão no capacitor e corrente no capacitor.

6.5. ENERGIZAÇÃO DE RETIFICADORES COM FILTRO CAPACITIVO

Outro transitório importante ocorre na energização de retificador com filtro capacitivo. Considerando que a tensão inicial no capacitor é nula, assim que o circuito é ligado à rede, ocorre um rápido crescimento da tensão no lado CC, com a consequente elevação da corrente no lado CA. A Figura 6.10 mostra um retificador com um filtro capacitivo e outro no qual se insere um indutor de alisamento no lado CC. Mostra também o resultado em regime permanente da forma de onda da corrente que caracteriza o retificador com filtro LC.

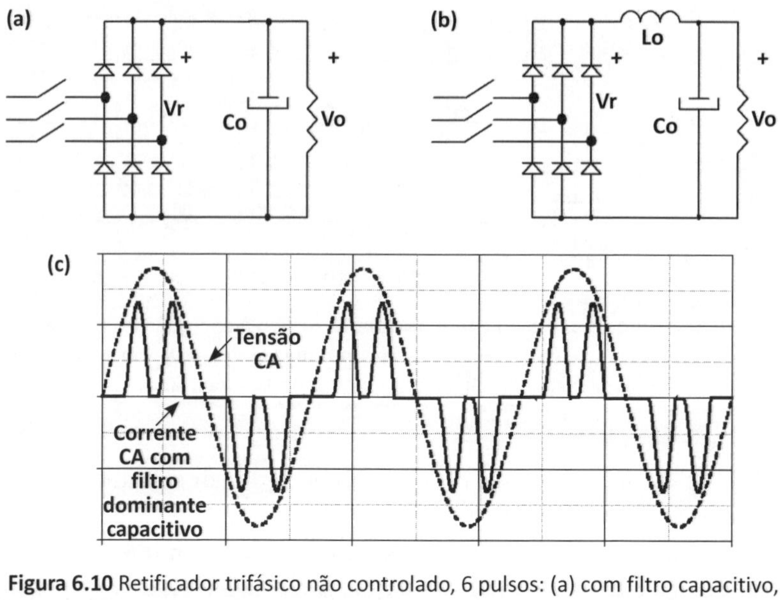

Figura 6.10 Retificador trifásico não controlado, 6 pulsos: (a) com filtro capacitivo, (b) com filtro LC e (c) corrente de fase em regime permanente com filtro dominantemente capacitivo.

A Figura 6.11 mostra, para o caso com filtro apenas capacitivo, o intervalo inicial em que o capacitor se carrega de vazio até a tensão de regime. Mostra também a corrente nesse transitório. No exemplo, o valor de pico da corrente atinge 50 A e a tensão se eleva ao valor de regime em menos de 200 μs. A corrente é limitada pela resistência e, principalmente, pela indutância do alimentador, assim como pelos demais componentes presentes no circuito (diodos, fusíveis etc.). O valor atingido pelo pico da corrente é muito maior do que o valor de regime permanente necessário à manutenção da tensão no capacitor. A tensão se eleva a aproximadamente 300 V, que corresponde ao valor esperado para retificador trifásico alimentado em 220 V.

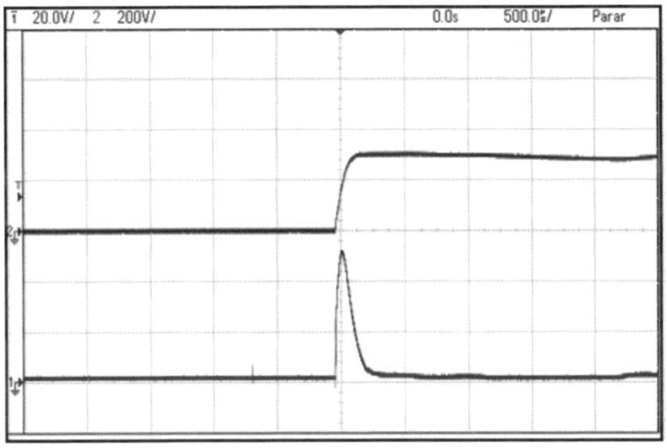

Figura 6.11 *Inrush* de corrente (abaixo) com filtro só capacitivo, chegando a 50 A. Tensão no capacitor (acima) em torno de 300 V. (20 A/div e 200 V/div). Horiz. 500 μs/div.

Quando se coloca o indutor Lo no circuito, impede-se uma variação tão abrupta da corrente, como mostra a Figura 6.12. O pico da corrente se reduz para 17 A, com duração de aproximadamente 1 ms. No entanto, a dinâmica do circuito LC produz uma sobre-elevação na tensão CC que atinge, transitoriamente, 440 V, caindo a 300 V após aproximadamente 10 ms. O tempo de decaimento depende dos valores da capacitância e da carga alimentada no lado CC.

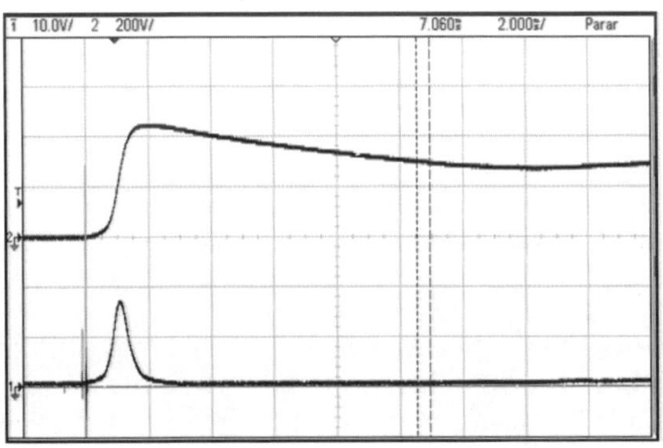

Figura 6.12 *Inrush* de corrente com filtro LC (abaixo) limitada a 17 A e tensão inicial chegando a 440 V (acima). (10 A/div e 200 V/div). Horiz. 2 ms/div.

A Figura 6.13 mostra o mesmo transitório (com filtro capacitivo) visto no lado CA. Após o transitório inicial, a corrente entra em regime permanente e os picos de recarga do capacitor são muito menores, quase imperceptíveis nessa escala. O pico inicial, no entanto, possui um efeito importante na tensão na entrada do alimentador que se reduz a zero (equivale a curto-circuito momentâneo), como se observa no detalhe mostrado na Figura 6.14, quando a energização ocorre próxima ao pico negativo da tensão.

Considerando que o alimentador tem comportamento dominantemente indutivo, isso determina a limitação na taxa de crescimento da corrente. Ao mesmo tempo, durante a condução, a tensão "vista" na entrada do retificador é a própria tensão do capacitor do lado CC que, inicialmente, é nula. Outras cargas ligadas nesse mesmo ponto sofrerão o impacto dessa distorção na tensão suprida.

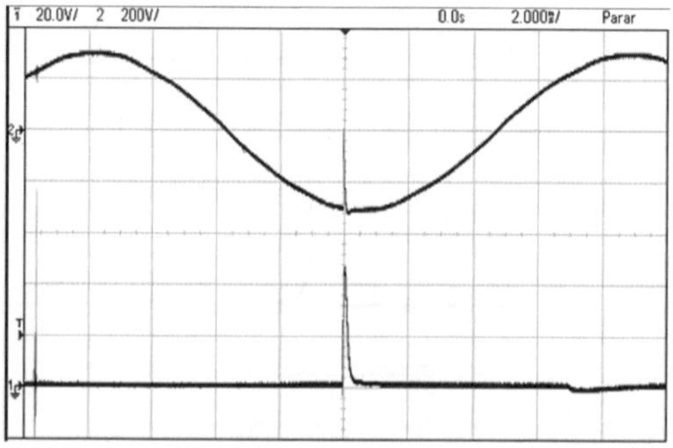

Figura 6.13 *Inrush* de corrente (abaixo) com filtro capacitivo, e tensão na entrada do retificador (acima) (20 A/div e 200 V/div). Horiz. 2 ms/div.

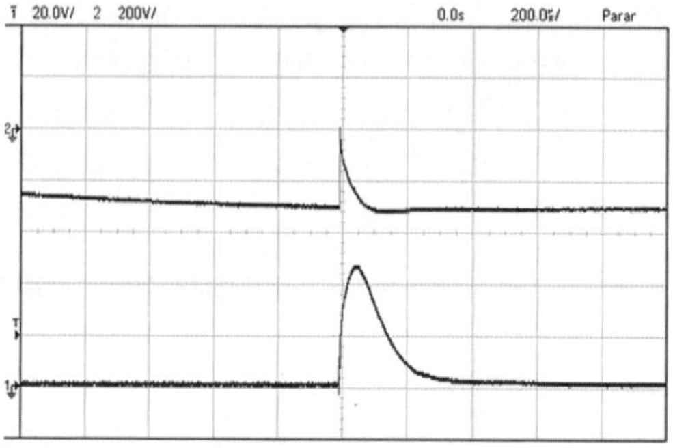

Figura 6.14 Detalhe do *inrush* de corrente (abaixo) com filtro capacitivo, e tensão na entrada do retificador (acima) (20 A/div e 200 V/div). Horiz. 200 μs/div.

Limitar a corrente inicial (*inrush*) é uma providência importante. Não há uma solução única. Para baixas potências, pode ser suficiente a inserção de um resistor do tipo termistor NTC (*Negative Temperature Coeficient*) em série com a alimentação do retificador. Quando frio, a resistência do termistor é elevada, limitando a corrente inicial. Com a operação regular do retificador, a corrente por ele eleva sua temperatura, fazendo baixar a resistência, reduzindo as perdas.

Para potências mais elevadas, ou sistemas que exijam alto rendimento, essa não é a melhor solução. O uso de resistor de inserção pode ser feito, o qual é curto-circuitado (por contator) após o processo inicial de carga. Pode-se também adicionar algum tipo de interruptor controlado (transistor) que limite a corrente por meio de chaveamento controlado. Há ainda a alternativa de substituir parcialmente os diodos (ponte semicontrolada) por tiristores, fazendo controle do ângulo de disparo durante o transitório inicial.

6.6. DESEQUILÍBRIO DE TENSÕES

Desequilíbrio em um sistema trifásico, de maneira mais geral, indica a existência de diferenças nos parâmetros dos elementos que constituem os circuitos de cada fase, e/ou diferenças nas amplitudes das tensões e das defasagens entre as tensões e correntes. Diferenças de parâmetros normalmente aparecem sob condições de curto-circuito ou conexão de cargas monofásicas desiguais. Do ponto de vista de QEE, interessam principalmente os desequilíbrios das tensões. De modo mais geral, as tensões cossenoidais trifásicas com sequência de fases *a,b,c* podem ser expressas como:

$$\begin{aligned} V_a &= A \cdot cos\left(2\pi ft + \theta_a\right) \\ V_b &= B \cdot cos\left(2\pi ft - \frac{3\pi}{2} + \theta_b\right) \\ V_c &= C \cdot cos\left(2\pi ft + \frac{3\pi}{2} + \theta_c\right) \end{aligned} \tag{6.7}$$

O desequilíbrio dessas tensões ocorre se as amplitudes (*A*, *B*, *C*) e/ou as fases (θ_a, θ_b, θ_c) forem diferentes entre si. Quando isso ocorre, mesmo as cargas equilibradas podem ser afetadas, por exemplo, motores de indução. Devido ao desequilíbrio das tensões de alimentação, aparece um campo magnético girante de sequência negativa, atuando no sentido oposto ao produzido pelo componente principal, de sequência positiva [4], resultando em perda de torque e oscilações na velocidade do motor. Na Figura 6.15 estão representadas tensões trifásicas de sequência *a,b,c* com amplitudes desiguais e defasadas de ângulos diferentes de 120°.

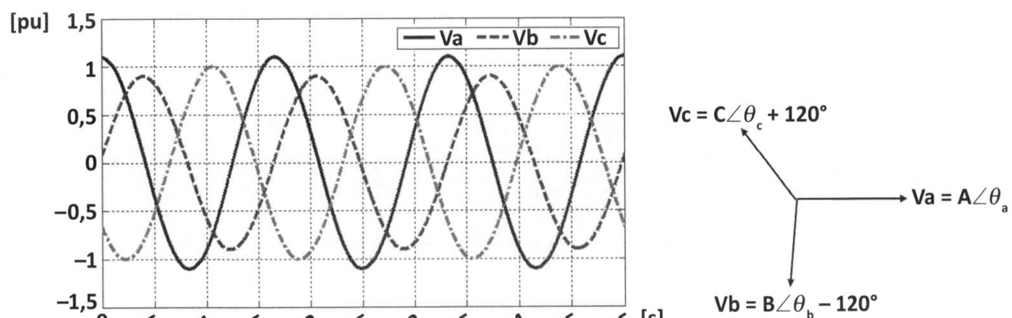

Figura 6.15 Representação temporal de tensões desequilibradas e a representação vetorial para $\theta_a = 0°$.

Além de afetar as cargas em geral, o desequilíbrio das tensões também afeta a transmissão uniforme da potência por meio do sistema elétrico, como já apontado no Capítulo 3. Portanto, o equilíbrio entre fases no sistema trifásico é de interesse de todos os agentes envolvidos na geração, transmissão, distribuição e até dos consumidores individuais.

6.6.1. DECOMPOSIÇÃO TEMPORAL PARA OBTER OS COMPONENTES SIMÉTRICOS

A Figura 6.16 ilustra um esquema de decomposições temporais sucessivas para identificar as variáveis que atendem às condições de operação de um sistema trifásico senoidal equilibrado, mesmo contendo cargas não lineares e desequilibradas [5]. Trata-se de um procedimento de análise para identificar diferentes estados de operação e que podem ser considerados independentes entre si, permitindo, portanto, a decomposição sequencial. O esquema delineado pode ser usado tanto nos processos de medição e análise de QEE como para compensação por meio de controladores eletrônicos.

A decomposição 1 busca extrair os componentes fundamentais dos sinais de tensão e corrente. Nessa decomposição, são eliminados os componentes harmônicos e inter-harmônicos. No entanto, os componentes fundamentais obtidos podem conter assimetrias. A decomposição 2 busca identificar os componentes de sequência positiva das tensões e correntes, que representam a parte de interesse principal do sistema trifásico. A decomposição 3 identifica a parcela da corrente em fase com a respectiva tensão, servindo para identificar a potência ativa envolvida. Como o interesse é identificar os componentes senoidais e balanceados, a terceira decomposição não será discutida, mas pode ser encontrada em [5]. Os itens seguintes descrevem como essas decomposições podem ser realizadas diretamente no domínio do tempo.

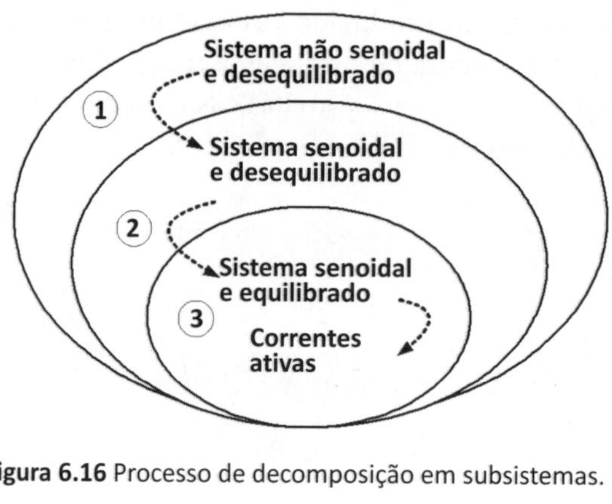

Figura 6.16 Processo de decomposição em subsistemas.

6.6.2. IDENTIFICAÇÃO DOS COMPONENTES FUNDAMENTAIS

Vimos anteriormente que nas condições ideais de geração, transmissão e distribuição de energia elétrica é desejável que as tensões e as correntes sejam senoidais. A ideia é decompor, passo a passo, os sinais das tensões e correntes não senoidais, $\boldsymbol{v}(t)$ e $\boldsymbol{i}(t)$, em parcelas fundamentais, $\boldsymbol{v}_1(t)$ e $\boldsymbol{i}_1(t)$, e parcelas residuais, $\boldsymbol{v}_{res}(t)$ e $\boldsymbol{i}_{res}(t)$. Nas equações seguintes omite-se a variável (t) para simplificar a notação:

$$\boldsymbol{v} = \boldsymbol{v}_1 + \boldsymbol{v}_{res} = \begin{bmatrix} v_{a1} \\ v_{b1} \\ v_{c1} \end{bmatrix} + \begin{bmatrix} v_{ares} \\ v_{bres} \\ v_{cres} \end{bmatrix} \quad \text{e} \quad \boldsymbol{i} = \boldsymbol{i}_1 + \boldsymbol{i}_{res} = \begin{bmatrix} i_{a1} \\ i_{b1} \\ i_{c1} \end{bmatrix} + \begin{bmatrix} i_{ares} \\ i_{bres} \\ i_{cres} \end{bmatrix} \tag{6.8}$$

Essa decomposição normalmente é feita no domínio da frequência. No entanto, ela pode ser realizada no domínio do tempo, utilizando-se um filtro *notch* sintonizado na frequência fundamental, que será mais bem detalhado no Capítulo 10. Por meio desse recurso não é necessária a análise em frequência, pois basta separar o componente fundamental do sinal residual que contém os harmônicos e inter-harmônicos, como ilustrado na Figura 6.17. A Figura 6.18 mostra uma forma alternativa (dual) para a obtenção das parcelas fundamental e residual.

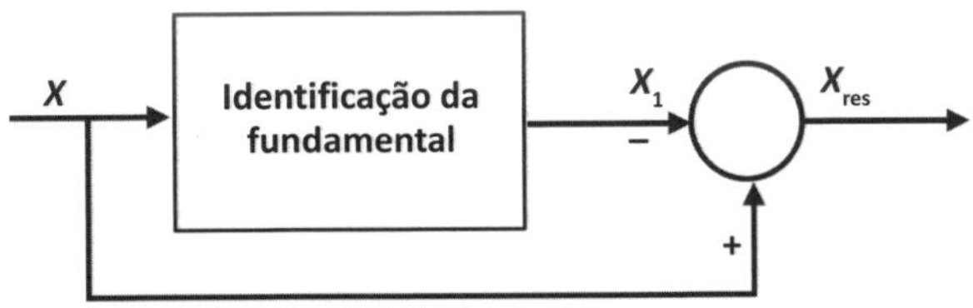

Figura 6.17 Identificação da fundamental e obtenção do resíduo.

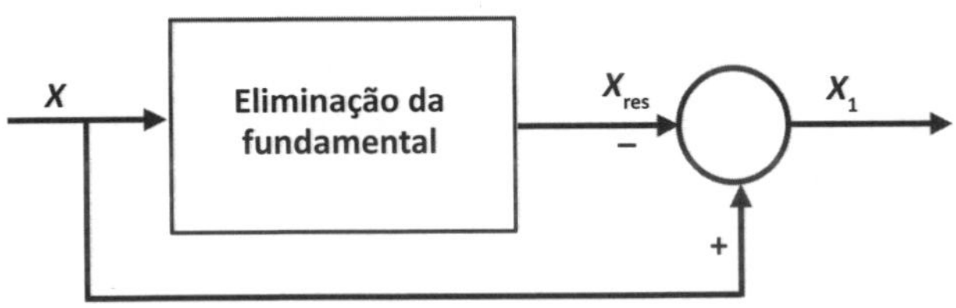

Figura 6.18 Eliminação da fundamental e sua recuperação em função do resíduo.

Quando o objetivo é quantificar as distorções presentes nos sinais de tensão e corrente, seja para avaliação ou para compensação, as variáveis a serem monitoradas ou eliminadas são v_{res} e i_{res}. Por esse processo não é possível saber quais e quanto de cada harmônico ou inter-harmônico está presente no sinal, uma vez que para isso seria necessária uma análise no domínio da frequência. Do ponto de vista de compensação, a eliminação das parcelas residuais significa a compensação de toda a distorção, independentemente de sua composição em frequência.

6.6.3. IDENTIFICAÇÃO DA SEQUÊNCIA POSITIVA

A obtenção dos componentes fundamentais por meio da decomposição 1 não elimina as eventuais assimetrias dos sinais de tensão ou corrente. Portanto, os sinais senoidais obtidos após a primeira decomposição podem conter desequilíbrios. Nesse caso, a decomposição 2 permite encontrar os componentes das tensões e correntes fundamentais balanceados, denominados componentes de sequência (positiva, negativa e zero) dos sinais fundamentais.

Uma vez que a decomposição 1 fornece os componentes na frequência fundamental, pode-se usar a representação fasorial para descrever o cálculo dos componentes de sequência. Os componentes de sequência positiva apresentam a mesma sequência de fase do sistema original, enquanto os componentes de sequência negativa apresentam sequência de fase oposta e a sequência zero representa a parcela comum a todas as fases. Para um sistema trifásico, os componentes de sequências positiva, negativa e zero das tensões, referidas à fase "a", de acordo com Fortescue [6], podem ser calculados por (6.9). Os termos exponenciais representam rotações angulares de –120° e de –240° aplicados às tensões V_b e V_c, respectivamente.

$$\begin{aligned} \boldsymbol{V}_a^+ &= \frac{1}{3}\left[V_a + V_b \cdot e^{-j\frac{2\pi}{3}} + V_c \cdot e^{-j\frac{4\pi}{3}}\right] \\ \boldsymbol{V}_a^- &= \frac{1}{3}\left[V_a + V_b \cdot e^{-j\frac{4\pi}{3}} + V_c \cdot e^{-j\frac{2\pi}{3}}\right] \\ \boldsymbol{V}_a^0 &= \frac{1}{3}\left[V_a + V_b + V_c\right] \end{aligned} \tag{6.9}$$

Para que essas operações possam ser realizadas no domínio do tempo é necessário recuperar o valor instantâneo da fase *b* com um atraso de 1/3 de ciclo e da fase *c* com um atraso de 2/3 de ciclo. O mesmo processo pode ser aplicado às correntes.

Esse processo de cálculo dos componentes dos sinais senoidais no domínio do tempo, a rigor, requer regime estacionário e frequência fundamental fixa. No entanto, pode ser usado como boa estimativa em casos quase estacionários e para pequenas variações da frequência da rede, ou seja, para pequenas perturbações.

Para um sistema trifásico qualquer, as grandezas tridimensionais dos sinais temporais das variáveis de cada fase serão agrupadas em vetores (negrito) e representadas como em (6.10) para tensões e correntes fundamentais de sequência positiva:

$$\boldsymbol{v}_1^+ = \begin{bmatrix} v_{a1}^+ \\ v_{b1}^+ \\ v_{c1}^+ \end{bmatrix} \text{ e } \boldsymbol{i}_1^+ = \begin{bmatrix} i_{a1}^+ \\ i_{b1}^+ \\ i_{c1}^+ \end{bmatrix} \tag{6.10}$$

Destaca-se o termo "fundamental", uma vez que todo esse processo poderia, se necessário, ser aplicado a cada frequência harmônica, ou seja, poderiam ser calculados os componentes de sequência para qualquer frequência harmônica. Uma vez obtidos os componentes fundamentais de sequência positiva por meio da aplicação de (6.9), pode-se definir um vetor auxiliar de tensões instantâneas representando as *tensões de distúrbio* ($\boldsymbol{v}_d$) para as três fases como:

$$\boldsymbol{v}_d = \boldsymbol{v} - \boldsymbol{v}_1^+ \tag{6.11}$$

para representar todas as distorções e assimetrias presentes no sinal das tensões originais *(v)* da rede. A eliminação da parcela $\boldsymbol{v}_d$ faz que a tensão em um determinado ponto respeite as condições ditas ideais de fornecimento e pode ser efetuada, por exemplo, através de filtros ativos série. O mesmo procedimento se aplica às correntes.

A partir dos componentes fundamentais da tensão e da corrente, pode-se também estimar os valores instantâneos dos componentes de desequilíbrio, definidas como:

$$\boldsymbol{v}_{u1} = \boldsymbol{v}_1 - \boldsymbol{v}_1^+ \tag{6.12}$$

$$\boldsymbol{i}_{u1} = \boldsymbol{i}_1 - \boldsymbol{i}_1^+ \tag{6.13}$$

(*u* de *unbalanced*) as quais permitem representar os sinais relativos ao desequilíbrio, usados para o controle separado de outros distúrbios (garantindo a seletividade da compensação). O diagrama da Figura 6.19 ilustra o procedimento sugerido para a obtenção dessas parcelas.

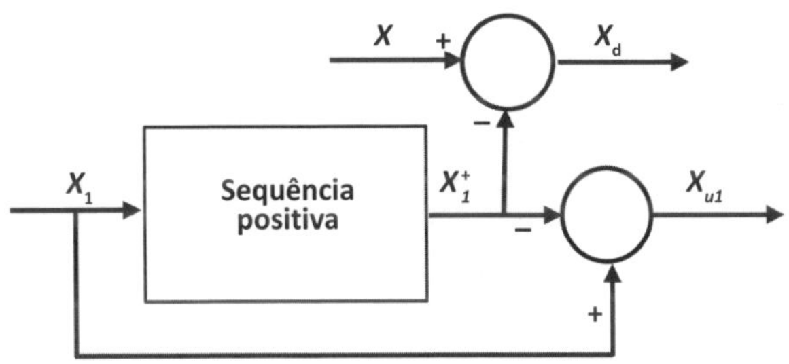

Figura 6.19 Identificação dos componentes fundamental de sequência positiva (X_1^+), de desbalanço (X_{u1}) e de distúrbio (X_d).

Diversos trabalhos têm ressaltado os efeitos indesejados dos desequilíbrios, principalmente em conversores eletrônicos que, muitas vezes, podem ser mais impactantes do que as distorções de forma de onda [7]. A Figura 6.20 ilustra o efeito de desequilíbrio das tensões sobre a corrente e a tensão de saída de um retificador trifásico a diodos, com filtro capacitivo.

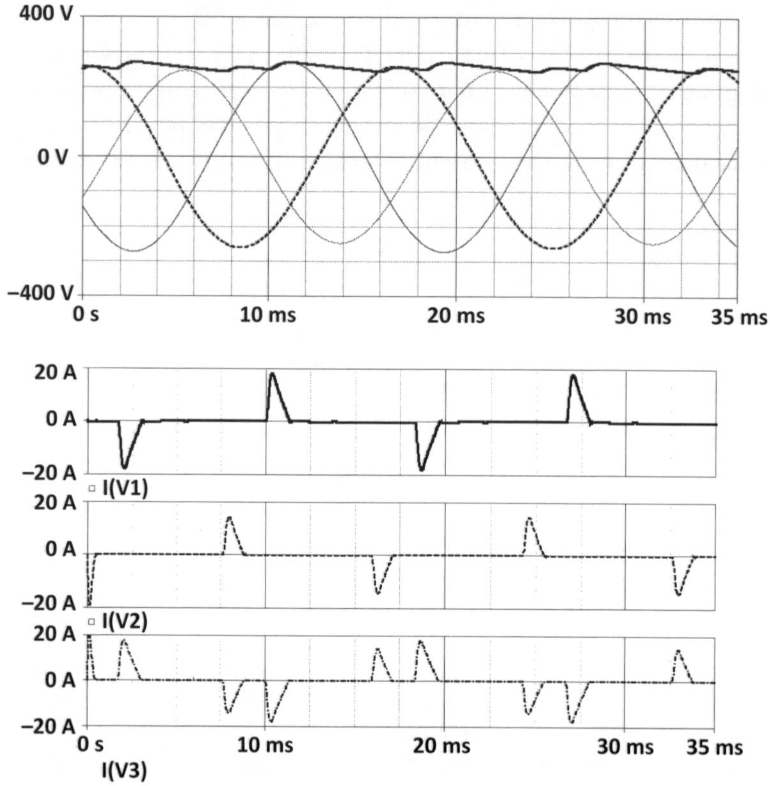

Figura 6.20 Formas de onda de retificador trifásico a diodos, com filtro capacitivo sob tensões desequilibradas. De cima para baixo: tensão CC; tensões de alimentação e correntes de entrada.

As tensões de fase são de 150 V, 165 V e 135 V. Há um expressivo aumento na ondulação da tensão de saída, que passa a ser dominado pelo segundo harmônico, bem como um grande desequilíbrio nas correntes, muito mais acentuado do que o próprio desequilíbrio das tensões. A fase com maior tensão passa a dominar a corrente de entrada. Para esse desequilíbrio de 10% nas tensões, os componentes fundamentais das correntes assumem 4,4 A na fase de maior tensão, 2,8 A na fase intermediária e 2,2 A na de menor tensão. A fase com menor tensão pode, inclusive, ter sua corrente zerada, a depender da ondulação de tensão no lado CC, que pode inibir a polarização dos respectivos diodos do retificador.

6.7. NORMAS REFERENTES AO DESEQUILÍBRIO

Em grandes sistemas de energia elétrica, o condutor de retorno ocorre apenas na rede de distribuição de baixa tensão. Nas demais partes do SEE, ou seja, na geração, na transmissão e na subtransmissão, os sistemas trifásicos são constituídos de apenas três condutores (ou conjuntos de condutores para extra-altas tensões), entre os quais se estabelecem as chamadas tensões de linha. As tensões entre o condutor de retorno (também designado como neutro quando aterrado) e os demais condutores constituem as chamadas tensões de fase. No caso de haver desequilíbrio, as tensões de sequência negativa podem existir tanto nas tensões de linha como de fase. As tensões de sequência zero, no entanto, só se manifestam nas tensões de fase, cancelando-se nas tensões de linha.

Resulta daí uma grande diferença de comportamento das redes conectadas em Y e em Δ sob condições desequilibradas. Em sistemas trifásicos conectados em Δ ou Y a três fios (sem aterramento) não há caminho externo para a circulação da corrente de sequência zero. No entanto, aterrando-se o ponto comum da conexão Y ou usando um quarto condutor como fio de retorno, estabelece-se um caminho para as correntes de sequência zero, cujas quedas de tensão se manifestam nas tensões de fase. Em um transformador com conexão Δ-Y aterrado, ou com fio de retorno, as correntes de sequência zero podem circular, porém ficam restritas ao anel formado pelo delta. Por essa razão, a conexão Δ muitas vezes é usada como filtro de componentes de sequência zero, independentemente da frequência desse componente.

Apesar de já se conhecer as técnicas para analisar sistemas trifásicos desequilibrados há mais de um século, ainda não se chegou a um consenso internacional sobre como quantificar esse tipo de distúrbio. Os principais motivos são:

a) o desequilíbrio pode se manifestar tanto nos parâmetros da rede (curtos-circuitos) como da carga (fases com cargas desiguais);

b) o desequilíbrio pode ocorrer tanto na frequência fundamental como nas frequências harmônicas;

c) existem diferentes combinações de fórmulas que poderiam expressar uma medida do grau de desequilíbrio, usando ou não componentes de sequência.

A ANEEL, por exemplo, a fim de quantificar o grau de desequilíbrio, define o Fator de Desequilíbrio (*FD*) [8] por meio de duas relações distintas entre magnitudes das tensões que, no entanto, resultam em valores equivalentes:

$$FD(\%) = 100\frac{V^-}{V^+} \text{ ou} \tag{6.14}$$

$$FD(\%) = 100\sqrt{\frac{1-\sqrt{3-6\beta}}{1+\sqrt{3-6\beta}}} \tag{6.15}$$

sendo o valor de *beta* dado por:

$$\beta = \frac{V_{ab}^4 + V_{bc}^4 + V_{ca}^4}{\left(V_{ab}^2 + V_{bc}^2 + V_{ca}^2\right)^2} \tag{6.16}$$

O valor de referência, considerando o percentil 95 (ou seja, valores que podem ser ultrapassados por 5% de total de 1.008 leituras válidas tomadas para o cálculo) nos barramentos do sistema de distribuição em baixa tensão ($V_n \leq 1$ kV), deve ser inferior a 3%. Essa limitação foi introduzida na revisão de 2017 do PRODIST. Para redes de distribuição entre 1 kV e 230 kV o limite é de 2%.

A maior parte das normas internacionais [9] define para redes de média tensão o valor de 2% e, em alguns casos, indica-se o limite de 1% em redes de alta-tensão. O cálculo do *FD* com base nas medições diretas das tensões de linha foi estabelecido pelo CIGRE [10]. O IEEE também realizou extensos estudos [11] para definição de grandezas em sistemas com distorções e desequilíbrios, para fins, principalmente, de tarifação.

A fabricante de instrumentos de medição Fluke® utiliza para sistemas trifásicos o padrão IEEE 1459. Esse padrão define um sistema virtual balanceado que possui as mesmas perdas de potência do sistema original desbalanceado. A corrente efetiva é calculada por:

$$I_{eft} = \sqrt{\frac{1}{3}\left(I_a^2 + I_b^2 + I_c^2 + \varphi I_n^2\right)} \tag{6.17}$$

onde o fator φ pode variar de 0,2 a 4. A tensão efetiva é dada por:

$$V_{eft} = \sqrt{\frac{3\left(V_a^2 + V_b^2 + V_c^2\right) + \varepsilon\left(V_{ab}^2 + V_{bc}^2 + V_{ca}^2\right)}{9(1+\varepsilon)}} \tag{6.18}$$

A carga é representada por três resistências iguais ligadas em delta e outras três resistências iguais ligadas em estrela. A relação entre as potências é definida como: $\varepsilon = P_{\Delta}//P_{\lambda}$. Para simplificar, o IEEE assume que tanto φ quanto ε sejam iguais a um. O Fator de Potência trifásico resulta:

$$FP = \frac{\sum_{i=a}^{c} P_i}{3 \cdot I_{eft} \cdot V_{eft}} \tag{6.19}$$

A fabricante Yokogawa® faz uso do padrão DIN40110-2 [12]. Esse método é conhecido como FBD (Fryze, Buchholz, Depenbrock) e define valores efetivos para a corrente e para a tensão, de modo que se possa calcular a potência aparente efetiva do sistema, S_e, que passa a ser representado por um sistema equivalente trifásico que consome a mesma potência do sistema original, dado por:

$$S_{eft} = 3 \cdot I_{eft} \cdot V_{eft} \tag{6.20}$$

só que, neste caso, a corrente e a tensão efetivas são dadas, respectivamente, por:

$$I_{eft} = \sqrt{\frac{1}{3}\left(I_a^2 + I_b^2 + I_c^2 + I_n^2\right)} = \sqrt{I_+^2 + I_-^2 + 4I_0^2} \quad \text{e} \tag{6.21}$$

$$V_{eft} = \sqrt{\frac{V_a^2 + V_b^2 + V_c^2 + V_{ab}^2 + V_{bc}^2 + V_{ca}^2}{12}} = \sqrt{V_+^2 + V_-^2 + \frac{1}{4}V_0^2} \tag{6.22}$$

O fator de potência trifásico é expresso da mesma forma que em (6.19).

6.8. RESUMO

Este capítulo foi dedicado ao estudo de transitórios em redes trifásicas. As principais causas, envolvendo variações bruscas de tensões e correntes, foram apresentadas e ilustradas por meio de exemplos de simulação. O problema de desequilíbrio entre fases também foi abordado e um esquema de decomposição temporal das tensões e correntes trifásicas foi apresentado, visando à identificação dos componentes de sequência em um sistema contendo cargas não lineares e desequilibradas em regime quase estacionário. Foram também apresentadas e comentadas normas aplicáveis a desequilíbrios de tensões e correntes.

QUESTÕES

1) Quais características um circuito deve apresentar para que um evento transitório de tensão ou de corrente se torne oscilatório?
2) Exemplifique eventos transitórios em circuito elétrico que não têm caráter oscilatório. Explique por que não são oscilatórios.
3) Existem meios de tornar eventos oscilatórios em não oscilatórios? Explique.
4) Por que a instalação de capacitores na rede apresenta risco maior de provocar efeitos indesejados que o de elementos indutivos?
5) Por que a conexão Δ no caso trifásico equilibrado é considerada um filtro natural de componentes harmônicos múltiplos de três?

REFERÊNCIAS

[1] A. Greenwood, *Electrical Transients in Power Systems*. New York: John Wiley & Sons, 1971.

[2] IEEE Std.519, *IEEE Recommended practices and requirements for harmonic control in electric power systems*, 2014.

[3] T. M. Blooming, "Capacitor failure analysis, a troubleshooting case study", *IEEE Industry Applications Magazine*, Sept-Oct. 2006.

[4] S. R. Silva, *Curso de Especialização em Sistemas de Energia Elétrica*, CPDEE, UFMG, 2011 acessível em http://www.cpdee.ufmg.br/~selenios/Qualidade/EEE535_4.pdf

[5] F. P. Marafão, "Análise e controle da energia elétrica através de técnicas de processamento digital de sinais", Tese de Doutorado, FEEC/UNICAMP, 2004.

[6] C. L. Fortescue, "Method of symmetrical co-ordinates applied to the solution of polyphase networks", *AIEE Transaction*, 37, 1027-1140, June 1918.

[7] J. P. G. de Abreu, A. E. Emanuel, "Induction motor thermal aging caused by voltage distortion and imbalance: loss of useful life and its estimated cost", *IEEE Transaction on Industry Applications*, v. 38-1, p. 12-20, 2002.

[8] Agência Nacional de Energia Elétrica - ANEEL, *Procedimentos de Distribuição de Energia Elétrica no Sistema Elétrico Nacional - PRODIST Módulo 8 - Qualidade da Energia Elétrica*, Revisão 12, 2021.

[9] International Electrotechnical Commission, IEC 61000-2-12, Electromagnetic compatibility (EMC) - Part 2-12: *Compatibility levels for low frequency conducted disturbances and signaling in public medium-voltage power supply systems*, 2003.

[10] A. Robert, J. Marquet, Assessing Voltage Quality with relation to harmonics, flicker and unbalance, *CIGRE,* WG 36.05, Paper 36-203, 1992.

[11] IEEE Std. 1459, *Standard definitions for the measurement of electric power quantities under sinusoidal, nonsinusoidal, balanced, or unbalanced condition,* 2010.

[12] DIN 40110-2, Quantities used in alternating current theory - Part 2: Multi-line circuits, *Deutsches institut fur normung E.V.* (German National Standard), 2002.

CAPÍTULO 7
Variações de tensão de curta duração

7.1. INTRODUÇÃO

As variações de tensão de curta duração (VTCD)[1] são eventos de afundamento e/ou elevação de tensão com duração de meio ciclo até alguns minutos, dependendo da norma a ser considerada. Há uma dificuldade de classificação para os transitórios com duração menor que um ciclo da tensão fundamental da rede elétrica, os chamados surtos e transitórios rápidos de tensão. Esses distúrbios são de difícil identificação e classificação, principalmente os oscilatórios, que não podem ser definidos nem como afundamento nem como elevação de tensão. Alguns eventos desse tipo já foram analisados no capítulo anterior.

Não existem normas específicas que limitem a ocorrência de VTCDs. A principal razão para isso é que a maioria das causas desse tipo de evento é de difícil prevenção ou mitigação, como descargas atmosféricas ou manobras de cargas que independem do operador do sistema elétrico e, em muitos casos, têm a ver com o consumidor. No entanto, as normas apresentam uma classificação de eventos, dando-lhes uma nomenclatura. A utilidade de tal procedimento é, principalmente, permitir um estudo de possíveis correlações entre um evento e o mau funcionamento de equipamentos e processos.

---

1 A expressão VTCD é adotada nas normas brasileiras, mas não encontra equivalente nas normas IEC e IEEE. Os fenômenos são descritos e tratados em todas as normas, apenas não existe uma designação por sigla equivalente.

7.2. REGULAMENTAÇÃO BRASILEIRA

7.2.1. TENSÃO DE SUPRIMENTO E TENSÃO DE REFERÊNCIA

Para a análise da conformidade da rede elétrica, o PRODIST [1] define faixas de tensão em torno de um valor de referência. Essas faixas permitem que a concessionária garanta uma tensão de suprimento aceitável ao longo da curva de carga diária do alimentador. Mesmo que um alimentador tenha sua tensão dentro dos limites mais severos, podem ocorrer variações que levem ao surgimento de outros fenômenos, como o efeito *flicker* tratado no Capítulo 4. As faixas para tensão de suprimento não visam limitar esses distúrbios, mas sim garantir que a tensão de suprimento atenda a limites mínimo e máximo em torno do valor de referência.

No caso geral, a tensão de referência corresponde à tensão nominal no PAC. Se não for este o valor a ser considerado, deve constar em contrato qual é a tensão de referência para o consumidor. A Figura 7.1 mostra as faixas para os valores de tensão de suprimento em regime permanente, definidas pelo PRODIST.

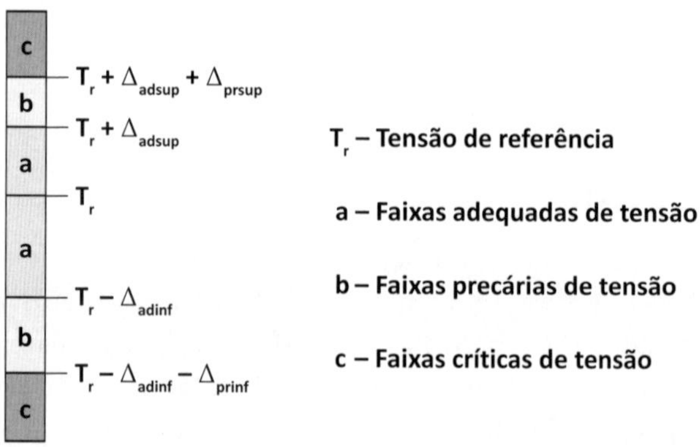

Figura 7.1 Faixas de operação para a tensão de suprimento.

Os valores de *tensão de atendimento* (TA), obtidos por medições, devem ser comparados à *tensão de referência* (TR), a qual deve ser a tensão nominal (TN) ou a contratada (TC), de acordo com o nível de tensão do PAC. A *tensão de leitura* (TL) associada é classificada em uma de três categorias: adequada, precária ou crítica, baseando-se no afastamento do valor da TL em relação à TR. Para diferentes faixas de tensão são estabelecidos diferentes limiares. As Tabelas 7.1 e 7.2 apresentam as faixas previstas para tensões abaixo de 1 kV.

O conjunto de leituras para gerar os indicadores individuais compreende o registro de 1.008 leituras válidas, obtidas em intervalos consecutivos (período de integralização) de 10 minutos cada, salvo as que eventualmente sejam expurgadas como claramente inválidas. Nesses casos, para se obter as 1.008 leituras válidas, intervalos adicionais devem ser agregados, sempre consecutivamente. Os valores eficazes devem ser calculados a partir das amostras coletadas em janelas sucessivas. Cada janela compreende uma sequência de doze ciclos de 60 Hz (0,2 segundos) a quinze ciclos (0,25 segundos). Após a obtenção do conjunto de 1.008 leituras válidas a cada 10 minutos (6/h × 24/dia × 7/sem = 1.008 leituras) devem ser calculados os índices de duração relativa da transgressão para tensão precária (*DRP*) e para tensão crítica (*DRC*):

$$DRP = \frac{nlp}{1.008} \cdot 100\% \quad e \quad DRC = \frac{nlc}{1.008} \cdot 100\% \qquad (7.1)$$

onde *nlp* e *nlc* representam o maior valor entre as fases do número de leituras situadas nas faixas precária e crítica, respectivamente. Os indicadores *DRP* e *DRC* serão associados a um mês civil e são comunicados aos consumidores por meio de suas contas mensais. O valor limite da *DRP* é estabelecido em 3%. O valor-limite da *DRC* é estabelecido em 0,5%. Isso significa que a tolerância de permanecer na faixa crítica é bem menor que na faixa precária. Esses dois indicadores, que expressam conformidade com os limites previstos, são usados pelas concessionárias como indicadores da necessidade de investimento para reforçar ou ampliar a capacidade de suprimento.

Está previsto que a distribuidora deva compensar os consumidores que estiveram submetidos a tensões de atendimento com transgressão dos indicadores *DRP* ou *DRC* e os titulares daquelas unidades atendidas pelo mesmo ponto de conexão. Essa prescrição consta da edição 2017 do PRODIST, uma vez que anteriormente não havia previsão de compensação. O documento prevê também um procedimento de cálculo do valor da compensação.

Tabela 7.1 Definições de limites de tensão em regime permanente, inferior a 1 kV

Tensão de atendimento (TA)	Faixa de variação da tensão de leitura (TL) em relação à tensão nominal (TN)
Adequada	0,92 TN ≤ TL ≤ 1,05 TN
Precária	0,87 TN ≤ TL < 0,92 TN ou 1,05 TN < TL ≤ 1,06 TN
Crítica	TL < 0,87 TN ou TL > 1,06 TN

Tabela 7.2 Limites para redes 220/127 V

Tensão de atendimento (TA)	Faixa de variação da tensão de leitura (TL) (Volt)
Adequada	(202 ≤ TL ≤ 231)/(117 ≤ TL ≤ 133)
Precária	(191 ≤ TL < 202 ou 231 < TL ≤ 233) (110 ≤ TL < 117 ou 133 < TL ≤ 135)
Crítica	(TL < 191 ou TL > 233)/(TL < 110 ou TL > 135)

7.2.2. METODOLOGIA DA MAGNITUDE E DURAÇÃO (M&D) PARA AVALIAÇÃO DE VTCD

A metodologia da magnitude e duração (M&D) busca caracterizar um evento de VTCD por dois parâmetros, como o próprio nome explicita: sua magnitude e duração. Utiliza-se o valor eficaz para determinar o desvio mais significativo da tensão. O desvio define a magnitude do evento, para menos ou para mais (sub ou sobretensão). Uma forma de expressar a magnitude (V_e) se baseia na razão entre o valor eficaz da *tensão residual ou remanescente* (V_{res}) em relação à tensão de referência (V_{ref}), representada por:

$$V_e = \frac{V_{res}}{V_{ref}} \left(pu\right) \quad ou \quad V_e\% = \frac{V_{res}}{V_{ref}} \cdot 100(\%) \tag{7.2}$$

Conforme sugerido pela IEC, a detecção e a caracterização dos eventos de VTCD devem ser realizadas por meio de instrumentos de medição que considerem como parâmetro de referência uma tensão fixa ou uma tensão média deslizante, de acordo com a expressão:

$$V_{ref}\left(n\right) = 0{,}9967 \cdot V_{ref}\left(n-1\right) + 0{,}0033 \cdot V_{12rms} \tag{7.3}$$

onde $V_{ref}\left(n\right)$ é o valor eficaz da tensão de referência do ciclo atual (n); $V_{ref}\left(n-1\right)$ é o valor eficaz da tensão de referência do ciclo anterior ($n - 1$) e V_{12rms} é o valor da tensão eficaz média dos 12 ciclos anteriores. A expressão (7.3) serve apenas para a detecção inicial dos eventos de VTCD, uma vez que a referência muda rapidamente durante o próprio evento, devido ao grande peso do valor do último ciclo em relação aos anteriores.

A duração (Δt) do evento é definida como o intervalo de tempo decorrido entre o instante inicial (t_i) em que o valor eficaz da tensão viola determinado limite de referência (V_{lim}) e o instante final (t_f) em que a mesma variável volta a cruzar esse limite, expresso em segundos ou ciclos da fundamental:

$$\Delta t = t_f - t_i \text{ (segundos ou ciclos)} \tag{7.4}$$

Na Figura 7.2 é apresentado um exemplo da caracterização de um afundamento de tensão, em que a magnitude do evento é de $V_e \cong 0{,}32$ pu (32%) e duração de $\Delta t \cong 92$ ms (5,52 ciclos) em relação ao valor $V_{lim} = V_{ref}$.

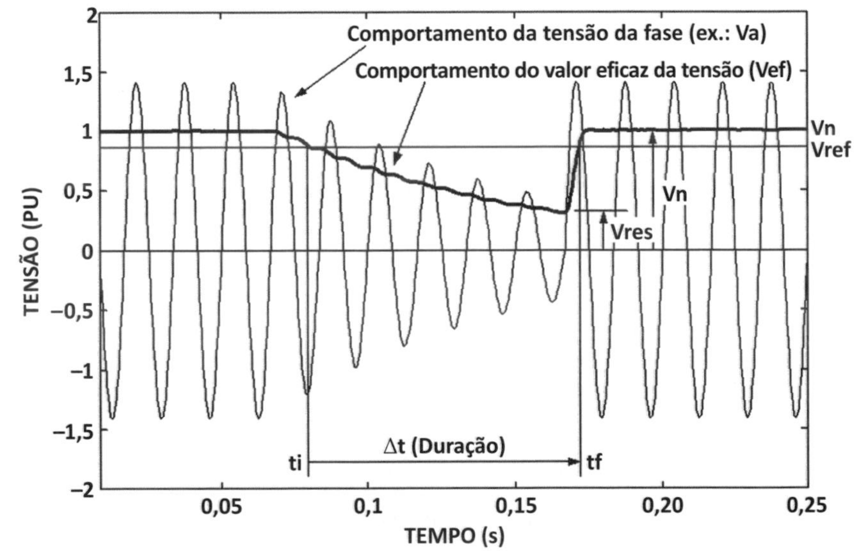

Figura 7.2 Caracterização de um afundamento de tensão destacando V_{res}, V_n e V_{ref}.[2]

A recomendação brasileira, Procedimentos de Rede Submódulo 2.2, é aplicável à rede básica (média e alta tensão) do Operador Nacional do Sistema Elétrico (ONS) [2]. Para a rede de distribuição tem-se a regulamentação da ANEEL, estabelecida no Módulo 8 – Qualidade da Energia Elétrica, do PRODIST. As definições ali apresentadas são dadas na Tabela 7.3.

[2] Trechos e figuras deste capítulo foram obtidos na dissertação de mestrado de Ernesto Kenji Luna, com orientação do Prof. Sigmar M. Deckmann. "Uma contribuição ao estudo de VTCD aplicado a equipamentos eletrônicos alimentados por conversor CA-CC", 2005.

Tabela 7.3 Classificação das VTCD

Classificação	Denominação	Duração do evento	Tensão residual
Variação momentânea de tensão	Interrupção momentânea de tensão	Inferior ou igual a 3 s	Inferior a 0,1 pu
	Afundamento momentâneo de tensão	Superior ou igual a 1 ciclo e inferior ou igual a 3 s	Superior ou igual a 0,1 pu e inferior a 0,9 pu
	Elevação momentânea de tensão	Superior ou igual a 1 ciclo e inferior ou igual a 3 s	Superior a 1,1 pu
Variação temporária de tensão	Interrupção temporária de tensão	Superior a 3 s e inferior ou igual a 1 minuto	Inferior a 0,1 pu
	Afundamento temporário de tensão	Superior a 3 s e inferior ou igual a 1 minuto	Superior ou igual a 0,1 pu e inferior a 0,9 pu
	Elevação temporária de tensão	Superior a 3 s e inferior ou igual a 1 minuto	Superior a 1,1 pu

7.2.3. METODOLOGIA DE MEDIÇÃO

Além dos parâmetros duração e amplitude já definidos, a severidade da VTCD, medida entre fase e neutro de determinado barramento do sistema de distribuição, é também caracterizada pela frequência de ocorrências. Esta corresponde à quantidade de vezes que cada combinação dos parâmetros duração e amplitude ocorrem em determinado intervalo de tempo ao longo do qual o barramento tenha sido monitorado. O indicador a ser utilizado para conhecimento do desempenho de um determinado barramento do sistema de distribuição com relação às VTCD corresponde ao número de eventos agrupados por faixas de amplitude e de duração, discretizados conforme critério estabelecido a partir de levantamento de medições.

Em um determinado ponto de monitoração, uma VTCD é caracterizada a partir da agregação dos parâmetros amplitude e duração de cada evento fase-neutro. Assim, eventos fase-neutro simultâneos nas diferentes fases são primeiramente agregados compondo um mesmo evento no ponto de monitoração (agregação de fases). A agregação de fases deve ser feita pelo critério de união das fases. A duração do evento é definida como o intervalo de tempo decorrido entre o instante em que o primeiro dos eventos fase-neutro transpõe determinado limite e o instante em que o último dos eventos fase-neutro retorna para determinado limite. Eventos consecutivos, em um período de três minutos, no mesmo ponto, são agregados compondo um único evento (agregação temporal). O afundamento ou a elevação de tensão que representa o intervalo de três minutos é o de menor ou de maior amplitude da tensão residual, respectivamente. As seguintes formas alternativas de agregação de fases podem ser utilizadas:

a) agregação por parâmetros críticos – a duração do evento é definida como a máxima duração entre os três eventos fase-neutro e o valor de magnitude que mais se distanciou da tensão de referência;

b) agregação pela fase crítica – a duração do evento é definida como a duração do evento fase-neutro de amplitude crítica, ou seja, amplitude mínima para afundamento e máxima para elevação.

A Tabela 7.4 indica como, a partir das medições e agregações, deve ser feita a estratificação dos parâmetros amplitude e duração para contabilização de eventos de VTCD. Cada região visa correlacionar a amplitude e a duração dos eventos de VTCD com os níveis de sensibilidade das diferentes cargas conectadas aos sistemas de distribuição em média e alta tensão. Observe-se que tal segmentação não se aplica a consumidores em baixa tensão.

Tabela 7.4 Estratificação das VTCD com base nos níveis de sensibilidade das diversas cargas[3]

<table>
<tr><th rowspan="2">Amplitude (pu)</th><th colspan="7">Duração</th></tr>
<tr><th>(16,67 ms – 100 ms)</th><th>(100 ms – 300 ms)</th><th>(300 ms – 600 ms)</th><th>(600 ms – 1 seg)</th><th>(1 seg – 3 seg)</th><th>(3 seg – 1 min)</th><th>(1 min – 3 min)</th></tr>
<tr><td>> 1,15</td><td rowspan="2" colspan="3">REGIÃO H</td><td rowspan="2" colspan="4">REGIÃO I</td></tr>
<tr><td>(1,10-1,15)</td></tr>
<tr><td>(0,85-0,90)</td><td rowspan="2" colspan="3">REGIÃO A</td><td colspan="4"></td></tr>
<tr><td>(0,80-0,85)</td><td rowspan="2" colspan="4">REGIÃO G</td></tr>
<tr><td>(0,70-0,80)</td><td rowspan="2">REGIÃO B</td><td rowspan="4" colspan="2">REGIÃO D</td></tr>
<tr><td>(0,60-0,70)</td><td rowspan="7" colspan="4">REGIÃO F</td></tr>
<tr><td>(0,50-0,60)</td><td rowspan="2">REGIÃO C</td></tr>
<tr><td>(0,40-0,50)</td></tr>
<tr><td>(0,30-0,40)</td><td rowspan="4" colspan="3">REGIÃO E</td></tr>
<tr><td>(0,20-0,30)</td></tr>
<tr><td>(0,10-0,20)</td></tr>
<tr><td>< 0,10</td></tr>
</table>

3 Classificações desse tipo existem em legislações de diversos países. As classes e os limites podem se alterar em função das particularidades de cada local, como o tipo de rede e as especificidades das cargas.

As regiões de A até G correspondem a afundamentos de tensão, enquanto as regiões H e I se referem a elevações de tensão.

O Fator de Impacto, utilizado para caracterização da severidade da incidência de eventos de VTCD, é calculado conforme a seguinte expressão:

$$FI = \frac{\sum_{i=A}^{I} (f_{ei} f_{pi})}{FI_{base}} \tag{7.5}$$

- f_{ei} é a frequência de ocorrência de eventos de VTCD, apuradas por meio de medição apropriada, em um período de 30 dias consecutivos, para cada região de sensibilidade i, sendo $i = A, B, C, D, E, F, G, H$ e I.
- f_{pi} é o fator de ponderação para cada região de sensibilidade i, de acordo com a relevância do evento, correlacionando amplitude e duração, conforme a Tabela 7.5.
- FI_{base} é o Fator de Impacto base, obtido do somatório dos produtos dos fatores de ponderação pelas frequências máximas (admissíveis) de ocorrência em um período de 30 dias de VTCD para cada região de sensibilidade.

De acordo com (7.5), o Fator de Impacto é dado em pu, sendo que os valores de base da Tabela 7.5 resultaram de observações em redes típicas:

a) O valor de referência do indicador Fator de Impacto para sistemas de distribuição de média e de alta tensão, apurado por medição no período de 30 dias consecutivos, é de 1,0 pu.

b) Para sistemas de distribuição de baixa tensão ainda não foram estabelecidos valores de referência para VTCD.

Em 2017, Starosta [3] apresentou comentários sobre os então novos procedimentos do PRODIST quanto à questão do Fator de Impacto, a seguir reproduzidos:

O Fator de Impacto é um indicador qualitativo, o qual tem como único objetivo evitar excessos por parte das distribuidoras. A adoção de um número único para representar a incidência de VTCD's teve como objetivo a simplificação da gestão por parte das distribuidoras, assim como da fiscalização por parte da ANEEL. É importante enfatizar também que a não violação do FI não significa que uma determinada planta industrial não tenha registrado uma parada de processo (o contrário também é verdadeiro). Contudo, a busca por um valor de referência de 1,0 pu a cada 30 dias consecutivos, para um determinado barramento, garantirá um mínimo de gestão da rede por parte das distribuidoras de forma a se promover a melhoria contínua da qualidade do produto. Destaca-se ainda que os mesmos esforços conduzidos pelas distribuidoras para redução do FIC e do FEC[4] *são também válidos para redução da incidência de eventos de VTCD.*

[4] Indicadores de Continuidade, conforme definições da ANEEL:
Duração de interrupção individual por unidade consumidora (DIC): Intervalo de tempo em que, no período de apuração, ocorreu descontinuidade da distribuição de energia elétrica.

Tabela 7.5 Fatores de ponderação e fator de impacto base, de acordo com a tensão nominal

Região de sensibilidade	Fator de ponderação (*fp*)	Fator de impacto base (*FIbase*)	
		1,0 kV < Vn < 69 kV	69 kV ≤ Vn < 230 kV
A	0,00	2,13	1,42
B	0,04		
C	0,07		
D	0,15		
E	0,25		
F	0,36		
G	0,07		
H	0,02		
I	0,04		

7.3. IEEE – STD. 1159

Na norma [4] não existe um equivalente para VTCD. Os afundamentos e as elevações de tensão são designados, respectivamente, como *voltage sag* e *voltage swell*. A Tabela 7.6 apresenta as denominações segundo a norma estadunidense e suas faixas de magnitude e duração.

Frequência de interrupção individual por unidade consumidora (FIC): Número de interrupções ocorridas, no período de apuração, em cada unidade consumidora ou ponto de conexão.

Duração Equivalente de Interrupção por Unidade Consumidora (DEC), utilizando:

$$DEC = \frac{\sum_{i=1}^{Cc} DIC(i)}{Cc}$$

Frequência Equivalente de Interrupção por Unidade Consumidora (FEC), utilizando:

$$FEC = \frac{\sum_{i=1}^{Cc} FIC(i)}{Cc}$$

7.4. EN 50160 – NORMA EUROPEIA

A norma europeia [5] com relação a VTCD apresenta abordagem um pouco diferente para afundamentos de tensão, denominados *voltage dips*. Elevações de tensão passaram a ser tratadas nas versões mais recentes da mesma norma (2010), sendo denominadas *voltage swells*. A diferença entre o valor nominal (ou de referência) e o valor residual da tensão é definida como tensão de afundamento (*voltage dip*):

$$V_{Dip} = V_n - V_{res} \tag{7.6}$$

A magnitude relativa (%) do evento é dada pela relação:

$$V_{Dip}\% = \frac{V_n - V_{res}}{V_n} \cdot 100(\%) \tag{7.7}$$

Tabela 7.6 Classificação segundo o IEEE – STD 1159

Classificação	Denominação	Duração do evento	Amplitude do evento
Variações de curta duração (*short duration variations*)	Afundamento instantâneo (*Instantaneous sag*)	0,5-30 ciclos	0,1-0,9 pu
	Elevação instantânea (*Instantaneous swell*)	0,5-30 ciclos	1,1-1,8 pu
	Interrupção momentâneo (*Momentary interruption*)	0,5 ciclo – 3 segundos	< 0,1 pu
	Afundamento momentâneo (*Momentary sag*)	30 ciclos – 3 segundos	0,1-0,9 pu
	Elevação momentânea (*Momentary swell*)	30 ciclos – 3 segundos	1,1-1,4 pu
	Interrupção temporária (*Temporary interruption*)	3 segundos – 1 minuto	< 0,1 pu
	Afundamento temporário (*Temporary sag*)	3 segundos – 1 minuto	0,1-0,9 pu
	Elevação temporária (*Temporary swell*)	3 segundos – 1 minuto	1,1-1,2 pu
Variações de longa duração (*long duration variations*)	Interrupção sustentada (*Interruption sustained*)	> 1 minuto	0,0 pu
	Subtensão (*Undervoltage*)	> 1 minuto	0,1-0,9 pu
	Sobretensão (*Overvoltage*)	> 1 minuto	1,1-1,2 pu

A duração do evento no padrão IEC segue o mesmo procedimento da norma norte-americana e da brasileira. A IEC propõe uma classificação dos eventos a partir de uma matriz de severidade e duração, como mostra a Tabela 7.7. O valor a ser colocado em cada célula corresponde à quantidade de eventos, avaliados de acordo com o tratamento estatístico definido na norma.

O tratamento das elevações de tensão é análogo, seguindo a distribuição mostrada na Tabela 7.8, com duração limitada a eventos de 1 minuto.

A Figura 7.3 apresenta o evento já mostrado na Figura 7.2. Nesta figura, o evento é caracterizado conforme equação (7.6), resultando $V_{Dip} \cong 0{,}68$ pu (68%) com duração $\Delta t \cong 92{,}0$ ms (5,52 ciclos). No caso anterior (Figura 7.2), o evento foi caracterizado como $V_e \cong 0{,}32$ pu (32%) e com igual duração. Nota-se que os dois conceitos (V_e e V_{Dip}) representam grandezas complementares: V_e indica a tensão residual e V_{Dip} o afundamento relativo.

Tabela 7.7 Classificação de afundamentos de tensão segundo EN 50160 e IEC TR 61000-2-8 [6]

Tensão residual V (% de V_{ref})	Duração (s)							
	0,01 < Δt ≤ 0,02	0,02 < Δt ≤ 0,1	0, 1 < Δt ≤ 0,5	0,5 < Δt ≤ 1	1 < Δt ≤ 3	3 < Δt ≤ 20	20 < Δt ≤ 60	60 < Δt ≤ 180
90 > V ≥ 85								
85 > V ≥ 70								
70> V ≥ 40								
40 > V ≥ 10								
10 > V ≥ 0								

Obs. 1: os valores medidos na primeira coluna e primeira linha provavelmente estarão inflados por transitórios e flutuações de cargas, respectivamente.

Obs. 2: 0,01 e 0,02 s nas duas primeiras colunas correspondem a meio ciclo e 1 ciclo de tensão 50 Hz. Para sistemas de 60 Hz valores correspondentes devem ser usados.

Tabela 7.8 Classificação das elevações de tensão segundo EN 50160

Elevação da tensão V (% de Vref)	Duração Δt (ms)		
	10 ≤ Δt ≤ 500	500 < Δt ≤ 5.000	5.000 < Δt ≤ 60.000
V ≥ 120			
120 > V > 110			

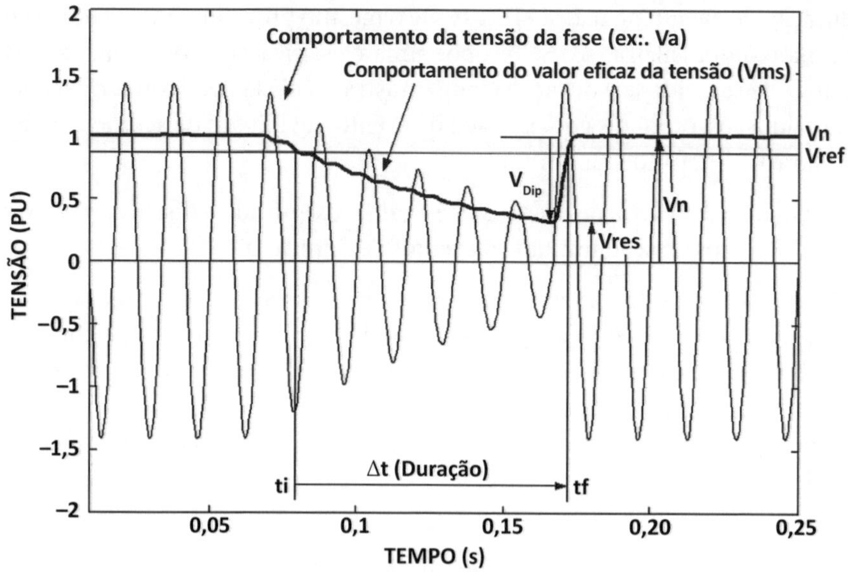

Figura 7.3 Caracterização de afundamento de tensão (V_{Dip}) pela definição da Norma Europeia.

7.5. TOLERÂNCIA DE EQUIPAMENTOS A VTCD

A metodologia da magnitude e duração (M&D) foi desenvolvida visando classificar essas grandezas como representativas das VTCD observadas na rede elétrica. Um problema associado consiste na verificação da tolerância de equipamentos eletroeletrônicos aos impactos causados por VTCD. Os fabricantes de determinados tipos de equipamentos sensíveis a variações bruscas de tensão se baseiam em normas específicas, que definem limites de variações de tensão como critérios de projeto para condições mínimas de tolerância dos equipamentos por eles fabricados. Ou seja, temos aqui um problema da compatibilização entre limites de eventos toleráveis na rede, do ponto de vista de QEE, com os limites de suportabilidade dos equipamentos fabricados.

7.5.1. LIMITES CBEMA/ITIC

Com a expansão do uso de equipamentos de informática e eletrônicos domésticos, que são sensíveis às variações da tensão de alimentação, tornou-se necessário padronizar as condições de teste para verificar a tolerância dos equipamentos aos distúrbios provenientes da rede.

Fabricantes de equipamentos na área de informática dos Estados Unidos estabeleceram a norma ANSI/IEEE Std. 446 [7], conhecida como curva CBEMA, propondo metas a serem satisfeitas pelas fontes e dispositivos que alimentam computadores com relação às variações de tensão e respectivas durações suportáveis. O objetivo foi uniformizar os limites de suportabilidade diante de variações da tensão de alimentação para equipamentos destinados ao processamento de dados. Foram estabelecidas curvas magnitude × duração para variações de tensões abaixo e acima da nominal, como mostra a Figura 7.4.a.

Em geral, as sobretensões têm a ver com a ruptura do dielétrico ou o limite de suportabilidade de semicondutores. As subtensões se relacionam com deficiência de energia armazenada. A norma prescreve que os equipamentos de informática devem suportar interrupções completas da tensão da rede durante intervalos de até meio ciclo. Para isso, os fabricantes das fontes de alimentação devem prever suficiente capacidade de armazenamento de energia em capacitores e/ou baterias para suprir a carga em sua máxima potência durante a falta da rede. De ½ até 30 ciclos (meio segundo) as cargas devem suportar subtensões que variam inversamente com a duração do evento e, no caso de subtensões em regime permanente, as cargas devem operar com até 13% de redução da tensão nominal.

Para o caso de sobretensões, está previsto que as cargas devam suportar, em regime permanente, aumento de até 6% do valor nominal. No caso de surtos muito rápidos (duração < 0,01 ciclo), até quase 300% de sobretensão. Para eventos com duração de um ciclo, os valores suportáveis são 70% para subtensão e 15% para sobretensão.

Após algumas modificações, foi implantada uma nova versão para os limites de tolerância conhecida como CBEMA/ITIC [8] ou simplesmente ITIC (*Information Tecnology Industry Council*) (mostrada na Figura 7.4.b), aplicada a equipamentos eletrônicos e computadores relacionados à tecnologia da informação (TI).

a)

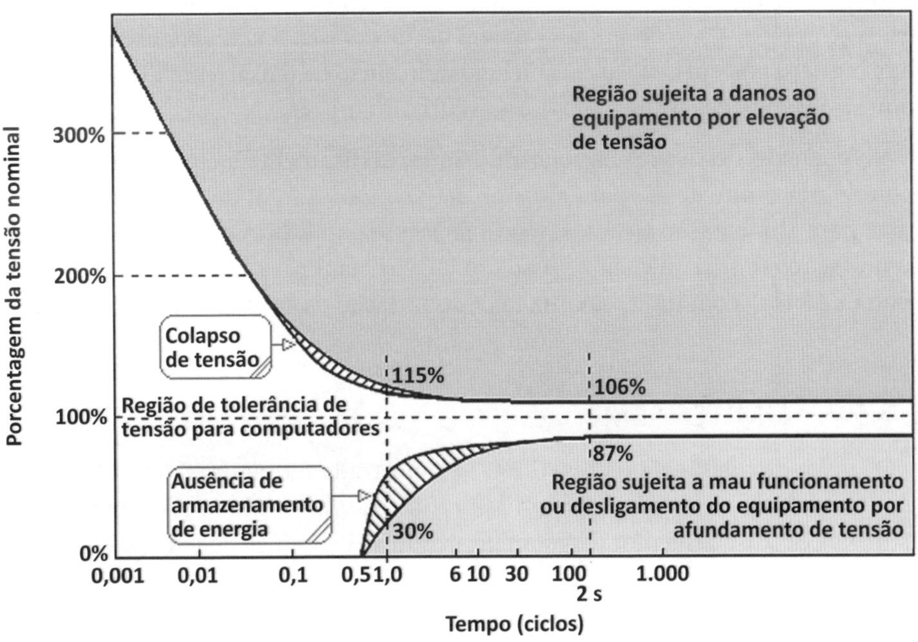

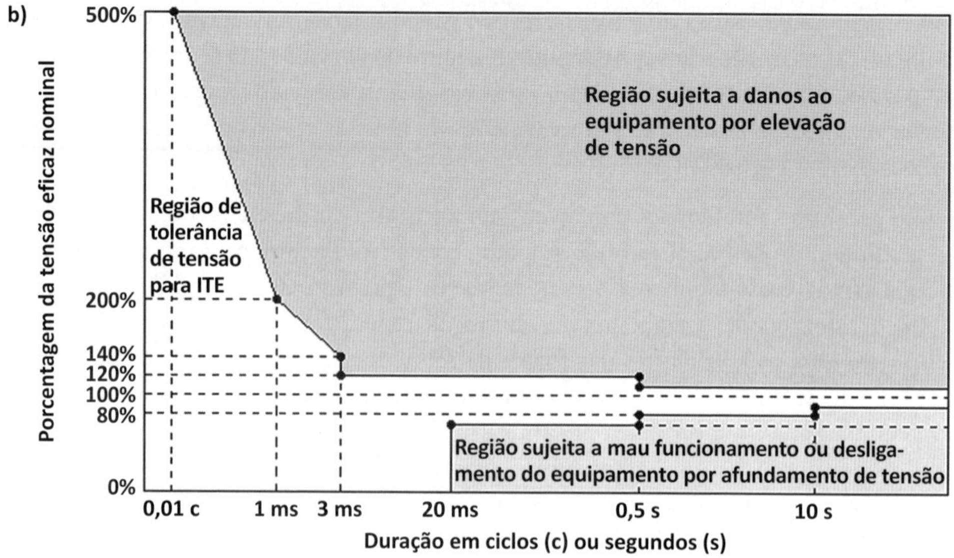

Figura 7.4 Curvas CBEMA (a) e ITIC (b) para duração de sub e sobretensões. Envelope de tolerância de tensão típico para sistema computacional (adaptado da norma IEEE 446).

Essa curva passou a ser uma referência para verificação do nível de *vulnerabilidade* de equipamentos comparando-se a curva de sensibilidade do equipamento com a curva das variações permitidas ou observadas durante um determinado intervalo de tempo (por exemplo, um ano). Nota-se na Figura 7.4.b que, em regime, a tensão deve estar limitada a sub e sobretensão de 10%. Quanto menor a duração da perturbação, maior a variação admitida, uma vez que os elementos armazenadores de energia internos ao equipamento devem ser capazes de absorvê-la. Assim, por exemplo, a tensão pode ir a zero por um ciclo, ou ainda haver um surto de tensão com duas vezes o valor nominal (eficaz), desde que com duração inferior a 1 ms.

No contexto dessa norma, referindo-se especificamente a equipamentos de TI, é definido um limite de 5% para a distorção harmônica total da tensão suprida. Além disso, para alimentação trifásica, tolera-se um desequilíbrio entre as fases de 3 a 6%. No que se refere à frequência, tem-se um desvio máximo admissível de ± 0,5 Hz (em torno de 60 Hz), com uma máxima taxa de variação de 1 Hz/s.

7.5.2. LIMITES SEMI

O limite de tolerância da SEMI F47 [9] mostrada na Figura 7.5 foi desenvolvido pelo "*Semiconductor Equipment and Materials Institute* – SEMI". Abrange apenas os distúrbios de afundamento, não contemplando as elevações de tensão. Essa norma é aplicada a equipamentos e processos ligados a fabricantes de semicondutores para verificar a imunidade contra afundamentos de tensão. Um ponto peculiar é que os processos dos fabricantes devem atender aos limites estabelecidos pela SEMI F47 sem a utilização de suprimento auxiliar de energia, como UPS (*Uninterruptable Power Supply* ou *No-Breaks*), ou seja, contando apenas com a energia estocada nas próprias fontes de alimentação.

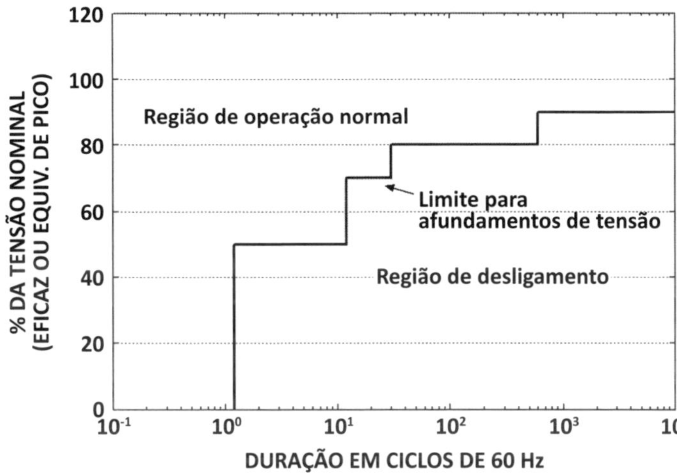

Figura 7.5 Limites de tolerância SEMI F47.

7.6. COMPORTAMENTO DE CARGAS ELETRÔNICAS DIANTE DE VTCD

Os efeitos de uma VTCD sobre uma carga dependem fortemente do tipo de evento e do tipo de carga [10]. Cargas cuja operação depende do valor eficaz da tensão são bem caracterizadas pelos valores M&D. Já nas cargas eletrônicas que possuem no estágio de entrada um retificador a diodos com filtro capacitivo (o que engloba a maior parte das cargas eletrônicas de baixa e média potência), o comportamento é muito distinto.

A Figura 7.6 mostra o circuito e o comportamento da tensão de saída de um retificador monofásico com filtro capacitivo. Nota-se que a tensão CC é a que interessa para o circuito alimentado por esse retificador. A figura indica um hipotético ponto de desligamento (PD) no qual o equipamento deixaria de operar. Observa-se também que a resposta a uma elevação de tensão é quase imediata, pois o circuito é sensível ao valor de pico da tensão de entrada e não ao seu valor eficaz. A forma de onda indicada como *Vret*(*t*) é apenas hipotética, e seria aquela correspondente ao valor absoluto da tensão presente na conexão CA, a qual estaria presente no lado CC caso não houvesse o filtro capacitivo. Serve para indicar o momento em que a tensão CA é desconectada do circuito, dando início ao afundamento de tensão.

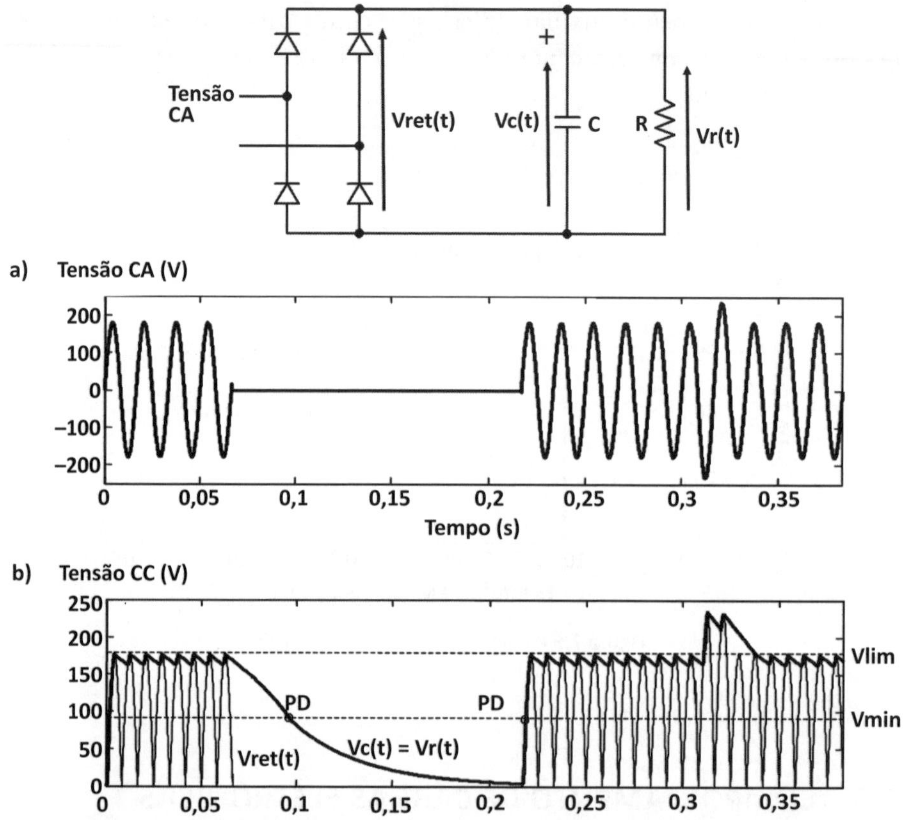

Figura 7.6 Circuito de retificador monofásico com filtro capacitivo e formas de onda de entrada e saída na ocorrência de interrupção temporária da tensão CA.

A Figura 7.7 mostra três possíveis distúrbios na alimentação trifásica, supondo um retificador trifásico com filtro capacitivo. Nota-se que, no primeiro evento de afundamento de tensão em uma das fases, não há efeito muito pronunciado na saída CC, além do aumento na ondulação da tensão, pois o retificador passa a operar como um retificador bifásico.

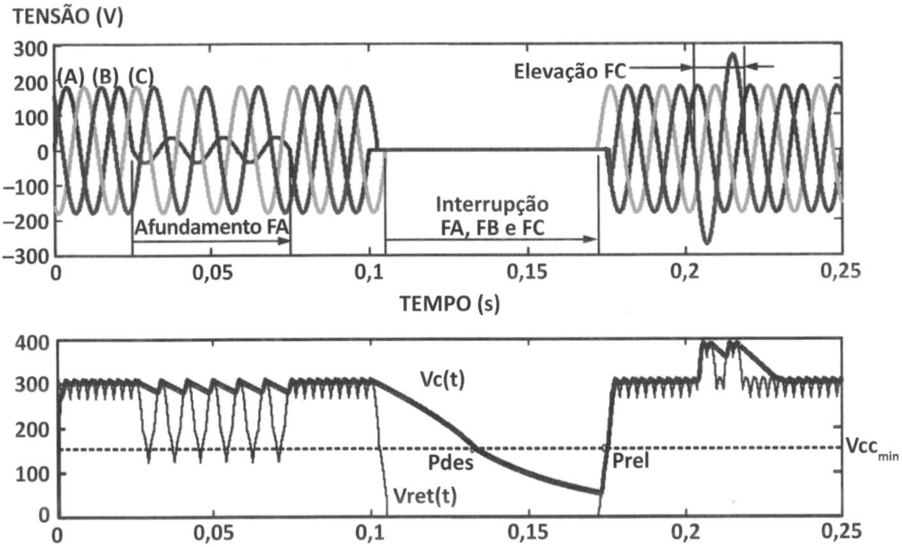

Figura 7.7 Formas de onda de tensão CA (acima) e CC (abaixo) em retificador trifásico com filtro capacitivo diante de três distúrbios tipo VTCD.

Quando ocorre a interrupção total, a queda da tensão dependerá da potência consumida pela carga. Nesse exemplo, a carga é do tipo potência constante com desligamento automático sob tensão mínima. No restabelecimento da tensão, o retorno é muito rápido, assim como no terceiro evento de sobretensão, que se observa quando ocorre um aumento da tensão em uma das fases. Também nesse caso a forma de onda indicada como *Vret(t)* é apenas hipotética, e seria aquela correspondente à tensão que estaria presente na saída do retificador em caso de inexistência do filtro capacitivo. Serve para indicar o momento em que a tensão CA é desconectada do circuito, dando início ao afundamento de tensão.

A Figura 7.8 mostra duas formas de onda de tensão, ambas contendo 5º harmônico, porém um com fase invertida do outro. Em (a) a fase é de 0° e em (b) a fase é de 180°. Os valores eficazes das duas formas de onda são iguais, ou seja, qualquer afundamento de tensão que fosse igual tanto em (a) quanto em (b) teria o mesmo valor de magnitude, porque a evolução do valor eficaz se dá da mesma maneira. Porém, supondo que tais tensões (a) e (b) sejam aplicadas a uma carga eletrônica com um retificador com filtro capacitivo, é possível notar que a dinâmica de *Vc*(t) do gráfico (a) é diferente de *Vc*(t) do gráfico (b). Assim, uma VTCD afetaria de modo diferente o equipamento eletrônico somente pelo motivo dos componentes harmônicos terem diferença de fase. Esse comportamento torna-se relevante principalmente porque muitos afundamentos de tensão perdem a característica senoidal da tensão.

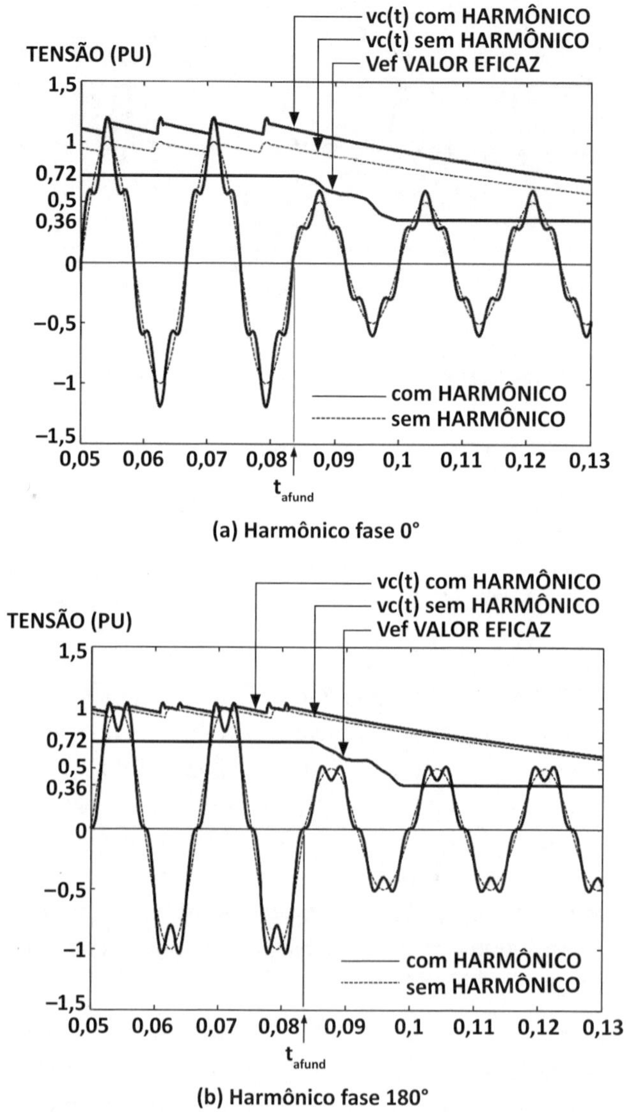

Figura 7.8 Cargas que respondem ao valor de pico são sensíveis à fase dos harmônicos.

A Figura 7.9 mostra um exemplo de inadequação do método magnitude e duração (M&D) para caracterizar os efeitos de afundamentos de tensão sobre a carga. Os dois eventos possuem os mesmos valores definidos para magnitude e duração. No entanto, a depender da carga alimentada, os impactos dos eventos (a) e (b) podem ser muito distintos, uma vez que o afundamento retangular é mais severo do que o da tensão que se recupera gradualmente. Isso se aplica sobretudo no caso de uma carga eletrônica, que desligaria no primeiro caso, mas poderia suportar o evento (b) sem desligar de acordo com a indicação da Figura 7.10.

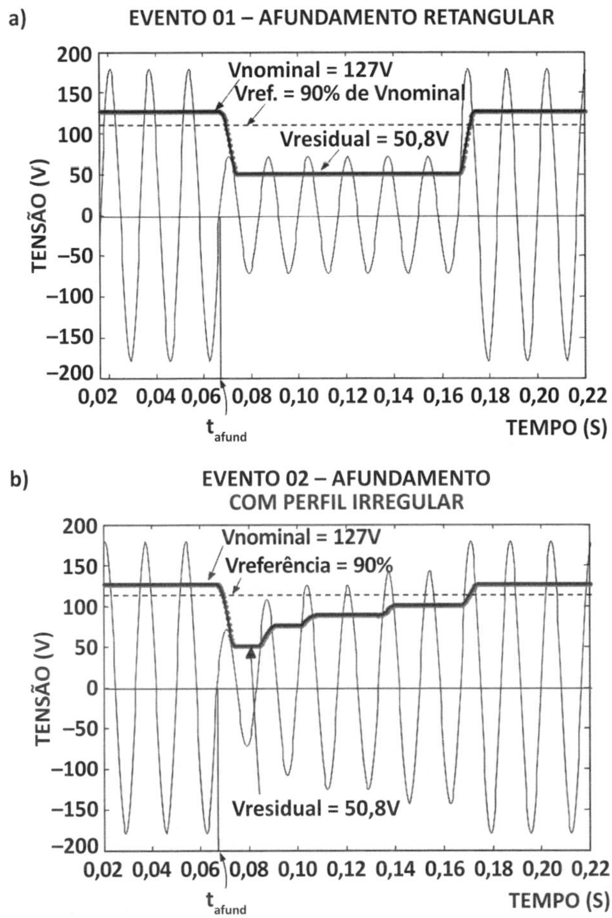

Figura 7.9 Dois afundamentos distintos de tensão, caracterizados por M&D iguais.

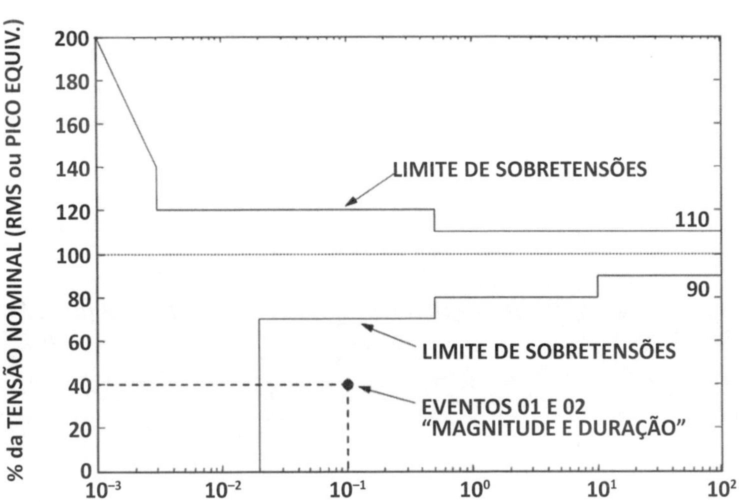

Figura 7.10 Indicação de violação dos eventos M&D em comparação aos limites ITIC.

7.6.1. CÁLCULO DO VALOR EFICAZ – JANELA DE UM CICLO

O valor eficaz de uma grandeza periódica é determinado em um intervalo de tempo que, usualmente, corresponde ao período do sinal. O intervalo pode ser maior desde que contemple uma quantidade inteira de ciclos. Alguns procedimentos normativos fazem o cálculo em um intervalo de 200 ms, que corresponde a 12 ciclos de 60 Hz ou 10 ciclos de 50 Hz. Essa opção é indicada quando se deseja quantificar o valor médio da grandeza sujeita a pequenas variações, como é o caso na operação normal da rede.

Utilizando processamento digital de sinais, é possível realizar o cálculo a partir de uma janela móvel de dados equivalente ao intervalo desejado (seja de um ciclo ou de uma quantidade inteira de ciclos). Nesse caso, a cada nova amostra obtida se refaz o cálculo, mantendo a quantidade total de amostras pela substituição da amostra mais antiga pela nova. Isso leva a uma atualização "contínua" do valor calculado dentro da janela, expresso por:

$$V_{ef}(k) = \sqrt{\frac{1}{N} \cdot \sum_{n=0}^{N-1} v^2(k-n)} \tag{7.8}$$

onde N é o número de amostras na janela de cálculo; $v(k)$ é a k-ésima amostra da tensão. A atualização continuada das amostras no cálculo do valor eficaz mostra que existe um período de convergência de N amostras que pode ser o próprio período da fundamental da rede elétrica. Esse intervalo de convergência insere um erro na avaliação da duração de um evento, como mostrado na Figura 7.11.

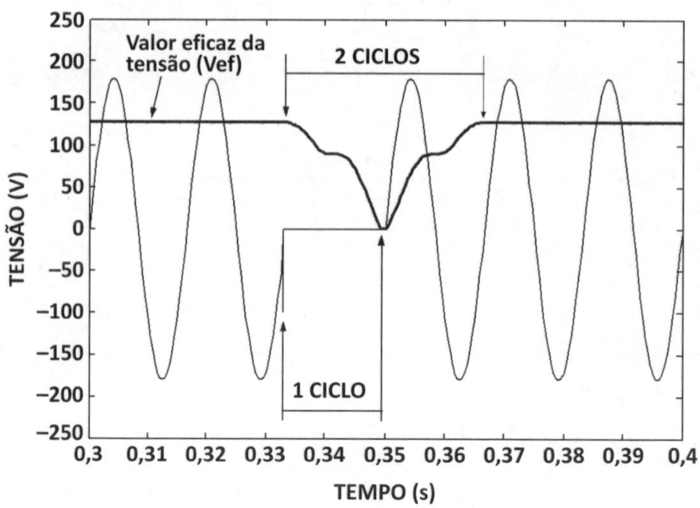

Figura 7.11 Resposta do valor eficaz para janela móvel de um ciclo.

No caso de uma interrupção com duração de um ciclo é possível perceber que o valor eficaz da tensão leva um ciclo para indicar corretamente o valor da interrupção e, após o restabelecimento da tensão de entrada, o valor eficaz leva mais um ciclo para voltar ao valor da condição normal de operação. Assim, para qualquer distúrbio de VTCD, a duração apresentada pelo valor eficaz da tensão representará um valor maior do que o real na duração do evento. Esse erro é mais crítico em evento de curta duração, pois o erro torna-se significativo, como no caso da Figura 7.11. Esse problema pode ser observado na norma brasileira, já que considera o evento como distúrbio de VTCD quando sua duração for maior ou igual a um ciclo.

Considerando as normas europeia e norte-americana, nas quais o menor evento classificado tem duração maior ou igual a meio ciclo e supondo a utilização de uma janela móvel de um ciclo, tem-se um novo problema na avaliação do distúrbio, além do descrito anteriormente, na duração do evento. Devido ao tempo de convergência, eventos menores que um ciclo não são avaliados de modo correto quanto à sua magnitude, justamente porque a janela móvel, sendo uma média quadrática de um ciclo, nunca será preenchida por completo, não conseguindo atingir o valor correto de magnitude, como no caso da Figura 7.12, para uma interrupção de meio ciclo.

Poderia ser utilizada uma janela móvel de meio ciclo, como mostra a Figura 7.13, diminuindo o erro na avaliação da duração, de modo que o valor da magnitude atingiria o valor correto, mas isso também pode não ser adequado, como discutido a seguir.

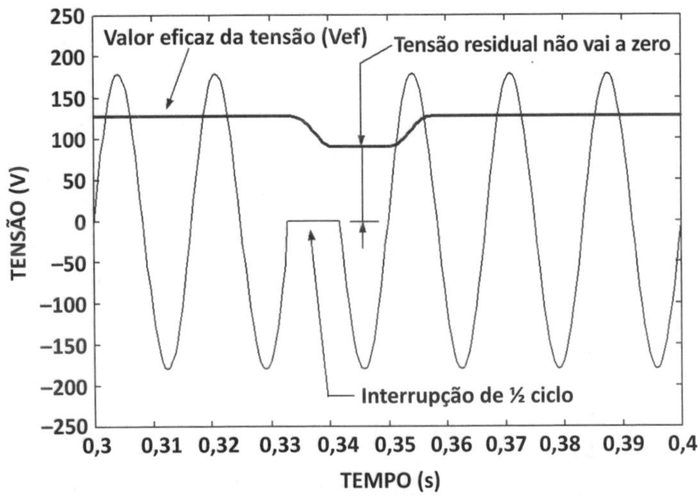

Figura 7.12 Janela móvel de um ciclo e interrupção de meio ciclo. O evento aparece como um afundamento parcial.

7.6.2. ASSIMETRIA DE MEIA ONDA – CÁLCULO DO VALOR EFICAZ COM JANELA DE MEIO CICLO

Utilizando-se uma janela de meio ciclo, o problema de convergência ainda persiste, porém o erro na avaliação da duração de uma VTCD se reduz a meio ciclo. O erro ainda seria significativo para VTCD de curta duração inferior a um ciclo. A utilização da janela móvel de meio ciclo apresenta outro problema relacionado à assimetria de meia onda, ou seja, o semiciclo positivo ser diferente do semiciclo negativo. Na Figura 7.14 é mostrada uma tensão com 20% de 2º harmônico. Devido à assimetria de meia onda causada por esse harmônico, o valor eficaz da tensão torna-se oscilante, o que não ocorreria se a janela móvel fosse de um ciclo do período da fundamental.

A conclusão, no que diz respeito ao cálculo do valor eficaz, é que sempre haverá erro de quantificação, especialmente para eventos com duração de poucos ciclos. Esse tipo de evento talvez necessite de outra forma de quantificação que não seja baseada em média temporal.

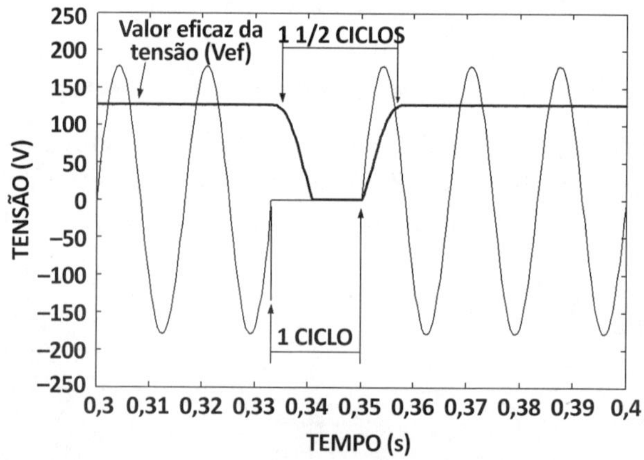

Figura 7.13 Interrupção de um ciclo para janela móvel de meio ciclo. O evento aparece como interrupção de meio ciclo.

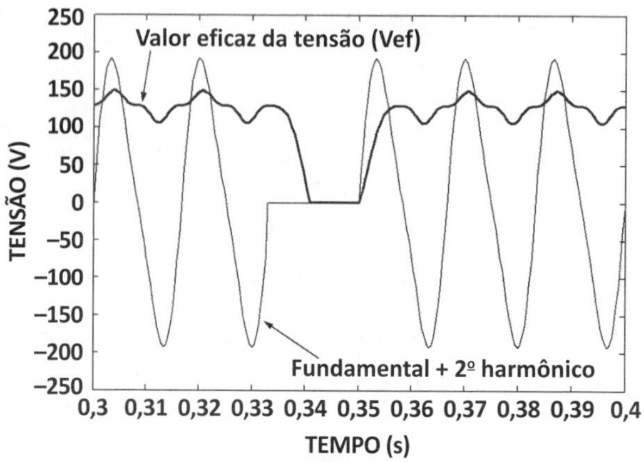

Figura 7.14 Interrupção de um ciclo e janela de meio ciclo com assimetria de meia onda (fundamental + 2º harmônico). Ocorre ondulação do valor eficaz.

7.7. RESUMO

Este capítulo tratou dos eventos de curta duração, capazes de provocar sub ou sobretensões momentâneas. Trata-se de impactos nas tensões de suprimento normalmente causados por eventos internos da rede, como curtos-circuitos ou eventos externos atingindo a rede, como descargas atmosféricas, quedas de árvores etc. Por serem imprevisíveis e de significativo impacto na rede, esses eventos são de difícil classificação ou normatização. No entanto, há uma extensa lista de metodologias e propostas classificatórias, sendo que as mais utilizadas foram apresentadas e discutidas neste capítulo. Também foram mostrados os problemas de quantificação da amplitude e duração desse tipo de evento de curta duração, utilizando-se o cálculo de valor eficaz por ciclo ou meio ciclo.

QUESTÕES

1) Quais problemas podem ocorrer se a tensão de suprimento ficar abaixo do nível definido como mínimo? E se a tensão ficar acima do nível máximo?
2) Uma vez que variações bruscas de tensão causam deformações da forma de onda, explique:
    a) Por que essas variações em geral não são analisadas como distorções harmônicas?
    b) De que maneira as normas relativas a efeitos provocados pelas variações e distorções de tensão como *flicker*, distorção harmônica ou VTCD conseguem evitar que ocorra penalização múltipla?
3) As VTCD incluem dois tipos principais de eventos: elevações e afundamentos relativos ao nível normal da tensão de suprimento.
    a) Quais são as principais diferenças nos efeitos causados por um e outro tipo de evento?
    b) Quais desses efeitos têm o maior potencial de causar danos ao equipamento conectado? Explique.
4) As fontes de alimentação de cargas eletrônicas costumam conter um retificador com capacitor no lado CC. Uma das funções importantes desse capacitor é a de limitar a ondulação (*ripple*) da tensão retificada. Pergunta-se:
    a) Qual outro benefício esse capacitor pode exercer em termos de VTCD? Explique.
    b) Quais são as principais diferenças quanto à maneira como a característica da carga (R constante, I constante, P constante) alimentada pelo retificador afeta a sensibilidade do aparelho a eventos de VTCD?
    c) Por que a reação a uma elevação de tensão é mais rápida no caso de carga alimentada através de um retificador do que no caso de afundamento?
    d) Discuta a sensibilidade desse tipo de carga à variação do valor eficaz da tensão.

REFERÊNCIAS

[1] Agência Nacional de Energia Elétrica - ANEEL, *Procedimentos de Distribuição de Energia Elétrica no Sistema Elétrico Nacional - PRODIST, Módulo 8 - Qualidade da Energia Elétrica*. Revisão 12, 2021.

[2] Operador Nacional do Sistema Elétrico - ONS, "*Padrões de desempenho da rede básica - Submódulo 2.2*", Procedimentos de Rede, revisão 2, 2002, Brasil.

[3] J. Starosta, "A revisão do Módulo 8 - critérios de avaliação das variações de tensão de curta duração (VTCDs) - Parte 3", in *O Setor Elétrico*, Fev. 2017.

[4] IEEE Standard 1159; "*IEEE Recommended practice for monitoring electric power quality*", Institute of Electrical and Electronics Engineers, 2019.

[5] European Electrotechnical Committee for Standardization - CENELEC EN 50160; "*Voltage characteristics of electricity supplied by public distribution systems*", European Committee for Electro technical Standardization, 2010 + A1 2015.

[6] International Electrotechnical Commission - IEC Technical Report 61000-2-8: *Environment - Voltage dips and short interruptions on public electric power supply systems with statistical measurement results*, 2003.

[7] IEEE Standard 446; "*IEEE Recommended practice for emergency and standby power systems for industrial and commercial applications*", Dec. 1995.

[8] ITIC (CBEMA) curve Application Note; "*Technical Committee 3 (TC3) of the Information Technology Industry Council*"; Disponível em: http://www.itic.org/technical/iticurv.pdf.

[9] SEMI F47, "*Specification for semiconductor processing equipment voltage sag immunity*", SEMI - Semiconductor Equipment and Material Institute.

[10] Ernesto K. Luna, "Uma contribuição ao estudo de VTCDs aplicado a equipamentos eletrônicos alimentados por conversor CA-CC", Dissertação de Mestrado, FEEC, Unicamp, 2005.

CAPÍTULO 8
Aterramento e qualidade da energia elétrica

8.1. INTRODUÇÃO

É importante esclarecer a função do aterramento em um sistema elétrico. O aterramento não é feito para servir de retorno das correntes de desequilíbrio entre fases. Se assim fosse não haveria necessidade do fio neutro no caso monofásico, bastaria aterrar o neutro das cargas e das fontes. A função do aterramento visa a dois objetivos importantes:

1) Proporcionar uma referência comum para as tensões ao longo do sistema, mesmo sem conexão direta.
2) Proporcionar segurança aos usuários de equipamentos elétricos conectados à rede, incluindo os instrumentos de avaliação da QEE.

A segurança, de certo modo, resulta da correta aplicação das regras de aterramento. A Terra, por apresentar o "mesmo potencial" em todos os locais sob condições normais, pode ser considerada o potencial neutro ou zero, em relação ao qual se medem as outras tensões. O potencial da terra se mantém uniforme porque existe certa condutividade do solo, que tende a uniformizar a distribuição das cargas na sua superfície, impedindo que as cargas elétricas se acumulem durante muito tempo em determinadas regiões. Para condições impostas externamente, como nuvens carregadas eletrostaticamente, podem ocorrer acúmulos correspondentes de cargas opostas na terra. Nessas condições, o potencial da terra deixa de ser uniforme.

Como a terra é um (mau) condutor, ocorre que, de fato, pode haver corrente de retorno se um sistema elétrico desequilibrado for aterrado. Mas essa função de caminho de retorno deve ser a atribuição do condutor neutro que conecta os pontos comuns na ligação trifásica a quatro fios (Y-Y).

8.2. ATERRAMENTO COM OU SEM FIO DE RETORNO

Com relação ao aterramento de um sistema trifásico, os principais casos a serem analisados são mostrados na Figura 8.1.

8.2.1. ATERRAMENTO PARCIAL SEM FIO DE RETORNO

Neste caso, um dos pontos comuns está flutuante. Um desequilíbrio das tensões poderá provocar o surgimento de uma tensão ΔVn entre o ponto comum (não aterrado) e a terra. Evidentemente, as tensões das fases também podem sofrer uma variação de tensão em relação ao potencial da terra. Em caso de sobretensões, estes representam um estresse adicional ao dielétrico dos equipamentos que normalmente são montados em bases sobre o solo, sem isolamento especial. Além disso, aumenta o risco de descargas de toque para as pessoas que manipulam esses equipamentos. Uma eventual vantagem dessa conexão seria a economia do fio de retorno, aliada à possibilidade de usar a medida da tensão de neutro para acionar a proteção contra desequilíbrio. Mas isso só seria razoável quando não houvesse cargas monofásicas e o desligamento por desequilíbrio fosse mandatório, como no caso de falta de fase em motor de indução, quando é imperativo desligar também as outras fases.

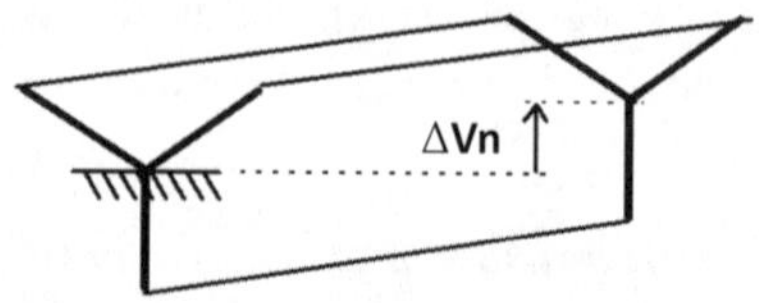

a) Aterramento parcial sem fio de retorno.

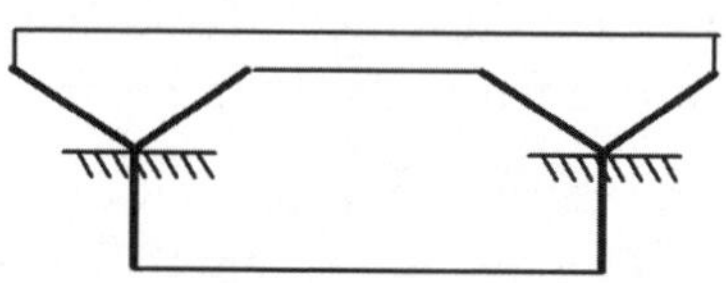

b) Aterramento pleno sem fio de retorno.

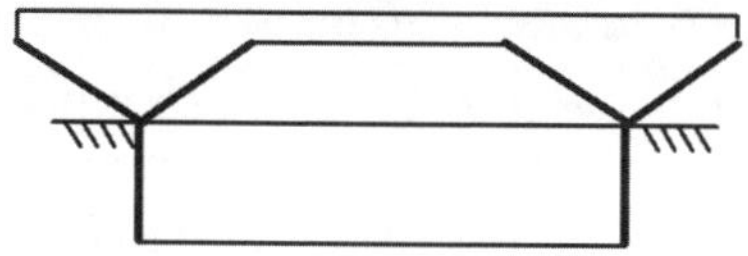

c) Aterramento com fio de retorno.

Figura 8.1 Sistemas com aterramento e/ou retorno.

8.2.2. ATERRAMENTO DOS NEUTROS SEM FIO DE RETORNO

Uma forma de reduzir a tensão de neutro em caso de desequilíbrio consiste em aterrar todos os pontos comuns das conexões em Y, sem usar o fio de retorno. No entanto, essa solução não evita que ocorram flutuações da tensão de neutro em caso de desequilíbrio com a presença da sequência zero, devido à resistividade variável do solo. Assim, a presença de cargas monofásicas ou a falta de fase podem fazer surgir significativas tensões de neutro, provocando sobretensões em alguma das demais fases e colocando em risco as outras cargas do sistema, além de criar o perigoso gradiente de tensão (potencial de passo) em torno do ponto de aterramento. Esse tipo de problema pode ser também provocado pela presença de harmônicos múltiplos de 3, uma vez que, como visto anteriormente, apresentam características de sequência zero. Sua presença na rede sem condutor de retorno provoca a flutuação da tensão de neutro.

8.2.3. ATERRAMENTO DO NEUTRO COM CONDUTOR DE RETORNO

Quando a carga a ser alimentada é do tipo mista (mono e trifásica) é mais razoável usar o condutor de retorno, além do aterramento do ponto comum. Com isso, fica garantido o potencial mínimo entre a terra e qualquer ponto comum do sistema e as correntes de desequilíbrio poderão circular pelo fio de retorno. Assim também aumenta a segurança contra descarga por toque nos equipamentos e se pode usar a corrente de retorno como sinal de proteção contra o desequilíbrio ou a presença de harmônicos de sequência zero. Pelo fato de a impedância de retorno ser fixa e conhecida, a detecção de anormalidades torna-se mais confiável.

8.3. ATERRAMENTO SEGUNDO A NBR 5410 E A IEC 60364

A norma brasileira NBR5410 [1] define o padrão nacional de instalações elétricas de baixa tensão e, entre inúmeros aspectos, os métodos de aterramento. As figuras a seguir ilustram os esquemas de aterramento. Utilizam como exemplo sistemas trifásicos, mas são válidos para alimentações mono ou bifásicas. As massas indicadas não simbolizam um único, mas sim qualquer número de equipamentos elétricos. Se pertencentes a uma mesma edificação, as massas devem, necessariamente, compartilhar o mesmo eletrodo de aterramento. Se situadas em diferentes edificações podem, em princípio, estar ligadas a eletrodos de aterramento distintos, com cada grupo de massas associado ao eletrodo de aterramento da respectiva edificação.

Na classificação dos esquemas de aterramento é utilizada a seguinte identificação:

Primeira letra – define a situação da alimentação em relação à terra:

T = um ponto diretamente aterrado;

I = isolação de todas as partes vivas em relação à terra ou aterramento de um ponto por meio de impedância;

Segunda letra – define a situação das massas da instalação elétrica em relação à terra:

T = massas diretamente aterradas, independentemente do aterramento eventual de um ponto da alimentação;

N = massas ligadas ao ponto da alimentação aterrado (em corrente alternada, o ponto aterrado é normalmente o ponto neutro);

Outras letras (eventuais) – definem a disposição do condutor neutro e do condutor de proteção:

S = funções de neutro e de proteção asseguradas por condutores distintos;

C = funções de neutro e de proteção combinadas em um único condutor (condutor PEN).

8.3.1. ESQUEMA TN

Esse esquema possui um ponto da alimentação diretamente aterrado, sendo as massas ligadas a esse ponto através de condutores de proteção. São consideradas três variantes de esquema TN, de acordo com a disposição do condutor neutro e do condutor de proteção, a saber:

a) esquema TN-S, no qual os condutores neutro e de proteção são separados (Figura 8.2.a);

b) esquema TN-C-S, em parte do qual as funções de neutro e de proteção são combinadas em um único condutor (Figura 8.2.b);

c) esquema TN-C, no qual as funções de neutro e de proteção são combinadas em um único condutor, na totalidade do esquema (Figura 8.3).

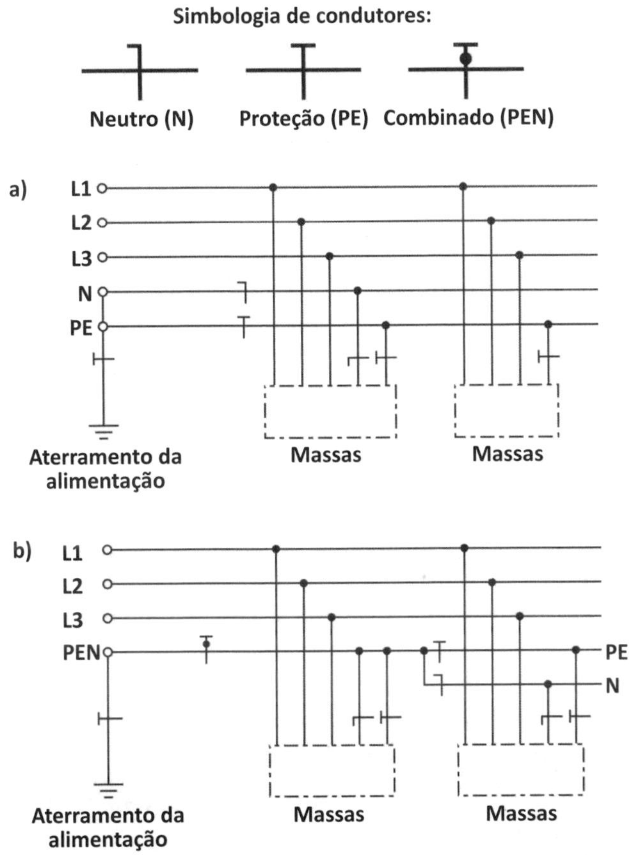

Figura 8.2 Simbologia e esquemas TN-S (a) e TN-C-S (b).

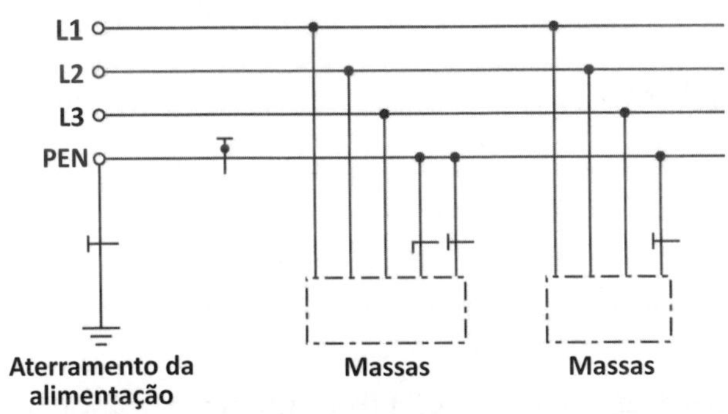

Figura 8.3 Esquema TN-C.

8.3.2. ESQUEMA TT

Esse esquema possui um ponto da alimentação diretamente aterrado, estando as massas da instalação ligadas a eletrodo(s) de aterramento eletricamente distinto(s) do eletrodo de aterramento da alimentação (Figura 8.4).

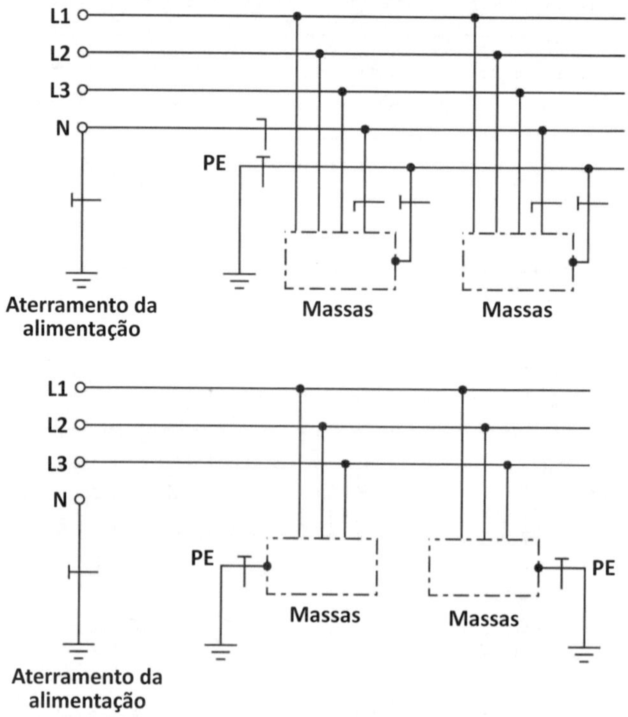

Figura 8.4 Esquema TT.

8.3.3. ESQUEMA IT

No esquema IT todas as partes vivas são isoladas da terra ou um ponto da alimentação é aterrado por meio de impedância (Figura 8.5). As massas da instalação são aterradas, verificando-se as seguintes possibilidades:

1) massas aterradas no mesmo eletrodo de aterramento da alimentação, se existente; e
2) massas aterradas em eletrodo(s) de aterramento próprio(s), seja porque não há eletrodo de aterramento da alimentação, seja porque o eletrodo de aterramento das massas é independente do eletrodo de aterramento da alimentação.

O neutro pode ou não ser distribuído. Na Figura 8.5 têm-se as seguintes situações:

a) sem aterramento da alimentação;
b) alimentação aterrada por meio de impedância;

b.1) massas aterradas em eletrodos separados e independentes do aterramento da alimentação;

b.2) massas coletivamente aterradas em eletrodo independente do aterramento da alimentação;

b.3) massas coletivamente aterradas no mesmo eletrodo da alimentação.

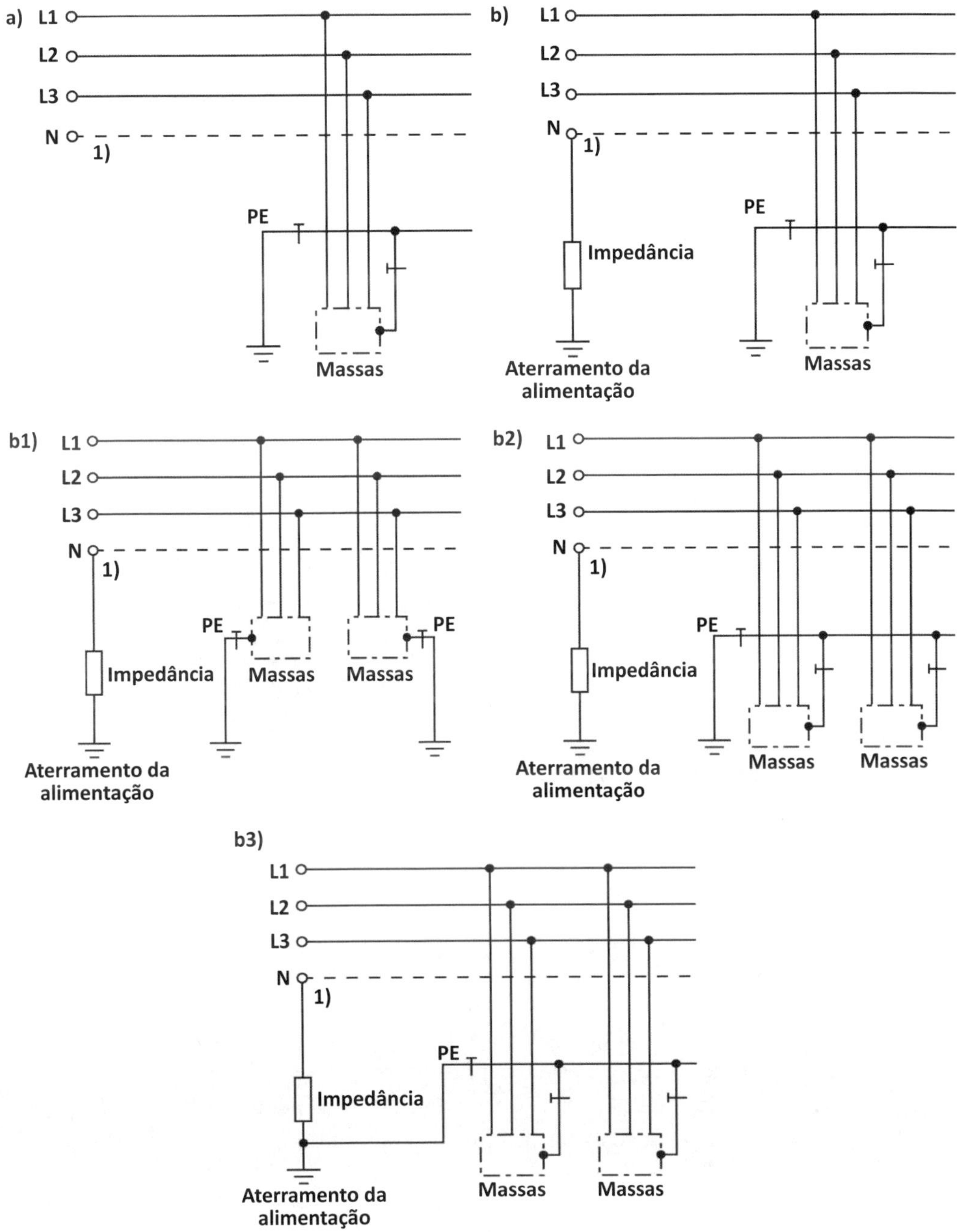

Figura 8.5 Esquema IT.

8.3.4. CONEXÃO DELTA ATERRADA

Ao usar a conexão triângulo ou delta, é prática na rede de distribuição fazer o aterramento do centro de um dos ramos da tensão secundária, como mostrado na Figura 8.6. Além de referenciar as tensões ao potencial da terra, essa conexão permite alimentar cargas monofásicas (120 V) e bifásicas (240 V) [2] até um determinado nível de carregamento, desde que não desequilibre o sistema acima de um limite tolerável. Uma vantagem desse sistema em Δ sobre o Y com retorno é que evita a circulação de correntes de sequência zero pelas linhas de distribuição, além de disponibilizar dois níveis de tensão ao consumidor.

Muitas vezes a distribuição é feita com transformadores monofásicos, em conexão "delta aberto", ou seja, cada ramal secundário é associado a uma tensão de linha, mas sem conexão elétrica entre si, permitindo que cada um desses secundários tenha o seu ponto médio aterrado. A principal desvantagem é a necessidade de seis condutores para as fases no caso trifásico.

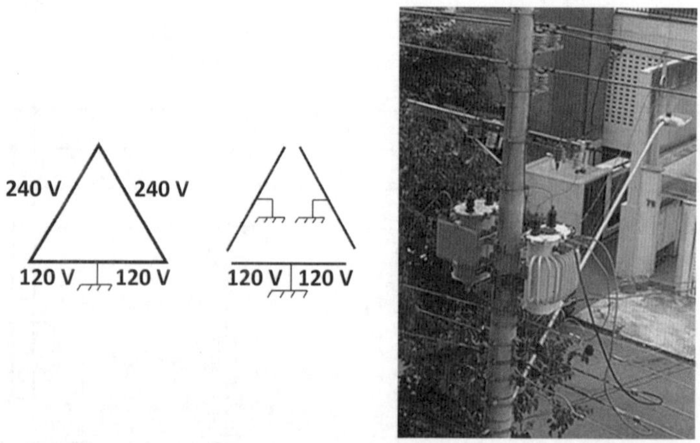

Figura 8.6 Conexão triângulo com neutro e delta aberto. Na foto, banco com dois transformadores monofásicos em conexão V aberto.

8.4. BLINDAGEM ELETROMAGNÉTICA

Blindagem eletromagnética é a prática de reduzir o campo eletromagnético em um dado volume, buscando bloqueá-lo com barreiras de materiais condutivos e/ou magnéticos. A blindagem é tipicamente aplicada em gabinetes ou partes de um circuito para isolar dispositivos elétricos de interferências provenientes de suas vizinhanças. É também aplicada em cabos elétricos (que normalmente conduzem sinais elétricos) para isolá-los do ambiente em volta.

Uma estrutura condutora, eletricamente fechada, usada para bloquear campos eletromagnéticos, também é conhecida como gaiola de Faraday.[1] A redução resultante dos campos eletromagnéticos depende do material, de sua espessura, do volume blindado, da frequência e do tamanho, forma e orientação de buracos presentes na estrutura de blindagem (normalmente necessários para a ventilação). Campos magnéticos variáveis geram correntes em paredes metálicas da blindagem que atuam para cancelar o campo magnético incidente. A radiação eletromagnética é refletida da superfície do condutor; assim os campos internos permanecem dentro do volume blindado e os campos externos permanecem no lado de fora, sem interação entre eles. Não é necessário aterrar a gaiola de Faraday a fim de proteger os circuitos contidos, embora isso ajude a impedir o acúmulo de carga eletrostática nas paredes da blindagem. Isso é importante caso a gaiola possa ser tocada pelo usuário.

8.5. ASPECTOS DE SEGURANÇA

Outro aspecto importante do aterramento diz respeito à segurança dos usuários que entram em contato com equipamentos energizados. Existem três situações que podem comprometer a segurança de uma pessoa submetida a campos elétricos.

8.5.1. POTENCIAL DE PASSO

É definido como a diferença de potencial entre dois pontos na superfície do solo, distantes um metro entre si. Como mostrado na Figura 8.7, esse potencial afeta uma pessoa quando ela anda sobre essa superfície sem o devido isolamento elétrico.

8.5.2. POTENCIAL DE TOQUE

É definido como a diferença de potencial entre as partes metálicas aterradas e um ponto no solo afastado um metro desse objeto aterrado. Esse é o potencial a que uma pessoa pode estar submetida ao tocar em objetos metálicos de equipamentos elétricos (mal) isolados (cabines, tanques, carcaças etc.).

8.5.3. POTENCIAL TRANSFERIDO

O potencial transferido é um caso particular do potencial de toque quando a parte metálica não tem aterramento ou tem aterramento separado. Essa é uma situação de alto risco, pois pode assumir valores comparáveis aos níveis de tensão da instalação no caso de falha de isolamento das partes eletrificadas. É o caso de cabos de comunicação,

---

1 Michael Faraday (1791-1867) foi um físico e químico britânico que realizou importantes contribuições para os estudos do eletromagnetismo e da eletroquímica.

condutos ou postes metálicos, linhas de trem etc. quando em contato acidental com a parte eletrificada.

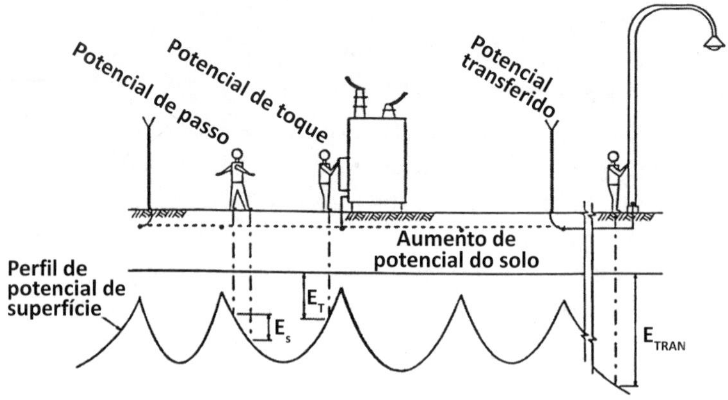

Figura 8.7 Diferentes tipos de potencial de risco para choque humano.

8.6. ATERRAMENTO E COMPATIBILIDADE ELETROMAGNÉTICA

Outra importante razão para usar corretamente os princípios de aterramento: preservar as variáveis elétricas de interesse das possíveis interferências externas, e não introduzir novos caminhos para correntes indesejadas, provenientes do próprio equipamento, as chamadas correntes parasitas ou de fuga. Em muitos casos os próprios instrumentos de medição podem ser afetados por essas correntes, comprometendo as leituras. Daí a preocupação com a precisão dos processos de obtenção de parâmetros de QEE.

Em equipamentos eletrônicos de potência (mas não exclusivamente nestes) estão presentes elevadas taxas de variação de tensão (dv/dt) e de corrente (di/dt) associadas à comutação de transistores e diodos. Transitórios rápidos encontram caminhos para a circulação de correntes parasitas através de acoplamentos capacitivos e indutivos entre as partes metálicas internas aos equipamentos e as superfícies condutoras externas, normalmente aterradas, como mostra a Figura 8.8. Essas correntes indesejadas são denominadas correntes de modo comum.

Normas específicas de interferência eletromagnética [3] conduzida limitam esses valores, na faixa entre 150 kHz e 30 MHz para equipamentos de uso industrial, científico e médico (ISM).

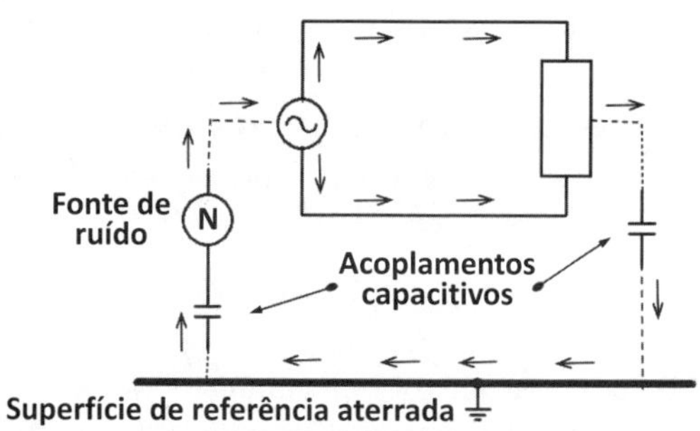

Figura 8.8 Circulação de ruído de modo comum entre equipamento e circuito de alimentação.

Para minimizar a propagação das correntes de modo comum, elas devem ser desviadas do circuito principal usando, por exemplo, filtros como os mostrados na Figura 8.9.

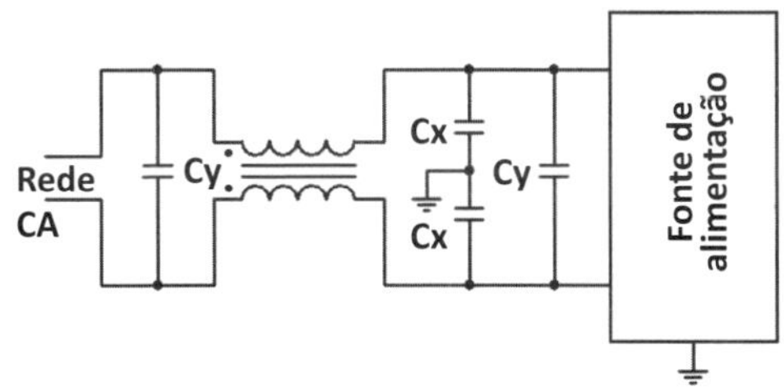

Figura 8.9 Filtro de IEM com proteção de ruído de modo comum.

8.7. RESUMO

O tema deste capítulo foi o aterramento de redes elétricas no contexto de QEE. Dadas as diversas funções do aterramento, foram apresentadas diferentes maneiras de realização de aterramento em conformidade com as normas vigentes. Foi ressaltada a importância da blindagem eletromagnética e a sua conexão com o procedimento de aterramento.

QUESTÕES

1) Explique as razões de se aterrar um sistema elétrico.
2) Qual é a principal diferença, em termos de QEE, entre aterrar um sistema trifásico com fio de retorno e sem fio de retorno?
3) Qual é a diferença, em termos de QEE, entre um sistema de blindagem de um equipamento elétrico e um simples aterramento?
4) Por que é mais seguro se proteger de uma descarga atmosférica dentro de um carro do que embaixo dele?
5) Em caso de haver risco de interferência externa no funcionamento de um equipamento elétrico, qual é o melhor tipo de proteção a ser aplicado: aterramento, blindagem ou ambos?

REFERÊNCIAS

[1] Associação Brasileira de Normas Técnicas – ABNT NORMA BRASILEIRA NBR 5410 *Instalações elétricas de baixa tensão*, 2 ed., 2004.

[2] AES Eletropaulo, CT-65, *Alteração da tensão nominal secundária do sistema delta com neutro*, Norma Técnica da AES Eletropaulo, 2016.

[3] European Norm, EN 55011, *Industrial, scientific and medical equipment radiofrequency disturbance characteristics limits and methods of measurement*, 2009.

CAPÍTULO 9

Medições e análise de qualidade da energia elétrica em redes de distribuição

9.1. INTRODUÇÃO

A obtenção de indicadores de QEE por meio de analisadores de energia elétrica inicia-se com a amostragem dos sinais de tensões e correntes nos pontos de medição. O processo de amostragem deve ser feito com critérios bem determinados para que os valores calculados sejam representativos das grandezas reais. Além disso, os analisadores devem disponibilizar valores (medidas) obtidos de acordo com as prescrições das normas [1] [2] [3]. O processamento é feito de maneira continuada e, após os cálculos, as amostras de tensão e corrente são descartadas, mantendo-se um arquivo apenas com os valores processados. Detalhes relativos ao processamento digital dos sinais utilizados em analisadores de energia elétrica serão discutidos nos próximos capítulos. As figuras reproduzem os resultados como apresentados por um analisador de QEE comercial, razão pela qual foram mantidas as legendas originais em inglês.

Este capítulo apresenta análises de casos reais de QEE, baseadas em medições realizadas em redes de distribuição a título de ilustrar situações encontradas na prática. Trata-se de campanhas de medições realizadas em redes de distribuição de baixa tensão, que visavam observar o impacto da instalação de bancos capacitivos no secundário de transformadores de distribuição. O objetivo dessas instalações era elevar a tensão e o fator de potência conjunto de todos os ramais supridos pelo mesmo transformador.

9.2. REDE SECUNDÁRIA COM PREDOMINÂNCIA DE CONSUMIDORES RESIDENCIAIS

Neste primeiro caso são analisadas medições em uma rede secundária a quatro fios (220/127 V) [4], com 141 consumidores residenciais (70% da demanda), oito consumidores comerciais (25% da demanda) e um consumidor industrial (5% da demanda). Trata-se de um bairro de classe média, o que implica sobre o padrão de consumo de energia elétrica.

Havia interesse de a distribuidora verificar se a instalação de bancos de capacitores diretamente na saída dos transformadores de distribuição apresentava riscos em relação aos níveis de distorção harmônica das tensões e correntes secundárias associadas a cargas não lineares. As medições foram necessárias para monitorar esses fenômenos. O retorno financeiro desse investimento viria do aumento natural de consumo devido ao aumento da tensão secundária, bem como da redução de perdas na rede primária e no transformador ao restringir a circulação de reativos apenas aos alimentadores secundários, em função da instalação dos capacitores.

As medições analisadas ocorreram em 2004 e seus resultados devem ser analisados com algumas premissas pertinentes àquela época. Por exemplo, a iluminação incandescente ainda era predominante nas residências (a proibição da comercialização desse tipo de lâmpada ocorreu em 2015); desse modo, é razoável supor que parte significativa da demanda de potência ativa (algumas centenas de Watt por domicílio) no período noturno se refira a tal tipo de carga resistiva. Outro exemplo são os aparelhos de condicionamento de ar que se apresentavam como cargas indutivas por conta dos motores dos compressores. Os aparelhos com inversores são recentes, com entrada mais intensa no mercado nacional a partir de 2015. Atualmente, tais cargas, de potência considerável, têm um comportamento de carga não linear, com retificador e filtro capacitivo.

A Figura 9.1 mostra o comportamento da potência reativa total (entendida como o componente fundamental da corrente em quadratura com a tensão) durante uma semana. Nota-se um valor-base (mínimo) de potência reativa em torno das 8 horas, com crescimento ao longo da manhã e decréscimo após o meio-dia. O valor mínimo é consistente com estimativas de consumo predominante de refrigeradores domésticos [5]. O aumento na potência reativa é justificável pela entrada em uso de outros aparelhos domésticos ao longo do dia com motores elétricos CA (eletrodomésticos, máquina de lavar roupa, ventiladores, condicionadores de ar etc.).

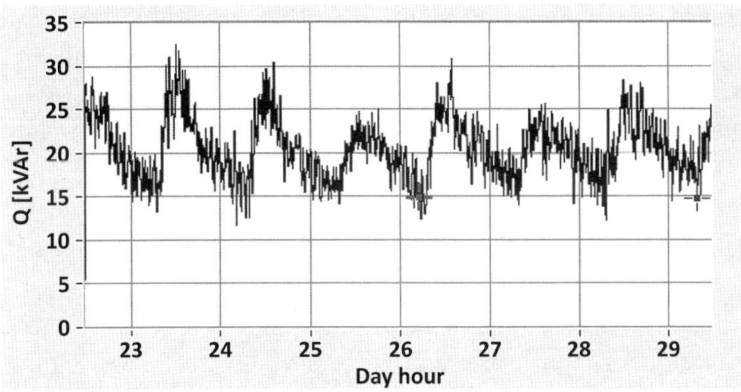

Figura 9.1 Potência reativa total medida na saída do transformador de distribuição durante 7 dias (entre o dia 22, às 12 horas, até o dia 29, às 12 horas).

Durante a tarde, a potência reativa se mantém em níveis elevados com tendência a decrescer durante a noite, enquanto cresce a potência ativa, conforme mostra a Figura 9.2. Isso sugere que as cargas adicionadas, especialmente no final da tarde e início da noite, apresentam fator de deslocamento próximo da unidade, uma vez que nesse período a potência reativa diminui. Em princípio, o aumento da potência ativa se deve à entrada de cargas resistivas (lâmpadas incandescentes e chuveiros) e/ou de cargas eletrônicas de alto fator de potência, como se verá na sequência.

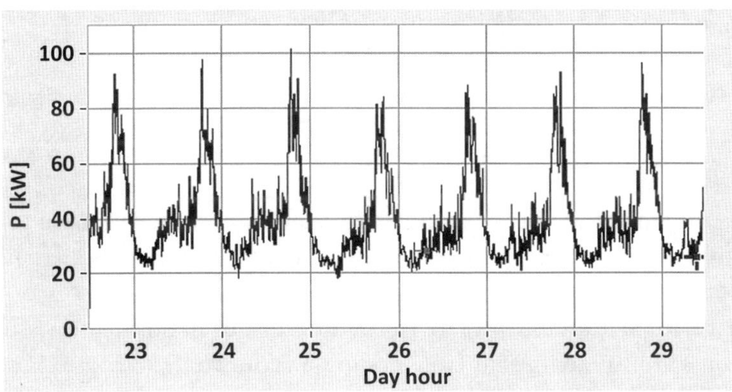

Figura 9.2 Potência ativa total medida na saída do transformador de distribuição.

Estimando a potência ativa máxima média, por fase, em torno de 25 kW e que, no mesmo horário, a potência reativa média por fase (Figura 9.1) vale em torno de 7 kVAr, chega-se a uma potência aparente aproximada de 26 kVA, o que resulta em 200 A por fase, valor próximo da máxima corrente fundamental esperada no alimentador. Analisando a situação em torno do meio do dia, a potência ativa é estimada como 12 kW e a reativa 8 kVAr, resultando 14,5 kVA e 115 A, valores abaixo da média diária.

A partir da Figura 9.3 é analisado o comportamento do terceiro harmônico ao longo do mesmo período de medição. Durante as madrugadas o valor desse harmônico é baixo, o que é compatível com medições representativas de cargas tipo refrigeradores [6], já que outras cargas domésticas que produzem harmônicos (computadores, televisores etc.), na maioria, estão fora de uso nesse horário.

O crescimento do valor absoluto do terceiro harmônico, ao longo de todo o dia e no início da noite, indica a inserção de cargas não lineares do tipo eletrônicas. Isso mostra que a distorção da corrente é majoritariamente determinada pelas cargas do tipo retificador e apenas marginalmente pelos refrigeradores e outras cargas contendo motores. Isso também explica a redução da potência reativa total (Figura 9.1), já que as cargas não lineares do tipo retificador com capacitor no lado CC apresentam leve característica capacitiva sobre a entrada CA.

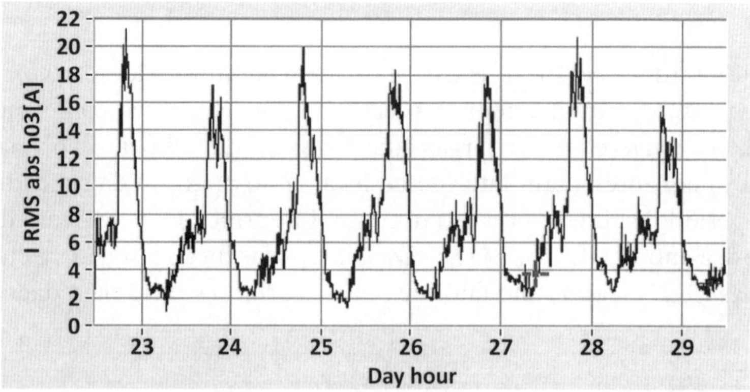

Figura 9.3 Valor eficaz do terceiro harmônico da corrente em uma das fases, medida na rede secundária, ao longo de 7 dias.

Apenas no início da noite o crescimento relativo desse harmônico torna-se menor que o da potência ativa, o que confirma o aumento das cargas resistivas lineares nesse período. Na situação de máxima potência, o terceiro harmônico representa aproximadamente 8% da fundamental. Ao meio do dia, essa porcentagem é maior, aproximadamente 10%, devido à redução da corrente fundamental.

Reitere-se, no entanto, que do ponto de vista da possível deterioração dos indicadores de qualidade, o que interessa é o valor absoluto da corrente harmônica e da potência reativa, que produzem, respectivamente, as distorções na tensão e a variação da tensão eficaz, ambas dependentes da impedância do alimentador. No caso de valores relativos, como *DHT* ou *FP*, que dependem de um valor da base de comparação, as análises devem ser relativizadas em função dessas bases a fim de avaliar seu impacto real, ou seja, *DHT* elevado ou *FP* baixo sob corrente baixa não deveria causar maiores preocupações.

9.3. REDE SECUNDÁRIA COM PREDOMINÂNCIA DE CONSUMIDORES COMERCIAIS

Neste segundo caso, as medições se referem a uma rede secundária radial, relativamente curta, porém com concentração de cargas comerciais (80% da carga) e industriais (11% da carga). Quase 65% das cargas comerciais estão conectadas em uma mesma barra. Trata-se de um alimentador urbano, com alta presença de cargas não lineares, típicas de escritórios de serviços (iluminação com reatores eletromagnéticos e eletrônicos, computadores, impressoras, condicionadores de ar etc.).

Os resultados apresentados nas figuras seguintes referem-se às três fases, representadas em diferentes tons de cinza, originalmente identificadas por diferentes cores. O objetivo principal é ressaltar a evolução cíclica ao longo de uma semana de medição. Nos casos em que é importante destacar as diferenças entre fases, os diferentes tons de cinza permitem fazer a distinção. Das medições foram extraídos alguns resultados significativos para a análise do tipo de carga conectada. Por exemplo, a carga total neste caso apresenta um maior desequilíbrio (Figura 9.4). Isso decorre do fato de as cargas não lineares estarem concentradas em duas fases, como se pode concluir da análise da Figura 9.5. O 3º harmônico também aumenta de modo desigual nas três fases durante o horário comercial. Isso confirma que as cargas não lineares não estão balanceadas e são bifásicas (possivelmente reatores de lâmpadas fluorescentes sem correção de fator de potência). O desequilíbrio leva à propagação de componentes harmônicos da corrente para a média tensão do transformador, o que resulta na distorção da tensão no sistema de distribuição para outras cargas. Essas curvas também confirmam a predominância das cargas comerciais, uma vez que seu consumo é drasticamente reduzido no período noturno.

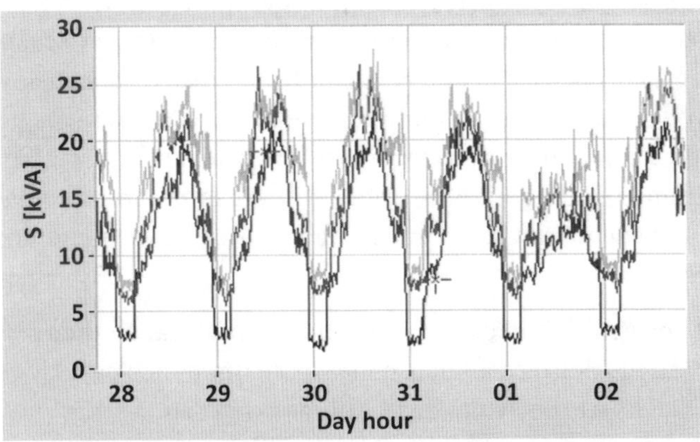

Figura 9.4 Potência aparente nas três fases no secundário do transformador ao longo de seis dias.

Os dias 1 e 2, com valores menores, correspondem a um final de semana.

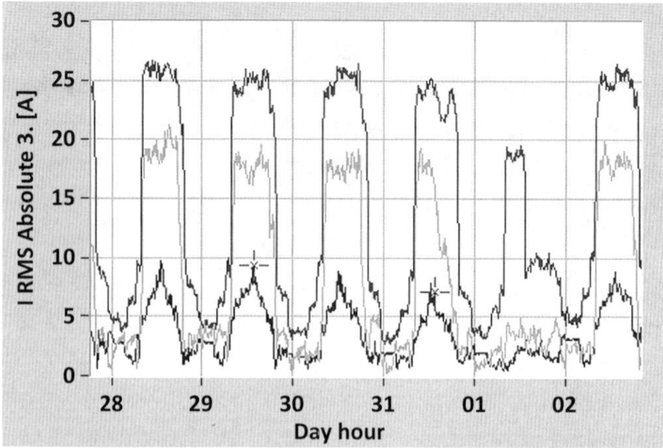

Figura 9.5 Comportamento do terceiro harmônico das correntes de fase ao longo de seis dias, claramente indicado pelo desequilíbrio das cargas não lineares.

9.4. COMPENSAÇÃO CAPACITIVA EM REDES RESIDENCIAIS E COMERCIAIS

As empresas de distribuição de energia elétrica ou mesmo grandes consumidores estão interessados na aplicação de filtros passivos ou de compensação capacitiva em suas redes com o objetivo de melhorar o perfil de tensão, postergando assim investimentos nessas redes [7] [8] [9] [10]. Uma vez que o uso de filtros sintonizados, na presença de distorções na rede, pode significar uma situação de risco, uma alternativa a ser analisada é a compensação apenas da potência reativa por meio de capacitores. Nos dois tipos de compensação, o montante de reativos capacitivos pode ser dimensionado de modo a compensar a parcela "base" de potência reativa (Figura 9.1). Como benefícios econômicos, ter-se-ia a redução de perdas no transformador e na rede, além da elevação da demanda da carga instalada por conta do aumento da tensão para os consumidores.

A Figura 9.6 mostra a alteração na potência reativa total medida no secundário do transformador (do primeiro caso) pela conexão de um banco capacitivo trifásico ligado em Δ (total 17,5 kVAr) por volta das 11 horas do dia 30.

A Figura 9.7 mostra o efeito dessa compensação sobre a tensão na saída do transformador, confirmando um aumento a partir do dia 30 da ordem de 1% na média.

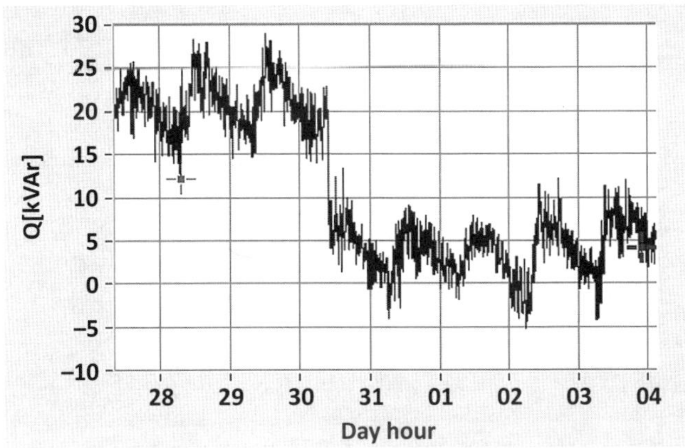

Figura 9.6 Potência reativa total (trifásica) com impacto da compensação de reativos em rede predominantemente residencial.

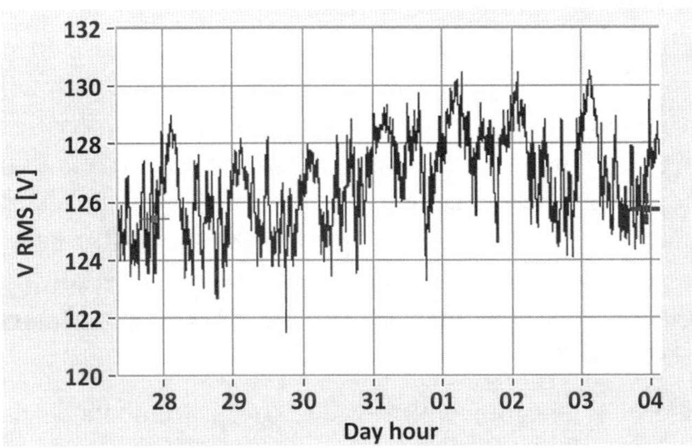

Figura 9.7 Aumento na tensão junto ao transformador após compensação reativa no dia 30.

A Figura 9.8 mostra que também ocorre um aumento na *DHT* da tensão com a instalação do banco capacitivo. A *DHT* média de tensão se elevou de 2,5% para mais que 3,5%.

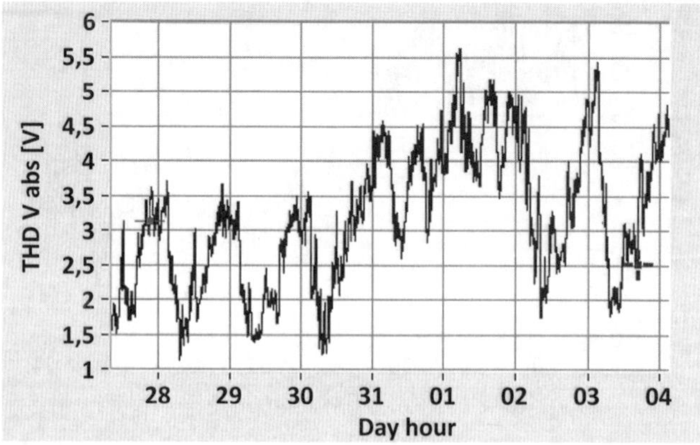

Figura 9.8 *DHT* da tensão antes e após a instalação do banco capacitivo.

Para explicar o aumento da distorção harmônica, foram comparados os espectros da corrente no transformador antes e depois da instalação do banco capacitivo no secundário (Figura 9.9), em intervalos de sete dias, de modo a caracterizar o comportamento semanal, computando-se o valor médio no período. Verifica-se o aumento especialmente do 7º harmônico, que quase triplicou. Devido à conexão do banco em Δ, o 3º harmônico praticamente não mudou. Como a medição foi feita junto ao secundário do transformador, pode-se inferir que a presença de distorções na tensão da rede pode ter levado a uma amplificação harmônica que poderia se tornar excessiva, caso o banco capacitivo e a impedância do alimentador produzissem uma ressonância nas proximidades de componentes presentes na tensão.

Por outro lado, se o harmônico observado fosse proveniente da carga que tivesse um comportamento de fonte de tensão, seria necessário considerar a ressonância paralela entre o banco capacitivo e a impedância dessa fonte para explicar esse aumento. O componente harmônico da tensão no PAC, para um dado valor presente na carga (V_{oh}), é dado por:

$$\frac{V_{hPAC}}{V_{oh}} = \frac{Zi//Z_f}{Z_o + Z_i//Z_f} \tag{9.1}$$

onde Z_i é a impedância interna da fonte (no caso a de Thévenin); Z_f representa a impedância do filtro LC no PAC e Z_o a impedância da fonte harmônica na carga. Dependendo de Z_f, essa compensação pode resultar em amplificação da tensão harmônica no PAC, por exemplo, se Z_f se mostrar capacitiva na frequência harmônica.

Outra maneira intuitiva de entender o aumento da distorção é lembrar que todo capacitor ligado em paralelo com a rede representa um caminho de baixa impedância para altas frequências. Dessa forma, o capacitor se comporta como um atrator de correntes harmônicas da sua vizinhança. Essa é a razão pela qual a instalação de bancos capacitivos em redes com cargas não lineares requer estudos cuidadosos relativos a possíveis frequências de ressonância. Esse estudo também mostra que há situações em que as fontes harmônicas devem ser modeladas como fontes de tensão e não como fontes de corrente, pois neste caso a distorção não iria variar.

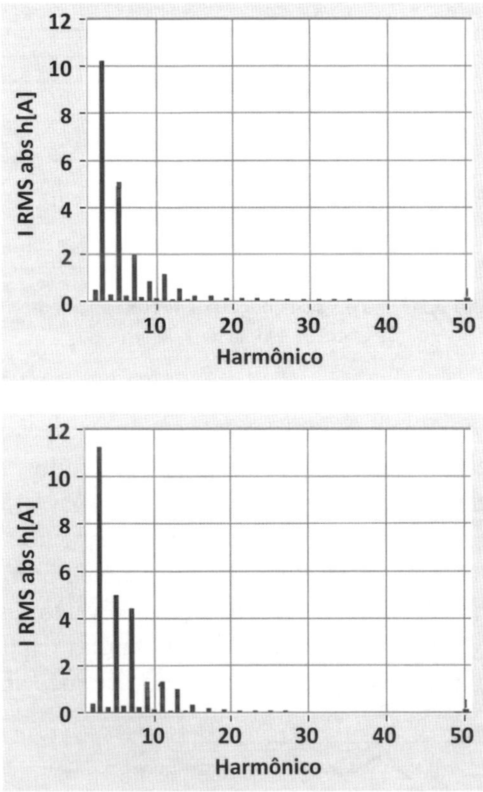

Figura 9.9 Espectro da corrente em uma das fases, junto ao transformador, antes (acima) e depois (abaixo) da instalação do banco de capacitores.

9.5. CAPTURA DE EVENTOS ISOLADOS

Além de permitir a obtenção de valores eficazes de tensões e correntes e da determinação das diferentes potências e grandezas ao longo do tempo de observação, como distorções totais, espectro harmônico, fator de potência etc., os analisadores de QEE normalmente são capazes de identificar a ocorrência de eventos isolados, como transitórios e VTCD. Nesses casos, o equipamento mantém armazenadas apenas as amostras referentes a tais eventos, de modo a ser possível reconstruí-los. As ocorrências ficam registradas em um arquivo específico dos eventos transitórios ou de violação de limites preestabelecidos por normas ou programados pelo usuário do instrumento. Alguns equipamentos, como o exemplificado na Figura 9.10, apresentam uma tela gráfica indicando a existência desses dados, o que facilita encontrar tais eventos isolados nos registros do aparelho.

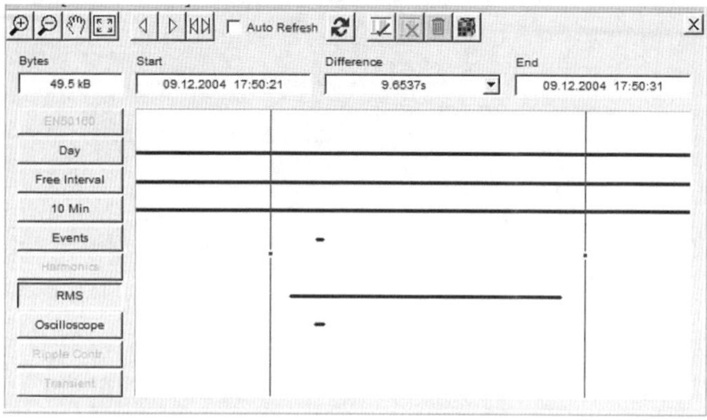

Figura 9.10 Tela de visualização de medições e indicações de eventos e violações de limites.

O aparelho permite selecionar o intervalo de tempo que se quer analisar. No caso, buscou-se um intervalo curto, de pouco mais de 9 segundos, no qual foi indicada a ocorrência de uma perturbação no valor eficaz das tensões (RMS). Nesse mesmo intervalo há indicação de um evento e o armazenamento das formas de onda (*Oscilloscope*). Não houve no intervalo a identificação de harmônicos, uma vez que não há o traço na respectiva linha de visualização. O evento registrado está indicado na Figura 9.11. Trata-se de um afundamento de tensão trifásico, com duração de 0,5 segundos, seguido de uma recuperação oscilatória pouco amortecida.

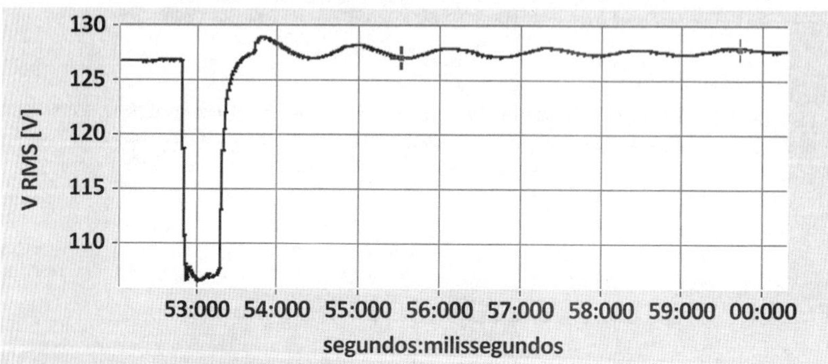

Figura 9.11 Registro de afundamento da tensão eficaz de uma das fases, durante um intervalo de observação de 8 segundos.

As amostras originais desse evento também foram preservadas, de modo que é possível visualizar as formas de onda da ocorrência registrada, como mostra a Figura 9.12.

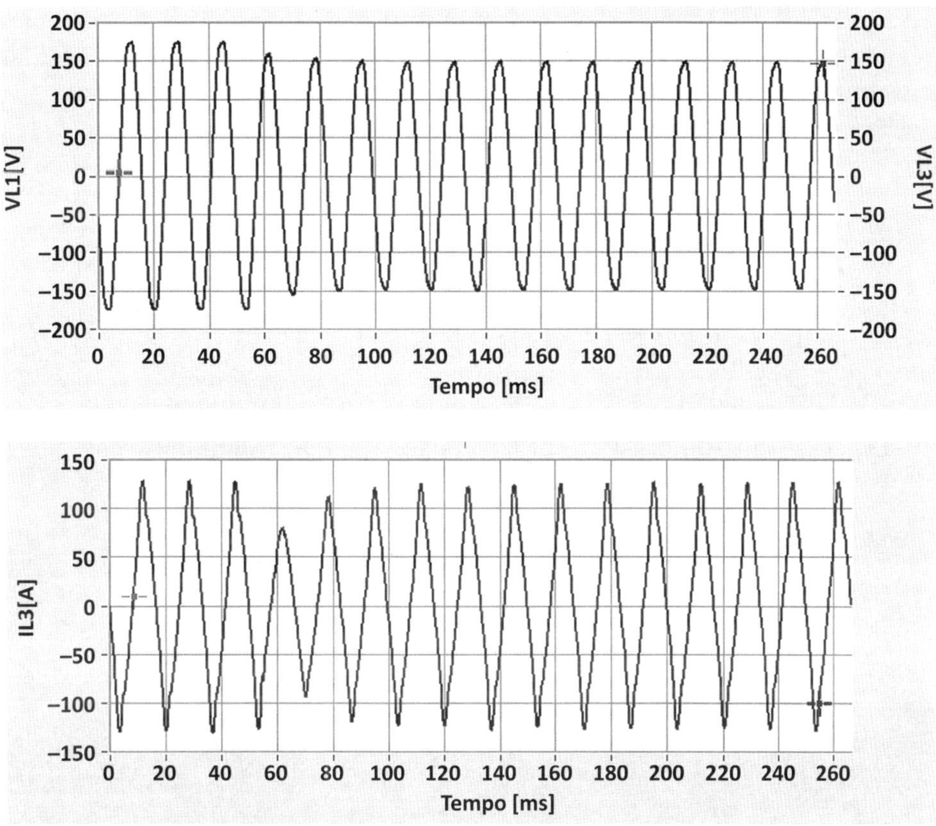

Figura 9.12 Formas de onda de tensão (acima) e corrente (abaixo), em uma das fases, registradas no início do evento.

O tempo total do registro foi de 270 ms, preservando dados desde 60 ms antes do início do evento. Ou seja, foram mantidos os dados ao longo do evento que servem para marcar o início do afundamento da tensão e a evolução da corrente nesse intervalo. A tensão apresenta um pouco de distorção, que é mais acentuada na corrente no ponto de medição. Muito provavelmente o local de medição não foi o ponto de ocorrência do evento, mas um ponto a "montante". Ou seja, o evento deve ter ocorrido entre o início do alimentador (ou mesmo proveniente da média tensão) e o ponto de medição, no qual se registrou seus efeitos. As escalas estão em valores absolutos, volts e ampères.

Um aspecto a ser analisado em relação a esse evento é o comportamento da corrente. Verifica-se um aumento gradativo na corrente após a redução inicial que acompanha a queda na tensão. Uma hipótese é que, do conjunto de cargas, parte apresenta comportamento de potência controlada para se manter constante, pois se observa um aumento gradual da corrente após a redução na tensão. A forma de onda da corrente é aproximadamente triangular, indicando elevado grau de distorção, associado possivelmente com o controle eletrônico, atuando, inclusive, para manter o fator de potência próximo de 1, como se pode intuir pelas defasagens de tensões e correntes.

A Figura 9.13 mostra outro evento de afundamento. Neste caso, as correntes apresentam elevada distorção. Trata-se de um evento complexo, desequilibrado e com diversos transitórios no intervalo de 270 ms. Também aqui os resultados referem-se às três fases, representadas em diferentes tons de cinza, originalmente identificadas por diferentes cores.

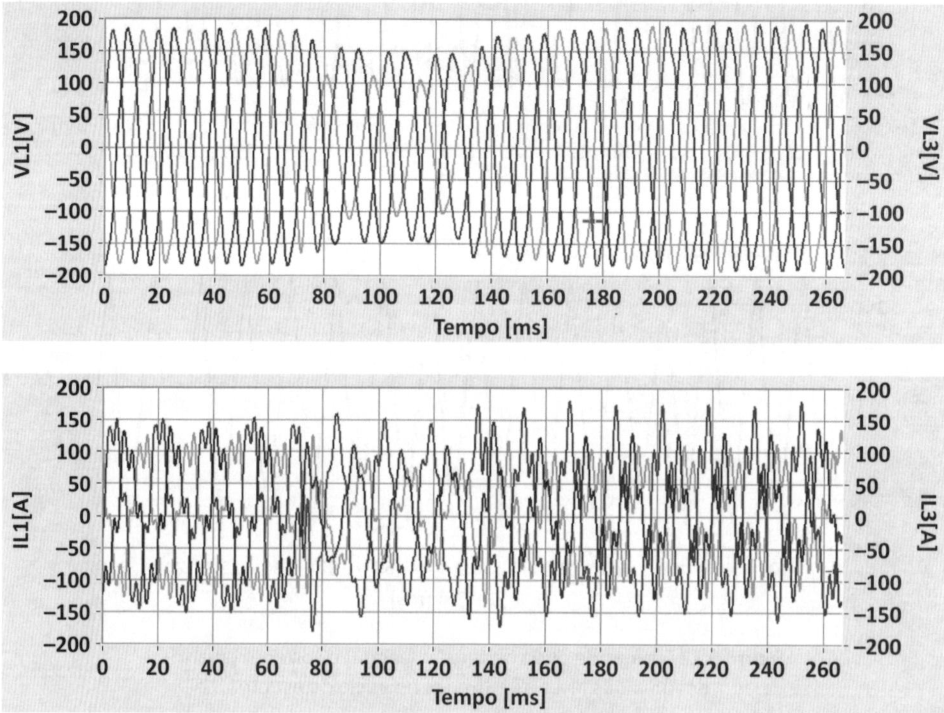

Figura 9.13 Tensões e correntes registradas em ocorrência de evento de QEE.

9.6. RESUMO

Neste capítulo foram apresentados resultados de medições de campo em redes reais de baixa tensão (220/127 V), selecionadas em função do tipo de cargas predominantes: residenciais, comerciais ou mistas. O objetivo foi comparar os indicadores relativos a variações de tensão e corrente, conteúdo harmônico, detecção de eventos de curta duração e verificar a evolução do fator de potência antes e depois da instalação de capacitores de correção do fator de potência nos ramais de distribuição. Com isso, teve-se a oportunidade de testar os efeitos sobre os indicadores de QEE utilizando compensação da potência reativa por meio da simples instalação de bancos de capacitores. Os principais resultados e as conclusões obtidas foram apresentados e devidamente comentados.

QUESTÕES

1) Por que na análise do conteúdo harmônico da corrente é mais interessante analisar os valores absolutos dos harmônicos do que os valores percentuais em relação à fundamental? Por que para as tensões isso é praticamente indiferente?

2) Considerando os resultados mostrados na Figura 9.5, comente sobre a capacidade de conexões em Δ dos transformadores de distribuição minimizarem a distorção de 3º harmônico na média tensão.

3) Considerando os resultados mostrados nas Figuras 9.8 e 9.9, quais comportamentos permitem levantar a hipótese sobre a ampliação da *DHT* na tensão após a instalação dos capacitores.

4) Considerando os resultados mostrados nas Figuras 9.12 e 9.13, quais comportamentos permitem levantar a hipótese de que existem cargas do tipo potência constante sendo alimentadas?

REFERÊNCIAS

[1] International Electrotechnical Commission, IEC 62586-1:2017, *Power quality measurement in power supply systems – Part 1: Power quality instruments (PQI)*, 2017.

[2] International Electrotechnical Commission, IEC 62586-2:2017/AMD1:2021, *Power quality measurement in power supply systems – Functional tests and uncertainty requirements*, 2021.

[3] Associação Brasileira de Normas Técnicas, ABNT, *Proposta de normalização para ensaios e testes de medidores eletrônicos de energia elétrica,* Grupo de Trabalho 9 da Comissão de Estudo 003:013.001 sobre medidores integradores do Comitê Brasileiro de Eletricidade ABNT/CB-003, 2019.

[4] S. M. Deckmann, J. A. Pomilio, E. A. Mertens, L. F. S. Dias, A. R. Aoki, M. D. Teixeira e F. R. Garcia, "Compensação capacitiva em redes de baixa tensão com consumidores domésticos: impactos no nível de tensão e na distorção harmônica", *Anais do VI SBQEE,* Belém, PA. Ago. 2005.

[5] S. M. Deckmann, J. A. Pomilio, "Characterization and compensation for harmonics and reactive power of residential and commercial loads", *Anais do 8º Congresso Brasileiro de Eletrônica de Potência, COBEP 2005*, Recife, 14-17 de Junho de 2005.

[6] J. A. Pomilio, S. M. Deckmann, "Caracterização e compensação de harmônicos e reativos de cargas não-lineares residenciais e comerciais", *Eletrônica de Potência*, v. 11, n. 1, pp. 9-16, Março de 2006.

[7] A. M. Oliveira, e outros, "Energy quality × Capacitor bank", *Anais do 7º Congresso Brasileiro de Eletrônica de Potência* – COBEP, Fortaleza, Ceará, 2003

[8] J. R. Macedo Jr., "Aplicação de Filtros Harmônicos Passivos em Circuitos Secundários", *Anais do II CITENEL*, Salvador, Nov. 2003.

[9] T. Tanaka, Y. Nishida, S. Funabike, "A method of compensating harmonic currents generated by consumer electronic equipment using the correlation function", *IEEE Transactions on Power Delivery*, v. 19, n. 1, Jan. 2004.

[10] ANEEL, *Procedimentos de Distribuição de Energia Elétrica no Sistema Elétrico Nacional – PRODIST, Módulo 8 – Qualidade da Energia Elétrica*, Revisão 12, 2021.

PARTE 2

PROCESSAMENTO DIGITAL

CAPÍTULO 10

Análise de sinais em sistemas de energia elétrica

10.1. INTRODUÇÃO

O objetivo desta segunda parte é familiarizar o leitor com técnicas básicas do processamento digital aplicadas a sinais obtidos em sistemas de energia elétrica. Essa é uma área de conhecimento ainda pouco abordada em cursos de Engenharia Elétrica voltados a Sistemas de Potência. No entanto, em plena era digital passou a ser fundamental esse tipo de informação, em especial para quem pretende se aprofundar no tema Qualidade da Energia Elétrica.

Enquanto na parte inicial as grandezas medidas, essencialmente tensões e correntes, foram consideradas de modo idealizado, sem maiores preocupações a respeito da maneira de obtenção, ou seja, do processo de medição, esta segunda parte considera que elas foram devidamente convertidas em sinais de baixa potência e níveis de tensão adequados ao processamento, seja analógico ou digital, de acordo com alguns preceitos, descritos a seguir.

10.2. CONDICIONAMENTO DE SINAIS

O processo usual de conversão das grandezas físicas em sinais elétricos proporcionais é feito por meio de sensores e transdutores. Tais elementos de conversão nunca são capazes de representar plenamente as grandezas originais devido a diversas limitações inerentes ao princípio de funcionamento do conversor ou decorrentes de interferências externas ou mesmo de limitações construtivas. Apesar da importância desse tema no que diz respeito à confiabilidade das medidas, segue apenas um resumo das principais questões a serem observadas. Maiores detalhes podem ser obtidos na literatura especializada sobre medidores e técnicas de medição [1], [2] e [3].

10.2.1. SENSORES E TRANSDUTORES

Muitas vezes esses termos são usados como sinônimos, porém pode-se fazer uma distinção entre as suas funções. O sensor, como diz o nome, é constituído de um elemento mais sensível a determinado efeito físico (temperatura, pressão, campo elétrico, campo magnético, luz, som, umidade etc.). Na presença de um desses efeitos o sensor reage alterando alguma característica (tamanho, cor, forma, estado magnético ou elétrico) de modo que essa alteração pode ser quantificada e relacionada com o fenômeno original.

O transdutor, por sua vez, é constituído de um elemento que converte a grandeza "sentida" em outra forma de grandeza proporcional (célula fotoelétrica, célula piezoelétrica, célula Hall, termopar etc.). No geral, pode-se dizer que um transdutor é composto, além de um elemento sensor, também de um elemento conversor. Em alguns casos, como no termômetro ou na célula fotoelétrica, essas duas funções são inseparáveis, daí a mistura de denominação.

Tanto os sensores como os transdutores são limitados em amplitude, o chamado "fundo de escala", que representa sua máxima capacidade de identificar o valor da grandeza medida. São também limitados em banda espectral, ou seja, conseguem reproduzir com boa fidelidade a grandeza original dentro de uma limitada faixa de frequências. Podem ainda possuir restrições de sensibilidade, ou seja, um limite inferior de capacidade de identificação da grandeza a ser mensurada.

Outro aspecto relevante é a linearidade, ou seja, a característica do sinal de saída ser diretamente proporcional à grandeza de entrada na faixa de utilização. É possível utilizar sensores cuja relação não seja linear, desde que previamente conhecida. É essencial o conhecimento das características dos sensores para que seja possível realizar o devido *condicionamento do sinal*, a fim de alcançar boas características do medidor, como: precisão, exatidão,[1] confiabilidade e repetitividade, fatores que são essenciais para a aferição dos instrumentos de medição. A rapidez de resposta também é fundamental, pois define a faixa de frequências dos eventos mensuráveis.

Do ponto de vista de QEE, as principais grandezas a serem monitoradas são tensões e correntes. Outras grandezas (potências e frequência) podem ser extraídas como parâmetros secundários dessas grandezas primárias. Devido a essa particularidade, somada ao fato de que os níveis de tensões e correntes em SEE podem assumir valores que

[1] Fonte: http://www.inmetro.rs.gov.br/cicmac/material_didatico/polig_vocab_internacional.pdf

abrangem mais de oito décadas (desde milivolt/miliampère até centenas de quilovolt/quiloampère), os transdutores mais usados baseiam-se em transformadores de potencial (TP) e de corrente (TC). Nesses casos, as principais limitações estão relacionadas à não linearidade, à saturação e à histerese do meio magnético, bem como à limitação de resposta em frequência. Em tensões extra-altas são utilizados divisores capacitivos para medição de tensões. Células Hall também podem ser usadas para medição de tensões e correntes em situações mais específicas, nas quais o isolamento elétrico é importante, assim como uma faixa de resposta em frequência mais ampla A medição da corrente também pode ser feita por meio de resistências inseridas no circuito, sobre as quais se mede a tensão. Tais resistências, normalmente de valor muito reduzido, são internas aos medidores e não devem afetar o comportamento do circuito que está sendo analisado.

10.2.2. ADEQUAÇÃO DOS SINAIS

Após a obtenção dos sinais por meio de sensores e transdutores é preciso adequar esses sinais ao subsequente processamento para extrair as grandezas desejadas. Tradicionalmente, esse condicionamento é feito por amplificadores analógicos, limitadores de nível, filtros para rejeição de frequências indesejadas e outros circuitos analógicos. Um exemplo clássico de condicionador de sinais é a ponte de Wheatstone,[2] na qual o sensor (em geral elemento de resistência variável) constitui um dos quatro ramos da ponte. A diferença de potencial, que surge devido ao desequilíbrio da ponte à medida que a grandeza física (temperatura, pressão etc.) varia, é amplificada para levar essa diferença de potencial para a faixa de trabalho do medidor a ser utilizado. Como mencionado, no campo de QEE praticamente todos os sinais tratados são elétricos. Isso significa que estão sujeitos à interferência eletromagnética. Essa questão já foi abordada em capítulos anteriores. Algumas formas de reduzir a suscetibilidade a essas interferências e ruídos também foram discutidas. Tais cuidados fazem parte de um bom projeto de condicionamento de sinais elétricos.

10.2.3. DIGITALIZAÇÃO DOS SINAIS ANALÓGICOS

Quando o tratamento do sinal é feito analogicamente, o condicionamento é o último passo para o início da medição e análise da grandeza. Atualmente, no entanto, a quase totalidade do processamento é digital, de modo que o sinal analógico deve passar por um processo de digitalização (conversão AD, analógico-digital). A conversão AD implica restrições adicionais do sinal digitalizado em relação ao sinal analógico e, por conseguinte, à grandeza original, por exemplo, o erro de quantização, que depende do

[2] Charles Wheatstone (1802-1875) foi um cientista britânico, uma das grandes figuras no desenvolvimento da telegrafia e criador da chamada ponte de Wheatstone. Embora o circuito tenha sido inventado por Samuel Hunter Christie, Wheatstone foi o pioneiro na exploração dele para fazer medidas de resistências.

número de bits usados no processo de digitalização. Ocorre também o atraso temporal de processamento das amostras, que se torna crítico no caso de sinais em alta frequência.

Outra restrição, já mencionada, é a taxa de amostragem que limita a faixa espectral de observabilidade dos fenômenos. Em princípio, todas essas questões adicionadas pelo processamento digital tendem a ser minimizadas usando-se processadores rápidos, uma vez que assim se pode aumentar o número de bits do conversor AD, a velocidade de processamento e a taxa de amostragem.

Já foi visto que a constatação da conformidade de um fenômeno de QEE depende do processamento da grandeza mensurada. Por exemplo, para a aferição dos limites de *flicker* são aplicadas diversas filtragens, com filtros passa-baixas e passa-altas. Outro exemplo é o cálculo da potência ativa, seja para sua identificação ou para a determinação do fator de potência, que exige a identificação de seu valor médio por período, o qual se realiza, em uma forma analógica ou digital, por meio de um filtro passa-baixas. Verifica-se que os processos de filtragem são imprescindíveis nos estudos de QEE e, por isso, serão enfatizados nos capítulos que seguem. Nesse contexto será dada ênfase ao tratamento de sinais de tensão e corrente nos domínios do tempo contínuo, do tempo discretizado, da análise estatística de amostras e de análises no domínio da frequência, incluindo aplicações da transformada rápida de Fourier (FFT – *Fast Fourier Transform*), da transformada de Laplace e da transformada *Z* para a síntese de filtros digitais.

10.3. ANÁLISE DE SINAIS PERIÓDICOS NO DOMÍNIO DO TEMPO

Inicialmente, vamos rever as principais formas de tratamento desses sinais no domínio do tempo, com vistas à obtenção de parâmetros que possam ser usados para caracterizar distúrbios no SEE. Para isso, serão consideradas duas classes de sinais:

i) sinais periódicos;

ii) sinais aperiódicos.

No Capítulo 2 foram definidas as grandezas que caracterizam um sinal periódico de tensão $v(t)$, como a amplitude, o valor médio e o valor eficaz. O intervalo de repetição caracteriza o período *T*, enquanto seu inverso representa a frequência $f = 1/T$ do sinal. A Figura 10.1 ilustra algumas das formas periódicas mais comuns nas aplicações de energia elétrica. No caso de sinais discretizados assume-se *N* amostras no período *T*, ou seja, o sinal é amostrado com intervalos $\Delta t = t_a = T/N$.

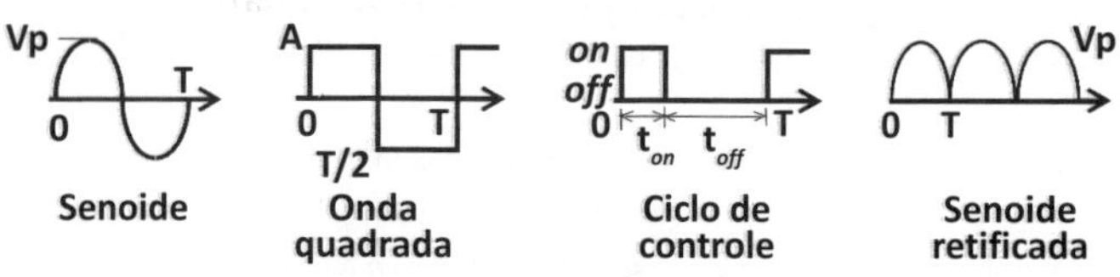

Figura 10.1 Exemplos de sinais periódicos com período T.

Dependendo do tipo de aplicação e da variável a ser monitorada ou controlada, é conveniente utilizar uma das seguintes grandezas para análise, seja no modo contínuo ou amostrado:

	Sinal contínuo	Sinal discretizado
Valor médio:	$V_{cc} = \frac{1}{T}\int_{t}^{t+T} v(t)\cdot dt$	$\frac{1}{N}\sum_{k}^{k+N} v_k$
Valor absoluto médio:	$V_{abs} = \frac{1}{T}\int_{t}^{t+T} \lvert v(t)\rvert\cdot dt$	$\frac{1}{N}\sum_{k}^{k+N} \lvert v_k\rvert$
Valor eficaz (RMS):	$V_{ef} = \sqrt{\frac{1}{T}\int_{t}^{t+T} v^2(t)\cdot dt}$	$\sqrt{\frac{1}{N}\sum_{k}^{k+N} v_k^2}$
Valor de pico:	$V_p = V_{máx}$	
Frequência fundamental:	$f_1 = 1/T$	

Razão cíclica ou ciclo de trabalho (duty cycle): $\delta = t_{on}/T$

Fator de crista (crest factor): $F_{cr} = V_p/V_{ef}$

Na literatura pode ocorrer de se utilizar a mesma nomenclatura para diferentes grandezas, que pode gerar alguma dúvida ao não se prestar a devida atenção ao conceito representado pela figura de mérito que se pretende analisar. Por exemplo, na análise da tensão CC, presente na saída de um retificador, é usual a definição:

Fator de forma (da tensão): $F_{fv} = V_{ef}/V_{cc}$

Em se tratando de grandezas alternadas (CA), é usual a definição homônima, que expressa a relação entre o valor eficaz do componente fundamental da corrente (I_{ef1}) e o valor eficaz da corrente total (I_{ef}) :

Fator de forma (da corrente): $F_{fi} = I_{ef1}/I_{ef}$

Claramente as duas relações expressam conceitos bastante distintos.

Para ondas senoidais e quadradas, as grandezas mais utilizadas resultam:

Senoide	*Quadrada*
$V_p = \sqrt{2}V_{ef} = 1{,}414V_{ef}$	$V_p = V_{ef} = V_{abs}$
$V_{ef} = \frac{\pi}{2\sqrt{2}}V_{abs} = 1{,}11V_{abs}$	$V_{cc} = 0$
$V_{abs} = 2V_p/\pi = 0{,}637V_p$	$F_{cr} = 1$
$V_{cc} = 0$	
$F_{cr} = \sqrt{2}$	

10.4. EXEMPLOS DE SINAIS PERIÓDICOS TÍPICOS EM CONVERSORES ELETRÔNICOS DE POTÊNCIA

10.4.1. MODELAGEM DE CONVERSOR CC/CC

Na análise de conversores eletrônicos, muitas vezes é preciso relacionar o desempenho do circuito em função do ciclo de trabalho δ. O intervalo t_{on} indica a condução do transistor (identificado como o interruptor S). Como exemplo, considere um conversor CC-CC chaveado e ideal, ilustrado na Figura 10.2.

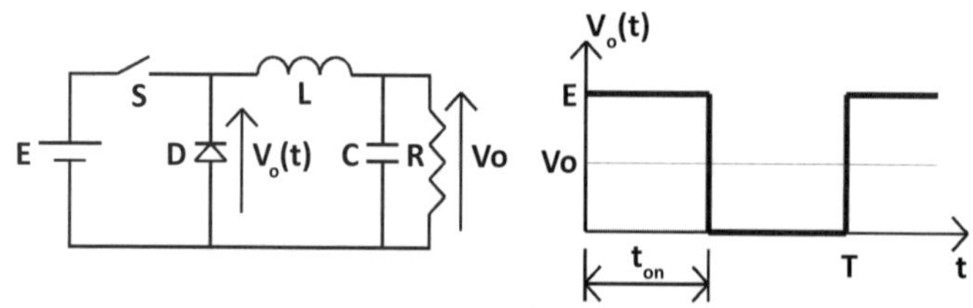

Figura 10.2 Conversor abaixador de tensão e forma de onda da tensão sobre o diodo.

Apesar de a tensão e de a corrente de saída variarem ao longo do tempo, é de interesse saber o valor médio dessas grandezas para o dimensionamento do conversor. Para um dado ciclo de trabalho δ, no modo de condução contínua, ou seja, quando a corrente no indutor não se anula durante o intervalo em que o diodo está em condução (T-t_{on}), a tensão média no período T é dada por:

$$V_o = \frac{1}{T}\int_0^T v_o(\text{t}) \cdot dt = \frac{1}{T}\int_0^{t_{on}} E \cdot dt = \frac{t_{on}}{T} \cdot E = \delta \cdot E \tag{10.1}$$

Portanto, esse conversor cc/cc se comporta como um conversor abaixador de tensão com relação de redução dada pelo próprio ciclo de trabalho:

$$\frac{V_o}{E} = \frac{t_{on}}{T} = \delta \qquad 0 \leq \delta \leq 1 \tag{10.2}$$

Esse comportamento permite modelar todo o conversor como uma fonte de tensão controlada apenas pela variável δ. Note-se que, nas condições dadas, o valor médio da tensão de saída independe da carga, ou seja, o circuito se comporta, efetivamente, como uma fonte de tensão ideal, a qual mantém constante sua tensão independentemente da carga (considerando que a fonte E seja ideal e o capacitor tenha capacidade para sustentar a tensão sobre a carga quando o transistor não está conduzindo).

Em situações em que a corrente de saída é muito pequena, o diodo pode deixar de conduzir antes que o transistor seja novamente ligado. Esse comportamento caracteriza o modo de condução descontínua, para a qual as equações e as conclusões anteriores deixam de ter validade [4]. Esse tipo de análise temporal de sinal periódico pode ser estendido a circuitos bem mais complexos e mostra como se podem combinar características básicas (média e ciclo de trabalho) para obter relações de interesse em aplicações específicas.

10.4.2. ANÁLISE DA ONDULAÇÃO DE TENSÃO *(RIPPLE)* EM RETIFICADOR

Um retificador de onda completa com filtro capacitivo de saída apresenta uma forma de onda típica mostrada na Figura 10.3.

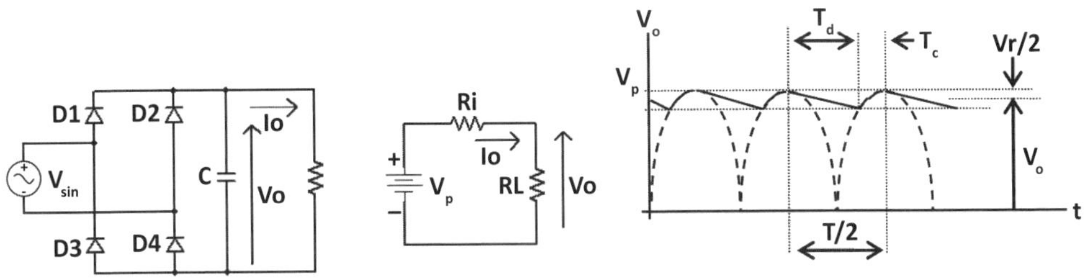

Figura 10.3 Retificador de onda completa com filtro capacitivo; um modelo aproximado para representar a queda da tensão de saída com aumento da carga e as formas de onda no lado CC.

Considerando T_c o tempo de carga e T_d o tempo de descarga do capacitor, e assumindo que o capacitor seja suficientemente grande ($\omega CR_L >> 1$), de modo a poder linearizar os trechos de descarga da tensão CC, resulta como tensão de saída média:

$$V_o = V_p - V_r/2 \tag{10.3}$$

A tensão de *ripple* V_r corresponde à variação da carga ΔQ_C da capacitância C durante a carga ou a descarga, ou seja:

$$V_r = \frac{\Delta Q_C}{C} \tag{10.4}$$

Uma vez que durante a descarga os diodos não estão conduzindo e assumindo que a corrente drenada I_o pela carga seja aproximadamente constante (dado que $V_o >> V_r$), tem-se:

$$\Delta Q_C = I_o \cdot T_d \qquad \text{e} \tag{10.5}$$

$$V_r = \frac{I_o \cdot T_d}{C} \tag{10.6}$$

Para filtragem ideal (*ripple* desprezível diante de V_o), tem-se que T_d tende a $T/2 = 1/(2 \cdot f_o)$, resultando:

$$V_r \cong \frac{I_o}{2 f_o C} \qquad \text{e} \qquad V_o \cong V_p - \frac{1}{4 f_o C} I_o \tag{10.7}$$

A última expressão pode ser analisada como a característica da regulação do retificador com filtro capacitivo, podendo-se interpretar como "resistência interna virtual" dessa fonte CC o valor:

$$R_i = \frac{1}{4 f_0 C} \tag{10.8}$$

No entanto, é importante frisar que essa "resistência virtual" não existe. É apenas uma representação do fato de que a tensão média de saída se reduz com o aumento da carga. Não existe perda de potência sobre essa "resistência", que serve apenas para representar a regulação da tensão sobre a carga.

Muitos modelos elétricos são construídos desse modo, ou seja, observando o comportamento das variáveis de interesse, tentando reproduzir o comportamento com uma representação simplificada para um determinado propósito. Neste exemplo, o modelo pode representar a redução da tensão de saída com o aumento da corrente, mas não é capaz de representar as perdas no circuito.

Outro exemplo é o modelo elétrico de uma bateria. A busca pela representação de um dispositivo eletroquímico através de um circuito elétrico certamente é um desafio e tem importantes limitações. Considerar a bateria como uma fonte de tensão em série com uma resistência fixa pode servir a algumas finalidades pontuais, mas não representa a gradual queda da tensão provocada pela descarga da bateria ao longo do tempo de uso.

Embora o emprego de modelos (como o da Figura 10.3) seja comum nas análises de Engenharia, é preciso ter muita segurança de que o modelo representa adequadamente os fenômenos que se quer analisar. Eventualmente, a simplificação pode ocultar fenômenos relevantes, de modo que é recomendado validar previamente o modelo nas condições específicas do estudo, sem o qual não é possível ter confiança nos resultados obtidos a partir do modelo.

Em outro exemplo, têm-se situações nas quais um diodo é modelado como um interruptor controlado pela tensão em seus terminais (se $v_{ak} > 0$ o diodo conduz o que equivale ao interruptor fechado). No entanto, esse modelo não é capaz de reproduzir um importante fenômeno, que é a corrente de recuperação reversa do diodo (Figura 10.4). Caso tal comportamento não seja determinante na análise, o modelo simplificado está adequado. Se o estudo se refere, por exemplo, à quantificação de perdas, o modelo precisa incluir esses outros efeitos.

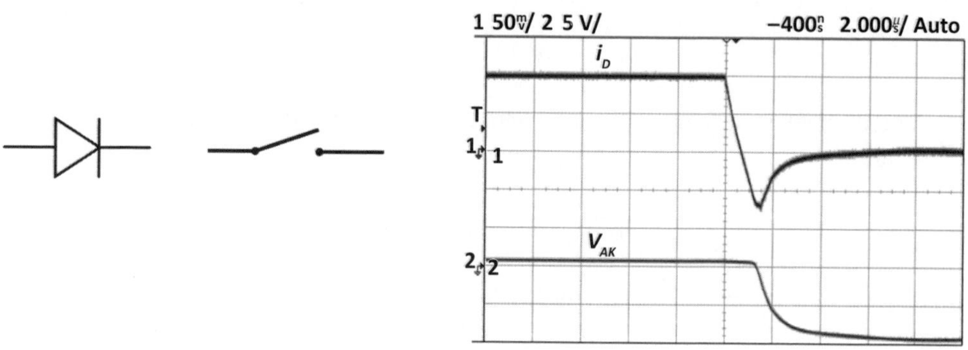

Figura 10.4 Símbolo de diodo, que pode ser modelado simplificadamente como um interruptor, o qual não é capaz de representar o comportamento dinâmico na comutação (à direita) [5].

10.5. EXEMPLOS DE PROCESSAMENTO DE SINAIS NO DOMÍNIO DO TEMPO

Neste tópico serão apresentados dois exemplos de análise, no domínio do tempo, de formas de onda periódicas, não senoidais. São casos particulares, mas que servem para ilustrar as possibilidades de abordagem não convencional de certos problemas de QEE.

10.5.1. ANÁLISE TEMPORAL DA CORRENTE DEVIDO A UMA NÃO LINEARIDADE CONHECIDA

No caso de se conhecer a função não linear que caracteriza o sistema sob análise, pode-se determinar o conteúdo harmônico que resulta para uma dada excitação periódica, por meio da análise direta no domínio do tempo. Considere-se (ignorando o deslocamento angular[3]) que a característica de magnetização de um reator com histerese desprezível possa ser aproximada por uma função cúbica do tipo $i(t)=k\cdot[v(t)]^3$, ilustrada na Figura 10.5. Se a tensão aplicada for puramente senoidal, ou seja, se $v(t) = V_1 \cdot sen(\omega_1 t)$, então a corrente assumirá a forma:

$$i(t)=kV_1^3 sen^3(\omega_1 t)=kV_1^3\left[\frac{3}{4}sen(\omega_1 t)-\frac{1}{4}sen(3\omega_1 t)\right] \qquad (10.9)$$

ou seja, ocorre um terceiro harmônico da corrente com amplitude de 33% da fundamental, com a fase inicial invertida em relação à fundamental. A Figura 10.6 ilustra essa situação. No caso de a histerese não ser desprezível, a análise temporal não é tão simples, uma vez que as características de crescimento e de decréscimo da curva de histerese são distintas e com isso o deslocamento temporal não pode ser desprezado.

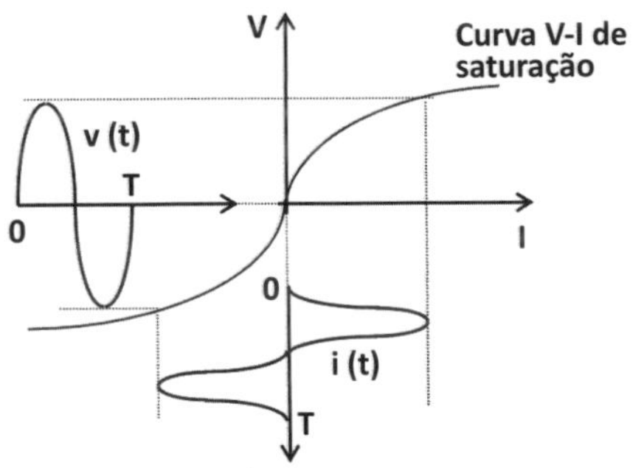

Figura 10.5 Característica V-I não linear.

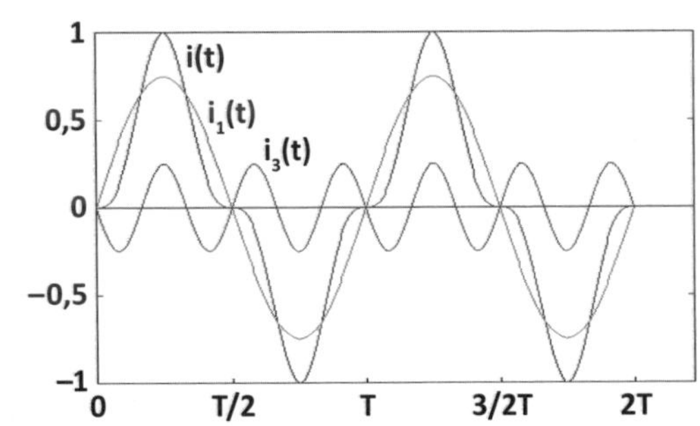

Figura 10.6 Formas de onda da corrente decomposta.

3 A Figura 10.5 é válida para a relação entre o fluxo magnético e a corrente. O fluxo, por sua vez, é a integral da tensão. Como o objetivo é estudar o aparecimento dos componentes harmônicos decorrentes da não linearidade, a defasagem existente entre o fluxo e a tensão (senoidal) não é relevante para a determinação da *amplitude* dos componentes harmônicos da corrente, embora o seja para as *fases*.

10.5.2. ESTIMATIVA DA DISTORÇÃO HARMÔNICA TOTAL DE UM SINAL PERIÓDICO

Normalmente, a distorção harmônica total de um sinal periódico é calculada depois de se obter o conteúdo harmônico dessa onda. Deve-se recordar que a *DHT* expressa a relação entre amplitudes dos componentes harmônicos e da onda fundamental do sinal, conforme (2.16). Para essa análise utilizam-se analisadores espectrais. Porém, o objetivo aqui é mostrar que esse indicador pode ser estimado mesmo sem conhecer os componentes harmônicos do sinal. Esse problema já foi abordado brevemente no Capítulo 5 (item 5.5). Neste ponto iremos estimar a *DHT* de uma onda quadrada unitária sem conhecer seus harmônicos. A escolha desse sinal se deve a dois motivos:

1) Trata-se de um sinal altamente distorcido quando comparado com a senoide fundamental;

2) Assume-se de antemão conhecer os valores da amplitude da onda quadrada unitária e da respectiva fundamental.

Na onda quadrada unitária, tanto a amplitude como seu valor eficaz valem 1. A amplitude da senoide fundamental vale $4/\pi$ = 1,2732, conforme equação (5.18). Esse dado, não tão óbvio neste momento, decorre da série de Fourier da onda quadrada unitária, assunto que será tratado no Capítulo 12. Essa informação é usada aqui para poder estabelecer o valor da *DHT* como referência para o que queremos obter na análise temporal proposta mais adiante. O valor eficaz da fundamental resulta, portanto, como:

$$V_{ef1} = \frac{4}{\sqrt{2}\pi} = \frac{2\sqrt{2}}{\pi} = 0{,}900$$

Com base em (2.3), o valor eficaz de uma onda periódica, contendo h harmônicos, é:

$$V_{ef} = \sqrt{V_{ef1}^2 + \sum_{h>2} V_h^2} \tag{10.10}$$

e, portanto, para a onda quadrada unitária, tem-se:

$$1 = \left(\frac{2\sqrt{2}}{\pi}\right)^2 + \sum_{h>2} V_h^2$$

de modo a resultar para a somatória dos harmônicos:

$$\sum_{h>2} V_h^2 = 1 - 0{,}81 = 0{,}19$$

e para a *DHT* da onda quadrada da tensão:

$$DHT_V = \frac{1}{V_1}\sqrt{\sum V_h^2} = \frac{\sqrt{0{,}19}}{0{,}9} = 0{,}484 \rightarrow 48{,}4\%$$

Esse é o valor exato da distorção harmônica total da onda quadrada. No próximo item iremos estimar esse mesmo indicador sem recorrer à série de Fourier, usando apenas o processo de filtragem do sinal no tempo.

10.5.3. ESTIMATIVA DA DHT USANDO FILTRO *NOTCH*

Um filtro *notch* se caracteriza como passa-faixa ou elimina-faixa, dependendo da escolha dos parâmetros que o compõe. Para essa aplicação escolhemos a opção elimina-faixa. O cálculo apresentado no item anterior sugere que se pode estimar a *DHT* de um sinal periódico por meio da relação dos valores eficazes do sinal residual $\sqrt{\sum V_h^2}$ e da onda fundamental V_1. Para obter o sinal residual é preciso eliminar a onda fundamental. Para isso serve o filtro *notch*, sintonizado na frequência fundamental [6]; para poder simulá-lo é preciso conhecer sua função de transferência.

O algoritmo proposto na Figura 10.7 requer também uma rotina para o cálculo de valor eficaz, que pode ser realizado no domínio do tempo. No caso geral, esse procedimento calcula a totalidade da distorção, incluindo o efeito de sub-harmônicos e inter-harmônicos, eventualmente presentes no sinal. Caso o sinal contenha apenas componentes harmônicos, a saída corresponderá à própria *DHT*.

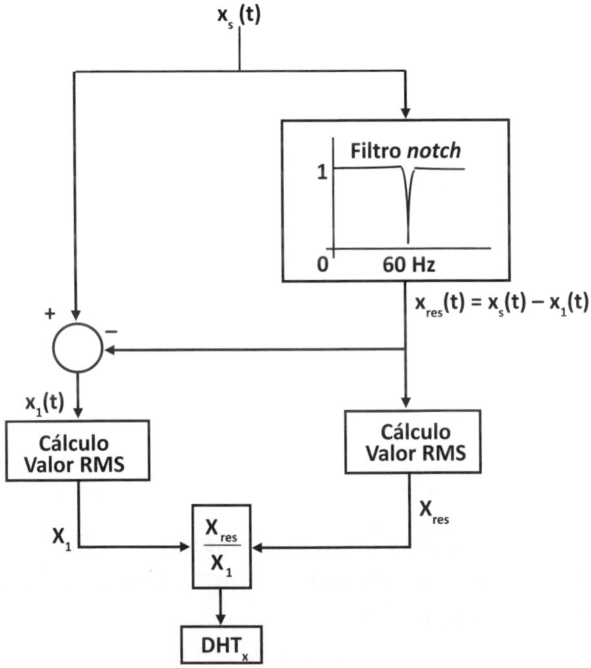

Figura 10.7 Algoritmo para estimar a distorção total de um sinal $x_s(t)$ no domínio do tempo.

10.5.4. CONSIDERAÇÕES SOBRE O FILTRO *NOTCH*: SELETIVIDADE *VERSUS* TEMPO DE RESPOSTA

Um filtro *notch* de 2ª ordem é representado pela função de transferência normalizada:

$$\frac{V_{out}}{V_{in}} = F(s) = \frac{s^2 + 2\xi_1 \omega_o s + \omega_o^2}{s^2 + 2\xi_2 \omega_o s + \omega_o^2} \tag{10.11}$$

onde s é o operador complexo de Laplace (tema tratado no Capítulo 13); ω_o é a frequência natural ou de sintonia do filtro e ξ_1 e ξ_2 são os coeficientes de amortecimento, respectivamente, do numerador e do denominador.

A profundidade do *notch* depende da relação $\frac{\xi_1}{\xi_2}$. Por exemplo, se $\frac{\xi_1}{\xi_2} = \frac{1}{100}$, na frequência de sintonia haverá uma redução de 100 vezes no sinal, ou seja, uma atenuação de –40 dB. Se $\xi_1 = 0$, a atenuação teórica é infinita. Se $\xi_2 = 0$, a amplificação teórica é infinita. Na prática, a realização dos filtros, seja de maneira analógica ou digital, leva a um valor finito de ganho. Ainda na hipótese de $\xi_1 = 0$, a banda passante depende exclusivamente de ξ_2 e vice-versa. Para valores muito pequenos de ξ_1 isto também é verdade. A banda de rejeição é medida quando o ganho se encontra em –3 dB. No caso de um filtro passa-faixa, a medida se faz quando o ganho é +3 dB. Em qualquer das situações, a banda passante é dada por:

$$\Delta\omega = \frac{\omega_o}{FQ} \rightarrow FQ = \frac{\omega_o}{\Delta\omega} \tag{10.12}$$

onde FQ é o fator de qualidade ou seletividade do filtro.

Aplicação: Sejam assumidos os seguintes dados para o filtro *notch*:

$f_{notch} = 60$ Hz $\rightarrow \omega_o = 377$ rad/s

$FQ = 10 \rightarrow$ banda de rejeição +/– 3 Hz (6 Hz no total)

Ganho em ω_o = –60 dB (atenuação de 1.000 vezes)

Para esses dados, a banda de rejeição é de 37,7 rad/s (6 Hz). Os parâmetros ξ_1 e ξ_2 valem:

$$\xi_2 = \frac{1}{2FQ} = \frac{1}{20} \quad \text{e} \quad \xi_1 = \frac{1}{20.000}$$

Substituindo-se os coeficientes da função de transferência (10.11) pelos valores calculados, resulta (10.13). Pode-se verificar, por simulação, a característica do filtro *notch* desejado, conforme Figura 10.8.

$$F(s) = \frac{s^2 + 0{,}0377s + 377^2}{s^2 + 37{,}7s + 377^2} \tag{10.13}$$

Para s tendendo a *zero* ou para *infinito* resulta $F(s)$ tendendo a $1 \angle 0°$, ou seja, a função de transferência apresenta ganho unitário e fase nula fora da região de *notching*.

Para valores menores de FQ (largura de banda maior), pode resultar interferência nas frequências harmônicas de ordens mais baixas. Na Figura 10.9 tem-se a mesma atenuação (–60 dB), porém com banda 10 vezes maior (+/– 30 Hz). Neste caso, tanto o ganho quanto a fase no terceiro harmônico (1.131 rad/s) são afetados.

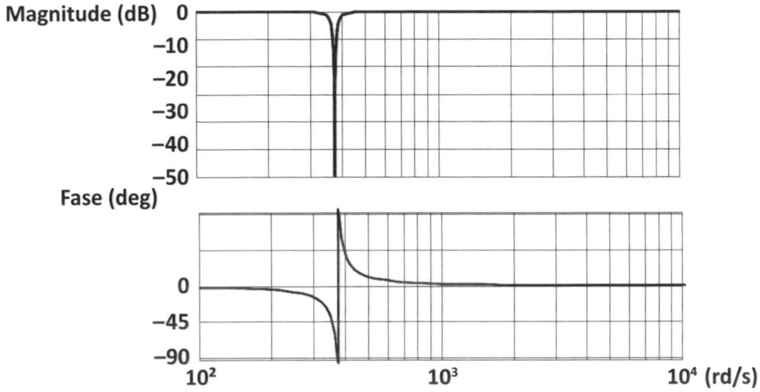

Figura 10.8 Resposta do filtro *notch*, $FQ = 10$, com banda de +/– 3 Hz.

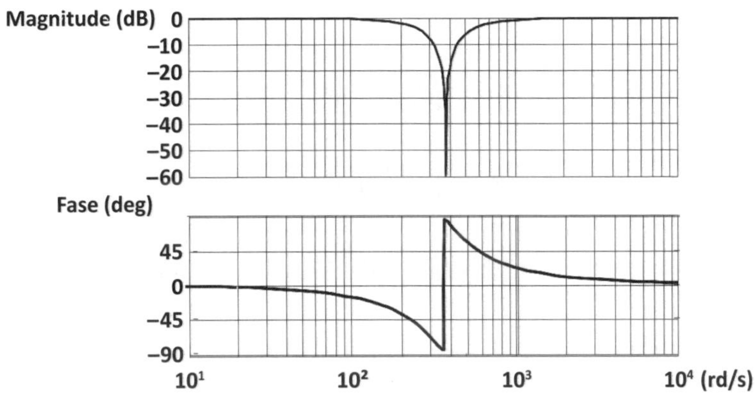

Figura 10.9 Resposta de filtro *notch*, $FQ = 1$, com banda de +/– 30 Hz.

A Figura 10.10 mostra os sinais de entrada e de saída do filtro *notch*, sem a fundamental, a qual é recuperada subtraindo a saída da entrada. Nesse caso, o filtro está sintonizado em 60 Hz, com banda de +/– 1 Hz. O tempo de acomodação da saída é da ordem de 25 ciclos e a DHT converge para o valor esperado de 48,4%. Para diminuir esse tempo deve-se aumentar a banda de rejeição, com o risco de comprometer componentes harmônicos de ordens mais baixas. Então é preciso encontrar um compromisso entre a rapidez de resposta e a banda de rejeição.

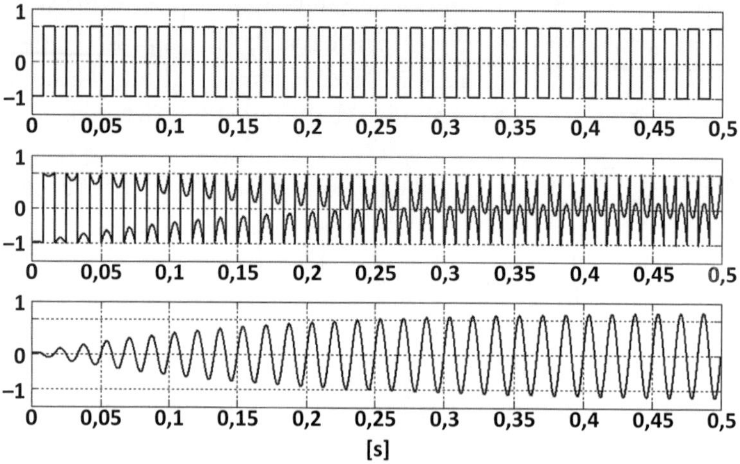

Figura 10.10 Resposta temporal do filtro *notch*. De cima para baixo: sinal da entrada (quadrada), saída do *notch* rejeita faixa (60 Hz) e reconstrução da fundamental (diferença entre as duas curvas). Simulação em MatLab/Simulink®.

A Figura 10.11 ilustra o efeito da alteração da banda, com impacto sobre os harmônicos.

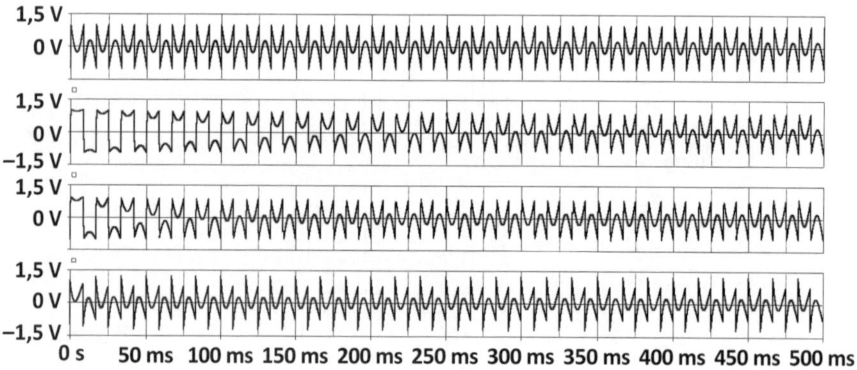

Figura 10.11 Resposta de filtro *notch* a uma entrada quadrada, eliminando a fundamental. De cima para baixo: resposta teórica, banda de +/– 1 Hz, banda de +/– 5 Hz, banda de +/– 20 Hz. Simulação em Orcad/Pspice®.

Na parte superior, tem-se a subtração entre a tensão de entrada (quadrada) e sua fundamental, ou seja, o resultado teórico esperado, sem qualquer erro nos componentes harmônicos nem atraso na identificação do sinal de saída. No segundo gráfico tem-se a saída com um filtro de banda +/– 1 Hz. Percebe-se a convergência mais lenta, mas que reproduz com boa qualidade o sinal desejado depois de 400 ms. No terceiro gráfico tem-se um filtro com banda de +/– 5 Hz. Neste caso, a resposta é mais rápida, mas se observa pequena assimetria nos picos do sinal filtrado, o que indica algum impacto sobre os harmônicos. Finalmente, no último gráfico, tem-se a resposta com banda de +/– 20 Hz. A resposta é quase instantânea, porém a assimetria é significativa devido ao erro de fase nos harmônicos, comprometendo a exatidão da fundamental a ser reconstruída.

Esse exemplo de extração da fundamental de uma onda quadrada usando filtro *notch* tem como objetivo ilustrar o processo de filtragem como base para a análise temporal de sinais distorcidos. Na prática, o que se encontra em sistemas elétricos são tensões com distorção total menor que 10% nas quais, muitas vezes, só aparecem harmônicos de ordem três ou superior, o que torna o uso do filtro *notch* uma alternativa interessante para a extração da fundamental. Além disso, os ângulos de fase dos harmônicos pouco influenciam o cálculo da *DHT*, que é o objetivo dessa aplicação do filtro *notch*.

10.6. COMPORTAMENTO DO FILTRO *NOTCH* SOB FREQUÊNCIA VARIÁVEL

No caso da rede elétrica, a frequência pode variar dentro de certos limites para acomodar a geração síncrona com as variações da carga. Já foi mencionado no Capítulo 3 que, em condições normais de operação e de regime permanente, a frequência deve permanecer dentro dos limites 59,9 Hz e 60,1 Hz.

Na ocorrência de operação fora da frequência central do *notch* haverá perda de qualidade na filtragem. A Figura 10.12 mostra a mudança na saída, para o filtro *notch* (com banda de +/– 1 Hz) quando a frequência se altera para 60,1 Hz. Nesse caso, como o filtro aparece dessintonizado, a medição da *DHT* se altera de 48,4% para 49,7%. Esse erro a mais se deve ao fato de que a fundamental é identificada pelo *notch* como tendo amplitude menor.

A redução na atenuação do filtro de –60 dB para –40 dB também ocasiona erro. Neste caso, a *DHT* se eleva para 48,9%, pois a amplitude da fundamental também aparece diminuída. Conclui-se que a qualidade da filtragem exige a implementação de um filtro cuja frequência de sintonia siga de perto a frequência fundamental da rede, ou seja, o filtro deve ser adaptativo. Implementações digitais de filtros permitem essa realização, que seria praticamente impossível na versão analógica.

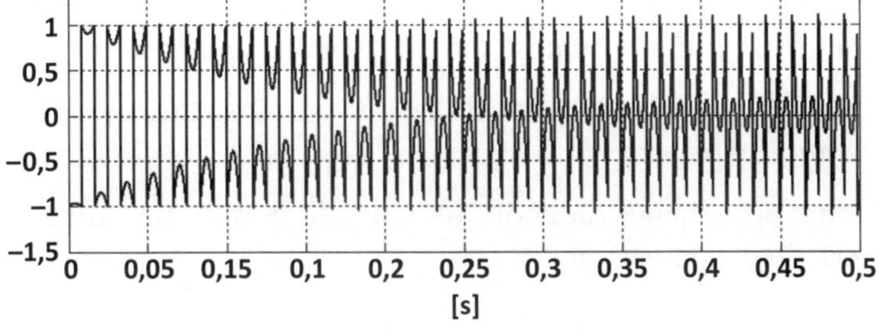

Figura 10.12 Resposta de filtro *notch* sintonizado em 60 Hz, com banda de +/– 1 Hz, tentando eliminar a fundamental da onda quadrada ajustada em 60,1 Hz.

10.7. RESUMO

Este capítulo inicia a Parte 2 do presente livro. Inicialmente, foram apresentados alguns problemas que podem ser resolvidos no domínio do tempo, entre eles a aplicação de filtro *notch* para extrair a fundamental de um sinal periódico de frequência conhecida. O objetivo foi ressaltar a importância do uso de filtros para extrair informações de interesse, seja para fins de medição ou para o controle de processos. Esses recursos podem ser enormemente facilitados e ampliados por meio do uso de técnicas digitais.

Por esse motivo pretende-se, nos próximos capítulos, apresentar as ferramentas matemáticas disponíveis para a análise, no domínio da frequência, de sinais digitalizados tanto para realizar a análise espectral quanto para fazer a síntese de filtros digitais. Esses são dois temas de extrema relevância no contexto de qualidade de energia elétrica. E, para chegar à análise no domínio da frequência e à síntese de filtros digitais, é necessário relembrar os princípios da análise de Fourier, conhecer as transformadas de Fourier, de Laplace, bem como a transformada Z e suas aplicações, assuntos que serão abordados nos três últimos capítulos.

QUESTÕES

1) Um processo de medição tradicional em SEE é composto dos seguintes subsistemas analógicos: interface/adaptador de nível, sensor/transdutor, amplificador do sinal elétrico, amostrador/registrador. Analise as seguintes questões:
   a) Quais são as principais fontes de erro nesse processo analógico?
   b) Quais são os subsistemas normalmente utilizados para compor um processo de medição digital?
   c) Por que esses procedimentos são considerados melhores que os puramente analógicos ou eletromecânicos?
   d) Quais são as principais fontes de erro introduzidas pelo processamento digital?
2) É comum expressar uma grandeza elétrica variável pelo seu valor médio ou quadrático médio durante certo intervalo de tempo (ciclo, 200 milissegundos, 3 segundos, 1 minuto, 10 minutos etc.). Analise as seguintes questões:
   a) Como isso poderia ser realizado em instrumentos analógicos ou eletromecânicos?
   b) Como poderiam ser identificados os valores mínimo e máximo dentro do período de observação?
   c) Como isso é realizado em instrumentos digitais?
   d) Comente as principais diferenças entre esses dois processos (analógico e digital).

3) Implemente o filtro *notch* conforme proposto como aplicação no capítulo e reproduza as formas de onda fundamental além do sinal residual. Verifique a sensibilidade a aproximações dos parâmetros do filtro.
4) Implemente o algoritmo para obtenção da DHT proposto na Figura 10.7 e teste para onda quadrada unitária de 60 Hz.

REFERÊNCIAS

[1] A. J. Bouwens, *Digital instrumentation*. New York: McGraw-Hill, Inc., 1986.

[2] A. D. Helfrick e W. D. Cooper, *Instrumentação eletrônica moderna e técnicas de medição*. Rio de Janeiro: Prentice-Hall do Brasil, 1994.

[3] M. H. J. Bollen, I. Y. H. Gu, *Signal processing of power quality disturbances*. New York: John Wiley & Sons, Inc., 2006.

[4] J. A. Pomilio, *Fontes Chaveadas*, Apostila do curso IT505, FEEC Unicamp. Disponível em: http://www.fee.unicamp.br/dse/antenor/it505-fontes-chaveadas

[5] T. D. C. Busarello, M. G. Simões e J. A. Pomilio, "Semiconductors diodes and transistors", In: *Power electronics handbook*, 4th ed., Mohammad Rashid, Ed. Amsterdam: Elsevier, 2017. pp. 15-48.

[6] S. M. Deckmann, G. F. Rabelo. "A quality index based on voltage flicker and distortion evaluation". *IEEE Applied Power Electronics Conference & Exposition, APEC'97*, Atlanta, Ga - USA, Feb. 1997.

CAPÍTULO 11

Tratamento de grandezas aleatórias

11.1. INTRODUÇÃO

No capítulo anterior abordou-se a análise temporal de sinais periódicos. Neste capítulo serão analisados sinais que variam ao longo do tempo de maneira aleatória. Um problema típico de análise de QEE é verificar se uma determinada grandeza sujeita a variações viola um limite prefixado em algum intervalo do tempo de observação. Esse problema inclui, por exemplo, as flutuações de tensão que causam o efeito *flicker*, tratadas no Capítulo 4. Variações maiores podem afetar outros dispositivos sensíveis, como computadores, equipamentos hospitalares, instrumentos de medição e até de proteção. As normas preveem limites para as variações, tanto em termos de *flicker* como de sub e sobretensão e da duração dos eventos [1].

A questão a ser tratada neste capítulo é o tratamento a ser dado às grandezas resultantes do monitoramento que apresentam valores aleatórios ao longo do tempo, como P_{ST}, *DHT, FD* etc. O foco da análise neste caso será baseado na obtenção do histograma de classificação por níveis da variável em questão [2]. Na Parte 1 do livro, foram apresentados diversos tipos de eventos baseados na variação da tensão eficaz, incluindo as VTCD, que também são eventos aleatórios e que, portanto, poderiam ser analisados por meio de classificação por níveis [3].

11.2. PROCESSO DE AMOSTRAGEM E CLASSIFICAÇÃO

Para exemplificar a aplicação desse método, considerem-se dados os limites máximo ($V_{máx}$) e mínimo ($V_{mín}$) da tensão eficaz e as durações relativas que esses limites são violados, tomando como base o registro hipotético da Figura 11.1.

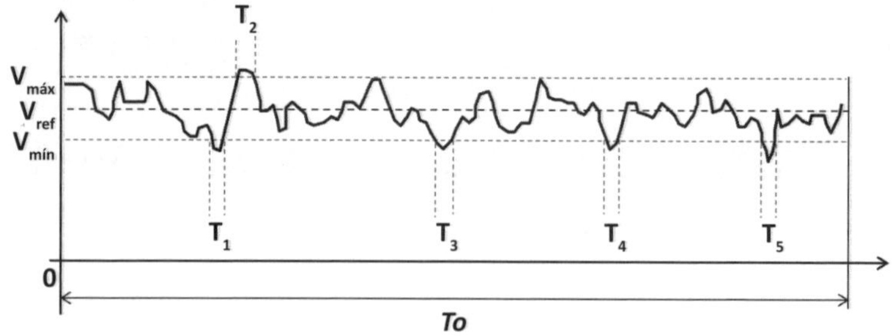

Figura 11.1 Tensão eficaz variando durante um intervalo de observação *To*.

Para o limite mínimo pode-se desejar saber se a duração da violação é menor que, por exemplo, 1% do intervalo de observação. Isso equivale a dizer que em 99% do tempo a variável deve estar acima deste valor mínimo, resultando:

$$\frac{T_1 + T_3 + T_4 + T_5}{T_o} \cdot 100 < 1\%$$

e para o limite máximo devemos ter:

$$\frac{T_2}{T_o} \cdot 100 < 1\%$$

Pode-se desejar saber também qual é a tensão média no período de observação. Por meio do registro gráfico do nível da tensão, podem-se obter essas respostas, porém o processo para extrair essas informações de maneira analógica seria bastante trabalhoso. Esse é um problema típico para se resolver digitalmente, por amostragem dos sinais e processamento das amostras. Para automatizar a solução, pode-se estabelecer um procedimento com as etapas a seguir.

11.2.1. ETAPA 1 – DISCRETIZAR EM NÍVEIS A FAIXA DE VALORES DA GRANDEZA A SER AVALIADA

O número de níveis de discretização afeta a exatidão do resultado de classificação, de modo que se deve definir o número de níveis em função do erro máximo que se admite na classificação, o que, tipicamente, é especificado pelas normas. Por exemplo, para um erro de discretização menor ou igual a 1%, usa-se, no mínimo, 100 níveis de classificação (supostos de igual valor), como ilustrado na Figura 11.2.

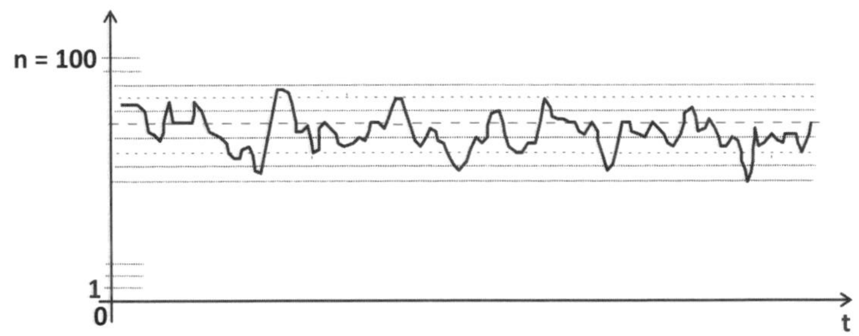

Figura 11.2 Discretização por níveis.

A título de balizamento desse processo de análise, considere os preceitos do PRODIST, no que se refere à verificação da tensão de atendimento, o qual estabelece faixas (a, b, c) em torno do valor nominal, como apresentado na Figura 7.1 do Capítulo 7. A verificação desse atendimento se dá em relação à quantificação da violação dessas faixas, representadas na Figura 11.3.

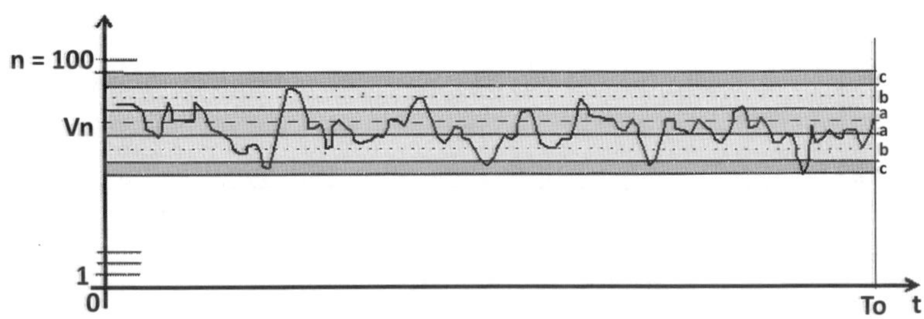

Figura 11.3 Faixas de operação para a tensão de suprimento (a – normal; b – precária; e c – crítica).

11.2.2. ETAPA 2 – DETERMINAR O VALOR DO SINAL MEDIDO EM INTERVALOS IGUAIS DE TEMPO

O intervalo de cálculo da grandeza a ser monitorada normalmente está definido na norma que regulamenta e estabelece limites para a variação dessa grandeza. Quando se trata do valor eficaz da tensão CA, o intervalo mínimo é de meio ou de um ciclo, mas pode ser de até 200 milissegundos (12 ciclos de 60 Hz), como previsto em diversas normas. Os valores obtidos a cada 200 milissegundos são posteriormente agregados em valores de 3 segundos e de 10 minutos. Para realizar o cálculo do valor eficaz em um ciclo, a partir de amostras é preciso digitalizar o sinal a determinada taxa, o que é realizado por meio de um conversor analógico-digital. Esse cálculo foi descrito no Item 7.6.1. O processo pode ser estendido para um número maior de ciclos, de modo que se disponha de um valor eficaz representativo de cada intervalo Δt. O número de valores calculados dentro do tempo de observação T_o será, portanto, dado por:

$$N_c = T_o / \Delta t \tag{11.1}$$

No caso de se fixar o intervalo Δt e o número total de valores calculados N_c, o tempo de observação será a variável a ser determinada ($T_o = N_c \cdot \Delta t$). A Figura 11.4 representa o processo de discretização temporal para o cálculo dos valores a serem comparados com os limites.

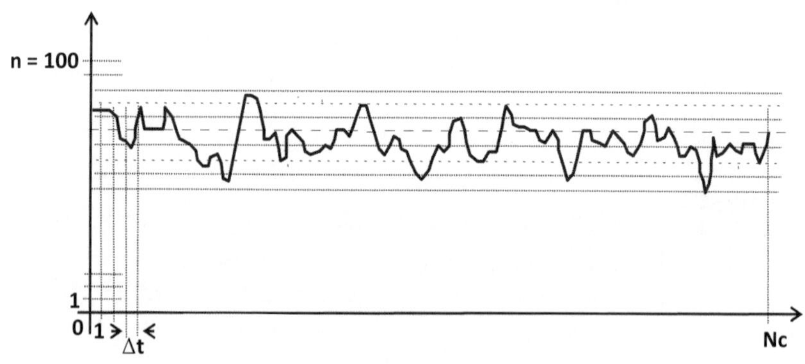

Figura 11.4 Discretização temporal.

No caso das especificações presentes no PRODIST, foi estabelecido que o conjunto de leituras para gerar os indicadores individuais de níveis de tensão eficaz deve compreender o registro de N_c = 1.008 valores válidos, obtidos em intervalos consecutivos (período de integralização Δt) de 10 minutos cada, como descrito no item 7.2.1. Portanto, o tempo de observação corresponde a uma semana. De acordo com essa recomendação, o próximo procedimento é calcular as durações das violações dos limites precário (*DRP*) e crítico (*DRC*), conforme definido em (7.1). Esses indicadores dependem do número das respectivas violações (*nlp* e *nrc*) apuradas no tempo de observação. Essa informação pode ser obtida conforme descrito nas próximas etapas.

11.2.3. ETAPA 3 – CLASSIFICAR AS AMOSTRAS EM FUNÇÃO DOS NÍVEIS DISCRETIZADOS

Para obter o número de violações dos limites de maneira automatizada, pode-se construir o "histograma de ocorrências" que realiza a classificação dos valores calculados por níveis de discretização, à medida que são calculados. Perde-se com isso o vínculo temporal de cada valor, porém ao final do tempo de observação dispõe-se do número de ocorrências em cada nível de classificação. O histograma da Figura 11.5 ilustra a distribuição das observações para os diferentes níveis ou classes de discretização. O histograma dos *Nc* valores distribuídos em 100 níveis é representado como:

$$H(i) = n_i \qquad i = 1,2,3...100 \tag{11.2}$$

onde n_i é a quantidade de valores no nível i ocorridos durante o tempo de observação.

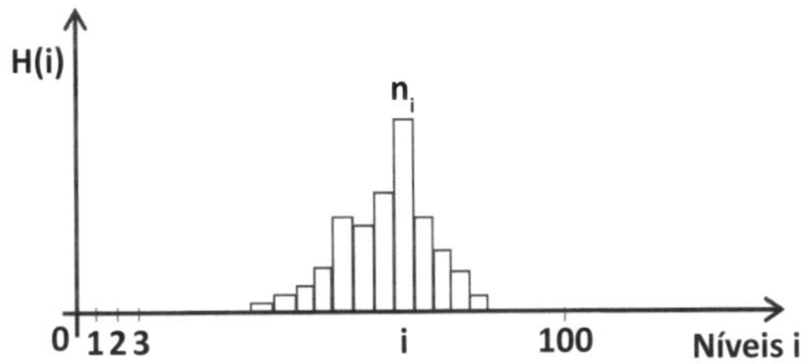

Figura 11.5 Histograma de valores classificados por nível.

11.2.4. ETAPA 4 – NORMALIZAR O HISTOGRAMA

A soma do conteúdo de todas as classes de $H(i)$ deve ser igual ao número total de valores calculados, ou seja:

$$\sum_{i=1}^{100} n_i = N_c \tag{11.3}$$

e a normalização do histograma consiste em dividir todos os valores por N_c, resultando:

$$\sum_{i=1}^{100} \frac{n_i}{N_c} = 1$$

Dessa forma, pode-se interpretar o histograma normalizado como a curva de distribuição das ocorrências (ou frequências) estatísticas dos níveis provenientes dos valores calculados.

$$H_{norm}(i) = \frac{n_i}{N_c}. \qquad i = 1,2,3...100 \tag{11.4}$$

11.2.5. ETAPA 5 – OBTER A CURVA DAS FREQUÊNCIAS ACUMULADAS

A soma acumulada das frequências normalizadas produz a curva de probabilidade de "estar abaixo" de um dado nível i resultando (11.5) e ilustrada na Figura 11.6,

$$FA_i = \sum_1^i H_{norm}(i) = \sum_1^i \frac{n_i}{N_c} \tag{11.5}$$

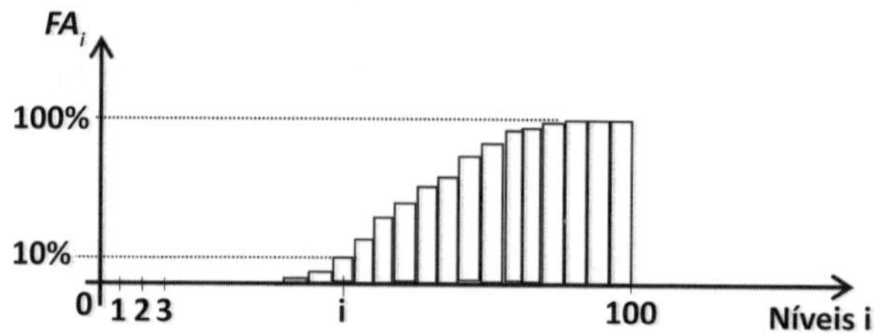

Figura 11.6 Função acumulativa de probabilidades.

A interpretação de "estar abaixo" decorre do fato de que qualquer valor de FA_i expressa a probabilidade de uma amostra ter valor inferior ao do nível i e, portanto, é uma curva de violação de limites mínimos.

11.2.6. ETAPA 6 – OBTER A CURVA COMPLEMENTAR

A função acumulativa complementar é dada por: $FAC_i = 1 - FA_i$ e, portanto, assume a forma complementar da curva anterior. Essa curva é interpretada como probabilidade de "estar acima" e, por isso, é uma curva de violação de limites máximos. Os valores de FAC_i, representados na Figura 11.7, expressam a probabilidade de as amostras estarem acima do nível i, ou de ultrapassarem o limite i.

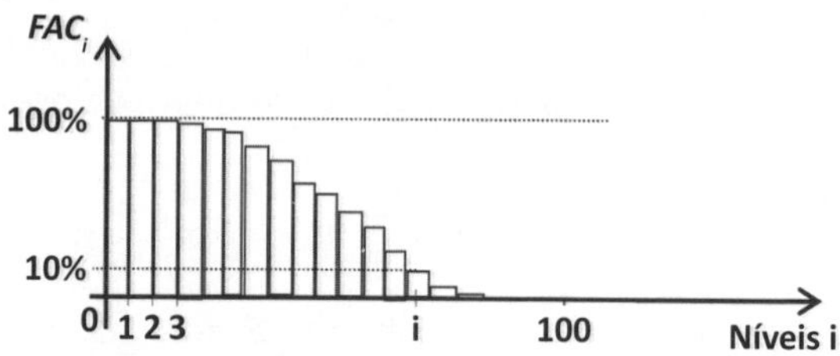

Figura 11.7 Função acumulativa complementar.

11.2.7. ETAPA 7 – DETERMINAR PONTOS DE TESTE

Como a discretização produz curvas descontínuas (degraus), é necessário utilizar interpolações para testar os limites fixados. Outra possibilidade consiste em suavizar as curvas por linearização ou aproximação por polinômios para fazer o teste de limites, como ilustrado na Figura 11.8.

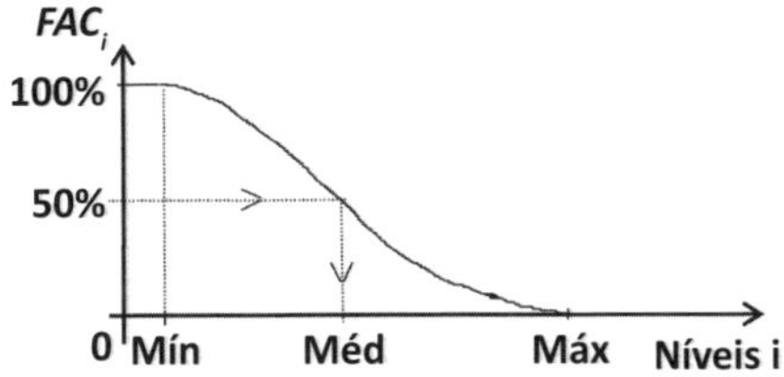

Figura 11.8 Função complementar suavizada.

A determinação dos níveis Máx e Mín é quase imediata (pontos extremos do histograma). O nível médio (Méd) também pode ser obtido com facilidade ($FA_i = FAC_i = 50\%$).

Uma vez que os valores classificados foram obtidos a intervalos regulares de tempo Δt, pode-se relacionar diretamente a quantidade de valores em um dado nível com a duração correspondente (mas não com o momento da ocorrência). Assim a fração de amostras que ultrapassam certo nível mede também a duração relativa do tempo acumulado em que ocorreram tais violações:

$$x\% = \frac{t_{viol}}{T_o} \cdot 100\% = \frac{n_{viol} \cdot \Delta t}{N_c \cdot \Delta t} \cdot 100\% = \frac{n_{viol}}{N_c} \cdot 100\% \qquad (11.6)$$

No caso em que $Nc = 1.008$ valores, constata-se que (11.6) é equivalente à (7.1), conforme preconizado no PRODIST.

11.3. EXEMPLO DE APLICAÇÃO DO MÉTODO DO HISTOGRAMA

Uma turma de 100 alunos apresenta a seguinte quantidade de estudantes em relação às faixas de altura (h):

$1{,}50 \leq h < 1{,}60$ m $\rightarrow$ 5

$1{,}60 \leq h < 1{,}70$ m $\rightarrow$ 49

$1{,}70 \leq h < 1{,}80$ m $\rightarrow$ 37

$1{,}80 \leq h < 1{,}90$ m $\rightarrow$ 8

$1{,}90 \leq h < 2{,}00$ m $\rightarrow$ 1

Para essa turma:

a) Estimar a altura média dos alunos, supondo representação central por faixa.[1]

b) Estimar a altura ultrapassada por 10% dos alunos usando interpolação linear.

c) Qual altura não é alcançada pelos 10% dos alunos mais baixos?

Solução:

a) Do histograma de distribuição percentual (p_i) dos alunos por altura, representado na Figura 11.9, calcular a média:

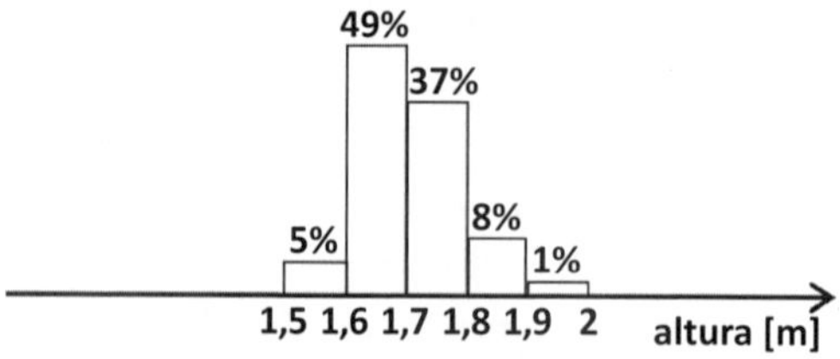

Figura 11.9 Histograma por categorias.

A soma ponderada das faixas determina a altura média da turma, com base na representação pelo valor central da faixa:

$$h_{méd} = \frac{\sum h_i p_i\%}{\sum p_i\%} = \frac{1{,}55*5 + 1{,}65*49 + 1{,}75*37 + 1{,}85*8 + 1{,}95*1}{100} = 1{,}701 \text{ m}$$

b) A função acumulativa é mostrada na Figura 11.10.

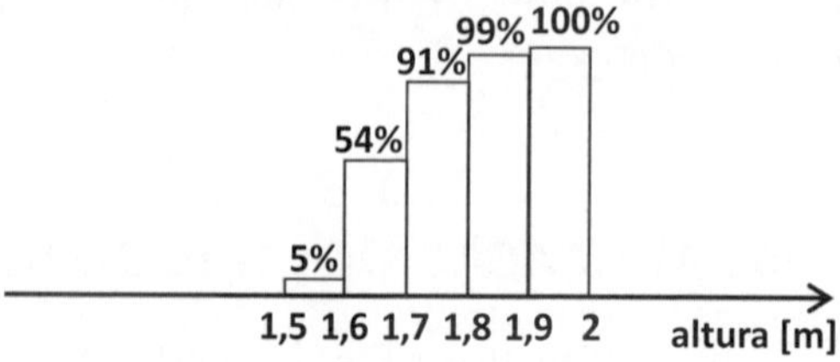

Figura 11.10 Função acumulativa.

Para estimar a altura superada pelos 10% de alunos mais altos deve-se estudar o que ocorre nos agrupamentos adjacentes ao limite buscado (90%). Percebe-se que isso fica entre as faixas de 54% e 91%, ou seja, entre as faixas ($1{,}6 \leq h < 1{,}7$) e ($1{,}7 \leq h < 1{,}8$). Pela representação central adotada, essas classes têm, respectivamente, alturas médias de 1,65 e 1,75 m.

[1] A altura de cada faixa é tomada como o valor médio da faixa. Por exemplo, para alturas entre 1,5 e 1,6 m toma-se o valor 1,55 m.

Fazendo interpolação linear entre os pontos médios dessas faixas, com o objetivo de estimar o valor de 90%, conforme ilustrado na Figura 11.11, tem-se:

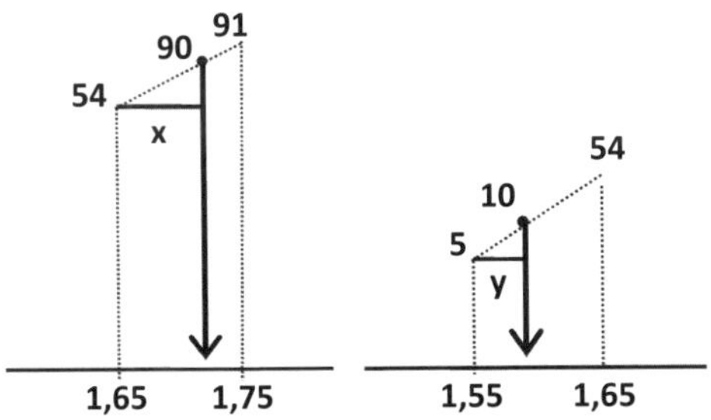

Figura 11.11 Interpolação para obtenção de valores intermediários.

$$\frac{x}{0{,}10} = \frac{90-54}{91-54} = \frac{36}{37} \rightarrow x = \frac{3{,}6}{37} = 0{,}097 \text{ m}$$

Portanto, a altura ultrapassada pelos 10% mais altos é estimada em:

$$h_{10}^{+} = 1{,}65 + 0{,}097 = 1{,}747 \text{ m}$$

c) Estimativa para os 10% alunos mais baixos:

Neste caso, tem-se:

$$\frac{y}{0{,}1} = \frac{10-5}{54-5} = \frac{5}{49} \rightarrow y = 0{,}1 \cdot \frac{5}{49} = 0{,}005$$

Portanto, a altura que não é alcançada pelos 10% mais baixos é: $\text{h}_{10}^{-} = 1{,}55 + 0{,}005 = 1{,}555$ m.

A representação de cada faixa pelo respectivo valor médio pode afetar a precisão do resultado, principalmente com poucas faixas, porém qualquer que seja a escolha não há como eliminar a incerteza do resultado por não se conhecer a altura de cada aluno.

11.4. APLICAÇÃO EM GRANDEZAS ELÉTRICAS

As figuras seguintes mostram resultados de medições de tensão em uma subestação. No primeiro caso, Figura 11.12, tem-se, na parte de cima, as tensões eficazes de uma das fases no primário de um transformador de distribuição, cujo valor nominal é de $13{,}8/\sqrt{3} = 7{,}96$ kV e, na parte de baixo, a correspondente função acumulativa complementar, considerando 100 níveis de classificação. Nessa curva pode-se verificar, por inspeção, durante qual fração do tempo de observação a tensão está acima de determinado valor ou limite. Também é possível saber o percentual que o valor dessa violação representa em relação ao nível de referência. No caso, a tensão mínima observada é 8,065 kV, que está 1% acima do valor nominal. A tensão máxima observada foi de 8,31 kV, ou seja, 4,4% acima do valor nominal. Para o nível de tensão nominal desse exemplo, a faixa adequada segundo a norma é de 3%, o que corresponde à tensão máxima de 8,2 kV. No entanto, esse é o valor médio observado durante essa medição. Isso mostra a importância de se analisar o comportamento da tensão durante períodos mais longos (dias, semanas) para fins de verificação de violação de limites. Para efeito de ilustração, o detalhe inferior mostra que o nível de tensão de 8,28 kV, escolhido arbitrariamente, foi ultrapassado por 2,2% dos valores medidos ou do tempo de observação.

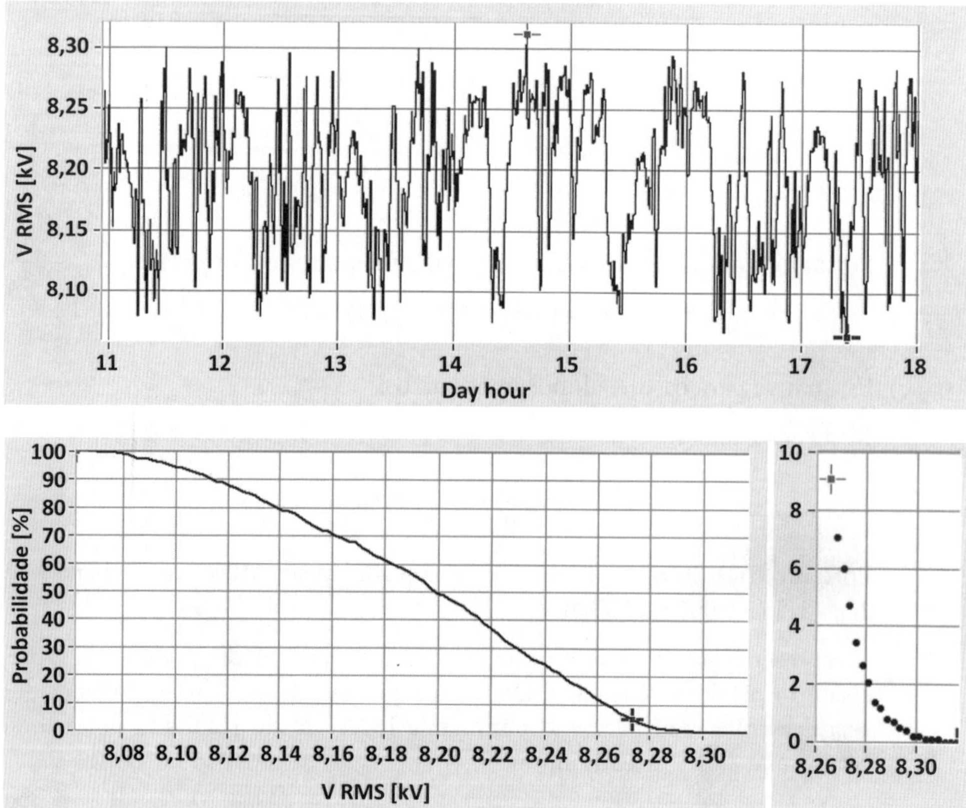

Figura 11.12 Valor eficaz da tensão (acima); FAC (abaixo) indicando violação do limite superior (> 8,28 kV durante 2,2% do tempo observado).

Na Figura 11.13, o mesmo tipo de análise é feito considerando a variável *DHT* da tensão. A distorção mínima observada é de 1,25%, enquanto a máxima é de 3,2%. Por simples inspeção verifica-se que o valor (*DHT > 3%*) foi ultrapassado por 2% dos valores medidos ou do tempo da medição.

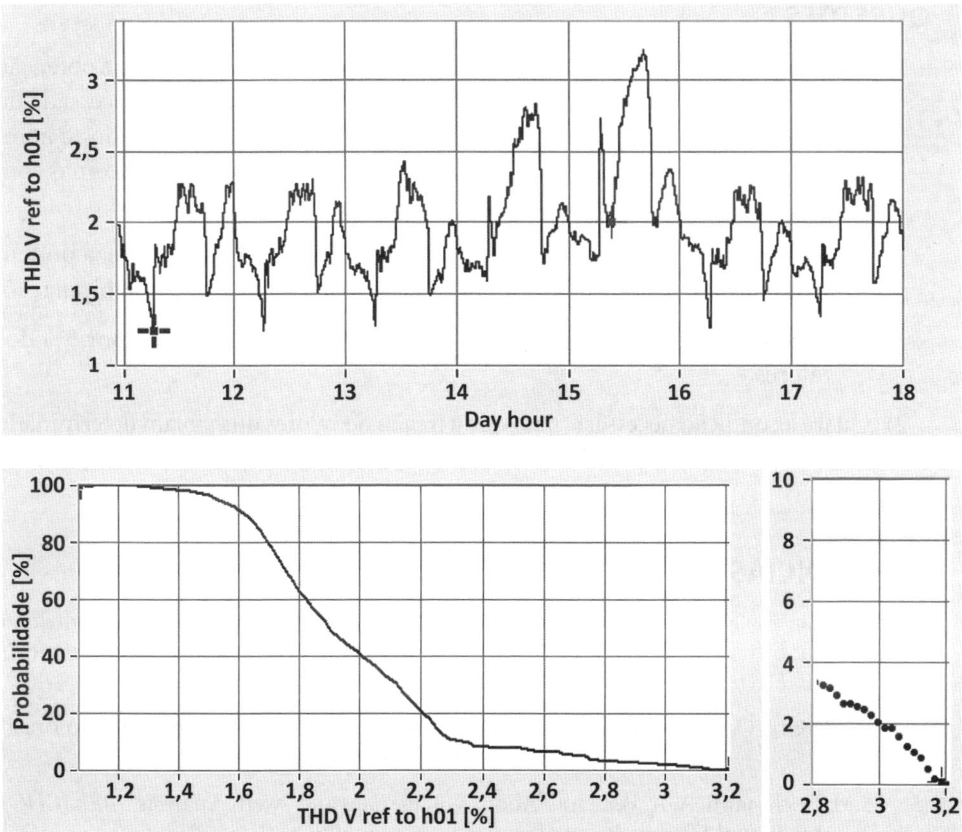

Figura 11.13 Níveis medidos de *DHT* da tensão (acima); FAC (abaixo) indicando o valor superior de 3% de DHT, violado durante 2% do tempo (detalhe).

11.5. RESUMO

Neste capítulo foi detalhada uma técnica de classificação por níveis dos valores representativos de um sinal que varia aleatoriamente ao longo do tempo de observação. Essa técnica, facilmente implementável como rotina computacional, pode ser utilizada também para classificar os níveis de *flicker* a fim de obter, por exemplo, o nível de referência $P_{ST95\%}$, tema que foi tratado no Capítulo 4. O mesmo procedimento pode ser usado para verificar a porcentagem de violações de qualquer indicador de QEE em relação aos limites preconizados pelas normas. Como exemplo, foram apresentadas curvas de violação do limite máximo de tensão em um alimentador e da respectiva distorção harmônica total de tensão.

QUESTÕES

1) Na questão 2 do capítulo anterior foi solicitada uma metodologia para a obtenção do valor médio (ou quadrático médio) de uma variável periódica processada no domínio do tempo. Suponha que os valores calculados a cada intervalo Δt apresentem um comportamento aleatório, portanto, sem período definido, mas com ocorrências que sigam uma distribuição normal (curva de Gauss).

   a) Mostre como os valores médio, mínimo e máximo dessa grandeza podem ser identificados por meio da curva de distribuição e de sua manipulação.

   b) Mostre como determinar o nível que é violado, por exemplo, por 5% dos valores.

2) Qual é a condição necessária para que a fração de valores que violam determinado nível também corresponda à fração do tempo de observação dessa violação?

REFERÊNCIAS

[1] Agência Nacional de Energia Elétrica – ANEEL, *Procedimentos de Distribuição de Energia Elétrica no Sistema Elétrico Nacional – PRODIST, Módulo 8 – Qualidade da Energia Elétrica,* (Revisão 12, 2021)

[2] W. Pereira, O. K. Tanaka, *Elementos de Estatística.* São Paulo: McGraw-Hill do Brasil, 1984.

[3] S.M. Deckmann, A. A. Ferreira. "About Voltage Sags and Swells Analysis". *10th ICHQP - International Conference on Harmonics and Quality of Power,* Rio de Janeiro, Oct. 2002, Vol. 1, pp. 144-148.

CAPÍTULO 12

Análise de sinais no domínio das frequências

12.1. INTRODUÇÃO

A abordagem do tema deste capítulo baseou-se essencialmente nas referências [1], [2], [3] e [4] que são textos clássicos, adotados em diversos cursos de graduação e pós-graduação. Sua consulta é recomendada para ampliar os estudos além do que é tratado no contexto deste livro. Uma visão focalizada na análise de sinais em redes elétricas pode ser encontrada em [5].

Nos capítulos anteriores, foram abordados sinais periódicos, distorcidos ou não, visando caracterizar eventos envolvendo variações de amplitude, flutuações aleatórias, transitórios, recortes, deformações etc., de tensões e correntes. Em diversas ocasiões foram utilizados conceitos de distorção harmônica e conteúdo espectral, fazendo referência à decomposição de um sinal em sua série de Fourier. Este capítulo aprofunda essa análise para mostrar como se identificam os componentes harmônicos de um sinal.

Em princípio, para existir mapeamento consistente entre fenômenos analisados nos domínios do tempo e da frequência, é necessário que o sinal temporal seja periódico, ou seja, que os valores que definem a forma de onda se repitam em intervalos iguais a T, definido como o período da onda cuja frequência é f. Com isso se estabelece a regra básica de mapeamento entre os dois domínios:

$$f = \frac{1}{T} \tag{12.1}$$

No domínio do tempo é necessário definir explicitamente a função temporal contendo os parâmetros que caracterizam a amplitude, a frequência da onda e a fase inicial como (12.2), representados na Figura 12.1.

$$x(t) = A \cdot sen(2\pi ft - \varphi) \quad (12.2)$$

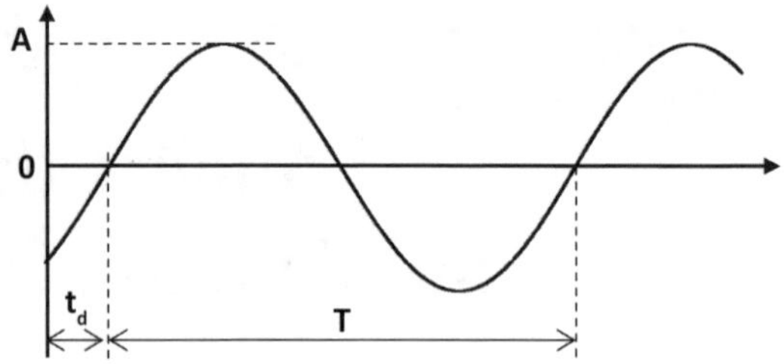

Figura 12.1 Representação de função senoidal no domínio do tempo.

A própria função temporal contém os três parâmetros característicos (A, f, φ), sendo:

A = amplitude,

$f = \frac{1}{T} = \frac{\omega}{2\pi} \rightarrow$ frequência,

$\varphi = 2\pi \frac{t_d}{T} \rightarrow$ ângulo correspondente ao atraso inicial t_d.

No caso de sinal composto de k frequências, são $3k$ parâmetros além de uma função analítica (no caso, a função seno) para caracterizar a sucessão de valores da onda no domínio do tempo. É a forma usual pela qual "enxergamos" como a função se comporta ao longo do tempo.

12.2. REPRESENTAÇÃO NO DOMÍNIO DA FREQUÊNCIA

No domínio da frequência $\omega = 2 \cdot \pi \cdot f$ esse mesmo sinal é representado apenas pelos seus parâmetros, ficando subentendida a função temporal (senoidal) escolhida como base na decomposição:

$$x(\omega) \rightarrow [A, \omega, \varphi]$$

Uma vez que a função periódica de referência está implícita (senoidal), a caracterização do sinal decomposto em termos dessa referência necessita apenas dos parâmetros resultantes da decomposição: amplitude e fase para cada frequência, como representado na Figura 12.2.

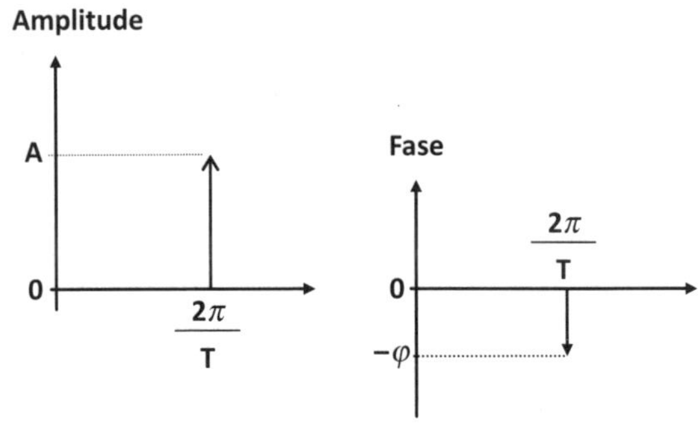

Figura 12.2 Representação de senoide no domínio da frequência.

Essa é uma forma mais compacta de representação do mesmo sinal, mas cuja interpretação é menos intuitiva. Além disso, nem todas as funções definidas individualmente como periódicas no domínio do tempo resultam periódicas quando combinadas, ou seja, não têm representação simples no domínio da frequência. Por exemplo, a função:

$$f(t) = cos(\omega_1 t) + cos(\omega_2 t) \tag{12.3}$$

só será periódica se a relação entre as frequências angulares for um número racional:

$$\frac{\omega_1}{\omega_2} = \frac{m}{n} \quad \text{para } m \text{ e } n \text{ inteiros.}$$

Por essa razão, a função (12.4), representada na Figura 12.3 não é periódica, embora esteja descrita no domínio do tempo e seja composta por dois sinais periódicos.

$$f(t) = cos(100t) + cos(100 + 10\pi)t \tag{12.4}$$

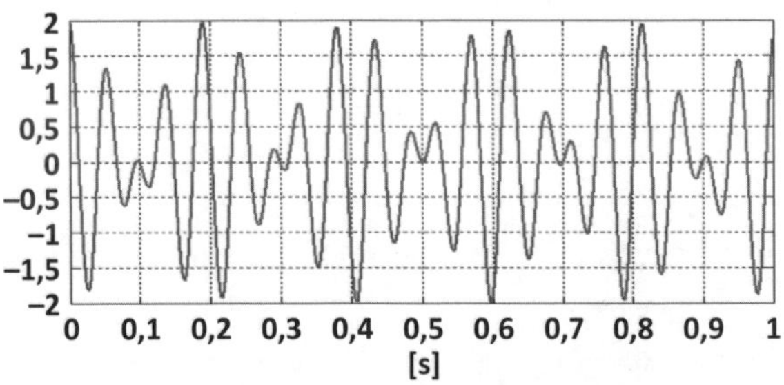

Figura 12.3 Forma de onda não periódica.

Por não ser periódica, a análise espectral desse tipo de sinal requer um tratamento especial, que será abordado mais adiante como Integral de Fourier.

12.3. REPRESENTAÇÃO DE SINAIS PERIÓDICOS

Jean B. J. Fourier publicou em 1822 um estudo no qual mostrava que um sinal periódico pode ser expresso por meio de uma série de senos e cossenos, ficando provado mais tarde que a série precisava ser convergente, ou seja, possuir energia limitada. Por exemplo, a função temporal:

$$f_1(t) = sen(\omega_1 t) - \frac{1}{2} sen(2\omega_1 t) + \frac{1}{3} sen(3\omega_1 t) - \frac{1}{4} sen(4\omega_1 t)\ldots \quad (12.5)$$

produz uma onda dente de serra, com valor de pico $\pi/2$.

Uma onda quadrada de amplitude unitária resulta na função:

$$f_2(t) = \frac{4}{\pi}\left[cos(\omega_1 t) - \frac{1}{3} cos(3\omega_1 t) + \frac{1}{5} cos(5\omega_1 t) - \ldots\right] \quad (12.6)$$

A função correspondente a uma onda triangular é dada por;

$$f_3(t) = \frac{4}{\pi}\left[sen(\omega_1 t) - \frac{1}{9} sen(3\omega_1 t) + \frac{1}{25} sen(5\omega_1 t) - \ldots\right] \quad (12.7)$$

As Figuras 12.4 e 12.5 mostram a reconstituição de ondas dente de serra, quadrada e triangular a partir dos componentes espectrais de ordem mais baixa, dados pelas respectivas séries de Fourier.

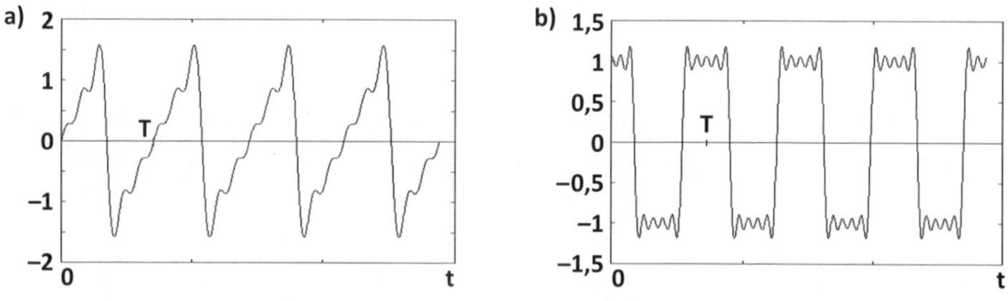

Figura 12.4 a) Soma dos primeiros cinco termos da série da onda dente de serra. b) Soma dos primeiros cinco termos da série de uma onda quadrada.

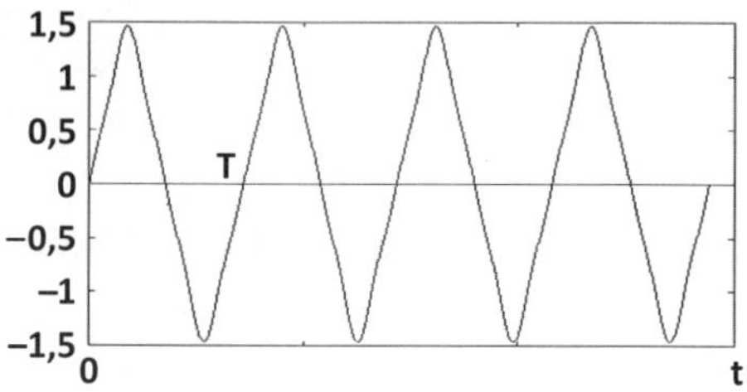

Figura 12.5 Soma dos primeiros três termos da série da onda triangular.

Os exemplos anteriores mostram algumas propriedades gerais importantes da série de Fourier:

1) As séries são formadas por múltiplos inteiros da frequência fundamental $\left(f_1 = \omega_1 / 2\pi\right)$. As frequências múltiplas são chamadas harmônicos ($f_h = h \cdot f_1$, $h = 2,3,4\ldots$).
2) Se a função é par [$f(t) = f(-t)$], a série contém apenas termos em cosseno, como em $f_2(t)$ acima; se a função for ímpar [$f(t) = -f(-t)$], contém apenas termos em seno, como em $f_1(t)$ e $f_3(t)$.
3) Se a função apresentar simetria de meia onda $\left[f(t) = -f\left(t + \frac{T}{2}\right)\right]$, então a série não contém harmônicos pares, como em $f_2(t)$ e $f_3(t)$.
4) Se, no tempo, a função periódica contiver descontinuidades, como em uma onda quadrada, aparece o chamado efeito de Gibbs[1] nos momentos de derivada infinita, devido à impossibilidade de reproduzir esse efeito pela soma de uma quantidade finita de termos em frequência.

12.4. COMO APLICAR A ANÁLISE DE FOURIER

As propriedades anteriormente listadas ajudam a simplificar a análise qualitativa, mas é necessário um procedimento para decompor a função temporal em sua série harmônica. A série de Fourier é uma decomposição do sinal periódico, com período T, em somatórios de cossenos e senos do tipo:

$$f(t) = a_0 + \sum_{h=1}^{\infty} a_h cos(h\omega_1 t) + \sum_{h=1}^{\infty} b_h sen(h\omega_1 t), \quad \text{sendo} \quad \omega_1 = \frac{2\pi}{T} \qquad (12.8)$$

A análise de sinais periódicos pela série de Fourier no domínio da frequência resume-se a determinar os valores dos coeficientes a_0, a_h e b_h da série, uma vez que se conhece o período T da função de referência. Sabendo-se que as funções cosseno e seno são ortogonais, a decomposição de Fourier pode ser vista como uma projeção em base de sinais ortogonais, como na Figura 12.6.

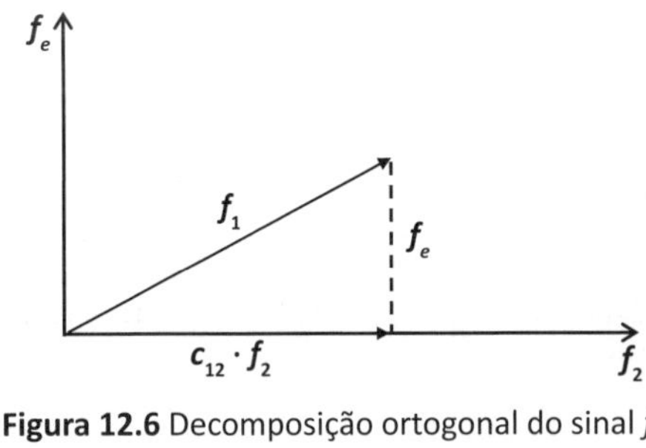

Figura 12.6 Decomposição ortogonal do sinal f_1.

[1] Josiah Willard Gibbs (1839-1903) foi um cientista norte-americano que realizou contribuições teóricas fundamentais na física, na química e na matemática.

O coeficiente c_{12} é a medida da projeção ortogonal da função f_1 sobre a função f_2. Repare que f_2 funciona como a referência para projeção e f_e como a variável ortogonal. Para determinar c_{12} sobre um intervalo de tempo $[t_a, t_b]$ pode-se utilizar a técnica de erro quadrático médio mínimo para a função de erro f_e, dada pela relação vetorial:

$$f_1(t)=f_e(t)+c_{12}\cdot f_2(t) \text{ ou } f_e(t)=f_1(t)-c_{12}\cdot f_2(t) \tag{12.9}$$

O erro quadrático médio no intervalo $[t_a, t_b]$ é dado por:

$$e_{ab}=\frac{1}{t_b-t_a}\int_{t_a}^{t_b} f_e^2 dt \tag{12.10}$$

O erro quadrático médio mínimo é encontrado impondo $\frac{\partial e_{ab}}{\partial c_{12}}=0$. Por essa técnica chega-se a:

$$e_{ab}=\frac{1}{t_b-t_a}\int_{t_a}^{t_b}\left[f_1(t)-c_{12}\cdot f_2(t)\right]^2 dt \tag{12.11}$$

$$\frac{\partial e_{ab}}{\partial c_{12}}=\frac{\partial}{\partial c_{12}}\left\{\frac{1}{t_b-t_a}\int_{t_a}^{t_b}\left[f_1^2(t)-2c_{12}\cdot f_1(t)\cdot f_2(t)+c_{12}^2\cdot f_2^2(t)\right]dt\right\}=0$$

Resolvendo a derivada parcial da equação anterior obtém-se:

$$2c_{12}\int_{t_a}^{t_b} f_2^2(t)\cdot dt-2\int_{t_a}^{t_b} f_1(t)\cdot f_2(t)\cdot dt=0$$

que permite explicitar o coeficiente c_{12}, resultando:

$$c_{12}=\frac{\int_{t_a}^{t_b} f_1(t)\cdot f_2(t)\cdot dt}{\int_{t_a}^{t_b} f_2^2(t)\cdot dt} \tag{12.12}$$

Se $f_1(t)$ e $f_2(t)$ forem ortogonais, a projeção resulta nula ($c_{12} = 0$). Por analogia, podem-se encontrar os coeficientes da série de Fourier. Para isso basta impor certas condições a $f_1(t)$ e $f_2(t)$:

a) Na série de Fourier (12.8), $f(t)$ corresponde a $f_1(t)$, a função a ser decomposta;

b) A periodicidade de $f(t)$ é determinada por $\omega_1 = 2\pi/T$, para qualquer valor de T. Portanto, basta realizar as integrais em (12.12) sobre um período $(-\pi/\omega_1, \pi/\omega_1)$;

c) Uma vez que $f_2(t)$ funciona como eixo de projeção, pode-se atribuir condições particulares a essa função, como:

se $f_2(t) = 1$, resulta não nulo na série apenas a_0 (nos demais termos a média resulta zero):

$$a_0 = \frac{\int_{-\pi/\omega 1}^{\pi/\omega 1} f(t)\cdot 1\cdot dt}{\int_{-\pi/\omega 1}^{\pi/\omega 1} 1\cdot dt} = \frac{\omega_1}{2\pi}\int_{-\pi/\omega 1}^{\pi/\omega 1} f(t)\cdot dt \tag{12.13}$$

e, portanto, a_0 representa o valor médio por período ou valor CC da função $f(t)$. Se $f_2(t) = cos(h\omega_1 t)$, resultará não nulo apenas o coeficiente da série contendo $cos(h\omega_1 t)$:

$$a_h = \frac{\int_{-\pi/\omega 1}^{\pi/\omega 1} f(t)\cdot cos(h\omega_1 t)\cdot dt}{\int_{-\pi/\omega 1}^{\pi/\omega 1} cos^2(h\omega_1 t)\cdot dt} = \frac{\omega_1}{\pi}\int_{-\pi/\omega 1}^{\pi/\omega 1} f(t)\cdot cos(h\omega_1 t)\cdot dt \tag{12.14}$$

Se $f_2(t) = sen(h\omega_1 t)$, resultará não nulo apenas o coeficiente contendo $sen(h\omega_1 t)$:

$$b_h = \frac{\int_{-\pi/\omega 1}^{\pi/\omega 1} f(t)\cdot sen(h\omega_1 t)\cdot dt}{\int_{-\pi/\omega 1}^{\pi/\omega 1} sen^2(h\omega_1 t)\cdot dt} = \frac{\omega_1}{\pi}\int_{-\pi/\omega 1}^{\pi/\omega 1} f(t)\cdot sen(h\omega_1 t)\cdot dt \tag{12.15}$$

Cada coeficiente a_h e b_h é interpretado como o valor médio do produto da função $f(t)$ ponderada pela respectiva base harmônica. Note que os coeficientes a_h ou b_h são números reais, podendo ser positivos ou negativos. Coeficientes negativos correspondem a componentes harmônicos com fase inicial 180°. Uma vez que os coeficientes a_h e b_h são projeções sobre os eixos em quadratura de $cos(h\omega_1 t)$ e $sen(h\omega_1 t)$, respectivamente, a amplitude A_h do componente de ordem h é dada por:

$$A_h = \sqrt{a_h^2 + b_h^2} \tag{12.16}$$

No caso de séries que só possuem termos em *sen*(.) ou em *cos*(.) as amplitudes coincidem com os próprios coeficientes. É o caso, por exemplo, dos coeficientes da função dente de serra, que podem ser dispostos formando o espectro da Figura 12.7.

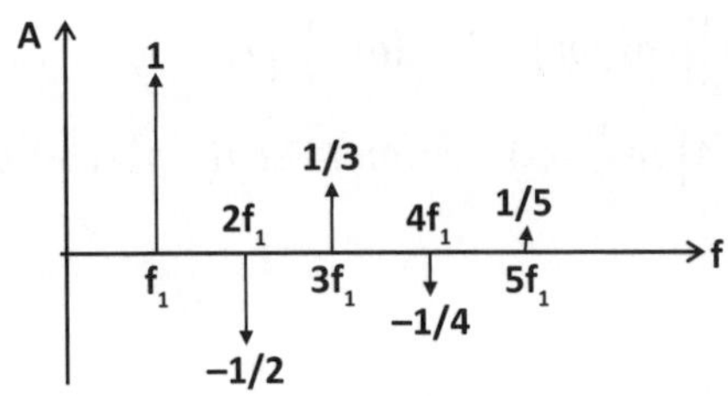

Figura 12.7 Espectro de amplitude da onda dente de serra.

12.5. REPRESENTAÇÃO DA SÉRIE DE FOURIER NA FORMA EXPONENCIAL COMPLEXA

Existem vantagens para a manipulação algébrica em usar a representação da série de Fourier pela correspondente série exponencial complexa, ao invés de usar funções seno e cosseno:

$$f(t)=\sum_{h=-\infty}^{\infty} c_h \cdot e^{jh\omega_1 t} \quad h=0, \pm 1, \pm 2,... \tag{12.17}$$

onde c_h é um coeficiente complexo. Para $h = 0$ o operador exponencial assume valor constante igual a 1, de modo que c_0 corresponde ao componente *CC*. Para $h(+)$ *e* $h(-)$ resulta metade do respectivo coeficiente do harmônico da série de Fourier. Isso pode ser constatado impondo-se as condições de simetria par e ímpar para todo h:

se $c_h = c_{-h}$ resulta termo cosseno,

se $c_h = -c_{-h}$ resulta termo seno.

Para verificar, basta fazer as somas correspondentes aos termos pares e ímpares de cada harmônico h. Resultam somas do tipo:

simetria par: $c_h e^{jh\omega_1 t} + c_{-h} e^{-jh\omega_1 t} = 2c_h cos(h\omega_1 t) = a_h cos(h\omega_1 t)$

simetria ímpar: $c_h e^{jh\omega_1 t} - c_{-h} e^{-jh\omega_1 t} = 2jc_h sen(h\omega_1 t) = b_h sen(h\omega_1 t)$

Por trás dessas relações está a chamada fórmula de Euler:[2]

$$e^{\pm j\omega t} = cos(\omega t) \pm jsen(\omega t) \tag{12.18}$$

que mostra a equivalência da representação de uma variável complexa na forma polar ou retangular. Como h pode assumir valores positivos e negativos, diz-se que essa série é bilateral.

Exemplo de decomposição:

Considere-se a forma senoidal básica:

$$x(t) = A \cdot sen\ (\omega t - \varphi)$$

Utilizando a relação de Euler, resultam os seguintes passos de decomposição:

$$x(t) = \mathrm{Im}\left[A \cdot e^{j(\omega t - \varphi)}\right] = A \cdot \mathrm{Im}\left[(e^{j\omega t}) \cdot (e^{-j\varphi})\right] =$$

$$= A \cdot \mathrm{Im}\left\{\left[cos(\omega t) + jsen(\omega t)\right] \cdot \left[cos(-\varphi) + jsen(-\varphi)\right]\right\} =$$

$$= A\left[cos(-\varphi) \cdot sen(\omega t) + sen(-\varphi) \cdot cos(\omega t)\right] =$$

[2] Leonhard Paul Euler (n. 15 de abril de 1707 – f. 18 de setembro de 1783) foi um matemático e físico suíço, que fez importantes descobertas em várias áreas da Matemática.

$$= A\left[cos(\varphi)\cdot sen(\omega t) - sen(\varphi)\cdot cos(\omega t)\right] =$$
$$= A\cdot cos(\varphi)sen(\omega t) - A\cdot sen(\varphi)\cdot cos(\omega t) =$$
$$\triangleq b_1\cdot sen(\omega t) - a_1\cdot cos(\omega t).$$

Estes últimos termos representam os componentes da série de Fourier, cujos coeficientes valem $a_1 = A\cdot sen\varphi$ e $b_1 = A\cdot cos\varphi$. Os componentes somados resultam na onda inicial, como mostra a Figura 12.8.

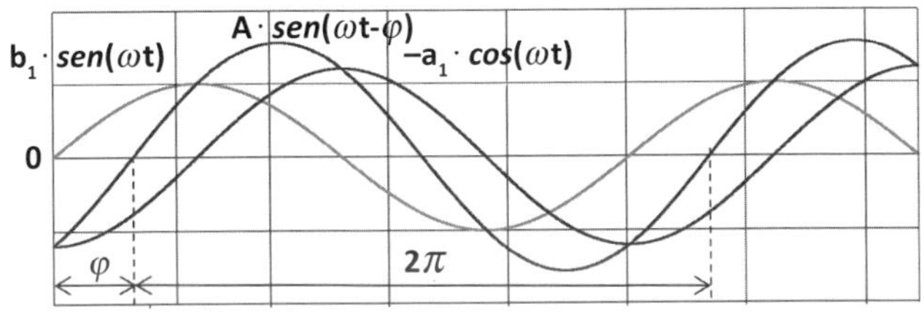

Figura 12.8 Decomposição de senoide atrasada de ângulo φ nos componentes de Fourier.

12.5.1. SÉRIE EXPONENCIAL COMPLEXA UNILATERAL

Pode-se rearranjar a soma bilateral (12.17) na forma de série exponencial unilateral:

$$f(t) = c_0 + \sum_{h=1}^{\infty}\left[c_h e^{jh\omega_1 t} + c_{-h}e^{-jh\omega_1 t}\right] \quad h = 1, 2, 3... \qquad (12.19)$$

Para sinais reais, deve ser satisfeita a condição de simetria dos coeficientes complexos, ou seja, $c_{-h} = c_h^*$,[3] devido ao teorema de Parseval (a energia deve se manter tanto no domínio do tempo como no da frequência). Portanto:

$$f(t) = c_0 + \sum_{h=1}^{\infty}\left[c_h e^{jh\omega_1 t} + c_h^* e^{-jh\omega_1 t}\right] \qquad (12.20)$$

Assumindo que cada coeficiente complexo da série é formado por partes real e imaginária, na forma:

$$c_h = \frac{1}{2}\left(a_h - jb_h\right) \qquad (12.21)$$

$$c_{-h} = c_h^* = \frac{1}{2}\left(a_h + jb_h\right) \qquad (12.22)$$

[3] O símbolo * indica o valor complexo conjugado (mesma parte real e parte imaginária com sinal trocado).

a equação (12.19) é escrita como:

$$f(t) = a_0 + \sum_{h=1}^{\infty} a_h cos(h\omega_1 t) + \sum_{h=1}^{\infty} b_h sen(h\omega_1 t) \qquad (12.23)$$

que é a própria série de Fourier de cossenos e senos formulada inicialmente na equação (12.8). Portanto, as três formas de representação da série de Fourier:

1) série de senos e cossenos

2) série exponencial complexa bilateral

3) série exponencial complexa unilateral

são equivalentes. Com os coeficientes de uma determinam-se os coeficientes de outra.

12.6. DA SÉRIE DE FOURIER À TRANSFORMADA DE FOURIER

Como vimos, existe uma relação direta entre a forma exponencial complexa e a forma em termos de senos e cossenos da série de Fourier. Devido à relação entre os coeficientes das duas formas, tem-se:

$$c_h = \frac{1}{2}(a_h - jb_h) \qquad c_{-h} = \frac{1}{2}(a_h + jb_h) \qquad (12.24)$$

Para $h = 0$ tem-se $c_h + c_{-h} = a_0$. Para $h > 0$ pode-se obter os coeficientes complexos c_h a partir dos coeficientes reais a_h e b_h:

$$a_h = \frac{\omega_1}{\pi} \int_{-\pi/\omega 1}^{\pi/\omega 1} f(t) \cdot cos(h\omega_1 t) dt \qquad b_h = \frac{\omega_1}{\pi} \int_{-\pi/\omega 1}^{\pi/\omega 1} f(t) \cdot sen(h\omega_1 t) \cdot dt \qquad (12.25)$$

Substituindo esses componentes em (12.24) resulta:

$$c_h = \frac{\omega_1}{2\pi} \int_{-\pi/\omega 1}^{\pi/\omega 1} f(t) \left[cos(h\omega_1 t) - jsen(h\omega_1 t) \right] \cdot dt \qquad (12.26)$$

e, pela equação de Euler, tem-se a forma exponencial:

$$c_h = \frac{\omega_1}{2\pi} \int_{-\pi/\omega 1}^{\pi/\omega 1} f(t) \cdot e^{-jh\omega_1 t} \cdot dt \quad \text{h} = 0, \pm 1, \pm 2, \ldots \qquad (12.27)$$

Note que $e^{-jh\omega_1 t}$ é um operador de rotação no sentido horário com velocidade angular $h\omega_1$, cuja amplitude é unitária. O coeficiente c_h será não nulo somente se a função $f(t)$ contiver componentes em $h\omega_1$. Nesse caso, o produto da função com o operador gera o valor não nulo como média por período. Portanto, cada coeficiente c_h corresponde ao valor médio da função ponderada pelo operador que gira com velocidade $h\omega_1$, a qual define a periodicidade harmônica. Essa representação lembra a definição de fasor, só que girando nas frequências harmônicas.

12.6.1. ANÁLISE DE UM SINAL COM ESPECIAL INTERESSE: O TREM DE PULSOS UNITÁRIOS

O trem de pulsos unitários é um sinal importante para se chegar à transformada de Fourier. Por conveniência, tome-se o sinal com período $T_1 = \frac{2\pi}{\omega_1}$, o pulso com amplitude unitária e duração $\Delta t = \frac{2\pi}{k\omega_1}$. Essa situação é ilustrada na Figura 12.9. Nota-se que k inteiro pode ser interpretado como uma frequência múltipla de ω_1, uma vez que Δt é a k-ésima fração de T_1.

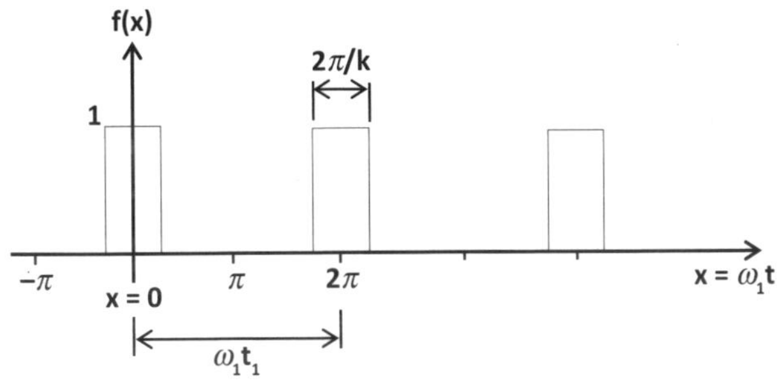

Figura 12.9 Trem de pulsos unitários.

Como o pulso dentro do intervalo de $-\pi$ a $+\pi$ vale um apenas entre $-\pi/k$ e $+\pi/k$, os coeficientes da série complexa de Fourier são dados por:

$$c_h = \frac{1}{2\pi}\int_{-\frac{\pi}{k}}^{\frac{\pi}{k}} e^{-jhx}\cdot dx, \quad \text{para} \quad x = \omega_1 t \quad \text{e} \quad h = 0, \pm 1, \pm 2...$$

Para $h = 0$ resulta:

$$c_0 = \frac{1}{2\pi}\left[\frac{\pi}{k} + \frac{\pi}{k}\right] = \frac{1}{k} \tag{12.28}$$

Para $h \neq 0$ tem-se:

$$c_h = \frac{1}{-jh2\pi}\left[e^{-jhx}\right]_{-\frac{\pi}{k}}^{\frac{\pi}{k}}$$

$$= \frac{1}{-jh2\pi}\left[e^{-jh\frac{\pi}{k}} - e^{jh\frac{\pi}{k}}\right] = \frac{1}{h\pi}sen\left(h\frac{\pi}{k}\right) \tag{12.29}$$

Dessa forma, o trem de pulsos pode ser escrito como a série:

$$f(x) = \sum_{h=-\infty}^{\infty}\frac{1}{k}\frac{sen\left(h\frac{\pi}{k}\right)}{h\frac{\pi}{k}}e^{jhx} = \sum_{h=-\infty}^{\infty}c_h e^{jhx} \tag{12.30}$$

onde $x = \omega_1 t$ e $h = 0, \pm 1, \pm 2...$, e os coeficientes valem:

$$c_h = \frac{1}{k} \cdot \frac{sen\left(h\frac{\pi}{k}\right)}{h\frac{\pi}{k}} \tag{12.31}$$

A função $\dfrac{sen\left(h\frac{\pi}{k}\right)}{h\frac{\pi}{k}}$ é chamada função *sinc*(.) e, para argumento contínuo, apresenta a forma mostrada na Figura 12.10.

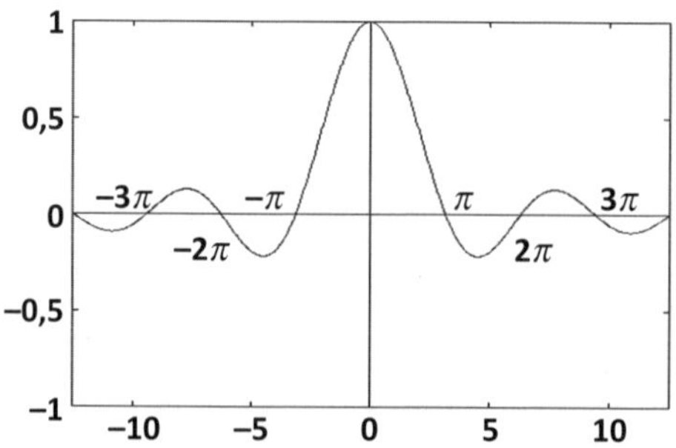

Figura 12.10 Função *sinc*(.).

Essa função define a envoltória para os valores dos coeficientes c_h do trem de pulsos. No caso do trem de pulsos mostrado na Figura 12.9, verifica-se que os coeficientes são definidos para as abcissas da função *sinc* apenas para alguns valores específicos ou discretos, dados por:

$$\frac{h\pi}{k} = 0, \pm\frac{\pi}{k}, \pm\frac{2\pi}{k}, \pm\frac{3\pi}{k}, \ldots \qquad \text{pois } h = 0, \pm 1, \pm 2, \pm 3....$$

Pode-se visualizar o que ocorre com os coeficientes c_h representando-os para dois casos, por exemplo, $k = 3$ e $k = 5$ apresentados, respectivamente, nas Figuras 12.11 e 12.12. Quanto menor a duração do pulso (maior k), mais os coeficientes se aproximam e diminuem de amplitude. Se, ao invés de reduzir a duração, aumentar o intervalo entre pulsos (T_1), tem-se, no limite, um "trem de pulsos" com período infinito, ou seja, apenas um pulso na origem. Com isso, a frequência fundamental $\left(\omega_1 = \frac{2\pi}{T_1}\right)$ tende a zero, e os componentes se aproximam tanto que formam um espectro contínuo com amplitudes infinitesimais:

$$c_h = \frac{1}{2\pi}\int_{-\pi}^{\pi} f(x) \cdot e^{-jhx} \cdot dx = \frac{1}{T_1}\int_{-T_1/2}^{T_1/2} f(t) \cdot e^{-jh\omega_1 t} dt \tag{12.32}$$

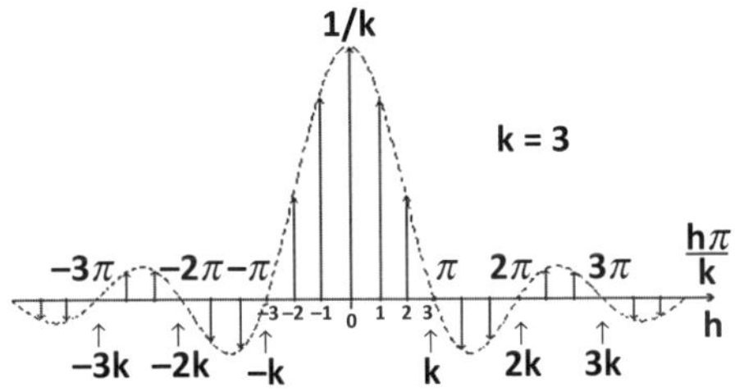

Figura 12.11 Coeficientes c_h do trem de pulsos para k = 3.

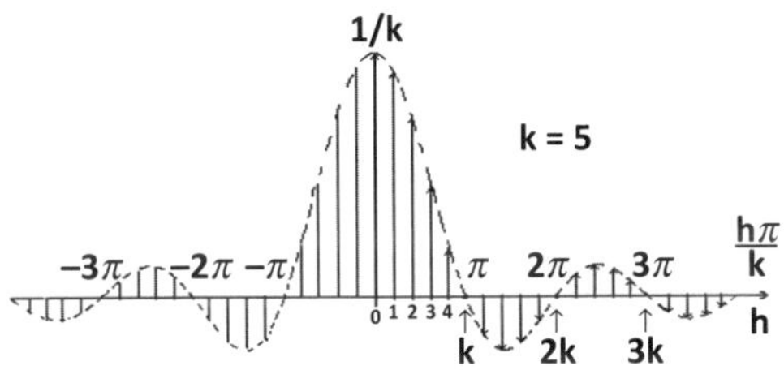

Figura 12.12 Coeficientes c_h do trem de pulsos para k = 5.

Como c_h tende a zero, enquanto T_1 tende a infinito, o produto $c_h \cdot T_1$ tende a um valor finito e $h\omega_1$ tende à variável contínua ω:

$$\lim_{T_1 \to \infty}\left(c_h \cdot T_1\right) = \int_{-\infty}^{\infty} f(t) \cdot e^{-j\omega t} dt \triangleq \mathcal{F}(\omega) \tag{12.33}$$

A função contínua $\mathcal{F}(\omega)$ é chamada transformada ou integral de Fourier:

$$\mathcal{F}(\omega) \triangleq \int_{-\infty}^{\infty} f(t) \cdot e^{-j\omega t} dt \tag{12.34}$$

A função inversa é obtida da série:

$$f(t) = \sum_{h=-\infty}^{\infty} c_h e^{jh\omega_1 t}$$

$$f(t) = \sum_{h=-\infty}^{\infty} \underset{\displaystyle \downarrow \atop \displaystyle \boldsymbol{c_h}}{\frac{\mathcal{F}(\omega)}{T_1}} e^{jh\omega_1 t} = \sum_{h=-\infty}^{\infty} \underset{\displaystyle \downarrow \atop \displaystyle \boldsymbol{T_1}}{\frac{\mathcal{F}(\omega)}{2\pi/\omega_1}} e^{jh\omega_1 t} = \frac{1}{2\pi} \int_{-\infty}^{\infty} \mathcal{F}(\omega) \cdot e^{j\omega t} \underset{\displaystyle \downarrow \atop \displaystyle \boldsymbol{\omega_1}}{d\omega} \tag{12.35}$$

Note os limites usados para essas associações entre operações contínuas e discretas:

$$T_1 \to 2\pi/\omega_1;\ h\omega_1 \to \omega;\ \omega_1 \to d\omega;\ \Sigma \to \int$$

A transformada de Fourier ($\mathcal{F}$) consegue mapear[4] sinais aperiódicos (período infinito) para o domínio da frequência, resultando em um espectro contínuo por meio da integral de Fourier:

Transformada direta $t \rightarrow \omega$ $$\mathcal{F}(\omega) \triangleq \int_{-\infty}^{\infty} f(t) \cdot e^{-j\omega t} \cdot dt$$

Transformada inversa $\omega \rightarrow t$ $$f(t) = \frac{1}{2\pi} \int_{-\infty}^{\infty} \mathcal{F}(\omega) \cdot e^{j\omega t} \cdot d\omega$$

Comparando as transformações, observa-se que o operador exponencial gira em sentidos opostos.

12.6.2. EXEMPLOS DE APLICAÇÃO

a) Transformada de Fourier de um trem de pulsos

Obter a transformada de Fourier da onda retangular com período $\left(T_1 = \dfrac{2\pi}{\omega_1}\right)$, representada na Figura 12.13.

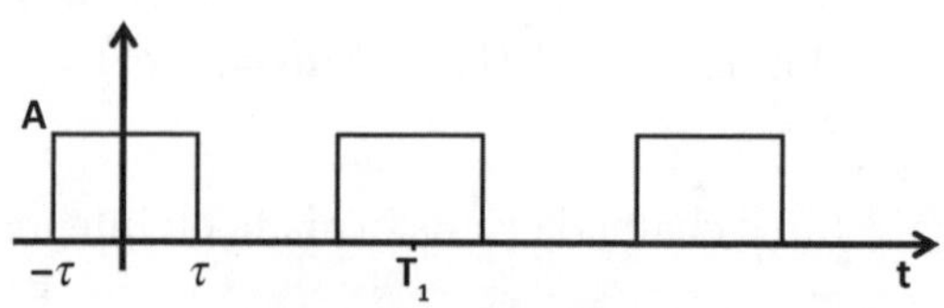

Figura 12.13 Trem de pulsos de amplitude A e duração 2τ.

Os coeficientes da transformada de Fourier são:

$$c_0 = \frac{1}{T_1} \int_{-\tau}^{\tau} A \cdot dt = \frac{2\tau}{T_1} A \qquad \text{(média do período)}$$

e o termo genérico, de ordem h, que vale:

$$c_h = \frac{1}{T_1} \int_{-\tau}^{\tau} A \cdot e^{-jh\omega_1 t} dt = \frac{A}{-jh\omega_1 T_1} \left[e^{-jh\omega_1 \tau} - e^{jh\omega_1 \tau} \right] = \frac{2A}{h\omega_1 T_1} sen\left(h\omega_1 \tau\right) \quad h \neq 0$$

[4] Isso é verdade, desde que *f(t)* satisfaça as condições de Dirichlet (próxima nota de rodapé), as quais normalmente são satisfeitas por sinais periódicos reais, analisados por tempo finito.

portanto, multiplicando numerador e denominador por τ:

$$c_h = \frac{2\tau A}{T_1} \cdot \frac{sen(h\omega_1 \tau)}{h\omega_1 \tau} = \frac{2\tau A}{T_1} \cdot \frac{sen\left(h\frac{2\pi}{T_1}\tau\right)}{h\frac{2\pi}{T_1}\tau} \tag{12.36}$$

O coeficiente se anula para argumento do seno múltiplo de π, ou seja, $\frac{2h\tau}{T_1} = n$ inteiro. Para $n = 1$ tem-se $h = {T_1}/{2\tau}$, que representa o inverso da duração do pulso relativa ao período. A Figura 12.14 ilustra a distribuiçao dos coeficientes da transformada de Fourier do trem de pulsos.

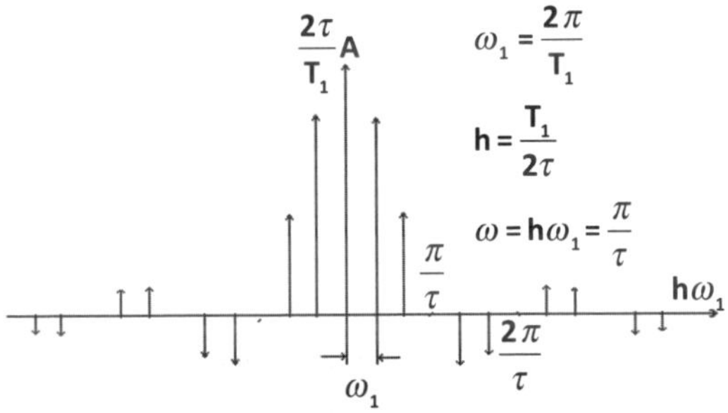

Figura 12.14 Coeficientes da transformada de Fourier do trem de pulsos.

Para essa onda retangular periódica, resulta um espectro discreto, cuja resolução é dada por

$$\Delta\omega = \omega_1 = \frac{2\pi}{T_1} \tag{12.37}$$

b) Transformada de Fourier de pulso isolado

Neste caso, como $T_1 \to \infty$, recorre-se ao limite finito de $(c_h \cdot T_1)$ representado pela transformada de Fourier e o pulso é expresso pela série da função inversa:

$$f(t) = \sum_{h=-\infty}^{\infty} c_h \cdot T_1 \cdot e^{jh\omega_1 t} = \sum_{-\infty}^{\infty} \left[\int_{-\frac{T_1}{2}}^{\frac{T_1}{2}} f(t) \cdot e^{-jh\omega_1 t} \cdot dt \right] \cdot e^{jh\omega_1 t} \tag{12.38}$$

onde $c_h \cdot T_1 = \mathcal{F}(\omega)$ e, portanto, dada por $c_h \cdot T_1 = \int_{-\frac{T_1}{2}}^{\frac{T_1}{2}} f(t) \cdot e^{-jh\omega_1 t} \cdot dt$. Para $h = 0$ resulta

$c_0 \cdot T_1 = \int_{-\frac{T_1}{2}}^{\frac{T_1}{2}} f(t) \cdot dt = \int_{-\tau}^{\tau} A \cdot dt = 2\tau \cdot A$. Logo, a amplitude do lóbulo central corresponde à área do pulso. Essa situação é ilustrada na Figura 12.15.

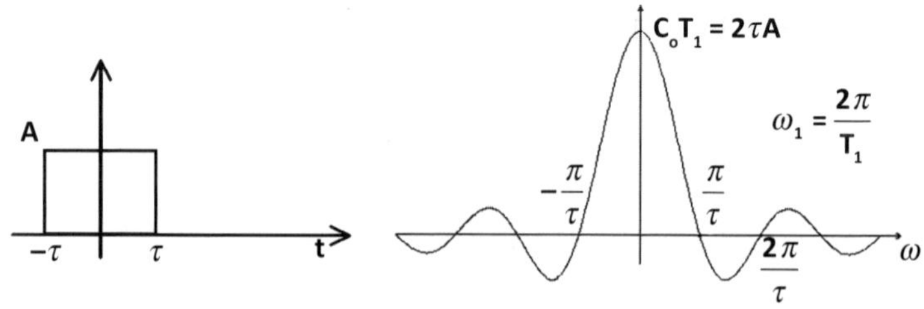

Figura 12.15 Pulso isolado e respectivo espectro contínuo.

Para o pulso isolado o espectro $\mathcal{F}(\omega)$ é uma função contínua de ω na forma da função *sinc*(.). A duração do pulso (2τ) continua definindo a largura da faixa de frequência do lóbulo principal. No caso de o pulso ser mais estreito, o espectro se alarga na proporção inversa da duração do pulso (2τ), enquanto a amplitude diminui, como ilustrado na Figura 12.16.

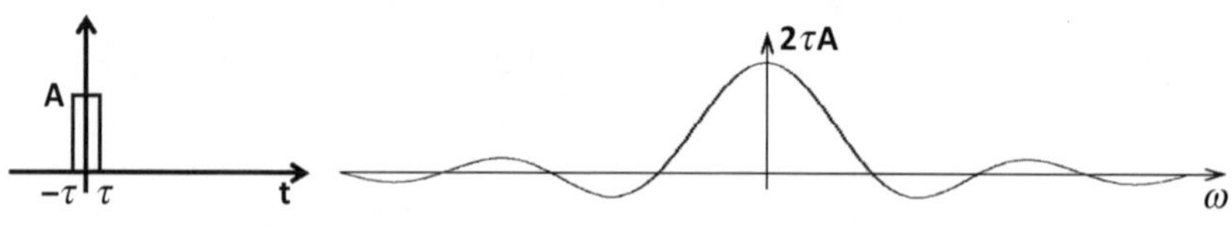

Figura 12.16 Pulso isolado estreito e seu espectro contínuo largo.

No caso de um pulso mais largo, acontece o oposto, o espectro se estreita e aumenta a amplitude em torno da origem, conforme Figura 12.17.

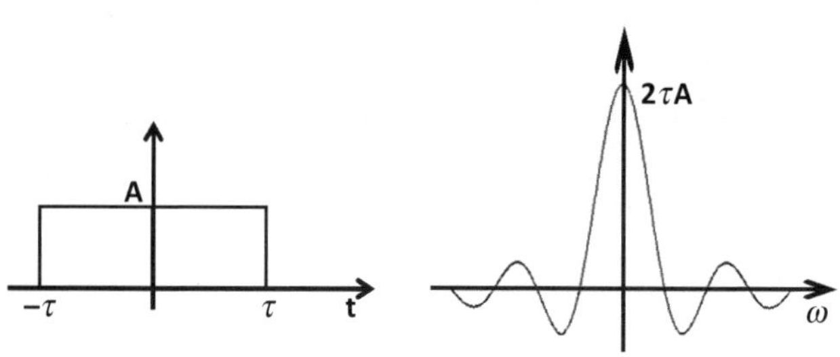

Figura 12.17 Pulso isolado largo e seu espectro contínuo estreito.

12.7. DA TRANSFORMADA DE FOURIER À TRANSFORMADA DE LAPLACE

Uma das condições para existir a transformada de Fourier (condições de Dirilecht[5]) diz que no intervalo $-\infty < t < \infty$ a integral seja finita, ou seja:

$$\left| \int_{-\infty}^{\infty} f(t) \cdot e^{-j\omega t} \cdot dt \right| < \infty \qquad (12.39)$$

Como $e^{-j\omega t}$ tem magnitude unitária, essa condição se reduz a: $\int_{-\infty}^{\infty} |f(t)| \cdot dt < \infty$. Essa condição não é satisfeita por várias funções, como as funções seno, cosseno, degrau etc., as quais, a rigor, não possuem transformadas de Fourier. No entanto, limitando as funções periódicas entre $-T$ e $+T$ e depois fazendo $T \rightarrow \infty$, pode-se obter a transformada. Para o degrau $u(t)$, pode-se utilizar outro processo, que é supor decaimento exponencial ($e^{-\sigma t}$) (Figura 12.18), e fazer o valor da atenuação tender a zero ($\sigma \rightarrow 0$) após calcular a transformada.

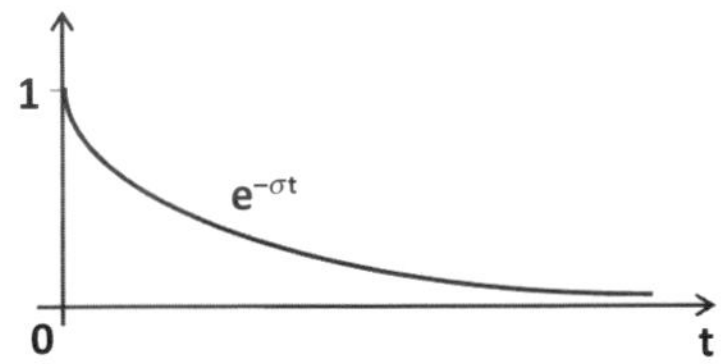

Figura 12.18 Função atenuação do degrau.

A transformada de Fourier da função atenuação do degrau será designada por $G(\omega)$:

$$G(\omega) = \int_{0}^{\infty} e^{-\sigma t} \cdot e^{-j\omega t} \cdot dt = \frac{1}{-(\sigma + j\omega)} \left[e^{-\sigma t} \cdot e^{-j\omega t} \right]_0^{\infty} = \frac{1}{\sigma + j\omega} \text{ para } (\sigma > 0) \qquad (12.40)$$

Para obter o espectro do degrau não basta zerar σ, pois em $\omega = 0$ ocorre uma singularidade. Levantando a singularidade, vê-se que para $\omega = 0$, resulta: $G(0) = \frac{1}{\sigma}$ e para $\omega >> 0$ resulta: $G(\omega) \cong \frac{1}{j\omega}$. Ou seja, o espectro é contínuo e decrescente. A fase inicial é zero e atrasa até –90°, como representado na Figura 12.19.

[5] Johann Peter Gustav Lejeune Dirichlet (1805-1859) foi um matemático alemão que, dentre outras, fez profundas contribuições para a teoria dos números e para a teoria de séries de Fourier. É creditado como um dos primeiros matemáticos a dar a definição formal moderna de uma função.

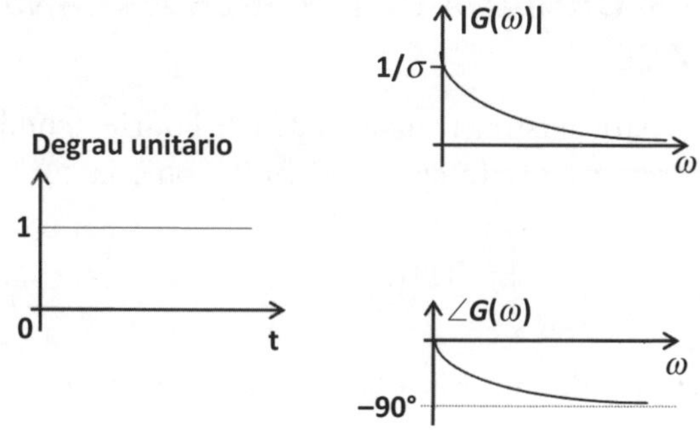

Figura 12.19 Transformada de Fourier do degrau unitário com amortecimento σ.

12.7.1. A TRANSFORMADA DE LAPLACE

Por meio da incorporação da função atenuação à transformada de Fourier, chega-se à transformada de Laplace:

$$G(\omega) = \int_0^\infty f(t) \cdot e^{-\sigma t} \cdot e^{-j\omega t} \cdot dt = \int_0^\infty f(t) \cdot e^{-(\sigma + j\omega)t} \cdot dt \quad (12.41)$$

Designando $s = \sigma + j\omega$ resulta a transformada de Laplace como:

$$\mathcal{L}(s) = \int_0^\infty f(t) \cdot e^{-st} \cdot dt \quad (12.42)$$

A integral agora tem que começar em $t = 0$, uma vez que para $t < 0$ a atenuação vira ampliação e, portanto, a integral torna-se divergente. Isso na prática não costuma ser um problema, pois quase todos os processos reais admitem um instante inicial ($t = 0$) para sua análise.

12.7.2. COMPARAÇÃO DA TRANSFORMADA DE LAPLACE E DE FOURIER

Uma vez que a transformada de Fourier é dada por:

$$\mathcal{F}(\omega) = \int_{-\infty}^\infty f(t) \cdot e^{-j\omega t} \cdot dt$$

e a de Laplace por:

$$\mathcal{L}(s) = \int_0^\infty f(t) \cdot e^{-st} \cdot dt$$

nota-se que, enquanto a transformada de Fourier expande $f(t)$ em um conjunto infinito de exponenciais tipo $e^{-j\omega t}$, que dão origem a senos e cossenos sobre todo o intervalo de tempo $(-\infty < t < \infty)$, a transformada de Laplace expande $f(t)$ em um conjunto infinito de exponenciais complexas tipo e^{-st}, que dão origem não apenas a senos e cossenos, mas também a exponenciais crescentes e decrescentes, e combinações deles, resultando em modos oscilatórios decrescentes (amortecidos) e crescentes (instáveis). Essa é uma importante generalização, mas que só se aplica para $t \geq 0$. Essa transformação atende a grande parte dos sinais físicos e encontrou grande aplicação na área de controle de sistemas e processos.

Um sistema linear dinâmico pode ser modelado e analisado por meio de sua função de transferência $H(s) = N(s)/D(s)$, que relaciona variáveis de saída com as variáveis de entrada. O numerador $N(s)$ e o denominador $D(s)$ são polinômios, cujas raízes constituem, respectivamente, os chamados zeros e polos da função de transferência, os quais podem ser usados para caracterizar o comportamento dinâmico do sistema.

Esse assunto é extremamente importante para o estudo de processos dinâmicos, como a síntese de controladores e a filtragem de sinais. O tema envolvendo controladores foge do escopo deste texto, razão pela qual não será aprofundado. Existem inúmeras referências sobre essa matéria, dentre as quais se sugerem [6], [7], [8] e [9].

12.8. RESUMO

Neste capítulo são detalhadas as bases teóricas para a análise de sinais no domínio da frequência. Começa-se com a decomposição de sinais periódicos em séries de Fourier, mostrando a equivalência de representação pela série de senos e cossenos com a representação complexa exponencial bilateral e a unilateral. Segue-se mostrando a passagem da série de Fourier para a transformada de Fourier, que permite analisar sinais não periódicos no domínio da frequência. Com a introdução da função atenuação na transformada de Fourier chega-se à transformada de Laplace, que permite analisar sinais oscilatórios sujeitos à atenuação exponencial, técnica essa muito utilizada para a análise e o controle da estabilidade de processos dinâmicos reais.

QUESTÕES

1) Explique a impossibilidade de representar perfeitamente uma onda quadrada por meio da série de Fourier.
2) Explique a razão pela qual o procedimento para a obtenção dos coeficientes da série de Fourier não pode ser aplicado a toda e qualquer forma de onda que pode ser descrita no domínio do tempo.
3) Na forma exponencial complexa da série de Fourier aparecem frequências negativas. Como tais frequências podem ser interpretadas?

4) Qual é a principal vantagem de utilizar a transformada de Fourier em lugar da série?

5) Explique por que a transformada de Laplace só pode ser aplicada para $t \geq 0$.

REFERÊNCIAS

[1] R. E. Scott, *Power linear circuits, Part 2 – Frequency domain analysis*. Boston: Addison-Wesley Publishing Company, 1967.

[2] P. A. Lynn, *An introduction to the analysis and processing of signals*, 2th ed. London: SAMS Macmillan Press Ltd, 1982.

[3] A. V. Oppenheim, A. S. Willsky, I. T. Young, *Signals and systems*. New York: Prentice-Hall, 1983.

[4] B. P. Lathi, *Sinais e sistemas lineares*. Porto Alegre: Bookman, 2007.

[5] P. F. Ribeiro, C. A. Duque, P. M. da Silveira, A. S. Cerqueira, *Power systems signal processing for smart grids*. New York: John Wiley & Sons, 2013.

[6] J. C. Geromel, G. S. Deaecto, *Análise linear de sinais – teoria, ensaios práticos e exercícios*. São Paulo: Blucher, 2019.

[7] J. C. Geromel, R. H. Korogui, *Controle linear de sistemas dinâmicos – teoria, ensaios práticos e exercícios*, 2ª ed. São Paulo: Blucher, 2019.

[8] P. Kundur, *Power system stability and control*. New York: McGraw-Hill Professional Publ., 1994.

[9] S. Buso, P. Mattavelli, *Digital control in power electronics*, 2nd ed. New York: Morgan & Claypool, 2015.

CAPÍTULO 13
Análise de sinais discretizados

13.1. INTRODUÇÃO

Este capítulo trata da análise de sinais amostrados no tempo. Os métodos das transformadas de Fourier e de Laplace são muito úteis para tratar das funções temporais contínuas, mas não para tratar os sinais amostrados. O tratamento de sinais amostrados constitui a base das técnicas de processamento digital. A abordagem deste capítulo baseou-se essencialmente nas referências [1], [2] e [3]. As referências [4], [5] e [6] são textos mais recentes, e a última apresenta um direcionamento para processamento de sinais em sistemas de energia elétrica, em especial as chamadas redes elétricas inteligentes. Como principal objetivo das análises aqui apresentadas está o detalhamento para a implementação do clássico algoritmo da FFT.

13.2. AMOSTRAGEM DE SINAIS

Para explorar a capacidade de processamento digital de sinais e utilizar as técnicas das transformadas de Fourier, por exemplo, é preciso encontrar uma representação funcional para uma amostra do sinal. Para isso recorre-se à função delta de Dirac[1] ou função impulso unitário $\delta(t)$. Essa função pode ser entendida como um limite resultante de uma aproximação da derivada da função degrau unitário. Trata-se de uma aproximação porque, a rigor, não se define derivada para a descontinuidade inerente à função degrau. Porém, aproximando o degrau por uma rampa com inclinação dada, pode-se utilizar as propriedades de limites e definir a descontinuidade do degrau como uma função de transição limitada. Note que a função derivada (à direita) na Figura 13.1 corresponde a um pulso cuja área (ou integral) vale 1, independentemente do valor de ε.

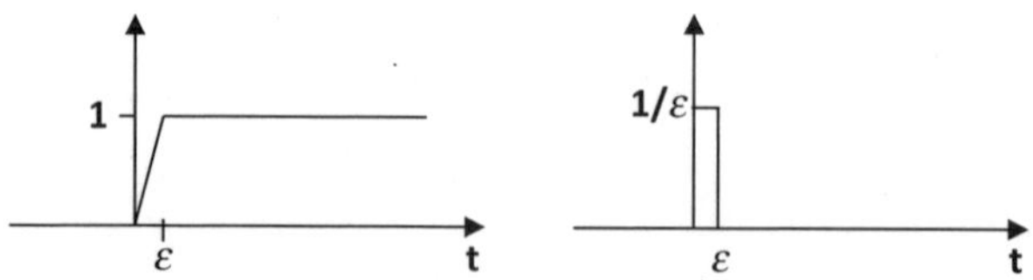

Figura 13.1 Aproximação da função degrau unitário, cuja derivada é um pulso de área unitária.

A função derivada, designada por $f_\varepsilon(t)$, apresenta as seguintes características:

$$f_\varepsilon(t) = 1/\varepsilon \quad 0 \le t \le \varepsilon$$

$$f_\varepsilon(t) = 0 \quad \text{t} < 0 \text{ e } t > \varepsilon$$

$$\int_{-\infty}^{\infty} f_\varepsilon(t) \cdot dt = \int_{0}^{\varepsilon} \frac{1}{\varepsilon} \cdot dt = 1 \qquad (13.1)$$

No limite ($\varepsilon \rightarrow 0$) o pulso torna-se um impulso em $t = 0$ com amplitude ∞, mas cuja área continua valendo um. Esse é o impulso unitário ou delta de Dirac, $\delta(t)$, que, a rigor, não é uma função convencional, exatamente por sua integral ser diferente de zero apenas em um ponto [2]. Portanto, a função delta de Dirac apresenta as seguintes propriedades:

$$\delta(t) = \infty, \text{ para t} = 0$$

$$\delta(t) = 0, \text{ para t} \neq 0$$

$$\int_{0-}^{0+} \delta(t) \cdot dt = 1 \qquad (13.2)$$

[1] Paul Adrien Maurice Dirac (1902-1984) foi um físico teórico inglês, dos mais importantes do século XX. Ganhador do Prêmio Nobel, fez contribuições para o desenvolvimento da mecânica e da eletrodinâmica quântica. O conceito do "delta de Dirac" foi apresentado em 1930 em seu livro *The principles of quantum mechanics*.

A função delta de Dirac, quando usada como operadora sobre outras funções, resolve muitos dos problemas de descontinuidade dessas funções, como variações bruscas, transições entre estados e, no presente caso, encontrar a transformada de Fourier de um sinal amostrado, como será visto a seguir. Um impulso unitário, no instante $t = t_a$, será denotado equivalentemente como:

$$\delta(t - t_a) \text{ ou } \delta(t_a)$$

cuja representação é mostrada na Figura 13.2.

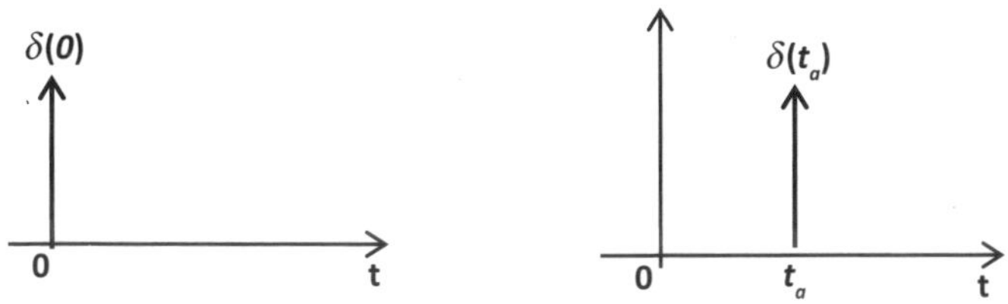

Figura 13.2 Impulso unitário aplicado na origem e deslocado para t_a.

Pela definição da transformada de Fourier tem-se para a função impulso na origem:

$$\mathcal{F}(\omega) = \int_{-\infty}^{\infty} \delta(t) \cdot e^{-j\omega t} dt \text{ não nulo apenas para } t = 0$$

$$= e^{-j\omega t}\Big|_{t=0} = 1 \angle 0 \text{ para } -\infty < \omega < \infty \quad (13.3)$$

Na integração (13.3) a função delta fixou a variável temporal da função $e^{-j\omega t}$ no momento do impulso, mas não limitou o espaço da variável ω. É por isso que se consegue analisar sinais amostrados no domínio da frequência por meio da função delta. Interpretando (13.3), pode-se constatar que a transformada de Fourier do impulso na origem contém todas as frequências com igual amplitude e com fase nula. Essa é a razão pela qual, idealmente, basta aplicar um impulso na entrada de um sistema para se obter a sua resposta em frequência (como saída). A Figura 13.3 ilustra esse comportamento, no qual o impulso aplicado em $t = 0$ reflete-se, no domínio da frequência, como componente espectral de amplitude unitária que se estende sobre toda a faixa de frequências, com fase nula.

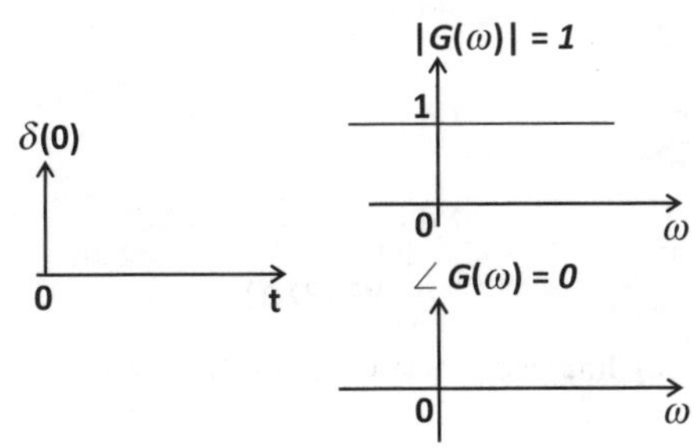

Figura 13.3 Representação no domínio da frequência da transformada de Fourier do impulso na origem.

Se o impulso ocorre fora da origem, por exemplo, em $t = ta$, tem-se

$$\mathcal{F}(\omega) = \int_{-\infty}^{\infty} \delta(t - t_a) \cdot e^{-j\omega t} \cdot dt = e^{-j\omega t_a} = 1\angle - \omega t_a \tag{13.4}$$

A amplitude continua sendo unitária para qualquer frequência, mas a fase recua (ângulo negativo) de modo proporcional ao deslocamento t_a. A Figura 13.4 ilustra esse efeito.

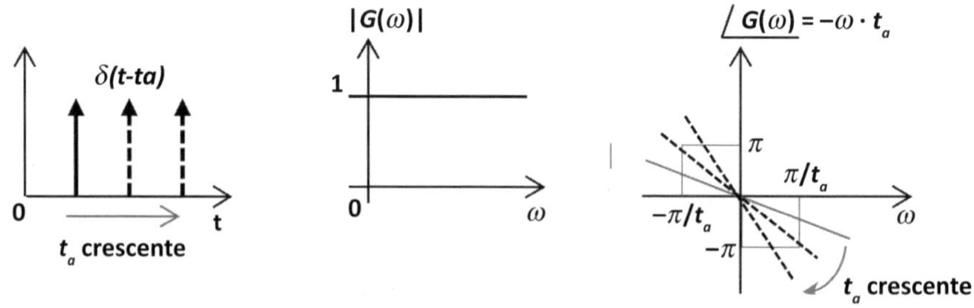

Figura 13.4 Efeito de rotação da fase para impulso se deslocando no tempo.

A Figura 13.5 mostra como simuladores representam esse comportamento. No exemplo apresentado utilizou-se o simulador de circuitos PSpice® e o bloco Laplace, no qual se coloca a função exponencial com expoente complexo que, como visto, representa o impulso em $t_a = 1\ \mu s$, ou seja, muito próximo da origem. A fonte V1 realiza uma varredura em frequência de zero a 5 kHz. Nota-se que a amplitude é unitária para todas as frequências (o simulador apresenta resultados apenas para frequências positivas). Quando $t_a \rightarrow 0$, tem-se uma fase que varia muito lentamente, sendo próxima de zero. Quando $t_a = 1$ ms, a fase passa a se alterar mil vezes mais rapidamente, como mostra a Figura 13.5.b.

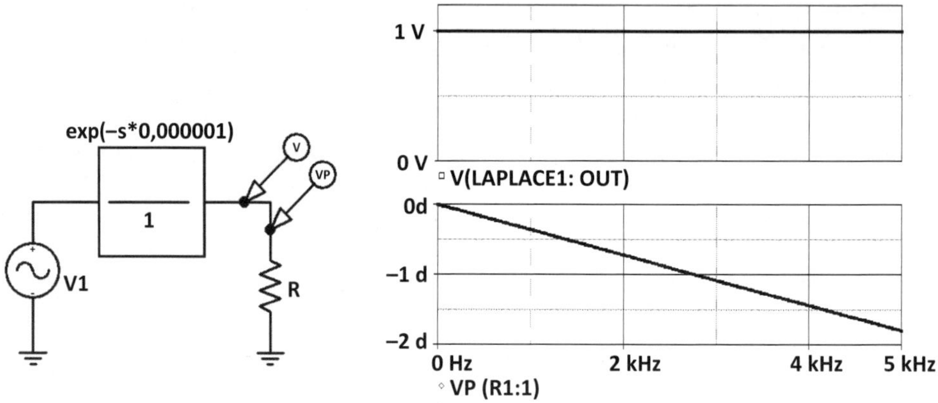

a) Impulso próximo da origem ($t_a = 1\ \mu s$).

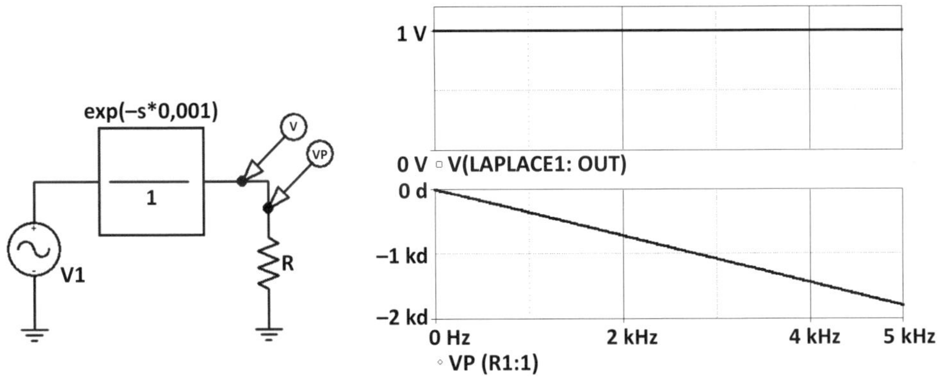

b) Impulso deslocado no tempo (t_a = 1 ms). Note a diferença de 10^3 nas escalas da fase.

Figura 13.5 Resposta em frequência do impulso.

13.3. TRANSFORMADA DISCRETA DE FOURIER (TDF)

Seja o sinal $x(t)$, amostrado em intervalos regulares Ta, representado por:

$$x(k \cdot Ta) = x(0) + x(Ta) + x(2\ Ta) + x(3\ Ta) + \ldots x(n \cdot Ta), \quad k = 0,1,2,\ldots n \quad (13.5)$$

Como vale o princípio da superposição para integração, pode-se escrever diretamente a transformada de Fourier correspondente, assumindo que $x_k = x(kTa)$:

$$\mathcal{F}(\omega) = x_0 + x_1 e^{-j\omega \cdot Ta} + x_2 e^{-j2\omega \cdot Ta} + \ldots = \sum_{k=0}^{n} x_k \cdot e^{-jk\omega \cdot Ta}, \ -\infty < \omega < \infty \quad (13.6)$$

Essa é a chamada transformada discreta de Fourier (TDF). Corresponde à soma das amostras temporais ponderadas pelo operador de rotação angular ($e^{-j\omega \cdot Ta}$) da mesma ordem k da respectiva amostra. Apesar de ser fácil escrever a TDF para uma série de amostras de um sinal, a visualização da forma resultante para $\mathcal{F}(\omega)$ não é simples. Isso se deve a dois fatores:

1) os termos $e^{-j\omega \cdot Ta}$ têm espectros contínuos que podem se sobrepor;
2) os termos $e^{-j\omega \cdot Ta}$, $e^{-j2\omega \cdot Ta}$ e $e^{-jn\omega \cdot Ta}$ são periódicos *em frequência*, com período $\omega = 2\pi/Ta$;

logo, o espectro resultante também resulta periódico. Quando $Ta \to 0$ (amostragem contínua), o intervalo de repetição em frequência tende a infinito, resultando em um único período no espectro. No caso de sinal amostrado com intervalo Ta, ocorre a repetição desse espectro a cada $2\pi/Ta$, como mostra a Figura 13.6, para Ta = 1 ms. Nesse caso só se necessita conhecer o espectro de amplitudes entre $-\pi/Ta$ e π/Ta, pois os demais serão uma repetição desse espectro. O espectro das fases, por outro lado, recua de $2\pi/Ta$ para cada nova volta. Da hipótese de $Ta \to 0$, conclui-se que o espectro entre $-\pi/Ta$ e π/Ta representa o espectro do sinal contínuo (não amostrado), numa faixa de frequências não cíclicas.

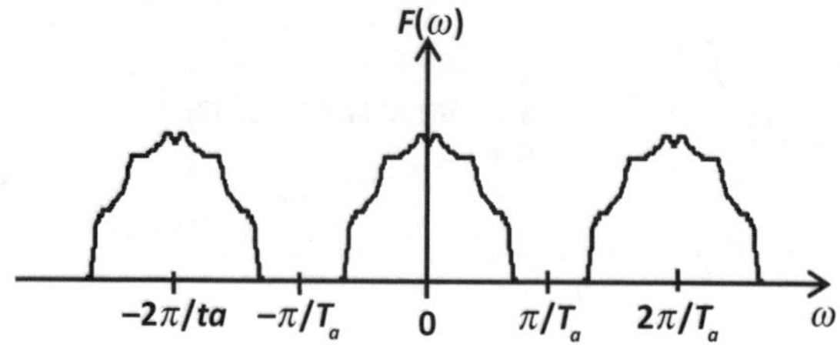

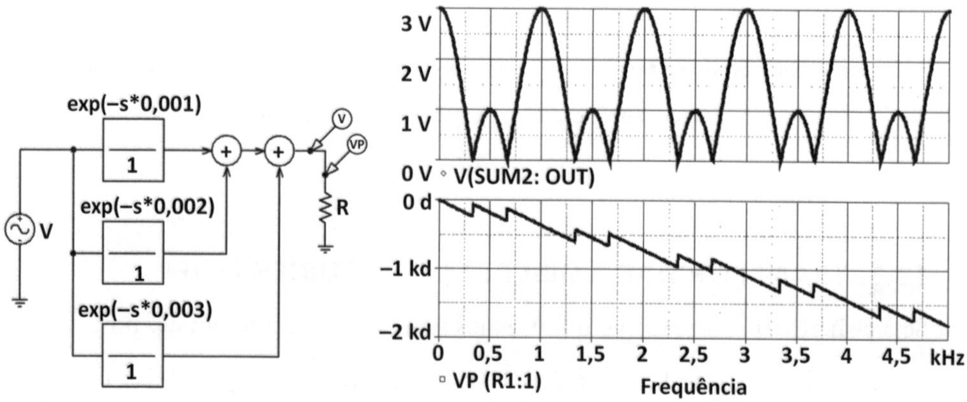

Figura 13.6 Resposta em frequência de sequência de três impulsos, intervalados de *Ta* = 1 ms.

13.4. EXEMPLOS DE ESPECTROS DE SINAIS AMOSTRADOS

Exemplo 1 – Espectros de sinal cossenoidal contínuo e amostrado

Seja a função $f(t) = A \cdot cos(\omega_1 t)$. O coeficiente de ordem zero da transformada de Fourier desta função contínua é dado por:

$$c_0 = \frac{1}{T_1} \int_{-\frac{T_1}{2}}^{\frac{T_1}{2}} A \cdot cos(\omega_1 t) \cdot dt = 0 \text{ ou seja, o valor CC} = 0$$

Na representação complexa da série de Fourier resultam dois coeficientes de igual valor para cada harmônico, começando pela fundamental ($h = \pm 1$):

$$c_1 = \frac{1}{T_1} \int_{-\frac{T_1}{2}}^{\frac{T_1}{2}} A \cdot cos(\omega_1 t) \cdot e^{-j\omega_1 t} \cdot dt = \frac{1}{T_1} \int_{-\frac{T_1}{2}}^{\frac{T_1}{2}} A \cdot cos(\omega_1 t) \cdot \left[cos(\omega_1 t) - jsen(\omega_1 t) \right] \cdot dt$$

$$= \frac{A}{T_1} \int_{-\frac{T_1}{2}}^{\frac{T_1}{2}} \frac{1}{2} \left[1 - sen(2\omega_1 t) \right] \cdot dt = \frac{A}{2T_1} \cdot T_1 = \frac{A}{2}.$$

Cada coeficiente vale metade da amplitude do respectivo harmônico. Para $h > 1$, todos os coeficientes harmônicos, neste exemplo particular, apresentam média (integral) nula:

$$c_h = \frac{A}{T_1}\int_{-\frac{T_1}{2}}^{\frac{T_1}{2}} cos(h\omega_1 t)e^{-jh\omega_1 t} \cdot dt = 0,\ para\ h \neq \pm 1$$

A Figura 13.7 mostra o sinal cossenoidal contínuo e seu espectro discreto.

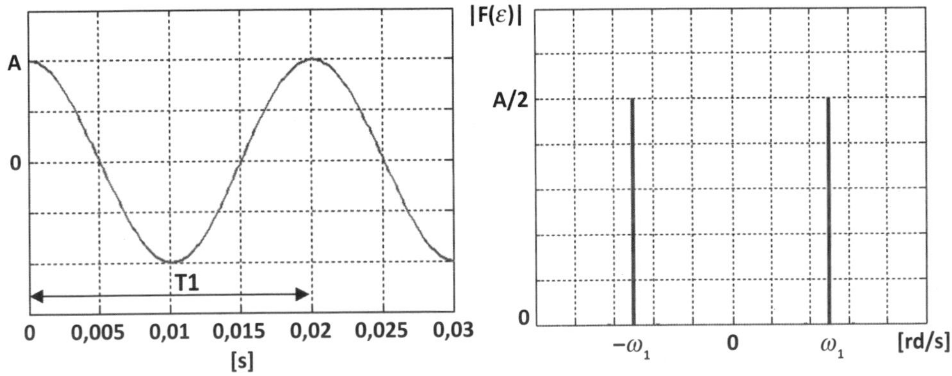

Figura 13.7 Sinal cossenoidal contínuo e seu espectro discreto.

Quando essa mesma cossenoide é amostrada com intervalo *Ta*, o que muda no domínio da frequência é que o espectro se torna repetitivo e a frequência de repetição ($\omega_1 = 2\pi/Ta$) é definida pelo intervalo de amostragem *Ta*, como ilustrado na Figura 13.8.

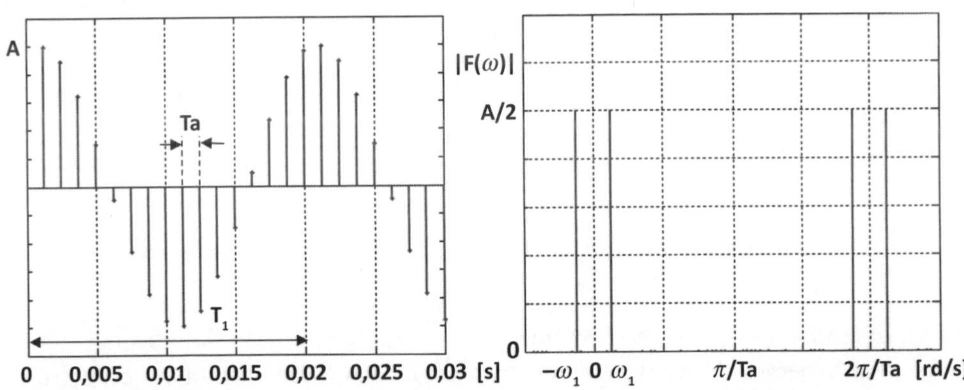

Figura 13.8 Sinal cossenoidal amostrado e espectro discreto periódico.

Exemplo 2 – Espectro de trem de pulsos com período T_1, amplitude A e duração 2τ

Os coeficientes da transformada de Fourier do trem de pulsos (onda retangular) são:

$$c_0 = \frac{1}{T_1}\int_{-\tau}^{\tau} A \cdot dt = \frac{2\tau}{T_1}A$$

$$c_h = \frac{2\tau A}{T_1} \cdot \frac{sen(h\omega_1\tau)}{h\omega_1\tau} = \frac{2\tau A}{T_1} \cdot \frac{sen\left(h\frac{2\pi}{T_1}\tau\right)}{h\frac{2\pi}{T_1}\tau}, \qquad \text{para } h = \pm1, \pm2, \pm3...$$

A Figura 13.9 ilustra o trem de pulsos não amostrado e seu espectro discreto.

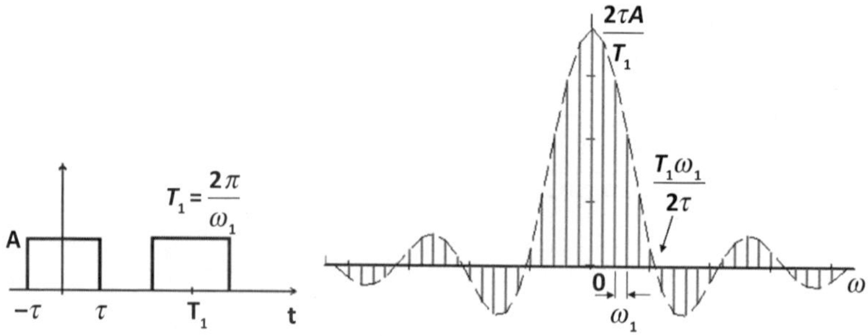

Figura 13.9 Trem de pulsos não amostrado e espectro discreto correspondente.

Se essa onda for amostrada com intervalo de amostragem Ta, tem-se a repetição desse espectro em torno de $\pm\pi/Ta$, como mostrado na Figura 13.10.

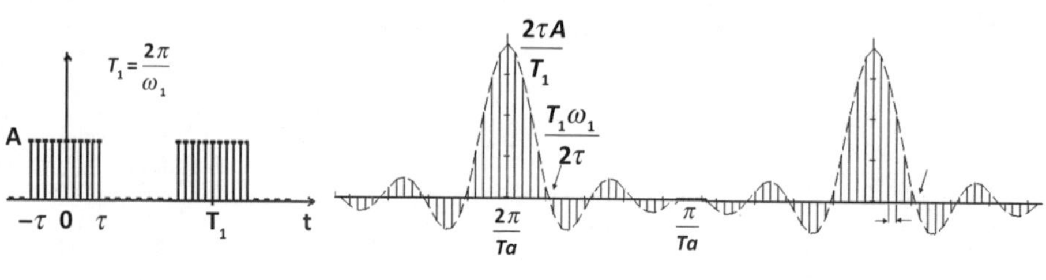

Figura 13.10 Onda retangular amostrada e respectivo espectro periódico.

Se Ta tender a 0, então $2\pi/Ta$ tende a ∞, ou seja, a repetição do espectro some e volta-se ao espectro do sinal não amostrado. No caso deste exemplo, o espectro de interesse encontra-se no intervalo $[-\pi/Ta \le \omega \le \pi/Ta]$. Como o espectro é simétrico em torno da origem, basta obter o espectro na faixa $[0 \le \omega \le \pi/Ta]$, lembrando, porém, que as amplitudes nessa faixa correspondem à metade daquelas do sinal real. Se Ta aumenta (a taxa de amostragem diminui), a distância entre as funções *sinc* diminui, podendo criar superposição dos espectros, o que pode comprometer a filtragem para se isolar apenas o lóbulo central do espectro.

Exemplo 3 – Sequência finita de amostras

Na prática, o processo de amostragem do sinal tem começo e fim, resultando em uma sequência finita de amostras, como na Figura 13.11. É interessante verificar o efeito que essa limitação impõe sobre o espectro estimado. Para ilustrar, tome-se uma sequência de nove amostras com intervalo *Ta*:

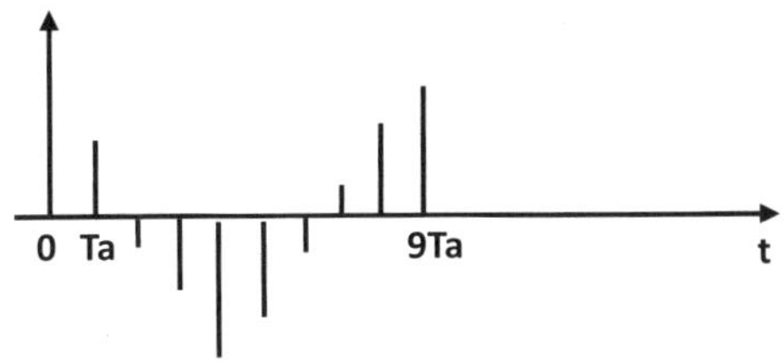

Figura 13.11 Sinal com nove amostras.

Suponhamos que essas amostras voltem a se repetir a cada intervalo $T_1 = 9Ta$ tornando o sinal periódico, como mostrado na Figura 13.12:

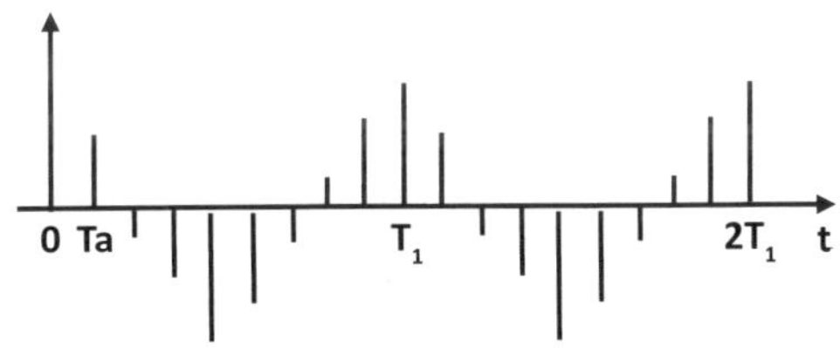

Figura 13.12 Sinal periódico com nove amostras por período T_1.

A frequência fundamental é dada por:

$$\omega_1 = \frac{2\pi}{T_1} = \frac{2\pi}{9Ta} \quad [rad/s]$$

O 4º harmônico será $\omega_4 = 4\omega_1 = \frac{8\pi}{9Ta}$ e o 5º harmônico $\omega_5 = 5\omega_1 = \frac{10\pi}{9Ta}$. Portanto, se a informação do espectro está contida em $\omega \leq \pi/Ta$, só é possível obter o espectro até o quarto harmônico. O restante é uma repetição espelhada desse espectro a partir de $\omega = \pi/Ta$. Isso não é surpresa, pois, pelo teorema de amostragem,[2] necessita-se de pelo menos duas amostras por período para ter a informação de frequência. Assim, com nove amostras, só se pode obter o nível CC e mais quatro harmônicos. Outra formulação equivalente é dizer que com *N* amostras pode-se identificar *N*/2 frequências harmônicas.

[2] O teorema, muitas vezes chamado de teorema da Amostragem de Nyquist-Shannon, mostra que um sinal analógico, limitado em banda, que foi amostrado, pode ser perfeitamente recuperado a partir de uma sequência infinita de amostras, se a taxa de amostragem for maior que o dobro do máximo componente espectral presente no sinal original.

13.5. ANÁLISE DE SINAIS EMPREGANDO A TRANSFORMADA DISCRETA DE FOURIER

A TDF é uma transformação que se aplica para sinais amostrados e que leva ao algoritmo de cálculo da transformada rápida de Fourier. O algoritmo da FFT permite calcular $N/2$ componentes do espectro contidos no intervalo $0 \leq \omega \leq \pi/Ta$, a partir do processamento de N amostras temporais por ciclo do sinal ($x_0, x_1, x_2, x_3 ... x_{N-1}$). O número de amostras por ciclo define, portanto, a frequência máxima observável. Inversamente, significa que o número de amostras por ciclo define a relação entre a resolução em frequência ($\Delta\omega$) e a frequência fundamental, pois:

$$\Delta\omega = \frac{\omega_{máx}}{\text{N}/2} = \omega_1$$

e, como $\omega_{máx} = \pi/Ta$, tem-se a relação com a amostragem temporal:

$$\Delta\omega = \frac{2\pi}{NT_a}$$

Portanto, uma vez que se adota N amostras por ciclo da frequência fundamental (suposta conhecida), fica definido que a resolução em frequência é a própria fundamental $(\Delta\omega = \omega_1)$. Conclui-se então que a transformada discreta de Fourier converte as N amostras temporais em $N/2$ amostras espectrais múltiplas da fundamental:

$$\omega_h = h\Delta\omega = \frac{2\pi h}{NTa} = h\omega_1, \qquad h = 0,1,2, ... (N/2) - 1$$

Na verdade, são geradas N valores espectrais, porém a metade superior é o espelhamento da metade inferior. Essa é a situação quando se amostra apenas um ciclo. Para melhorar a resolução em frequência é preciso amostrar mais ciclos da fundamental. Basta verificar que $\Delta\omega$ é inversamente proporcional ao número de amostras N.

Do ponto de vista didático fica mais simples desenvolver as análises para amostragem de um ciclo, uma vez que cada amostra temporal irá representar um harmônico no domínio da frequência no final do processo. É o que será assumido daqui em diante. Considere-se, portanto, a transformada discreta de Fourier de um sinal $x(t)$, amostrado com intervalos regulares Ta para obter N amostras por ciclo, com base em (13.6) como:

$$\mathcal{F}(\omega) = X(\omega) = x_0 + x_1 \cdot e^{-j\omega \cdot Ta} + x_2 \cdot e^{-j2\omega \cdot Ta} ... + x_{N-1} \cdot e^{-j(N-1)\omega \cdot Ta} \qquad (13.7)$$

Para isolar um determinado harmônico h dessa série, temos que explicitar o respectivo operador de rotação $e^{-jn(\omega_h \cdot Ta)}$ para cada coeficiente x_n dessa série. Com base em relações anteriores, sabemos que $\omega_h \cdot Ta = h \cdot \omega_1 \cdot Ta = \dfrac{2\pi h}{N}$ e a série para o harmônico h assume a forma:

$$X(\omega_h) \triangleq X(h) = x_0 + x_1 \cdot e^{-j\frac{2\pi h}{N}} + x_2 \cdot e^{-j2\left(\frac{2\pi h}{N}\right)} \ldots + x_{N-1} \cdot e^{-j(N-1)\left(\frac{2\pi h}{N}\right)} \qquad (13.8)$$

$$= \sum_{n=0}^{N-1} x_n \cdot e^{-j\frac{2\pi hn}{N}}, \qquad h = 0,1,2...N\text{-}1$$

$n = 0,1,2...N\text{-}1$ indica o contador das amostras (x_n) do sinal

$h = 0,1,2...N\text{-}1$ indica a ordem harmônica

A partir de $h = N/2$ o espectro se repete, espelhado. Assim, para obter a TDF do sinal amostrado, deve-se variar os valores de n e h. Para simplificar a notação, define-se o operador complexo de rotação que aparece em todas as N amostras como:

$$W_N = e^{-j\frac{2\pi}{N}} = cos\left(\frac{2\pi}{N}\right) - jsen\left(\frac{2\pi}{N}\right) \qquad (13.9)$$

Quanto maior o valor de N, menor é o deslocamento angular dado por W_N. Usando a notação compacta, a TDF das N amostras fica sendo:

$$X(h) = \sum_{n=0}^{N-1} x_n \cdot W_N^{nh}, \qquad h = 0,1,2...N\text{-}1 \text{ ordem harmônica.}$$

Para calcular todos os valores espectrais de X tem-se N^2 operações de multiplicação complexa, além das $N(N\text{-}1)$ somas complexas. O grande benefício da FFT é que esse número de operações cai para $2N\log_2 N$ multiplicações complexas, o que leva a uma significativa redução de tempo de processamento. Exemplificando:

Para: $N = 128 = 2^7$

$N^2 = 2^{14} = 16.384$

$2N \log_2 N = 256 \times 7 = 1.792$ redução de 9:1 operações

Para: $N = 1.024 = 2^{10}$

$N^2 = 2^{20} = 1.048.576$

$2N \log_2 N = 2.048 \times 10 = 20.480$ redução de 51:1 operações

Para elaborar o algoritmo da FFT deve-se quebrar a sequência de amostras em subconjuntos pares/ímpares. Esses subconjuntos são transformados e subdivididos sucessivamente até se chegar à operação elementar entre duas amostras (dizimação no tempo). Essa decomposição requer que N seja potência inteira de dois. Assumindo $N = 2^{\nu}$, o que garante que N seja par, pode-se expressar a TDF separando x_n nas duas sequências de $N/2$ amostras pares e ímpares:

$$X(h) = \sum_{n=par}^{N-1} x_n \cdot W_N^{nh} + \sum_{n=ímpar}^{N-1} x_n \cdot W_N^{nh},\ h = 0,1,2,...N\text{-}1 \tag{13.10}$$

Para explicitar os contadores de amostras pares e ímpares usa-se um novo contador r definido para r = 0,1,2,3,....(N/2-1). Ou seja, $n = 2r$, para n par; $n = 2r + 1$ para n ímpar.

$$X(h) = \sum_{r=0}^{\frac{N}{2}-1} x_{2r} \cdot W_N^{2rh} + \sum_{r=0}^{\frac{N}{2}-1} x_{2r+1} \cdot W_N^{(2r+1)h} \tag{13.11}$$

Pode-se verificar que ocorrem redundâncias nesses operadores, por exemplo:

$$W_N^2 = \left(e^{-j2\pi/N}\right)^2 = e^{-j4\pi/N} = e^{-j\frac{2\pi}{N/2}} = W_{N/2} \tag{13.12}$$

Levando em conta essa redundância, conclui-se que cada somatório se torna uma TDF de N/2 amostras:

$$X(h) = \underbrace{\sum_{r=0}^{\frac{N}{2}-1} x_{2r} \cdot W_{N/2}^{rh}}_{TDF\ par} + W_N^h \underbrace{\sum_{r=0}^{\frac{N}{2}-1} x_{2r+1} \cdot W_{N/2}^{rh}}_{TDF\ ímpar},\ h = 0,1,2,...N\text{-}1 \tag{13.13}$$

Como N/2 continua sendo número par, pode-se repetir essa quebra, resultando em quatro TDF de N/4 amostras. Continuando, chega-se a N/2 TDF de apenas duas amostras. Esse processo de quebra das amostras temporais em subconjuntos é chamado de dizimação temporal. A cada etapa tem-se uma relação entre as TDF de um estágio m para o seguinte, do tipo:

$$X_{m+1}^h(p) = X_m^h(p) + W_N^h \cdot X_m^h(q) \tag{13.14}$$

$X_{m+1}^h(p,q)$ = valores das TDF pares (p) e ímpares(q) no estágio m para harmônico h;

m = estágio da dizimação ...... m = 1,2,3...ν;

p, q = *índices par e ímpar*...... p, q = 0,1,2...(N/2-1);

h = ordem harmônica .... h = 0,1,2...N-1.

A expressão (13.14) dá os termos pares de X_{m+1}^h. Faltam os termos ímpares. Nota-se que o índice h deve variar até N-1, enquanto r varia somente até (N/2-1). Para os demais termos de h, (h = r+N/2), os coeficientes da TDF irão se repetir, uma vez que:

$$W_N^{r+N/2} = e^{-j\left[2\pi\frac{\left(r+N/2\right)}{N}\right]} = e^{-j2\pi\left(r/N\right)} \cdot e^{-j\pi} = -e^{-j2\pi\left(r/N\right)} = -W_N^r \tag{13.15}$$

Isso significa que basta calcular os operadores W_N^r para r = 0,1,2,...(N/2-1) e usar o seguinte par de equações para $h = r$ = 0,1,2,...(N/2-1):

$$X_{m+1}^h(p) = X_m^h(p) + W_N^h \cdot X_m^h(q) \quad \text{para conjunto par}$$

$$X_{m+1}^h(q) = X_m^h(p) - W_N^h \cdot X_m^h(q) \quad \text{para conjunto ímpar}$$

Esse par de equações é chamado "operação borboleta" devido à sua forma de representação gráfica, mostrada a seguir.

Exemplo:

Supondo $N = 2^3 = 8$ amostras, o cálculo da FFT pode ser representado pelo seguinte diagrama que terá $v = 3$ estágios. A decomposição (dizimação) começa de trás para a frente a fim de se chegar à operação inicial entre duas amostras.

Primeira dizimação:

Devido à simetria do tipo $W_N^{r+\frac{N}{2}} = -W_N^r$ pode-se escrever:

$W^4 = -W^0$

$W^5 = -W^1$

$W^6 = -W^2$

$W^7 = -W^3$

e com isso a operação básica (borboleta) fica sendo:

Operação básica (1º estágio):

$$X_3(0) = X_2(0) + W^0 X_2(4) \quad \text{para h} = 0 \ (\text{primeiro termo par})$$

$$X_3(4) = X_2(0) - W^0 X_2(4) \quad \text{para h} = 4 \ (\text{primeiro termo ímpar})$$

O resultado dessa primeira dizimação é mostrado na Figura 13.13. Repetindo as operações para as TDF menores, obtém-se a **segunda dizimação**:

Operação básica (2º estágio):

$$X_2(0) = X_1(0) + W^0 X_1(2)$$

$$X_2(2) = X_1(0) - W^0 X_1(2)$$

Operação básica (3º estágio):

$$X_1(0) = X_0(0) + W^0 X_0(1)$$

$$X_1(1) = X_0(0) - W^0 X_0(1)$$

Nota-se que nesse estágio de operações entre duas amostras o vetor $[X_0(h)]$ corresponde às próprias amostras temporais $[x_n]$ colocadas numa certa ordenação. O resultado desse estágio é mostrado na Figura 13.14.

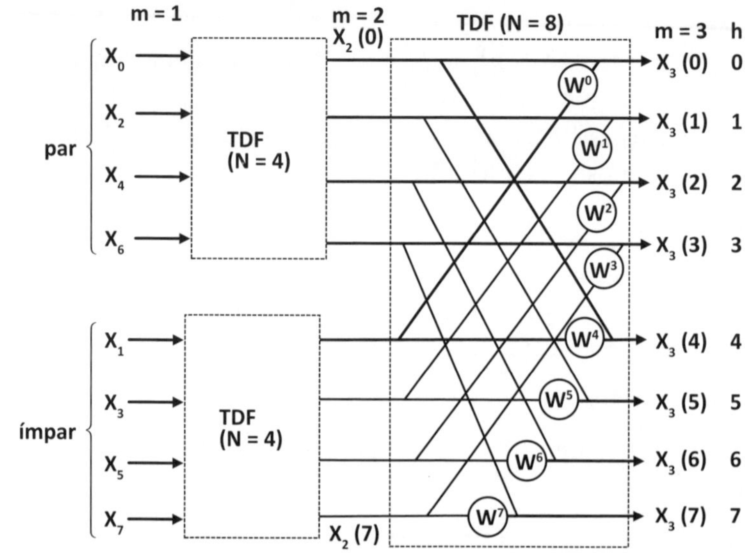

Figura 13.13 Primeiro estágio de dizimação.

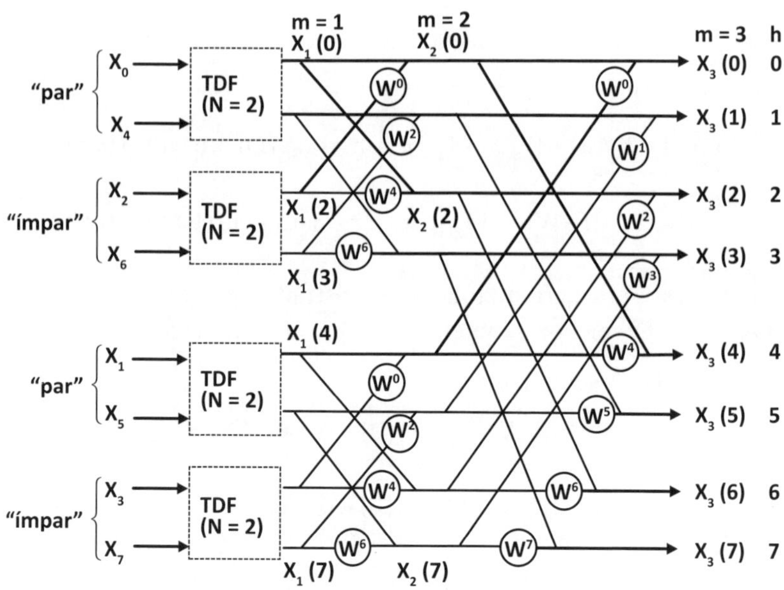

Figura 13.14 Segundo estágio de dizimação.

Terceira dizimação:

Repetindo as operações no terceiro estágio, resulta o esquema mostrado na Figura 13.15. Portanto, o algoritmo, para $N = 8$ amostras, pode ser reduzido às operações mostradas na Figura 13.16.

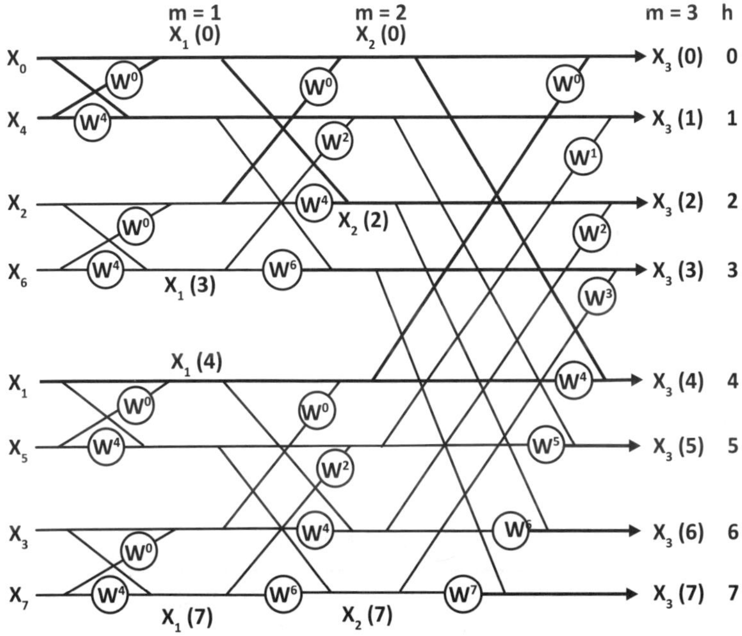

Figura 13.15 Terceiro estágio de dizimação.

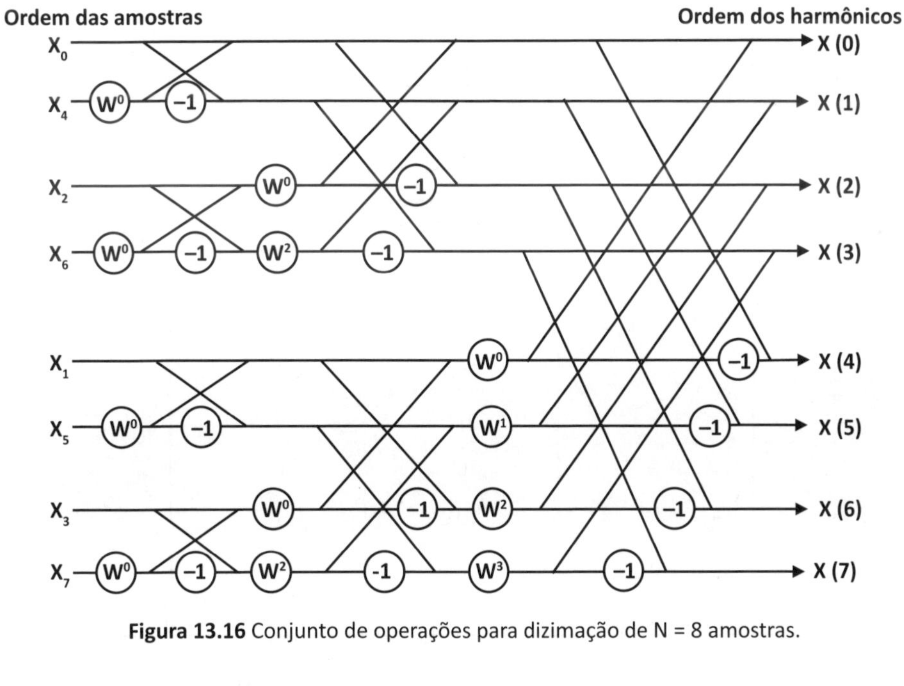

Figura 13.16 Conjunto de operações para dizimação de N = 8 amostras.

Se as oito amostras temporais forem reordenadas na sequência x_0, x_4, x_2, x_6, x_1, x_5, x_3, x_7, todos os cálculos podem ser feitos nas próprias posições do vetor de saída $X(h)$, de modo que ao final das operações se obtêm os componentes harmônicos ordenados automaticamente de 0 a N-1. Além disso, só é preciso calcular operadores de rotação correspondentes à metade das amostras:

$$W^0, W^1, W^2 e\ W^3 \quad W^r = e^{-j\frac{2\pi}{N}r} = cos\left(\frac{2\pi}{N}r\right) - jsen\left(\frac{2\pi}{N}r\right) \; r = 0,1,2\ldots\left(\frac{N}{2}-1\right)$$

Para implementar a FFT tem-se que sistematizar alguns procedimentos:

1) escolher N como potência de 2 (por exemplo, $N = 2^3 = 8$); isto decide o número de estágios da decomposição ($v = 3$ estágios).
2) calcular previamente os operadores, com $W_N^r = e^{-j\frac{2\pi}{N}r} \quad r = 0,1,2\ldots\left(\frac{N}{2}-1\right)$ usualmente isso é feito em termos de $cos(.) \pm jsen(.)$.
3) reordenar as amostras temporais de modo que se possa operá-las diretamente. A sequência a ser usada depende do número de estágios, ou seja, do tamanho N do vetor a processar, como indicado nas Tabelas 13.1 e 13.2. A técnica usada nessa ordenação é a chamada "reversão de bits".

Tabela 13.1 Reordenação pelo método de reversão de bits para N = 4

Amostra	Ordem inicial	Bits	Reverte	Ordem final
$x(1)$	0	00	00	0
$x(2)$	1	01	10	2
$x(3)$	2	10	01	1
$x(4)$	3	11	11	3

Tabela 13.2 Reordenação pelo método de reversão de bits para N = 8

Amostra	Ordem inicial	Bits	Reverte	Ordem final
$x(1)$	0	000	000	0
$x(2)$	1	001	100	4
$x(3)$	2	010	010	2
$x(4)$	3	011	110	6
$x(5)$	4	100	001	1
$x(6)$	5	101	101	5
$x(7)$	6	110	011	3
$x(8)$	7	111	111	7

4) uma vez ordenadas as amostras, realizam-se os cálculos das células da borboleta:

$$X_{m+1}(p) = X_m(p) + W^r X_m(q)$$

$$X_{m+1}(q) = X_m(p) - W^r X_m(q)$$

para todos os conjuntos p, q e todos os estágios m, varrendo os operadores W^r requeridos.

13.6. ALGORITMO PARA REVERSÃO DE BITS

Para fazer as trocas de posição que permitem o cálculo da FFT *in loco* e economizar memória e tempo de computação, utiliza-se um algoritmo que faz essa reversão. Seja o vetor de amostras temporais designado por: x(i) = [1,2,3...N]. N é a quantidade de amostras e deve ser potência de dois. O algoritmo faz a troca de posições $x(i)$ de acordo com a regra da reversão de bits.

No algoritmo mostrado na Figura 13.17, ao invés de os contadores começarem em zero, como nas equações anteriormente apresentadas, eles começam em 1. Isso significa que ao índice 1 da saída do algoritmo está associada ao componente CC. Os componentes fundamental e harmônicos aparecerão do índice 2 em diante. A razão é que nos algoritmos computacionais embarcados em dispositivos digitais, como microcontroladores ou processadores digitais de sinais (DSP), os contadores iniciam sua indexação em 1 e não em zero.

Aplicação do algoritmo de reversão para quatro amostras:

<table>
<tr>
<td>Seja N = 4 e Amostras X(1) X(2) X(3) X(4)
L = 1
I = 1 → Y(1) = X(1) (não muda)
I = L
K = N/2 = 2
K > L
L = L + K = 1 + 2 = 3
I = 2
I < L
XL = X(3)
X(3) = X(2) → Y(3) = X(2) [antigo X(2)]
X(2) = XL → Y(2) = X(3) [antigo X(3)]</td>
<td>K = N/2 = 2
K < L
L = L-K = 3-2 = 1
K = K/2 = 1
K = L
L = L + K = 1 + 1 = 2
I = 3
I > L
K = N/2 = 2
K = L
L = L + K = 2 + 2 = 4
I = 4 → Y(4) = X(4) (não muda)
Fim do programa</td>
</tr>
</table>

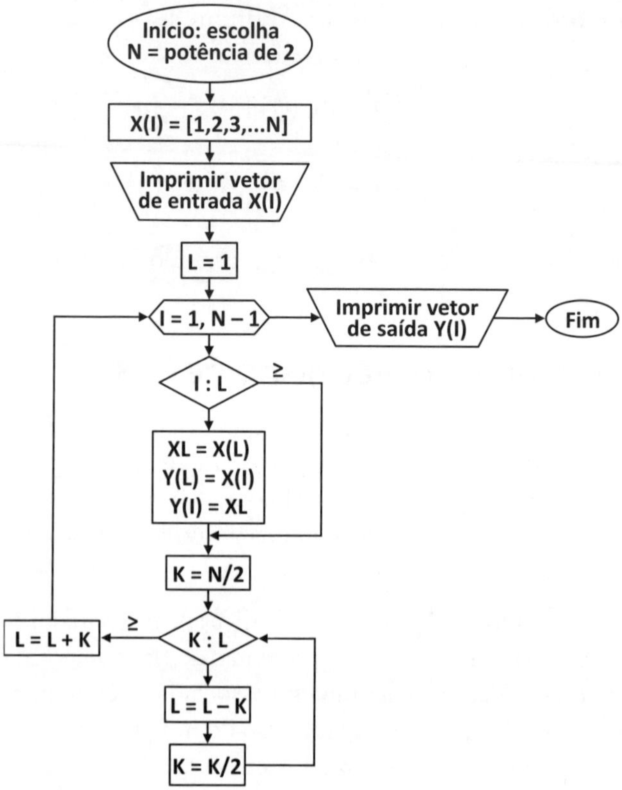

Figura 13.17 Algoritmo para troca de posição de dados, baseado na reversão de bits.

13.7. ALGORITMO DA TRANSFORMADA RÁPIDA DE FOURIER (FFT)

Considerando que o vetor de entrada X(I) esteja na ordem correta, pode-se operar os termos internos *Y*(*I*) segundo a "regra da borboleta", varrendo os estágios da dizimação ordenadamente. O algoritmo apresentado na Figura 13.18 realiza essas operações para um vetor [*Y*], de tamanho $N = 2^M$, para M inteiro e positivo. Os vetores *Y(I)*, *Z*(*I*) e as variáveis *U* e *W* devem ser definidos como variáveis complexas.

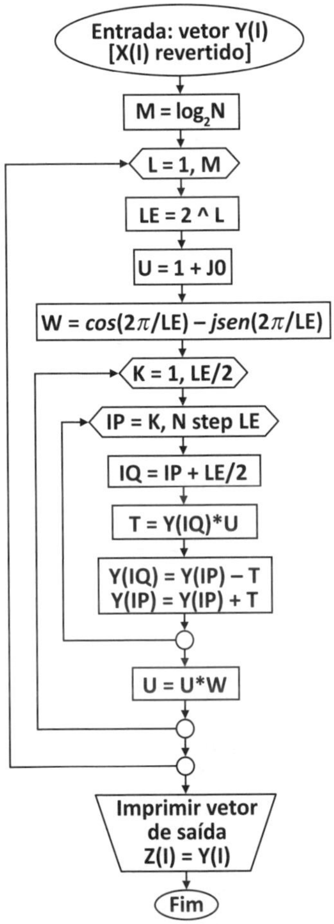

Figura 13.18 Algoritmo das operações "borboleta" da FFT.

13.7.1. ENTRADA E SAÍDA DA FFT

Para testar todo o processo da FFT é preciso inicialmente gerar a sequência de amostras do sinal de entrada e, no final, converter o vetor de saída em espectro de amplitude e fase dos harmônicos.

Geração do sinal amostrado

Por facilidade, considere um sinal de espectro conhecido: $x(t) = A_1 \cdot sen(2\pi f_1 t)$, com frequência fundamental f_1 dada, e N amostras por período T_1. Para analisar o espectro do sinal, basta tomar as N amostras espaçadas em intervalos iguais a Ta, de modo que:

$$Ta = \frac{T_1}{N} = \frac{1}{N \cdot f_1} \qquad \text{ou seja} \qquad f_1 = \frac{1}{N \cdot Ta} \tag{13.16}$$

As N amostras de $x(t)$, tomadas a intervalos Ta, podem ser expressas pela função discreta:

$$x(n\cdot Ta)=A_1\cdot sen\left[2\pi f_1(n\cdot Ta)\right]=A_1\cdot sen\left(\frac{2\pi}{N}n\right)\triangleq x(n),\quad n=1,2,3\ldots N \qquad (13.17)$$

Acrescentando-se um harmônico de ordem h, pode-se escrever, por semelhança, a série de amostras como:

$$y(n)=A_1\cdot sen\left(\frac{2\pi}{N}n\right)+A_h\cdot sen\left(\frac{2\pi h}{N}n\right) \qquad n=1,2,3...N$$

Basta, então, definir valores para N, h, A_1, A_h de modo a obter um período do sinal, amostrado N vezes. A frequência fundamental não aparece explicitamente. Essa informação está implícita no período $(2\pi n/N)$ para $n = N$. Amostrando um ciclo com N amostras, a máxima frequência observável é:

$$f_{máx}=\frac{1}{2Ta}=\frac{N}{2}f_1 \qquad (13.18)$$

Amostrando um ciclo de 60 Hz com N = 64 amostras, resulta $f_{máx} = 32 \times 60 = 1.920$ Hz. Portanto, $n = 1,2...32$ representam os harmônicos de 60 Hz que são observáveis se tomarmos um período com 64 amostras.

Anteriormente foi verificado que o espectro se repete a partir de $\omega = \pi/Ta$, logo:

$$\omega_{máx}=\frac{\pi}{Ta}=2\pi f_{máx}\quad ou\quad f_{máx}=\frac{1}{2Ta}$$

$$\Delta\omega=\frac{\omega_{máx}}{N/2}=\frac{2\pi}{N\cdot Ta}\quad ou\quad \Delta f=\frac{1}{N\cdot Ta}=\frac{f_{máx}}{N/2} \qquad (13.19)$$

Mantido o intervalo de amostragem Ta, para amostrar dois ciclos da fundamental são necessárias $2N$ amostras. A resolução espectral, que é a capacidade de identificar frequências distintas, é inversamente proporcional à quantidade de ciclos amostrados. Assim, se forem amostrados dois ciclos da fundamental, a resolução será de $f_1/2$, ou seja, será possível verificar se existem componentes a cada 30 Hz, em uma rede de 60 Hz. Para melhorar (aumentar) a resolução em frequência, é necessário aumentar o número de ciclos amostrados com a mesma taxa de amostragem. No caso de amostrar seis ciclos, a resolução em frequência será seis vezes melhor, pois:

$$\Delta f=\frac{f_{máx}}{6\left(N/2\right)}=\frac{f_1}{6}=10Hz$$

Essa informação é necessária para converter o vetor de saída para a escala de frequências correspondentes:

Escala em Hz = nº de ciclos $\times\ \Delta f$ *= nº de ciclos/*$(N\cdot Ta)$

13.7.2. SAÍDA DA FFT

No algoritmo anterior, uma vez obtido o vetor $Z(I)$, $I = 1,2...N$ pela FFT, resultam valores complexos que precisam ser interpretados no domínio da frequência. Como se usou o processo de cálculo da TDF na forma exponencial complexa, cada magnitude da saída deve ser dividida pelo número N de multiplicações realizadas pela FFT. Deve-se lembrar também que a ordem harmônica corresponde ao contador de amostras menos um ($h = I - 1$):

$$A_0 = \frac{\text{Abs}[Z(1)]}{N}$$ para $I = 1$ resulta o nível CC

$$A_{I-1} = \frac{\text{Abs}[Z(I)]}{N}$$ para $I > 1$ resulta metade das amplitudes dos harmônicos

$$\theta_{I-1} = tg^{-1}\left\{\frac{\text{Im}[Z(I)]}{\text{Re}[Z(I)]}\right\}$$ para $I > 1$ dependendo do quadrante e de Re(.) $\neq 0$

Para obter maior precisão na fase é preciso sobreamostrar o sinal. Para $N = 512$ amostras por ciclo, o erro no ângulo (em graus) é um pouco menor do que a ordem harmônica, ou seja, para:

$I = 2$ (componente fundamental) $\varepsilon \cong 1°$

$I = 6$ (quinto harmônico) $\varepsilon \cong 5°$

Exemplo:

Seja uma onda quadrada mostrada na Figura 13.19, representada por apenas 4 amostras por período (N = 4), cujos valores estão indicados na Tabela 13.3:

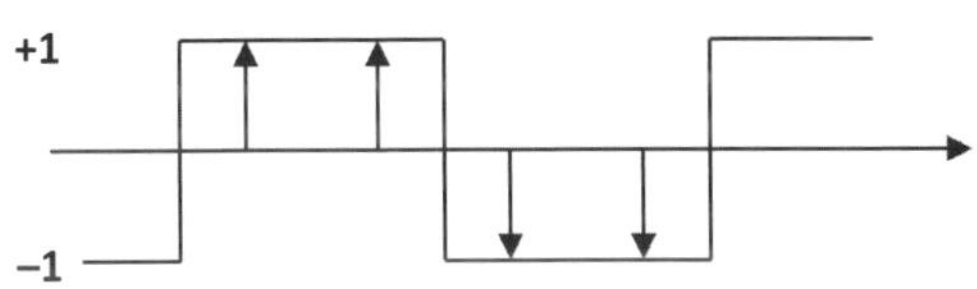

Figura 13.19 Onda quadrada com N = 4 amostras por período.

Tabela 13.3 Valores amostrados

I	*X*(I)	*Y*(I) após reversão de bits
1	1	1
2	1	−1
3	−1	1
4	−1	−1

Seguindo o algoritmo da FFT dado, tem-se as seguintes operações passo a passo:

N = 4 M = 2 L = 1 até M LE = 2^L = 2 U = 1 + j0 W = $cos(\pi) - jsen(\pi)$ K = 1 até LE/2 = 1, ou seja, faz só uma "passada" no caso IP = K = 1 IQ = IP + LE/2 = 1 + 1 = 2 T = Y(IQ)*U = Y(2)*U = − 1 Z(IQ) = Y(IP) − T = 1 + 1 → Z(2) = 2 Z(IP) = Y(IP) + T = 1 − 1 → Z(1) = 0 IP = 1 + LE = 3 IQ = 3 + 1 = 4 T = Y(4)*U = − 1 Z(IQ) = 1 + 1 → Z(4) = 2 Z(IP) = 1 − 1 → Z(3) = 0 IP = 3 + LE = 5 SAI DO LOOP IP Sai do loop K	Retorna ao loop L L = 2 LE = 4 U = 1 W = − j K = 1 IP = 1 IQ = 3 T = 0 Z(3) = 0 Z(1) = 0 U = − j IP = 2 IQ = 4 T = − 2j Z(4) = 2 + j2 Z(2) = 2 − j2 Sai do loop L Fim

A sequência de mudanças no vetor *Z* em cada etapa é dada na Tabela 13.4.

Tabela 13.4 Sequência de cálculos da FFT

	Z(1)	*Z*(2)	*Z*(3)	*Z*(4)
Entrada do algoritmo	1	−1	1	−1
	1	2	1	−1
	0	2	1	−1
	0	2	1	2
	0	2	0	2
	0	2	0	2
	0	2	0	2
	0	2	0	2 + j2
Saída do algoritmo	**0**	**2 − j2**	**0**	**2 + j2**

Obtenção dos valores de saída (coeficientes da transformada discreta de Fourier):

$$A_0 = \frac{\text{Abs}[Z(1)]}{N} = 0,$$

$$A_1 = \frac{\text{Abs}[Z(2)]}{N} = \frac{\sqrt{8}}{4} = 0{,}707 \text{ (metade do valor real) e } \theta_1 = tg^{-1}\left\{\frac{\text{Im}[Z(2)]}{\text{Re}[Z(2)]}\right\} = -45°,$$

$$A_2 = \frac{\text{Abs}[Z(3)]}{N} = 0,$$

$$A_3 = \frac{\text{Abs}[Z(4)]}{N} = \frac{\sqrt{8}}{4} = 0{,}707 \qquad \text{(espelho de } A_1\text{).}$$

O valor A_0 corresponde ao valor médio (CC). Como previsto pela teoria, as amplitudes (A_i) obtidas, com base nos valores complexos $Z(I)$, representam metade das amplitudes reais da fundamental (A_1) e dos harmônicos (A_2 e A_3). Com as quatro amostras por ciclo do exemplo, é possível identificar somente até o segundo harmônico, após esta frequência os resultados não têm significado. Neste exemplo, o valor do componente A_3, que corresponderia ao terceiro harmônico, é o espelhamento do primeiro.

O valor do componente fundamental (2 × 0,707 = 1,414) não corresponde exatamente ao da onda quadrada unitária, que é de $4/\pi = 1{,}273$. A amostragem muito reduzida, embora permita identificar corretamente a frequência, não é capaz de calcular corretamente a amplitude. Em relação ao ângulo, observa-se que seria possível deslocar o início da onda em ± 45° e as saídas seriam exatamente as mesmas; ou seja, com quatro amostras por ciclo, a incerteza no ângulo da fundamental é de 45°, para mais ou para menos. Em relação ao erro de magnitude, o valor identificado corresponde ao de uma senoide de mesma frequência e com amplitude $\sqrt{2} = 1{,}414$, amostrada nos ângulos de 45°, 135°, 225° e 315°; ou seja, exatamente com os mesmos valores das amostras da onda quadrada original.

A Figura 13.20 mostra o resultado do algoritmo da FFT analisando a) um único ciclo (resolução de 60 Hz) e b) quatro ciclos (resolução de 15 Hz), sempre tomando apenas 4 amostras por ciclo. Com isso, os resultados nos dois casos só informam até o segundo harmônico (A_2).

A frequência fundamental foi detectada corretamente nos dois casos, porém a amplitude apresenta erro, e A_2 (120 Hz) aparece com amplitude nula. O que mudou entre os dois casos foi apenas a resolução em frequência. O termo A_3 (180 Hz) já aparece como reflexão do espectro em torno da frequência de Nyquist[3] (120 Hz). A envoltória não tem significado, é apenas a conexão dos valores consecutivos calculados pelo algoritmo.

[3] Harry Nyquist (1889-1976) foi um físico e engenheiro eletrônico sueco-americano que fez importantes contribuições para a teoria da comunicação.

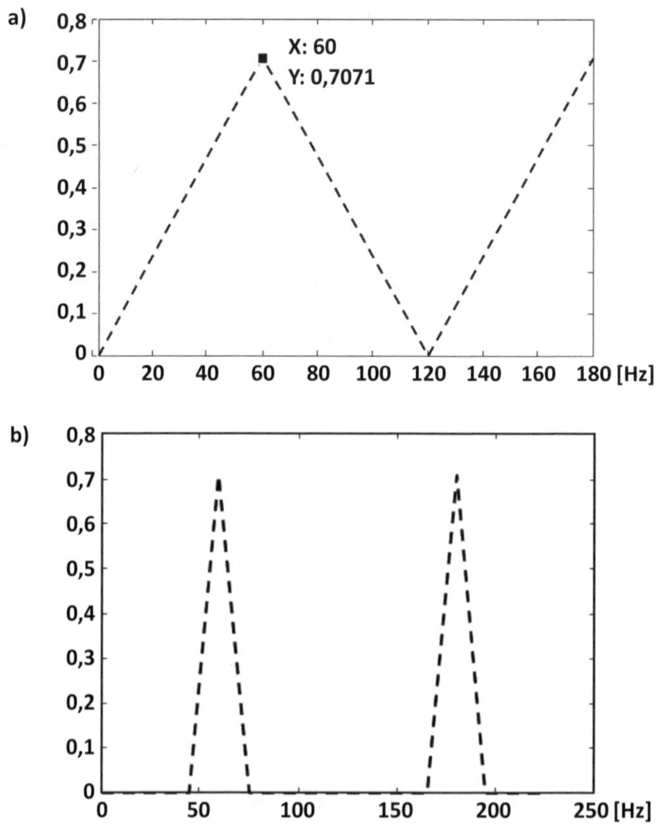

Figura 13.20 FFT de onda quadrada em 60 Hz, amplitude unitária, com quatro amostras por ciclo. a) Um ciclo de observação. b) Quatro ciclos de observação (resolução de 15 Hz).

Quando se amplia a quantidade de amostras por ciclo, aumenta-se a capacidade de detecção de frequências mais elevadas, bem como a exatidão na estimação das amplitudes dos componentes harmônicos de baixa ordem. Porém, o erro na estimativa da amplitude dos componentes de ordem elevada persiste, devido à menor amostragem relativa.

O espectro de uma onda quadrada em 60 Hz, mostrado na Figura 13.21, foi obtido com 32 amostras por período, o que implica uma frequência de Nyquist de 960 Hz (16º harmônico), a partir da qual o espectro se mostra espelhado. O componente fundamental (metade do valor real) foi de 0,6376, muito próximo do valor correto, que é $2/\pi = 0{,}6366$. Devido à largura espectral da onda quadrada, pode haver interferência entre o espectro e seu espelhado.

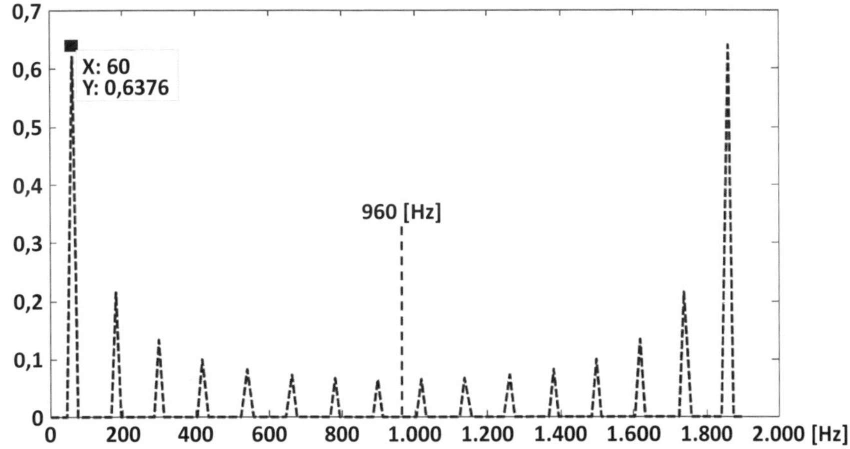

Figura 13.21 FFT de onda quadrada em 60 Hz, amplitude unitária e 32 amostras por ciclo. Espectro analisável até 16 x 60 = 960 Hz.

Considere-se uma onda senoidal unitária em 60 Hz com 20% de 5º harmônico, 10% de 9º harmônico e nível CC unitário. O sinal e o respectivo espectro são mostrados na Figura 13.22.

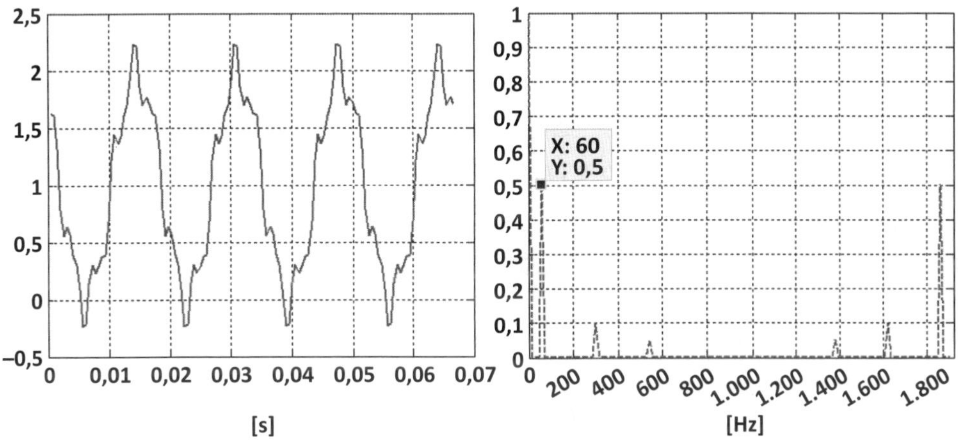

Figura 13.22 Forma de onda reconstruída com 32 amostras por ciclo e respectivo espectro.

O algoritmo identifica corretamente o nível CC e os componentes harmônicos, tanto em frequência quanto em amplitude. A amostragem leva a uma frequência de Nyquist de 960 Hz, bem acima do nono harmônico, o que garante, neste exemplo, que não há interferência entre os componentes dos espectros, de modo que os valores de amplitude são corretamente estimados.

Ao reduzir a taxa de amostragem para 16 amostras por ciclo, o espelhamento do espectro se dá na metade do valor, ou seja, em 480 Hz, impossibilitando análises acima dessa frequência. Como mostra o espectro na Figura 13.23, o nível CC é corretamente estimado; no entanto, há um "embaralhamento" nos componentes de ordem elevada, pois o componente visto em 420 Hz não existe, sendo o reflexo do nono harmônico. Neste caso em particular, como não há coincidências entre os componentes originais e os refletidos, as amplitudes são corretas.

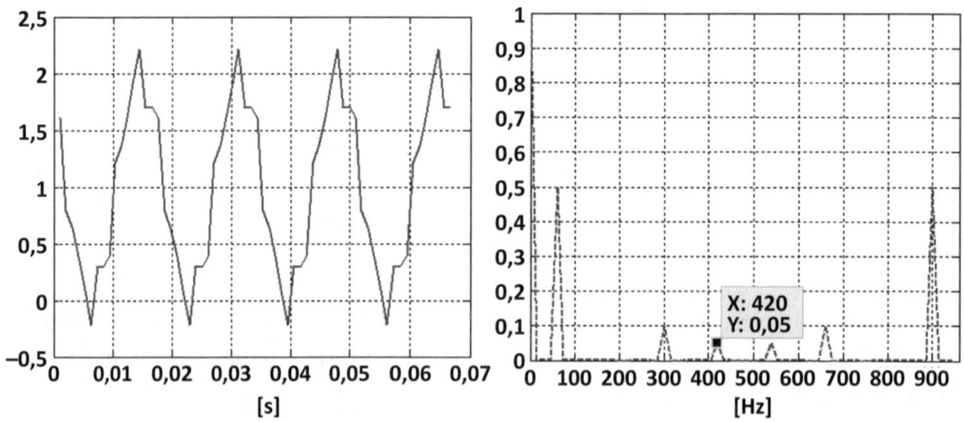

Figura 13.23 Forma de onda reconstruída com 16 amostras por ciclo e respectivo espectro, sem filtro.

13.8. USO DE FILTRO *ANTI-ALIASING*

A reconstrução do sinal a partir das amostras é possível apenas quando não existam componentes espectrais além da frequência de Nyquist. Uma vez escolhida a taxa de amostragem ($Ta = T_1/N$) conhece-se a frequência máxima observável ou de Nyquist ($f_1 \cdot N/2$).

Para eliminar os componentes acima dessa frequência eventualmente contidos no sinal a ser analisado, usam-se filtros *anti-aliasing* (AAF) antes do processo de amostragem para restringir a largura de banda do sinal, buscando satisfazer o teorema de amostragem sobre a banda de interesse. O filtro *anti-aliasing* é um filtro passa-baixas que atenua a faixa do espectro não identificável pela amostragem.

No exemplo, foi utilizado um filtro Butterworth[4] de quarta ordem, sintonizado na frequência de ($5 \times 32 \times \omega_1$). Com isso, no exemplo, preserva-se o 5º harmônico e se atenua fortemente o 9º harmônico. O resultado fazendo uso do AAF é mostrado na Figura 13.24. Note-se que o sinal, após a filtragem, tem formato mais "suave" por não

[4] Os filtros Butterworth foram descritos pelo engenheiro britânico Stephen Butterworth (1885-1958) na publicação "*On the theory of filter amplifiers*", Wireless Engineer, v. 7, 1930, pp. 536-541.

mais conter altas frequências. Por outro lado, o espectro apresenta apenas os componentes que efetivamente podem ser avaliados pela FFT.

A resposta plana deste filtro abaixo da frequência de corte pode ser verificada na Figura 13.25. O ajuste realizado garante ganho praticamente unitário até o quinto harmônico. Caso fosse necessário identificar a fase dos harmônicos o erro seria expressivo.

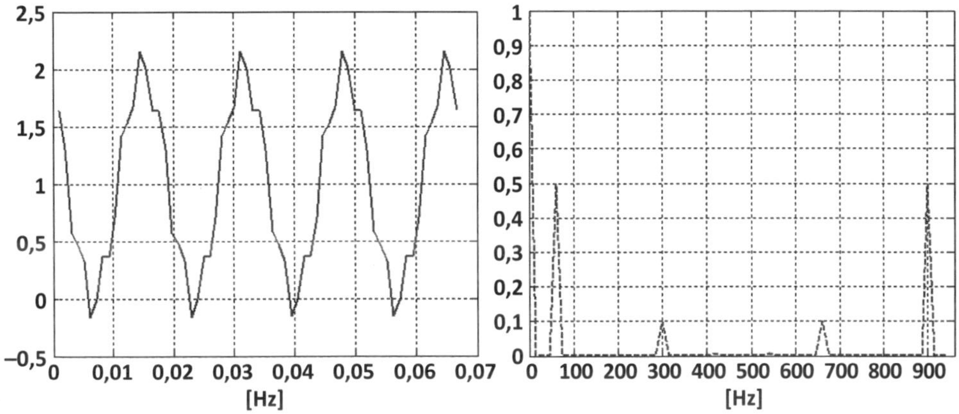

Figura 13.24 Forma de onda reconstruída com 16 amostras por ciclo e respectivo espectro, após filtragem do sinal.

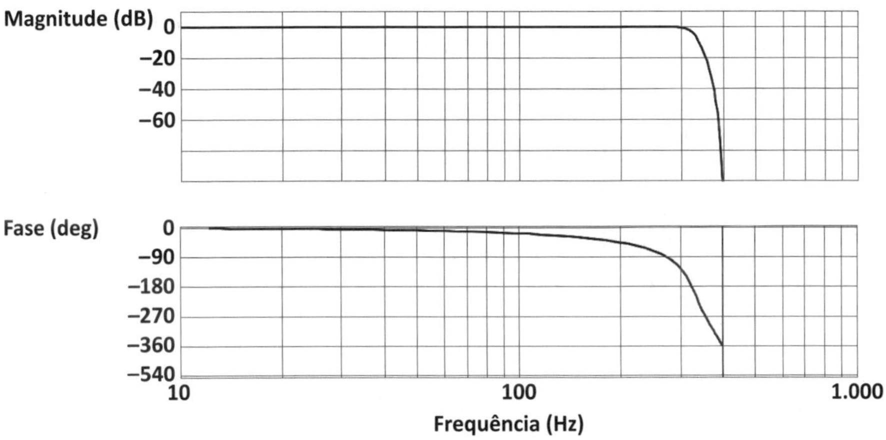

Figura 13.25 Resposta do filtro de Butterworth, quarta ordem.

13.9. UNIDADES PARA AMPLITUDES RELATIVAS

Uma vez que em muitas aplicações é necessário conhecer a relação sinal/ruído, sendo que o ruído pode ser várias ordens de grandeza menor que o sinal, é comum que se representem as amplitudes relativas em escala logarítmica, o que permite comprimir a escala para abranger várias décadas. A unidade decibel (dB) (criada por Graham Bell[5]) é usada para medir relações de amplitudes ou de potências em escala logarítmica. Define-se o decibel como:

$$1 \text{ dB} \triangleq 20log\,(\text{razão de amplitudes}) = 10log\,(\text{razão de potências})$$

Para verificar essa relação basta assumir que a potência P associada a um sinal é proporcional ao quadrado da sua amplitude A. Sejam $P = kA^2$ e $P_0 = kA_0^2$, segue que:

$$10log\left(\frac{P}{P_0}\right) = 10log\left(\frac{kA^2}{kA_0^2}\right) = 20log\left(\frac{A}{A_0}\right) \tag{13.20}$$

Valores usados em escala dB e as razões correspondentes são dados na Tabela 13.5; 20 dB corresponde a uma década (10 vezes) em amplitude ou 3 dB corresponde à razão dois de potências.

Tabela 13.5 Relação entre escalas linear e em decibel

dB	Razão(A)	Razão(P)
40	100	10^4
20	10	100
10	$\sqrt{10}$	10
3	$\sqrt{2}$	2
0	1	1
–3	$1/\sqrt{2}$	0,5
–10	$1/\sqrt{10}$	0,1
–20	0,1	0,01
–40	0,01	10^{-4}

[5] Alexander Graham Bell (1847-1922) foi um cientista, inventor britânico, naturalizado norte-americano. Ele fundou a Bell Telephone Company, a empresa protagonista dos primeiros passos para a implantação do telefone.

13.10. JANELAS DE PONDERAÇÃO DAS AMOSTRAS

Quando se conhece a frequência fundamental do sinal a ser analisado fica fácil escolher o número de amostras por ciclo e, portanto, a frequência máxima a ser analisada. Quando a frequência fundamental não é conhecida exatamente, o número de amostras pode não cobrir ciclos inteiros do sinal amostrado. Nesse caso, o espectro calculado irá apresentar o fenômeno de vazamento espectral (*leakage*) que se traduz no seguinte erro: as amplitudes calculadas sofrem um achatamento e um espalhamento em torno das raias espectrais originais, como ilustrado na Figura 13.26.

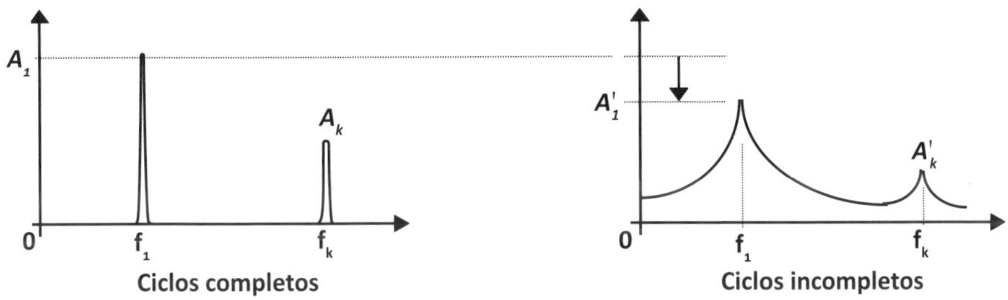

Figura 13.26 Saída de FFT a partir de amostras que não se referem a ciclos completos do sinal.

Este efeito pode ser visualizado no sinal representado na Figura 13.27, que apresenta a mesma forma de onda mostrada anteriormente, considerando um número fracionário de ciclos e mostrando seu efeito sobre o espectro. Note que a identificação da frequência ainda se mostrou correta (o que nem sempre acontece, pois pode haver um deslocamento do pico), mas com grande erro de amplitude. Como esse erro é devido basicamente ao truncamento do sinal, uma forma de reduzi-lo consiste em utilizar funções de ponderação ou janelas (*windows*) para atenuar o impacto de truncamento. Essas janelas, porém, alteram a energia do sinal e, por isso, introduzem um fator adicional de escala de amplitude.

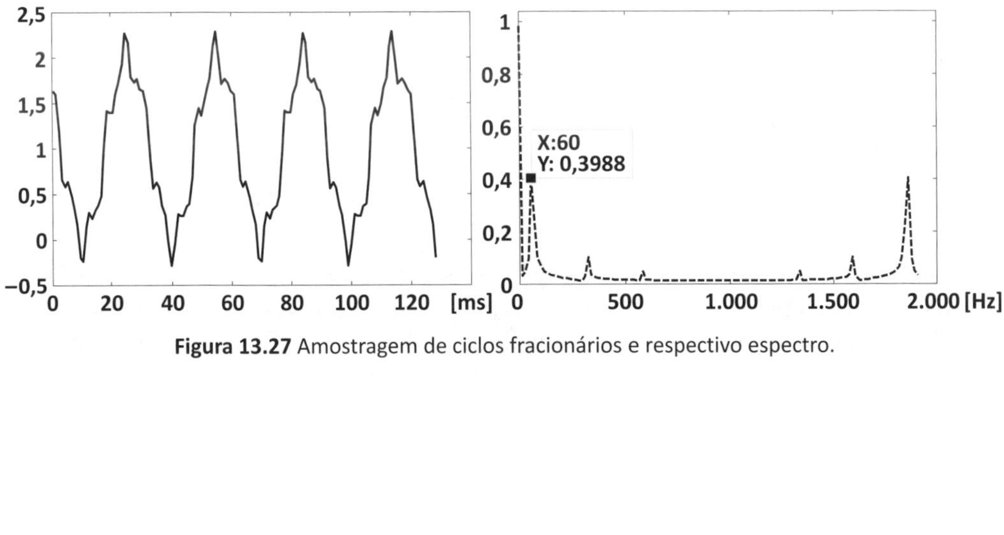

Figura 13.27 Amostragem de ciclos fracionários e respectivo espectro.

Existem muitos tipos de janelas, cada uma produzindo um efeito particular sobre o espectro do sinal. Pode-se dizer que uma janela causa dois efeitos principais sobre o espectro:

a) reduz o efeito de vazamento e, portanto, atenua as raias laterais do espectro calculado, melhorando a identificação de frequências;

b) "alarga" a banda em torno das raias principais, afetando a identificação da amplitude.

A Figura 13.28 ilustra esses dois efeitos principais.

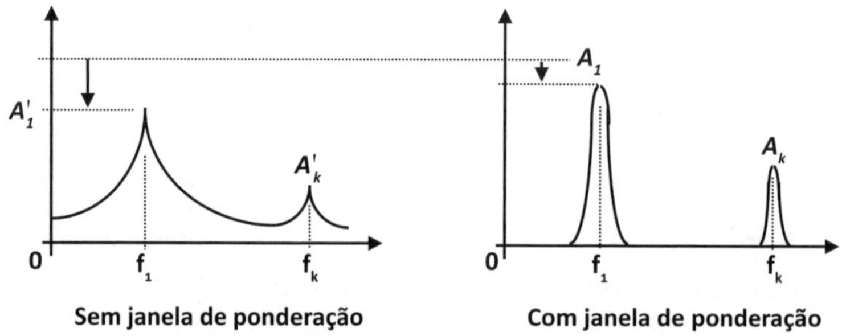

Figura 13.28 Efeito sobre o espectro ao se aplicar "janelas" no sinal amostrado com ciclos fracionários.

O que distingue uma janela da outra é o compromisso entre esses dois efeitos. Por exemplo:

$$\text{Janela retangular}\begin{cases} W(k)=1 & 0 \le k \le N-1 \\ W(k)=0 & \textit{diferente} \end{cases}$$

$$\text{Janela triangular}\begin{cases} W(k)=\dfrac{2k}{N} & 0 \le k \le N/2 \\ W(k)=2-\dfrac{2k}{N} & N/2 \le k \le N \end{cases}$$

$$\text{Janela Hamming}\begin{cases} W(k)=0{,}54-0{,}46cos\left(2\pi\dfrac{k}{N}\right) & 0 \le k \le N-1 \\ W(k)=0 & \textit{diferente} \end{cases}$$

A Figura 13.29 mostra o resultado de aplicar a janela de Hamming[6] no exemplo anterior. Comparando-se os espectros das Figuras 13.27 e 13.29, nota-se um menor espalhamento. A identificação de frequências é mais precisa, embora tenha aumentado o erro de amplitude, o que é esperado, pois o sinal amostrado sofre atenuação nas bordas, exatamente para reduzir seu efeito no cálculo da FFT. Com o aumento na

[6] Richard Wesley Hamming (1915-1998) foi um matemático estadunidense cujos trabalhos tiveram muitas implicações para a engenharia da computação e as telecomunicações.

quantidade de ciclos, mesmo que haja truncamento, o efeito relativo do ciclo incompleto se torna desprezível.

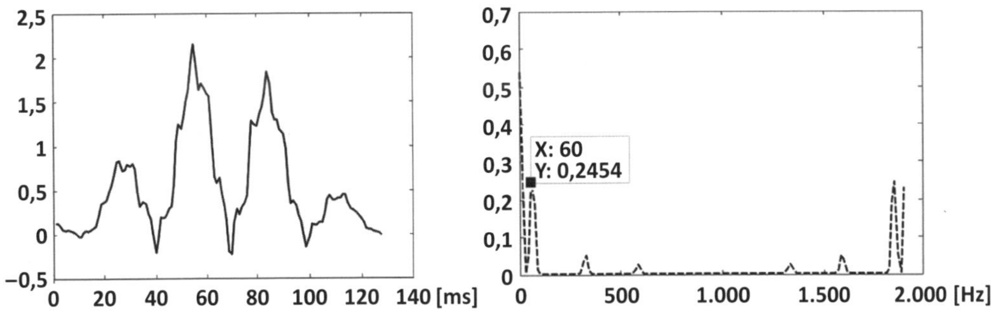

Figura 13.29 Aplicação da janela de Hamming em sinal amostrado e seu efeito sobre o espectro.

A Figura 13.30 representa os espectros das três janelas descritas anteriormente.

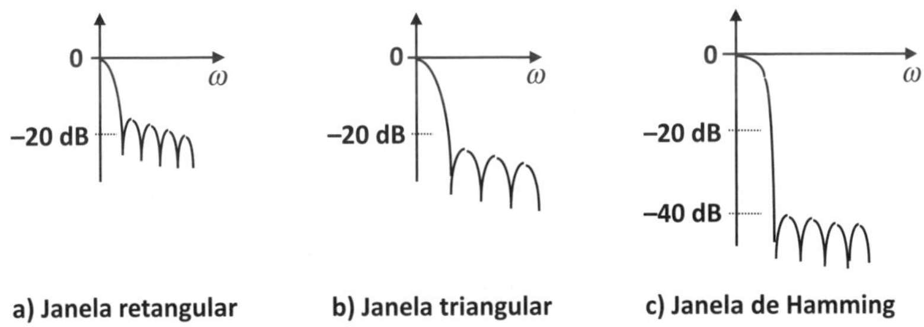

Figura 13.30 Os espectros das janelas mencionadas.

Existem vários outros tipos de janelas de ponderação (Blackman,[7] Hanning,[8] exponencial etc.). Quanto maior for a atenuação dos lóbulos laterais do espectro da janela, melhor é a janela. Mas também é desejável que o lóbulo principal seja o mais plano possível para introduzir menor atenuação em torno das frequências contidas no sinal que se deseja analisar. Daí as boas características da janela de Hamming.

---

[7] Ralph Beebe Blackman (1904-1990) foi um matemático e engenheiro estadunidense que esteve entre os pioneiros da era da informação junto com Claude E. Shannon, Hendrik Wade Bode e John Tukey.

[8] Julius Ferdinand von Hann (1839-1921) foi um meteorologista austríaco. Hann inventou uma técnica de média móvel ponderada para combinar dados meteorológicos de regiões vizinhas, usando os pesos, conhecida como suavização de Hann. No processamento de sinais, a janela de Hann é uma função de janela derivada dessa técnica por R. B. Blackman e John Tukey em 1959.

A Figura 13.31 mostra que, com número inteiro de ciclos, a aplicação da janela é indiferente. A FFT calcula com exatidão a magnitude (o aplicativo presente no osciloscópio fornece o valor eficaz do harmônico) e identifica corretamente a frequência.

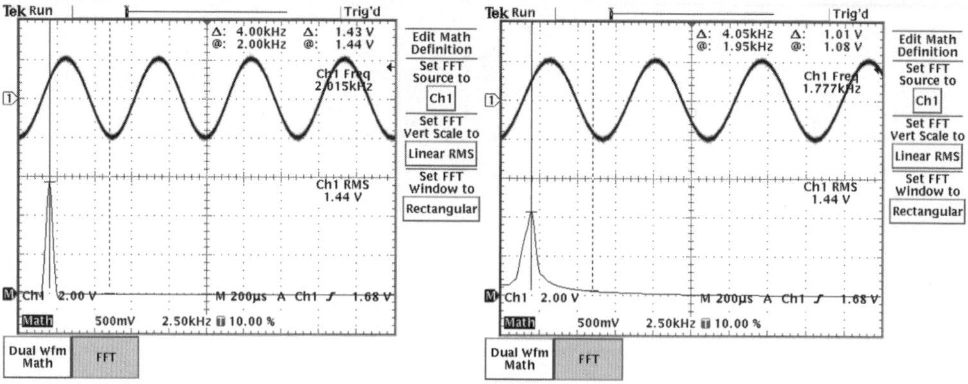

Figura 13.31 Janela retangular com número inteiro (esq.) e fracionário (dir.) de ciclos.

Com número fracionário de ciclos, como mostrado à direita da Figura 13.31, a frequência não é bem identificada. O valor correto é 1,777 kHz; no entanto, a saída da FFT indica 1,95 kHz. Note o espalhamento espectral que leva também a um erro na identificação da magnitude, que deveria ser 1,44 V enquanto resulta da FFT 1,08 V.

Ao aumentar a quantidade de ciclos, mesmo não havendo um número inteiro de ciclos, os erros de frequência e de amplitude são minimizados, embora ainda presentes, em especial na magnitude, como mostra a Figura 13.32.

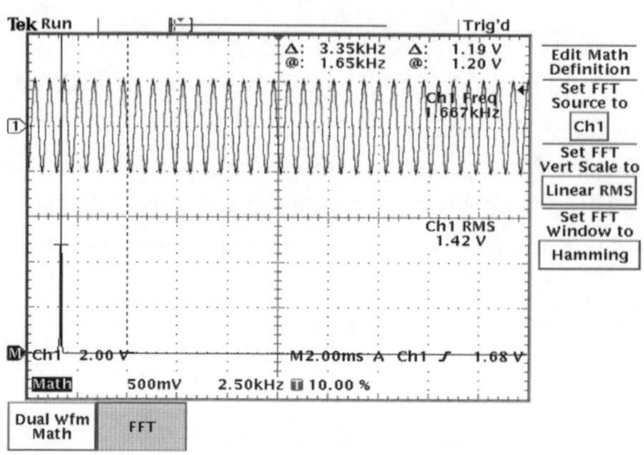

Figura 13.32 FFT com grande quantidade de ciclos com janela Hamming.

No exemplo seguinte, mostrado na Figura 13.33, tem-se uma onda quadrada inicialmente (à esquerda) com uma quantidade inteira de ciclos. Neste caso a identificação da frequência é correta (2 kHz), bem como das magnitudes. A onda quadrada tem 2 V, o que leva a uma fundamental de 2,546 V (amplitude) e 1,8 V (valor eficaz).

Quando se altera a frequência para 1,672 kHz, ou seja, com uma quantidade fracionária de ciclos (à direita na figura 13.33), ocorrem erros na identificação da frequência (indicada como 1,5 kHz pela FFT) e no valor da magnitude da fundamental (1,69 V ao invés de 1,84 V).

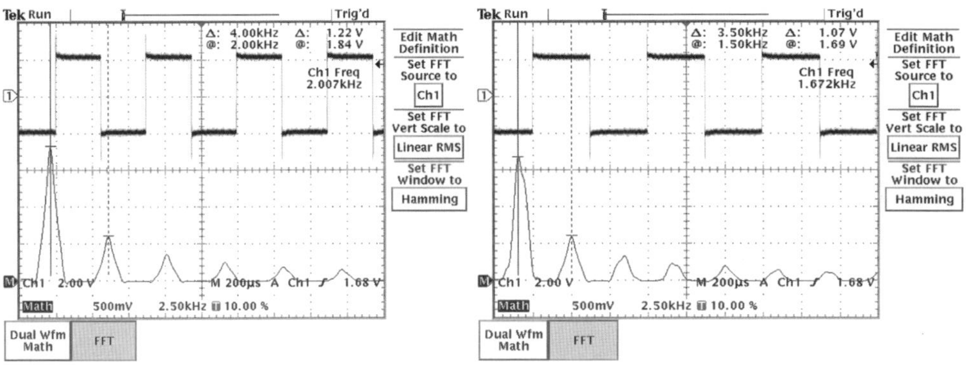

Figura 13.33 Efeito da janela Hamming com número inteiro (esq.) e fracionário (dir.) de ciclos.

Novamente, como ilustra a Figura 13.34, com uma grande quantidade de ciclos, o erro na identificação da frequência se reduz, mas persiste o erro de estimativa da magnitude. Nota-se também que as janelas produzem resultados distintos, o que se percebe pelos espalhamentos espectrais.

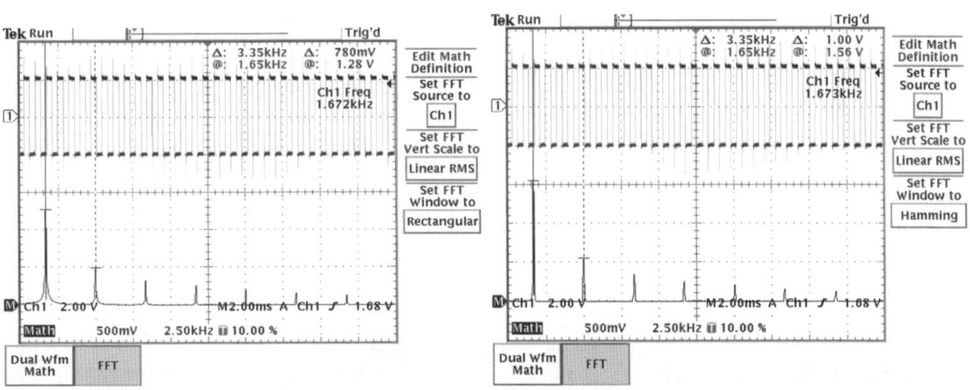

Figura 13.34 Efeito do aumento do número de ciclos usando janelas retangular (esq.) e Hamming (dir.).

13.11. DETALHES DA INSTRUMENTAÇÃO PARA ANÁLISE ESPECTRAL SEGUNDO A IEC

A instrumentação a ser utilizada para análise espectral (harmônicos e inter-harmônicos) em equipamentos e redes elétricas é detalhada na IEC 61000-4-7 [7]. A Figura 13.35 mostra a estrutura de blocos de um medidor genérico que pode ser usado para análise de tensão, corrente e potência. O fato de essa norma especificar a transformada discreta de Fourier como o método de identificação espectral não exclui a aplicação de outros princípios de análise, como bancos de filtros (digitais) ou *wavelets*.[9] Projetos novos de instrumentos tendem a usar a TDF, a partir da FFT. Portanto, a norma considera apenas tal arquitetura, mas não exclui outros princípios de análise.

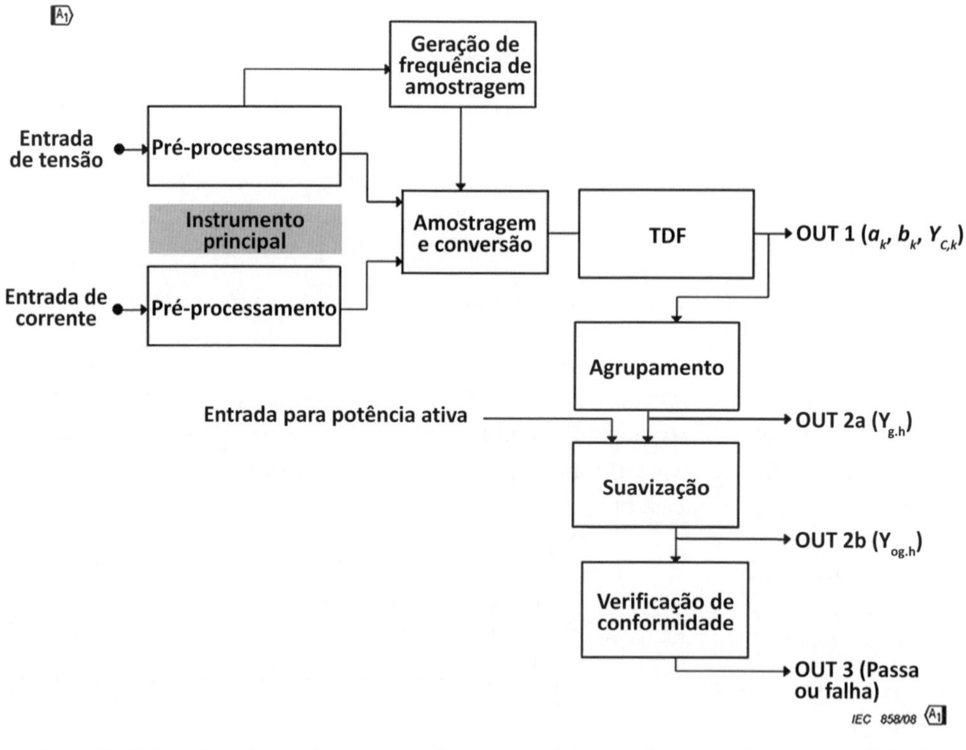

Figura 13.35 Estrutura de medidor para análise espectral de acordo com a IEC 61000-4-7 (2011).

9 *Wavelet* é uma função capaz de decompor e descrever ou representar outra função (ou uma série de dados) originalmente descrita no domínio do tempo, de modo a analisar esta outra função em diferentes escalas de frequência e de tempo. A decomposição de uma função com o uso de *wavelets* é conhecida como "transformada *wavelet*" e tem suas variantes contínua e discreta. Graças à capacidade de decompor as funções tanto no domínio da frequência quanto no domínio do tempo, as funções *wavelet* são ferramentas poderosas de processamento de sinais, muito aplicadas na eliminação de ruído, separação de componentes no sinal, identificação de singularidades etc. Fonte: adaptado de https://pt.wikipedia.org/wiki/Wavelet

Especialmente para os instrumentos de baixo custo, uma janela de tempo mais curta, possivelmente de apenas um ciclo, pode ser considerada. No entanto, tal instrumentação não deve ser usada para avaliar a conformidade de sinais não estacionários com limites de emissão, pois produzem resultados tecnicamente incorretos. Estritamente falando, a FFT produz resultados precisos apenas para sinais em estado estacionário. Os sinais cujas amplitudes variam com o tempo não podem ser descritos corretamente apenas pelos componentes harmônicos. A fim de obter análises reprodutíveis de emissões harmônicas quando analisando cargas de potência (e possivelmente conteúdo espectral) variável, uma combinação de diferentes técnicas de medição pode ser usada.

A norma fornece um método simplificado, empregando métodos de amostragem suficientemente longa com o objetivo de minimizar o impacto de variações na carga. A saída OUT 1 fornece os componentes espectrais determinados a cada janela de 200 ms. Instrumentos com base em algum princípio de análise alternativo devem indicar o intervalo de incerteza causada por todos os fatores de influência, incluindo a característica de não estacionariedade do sinal, o fenômeno de *aliasing* e a falha de sincronização.

Para a verificação de conformidade com a norma, a medição é feita em uma janela de 200 ms (o que implica uma resolução espectral de 5 Hz), fazendo uso de uma janela retangular, sincronizada com a frequência fundamental. Caso haja perda de sincronismo, os dados podem ser descartados para determinação de conformidade (embora possam ser retidos para outros fins, como a identificação de outro tipo de perturbação). Para avaliação dos harmônicos, a saída (OUT 2) faz uma agregação espectral por meio de uma soma quadrática dos componentes intermediários que porventura surjam entre dois harmônicos adjacentes. Tais componentes podem aparecer em função do processamento digital, pelo comportamento não estacionário da carga ou por existirem de fato. A agregação é feita de acordo com (13.21) e ilustrada na Figura 13.36. Para essa agregação devem ser considerados os componentes inter-harmônicos que ocorram acima do segundo harmônico ($h \geq 2$).

$$Y_{g,h}^2 = \frac{1}{2} \cdot Y_{C,(N\times h)-N/2}^2 + \sum_{k=(-N/2)+1}^{(N/2)-1} Y_{C,(N\times h)+k}^2 + \frac{1}{2} \cdot Y_{C,(N\times h)+N/2}^2 \tag{13.21}$$

O termo da somatória na equação anterior corresponde à agregação dos componentes no entorno do harmônico de ordem h. O primeiro e o último termos da somatória representam metade da amplitude do componente central entre os harmônicos anterior e posterior a h. A outra metade desses componentes é incluído na agregação do harmônico vizinho. Suponhamos, por exemplo, a agregação em torno do harmônico f_h de 60 Hz. Os inter-harmônicos a agregar seriam os componentes afastados de

$f_h \pm 5$ Hz, $f_h \pm 10$ Hz, $f_h \pm 15$ Hz, $f_h \pm 20$ Hz, $f_h \pm 25$ Hz e $f_h \pm 30$ Hz. Os componentes centrais ($f_h \pm 30$ Hz) são considerados pela metade.

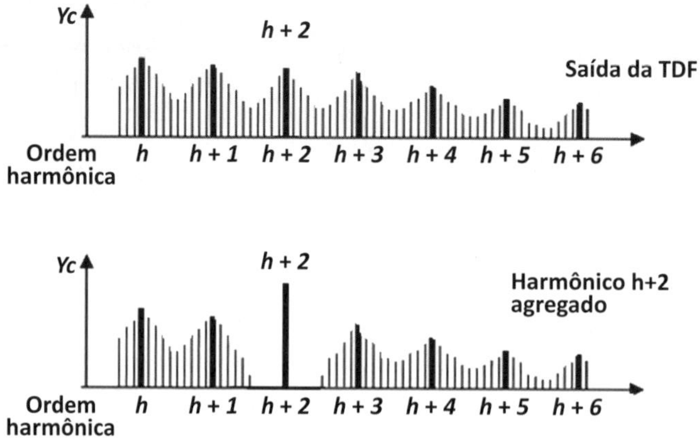

Figura 13.36 Ilustração da agregação dos componentes espectrais em torno de (h + 2) para cálculo do coeficiente espectral do harmônico (h + 2).

A suavização do sinal agrupado deve ser executada utilizando o valor eficaz $Y_{g,h}$ de cada ordem harmônica (OUT 2a), obtido de acordo com (13.21), através de um filtro digital passa-baixas de primeira ordem com uma constante de tempo de 1,5 s, cuja estrutura está mostrada na Figura 13.37. Esse procedimento produz a saída OUT 2b. A verificação de conformidade (OUT 3) deve ser feita de acordo com as normas específicas (por exemplo, a IEC 61000-3-2), utilizando a saída OUT 2b e calculando os percentis a partir das janelas de tempo definidas na norma. Como se pode concluir, a verificação de conformidade com a norma IEC requer que se atenda a uma série bem determinada de condições e procedimentos.

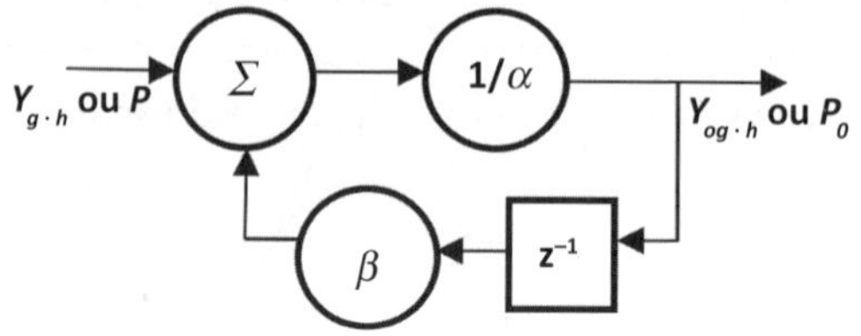

Figura 13.37 Realização de um filtro digital passa-baixas: z^{-1} designa um atraso de uma amostra, α e β são os coeficientes de filtro.

13.12. RESUMO

Este capítulo introduz a base matemática para a representação funcional de uma amostra de um sinal analógico, o delta de Dirac. Essa função permite estender os conceitos de transformada de Fourier para o processo de amostragem por meio da transformada discreta de Fourier. Como exemplo é apresentado o espectro de um trem de pulsos. Uma vez que essa análise é a base para o tratamento digital de sinais amostrados, foi incluída neste capítulo a descrição passo a passo do clássico algoritmo, conhecido como FFT. Por meio dos diagramas de blocos apresentados, esse algoritmo pode ser programado em computador pessoal para fins de simulação e estudos específicos. No mesmo contexto é discutida também a necessidade de uso de filtros *anti-aliasing* e de ponderação de amostras dentro de janelas temporais de amostragem. Ao final do capítulo é abordada a questão, descrita em norma da IEC, de como lidar com o caráter não estacionário dos sinais reais observados na rede elétrica, e que pode implicar o surgimento de inter-harmônicos ou harmônicos modulados, causando eventuais efeitos indesejados, entre eles o efeito *flicker*.

QUESTÕES

1) As amostras de um sinal contínuo discretizado representam o sinal original apenas de modo parcial. Com respeito a isso, pergunta-se:
   a) Como essa limitação se manifesta no domínio da frequência?
   b) Como se pode assegurar que a representação do sinal no domínio da frequência represente adequadamente esse conjunto de amostras temporais?
   c) O que se pode fazer para ampliar o grau de exatidão na análise do sinal original que passou por discretização?
2) Por que razão acrescentar amostras de valor nulo para completar um número inteiro de ciclos gera um espectro mais preciso do que o processamento direto das amostras colhidas?
3) Simule o algoritmo para gerar 32 amostras, por período, da seguinte função:

$$x(t) = 10\,sen(377t) - 0{,}5\,cos(3 \times 377t)$$

   a) Reproduza graficamente dois ciclos da forma de onda original e da amostrada.
   b) Repita o item a) para 64 amostras por período.
   c) Comente as diferenças observadas.

4) Simule o algoritmo de reversão de bits apresentado e aplique nas amostras do exercício anterior, item a);
   a) Simule o algoritmo da FFT apresentado e processe as amostras revertidas do item anterior.
   b) Apresente o resultado, explicitando as amplitudes e as frequências contidas no sinal dado.
   c) Repita o processo, considerando 64 amostras por período; comente as melhorias observadas.
5) Repita o exercício 4. c), porém anulando as 10 últimas amostras. Comente o efeito sobre o novo resultado produzido pela FFT.
   a) Simule a ponderação das amostras do sinal anterior por alguma função de janela dada e comente o resultado observado.
6) Uma vez que as condições reais de operação do SEE não podem ser consideradas estacionárias devido a contínuas mudanças das variáveis, incluindo a frequência da rede, os harmônicos também sofrem variações correspondentes.
   a) Como isso se manifesta no espectro medido, usando diferentes tempos de observação?
   b) Como a norma da IEC enfrenta esse problema da não estacionaridade?

REFERÊNCIAS

[1] A. V. Oppenheim, A. S. Willsky, I. T. Young, *Signals and systems.* New York: Prentice-Hall International, 1983.

[2] E. Kreyszig, *Advanced engineering mathematics,* 7th ed. New York: John Wiley & Sons Ltd., 1993. pp. 286-288.

[3] P. A. Lynn, *An introduction to the analysis and processing of signals,* 2nd ed. New York: Howard W. Sams & Co. Inc., 1982.

[4] A. Feuer, G. C. Goodwin, *Sampling in digital signal processing and control.* Basel: Birkhäuser, 1996.

[5] B. P. Lathi, *Sinais e sistemas lineares.* Porto Alegre: Bookman, 2007.

[6] P. F. Ribeiro, C. A. Duque, P. M. da Silveira, A. S. Cerqueira, *Power systems signal processing for smart grids.* New York: John Wiley & Sons Ltd., 2013.

[7] International Electrotechnical Commission – IEC 61000-4-7: *Testing and measurement techniques – General guide on harmonics and interharmonics measurements and instrumentation, for power supply systems and equipment connected thereto,* 2011.

CAPÍTULO 14

Filtros digitais e aplicações em sistemas de energia elétrica

14.1. INTRODUÇÃO

O capítulo anterior tratou da amostragem de sinais analógicos utilizando a função delta de Dirac $\delta(t)$ para chegar à transformada discreta de Fourier. Com base nessa transformada, foi apresentado o algoritmo da transformada rápida de Fourier, que permite encontrar eficientemente o conteúdo espectral do sinal amostrado. Conhecer o conteúdo espectral de um sinal é de grande interesse na análise de QEE, pois permite, entre outras aplicações, identificar os harmônicos presentes nas tensões e correntes da rede elétrica.

O objetivo deste capítulo é definir a transformada $\mathcal{Z}$ a partir dos conceitos das transformadas discretas de Fourier e de Laplace para realizar a síntese de filtros digitais. Essa é uma área de muito interesse em sistemas de energia elétrica devido à possibilidade de automatização dos cálculos e realização *on-line* da monitoração usando processadores digitais. Outras aplicações de processamento digital em SEE, que também se baseiam em filtragem, consistem na implementação de algoritmos de proteção, controle de processos e acionamento de máquinas elétricas, além do cálculo de indicadores de qualidade.

14.2. TRANSFORMADA $\mathcal{Z}$ E FILTROS DIGITAIS

Foi visto que um sinal $x(t)$, amostrado em intervalos regulares Ta e representado pela sequência $[x_0, x_1, x_2, x_3 ...]$, tem como transformada discreta de Fourier [1], [2] a seguinte série de funções complexas:

$$\mathcal{F}(\omega) = x_0 + x_1 e^{-j\omega \cdot Ta} + x_2 e^{-j2\omega \cdot Ta} + x_3 e^{-j3\omega \cdot Ta} + ... \quad (14.1)$$

Por analogia, a transformada discreta de Laplace resulta na série:

$$\mathcal{L}(s) = x_0 + x_1 e^{-s \cdot Ta} + x_2 e^{-2s \cdot Ta} + x_3 e^{-3s \cdot Ta} + ... \quad (14.2)$$

que inclui o termo σ de amortecimento, de modo que $s = \sigma + j\omega$. O operador defasador $e^{-s \cdot Ta}$ pode ser visto como um operador de retardo Ta entre amostras (*shift operator*), denotado por:

$$z^{-1} \triangleq e^{-s \cdot Ta} = e^{-(\sigma + j\omega)Ta} = e^{-\sigma \cdot Ta} \cdot e^{-j\omega \cdot Ta} = r \cdot e^{-j\theta} \quad (14.3)$$

Consequentemente, o operador inverso, $z = e^{-s \cdot Ta}$ é um operador de avanço Ta no domínio do tempo ou de ângulo $\theta = \omega \cdot$ Ta no plano complexo. A Figura 14.1 mostra a representação gráfica do operador defasador (14.3) no plano complexo e a Figura 14.2 ilustra a progressão sucessiva do operador em atraso e avanço nesse plano.

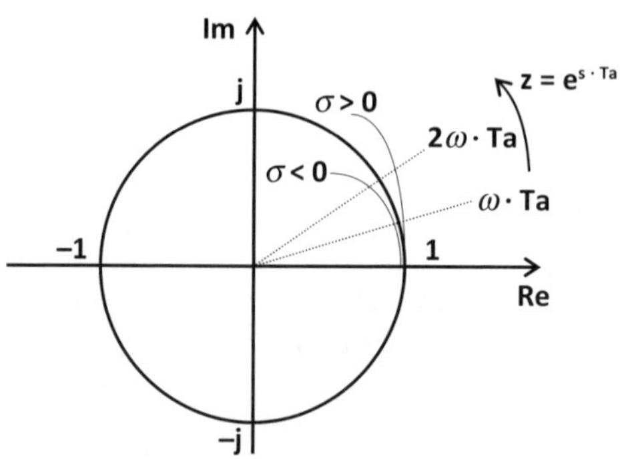

Figura 14.1 Círculo unitário e mapeamento da variável z.
Dentro do círculo ($\sigma < 0$) é sistema estável e fora ($\sigma > 0$) é instável.

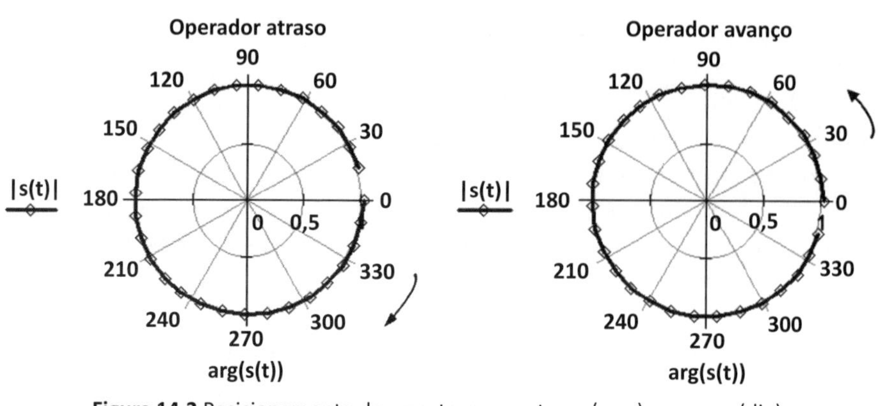

Figura 14.2 Posicionamento de amostras com atraso (esq.) e avanço (dir.).

Define-se a transformada $\mathcal{Z}$ de um sinal amostrado, com origem em $t = 0$, como:

$$\mathcal{Z}(z) = x_0 + x_1 \cdot z^{-1} + x_2 \cdot z^{-2} + x_3 \cdot z^{-3} + \ldots$$

e, na forma geral:

$$\mathcal{Z}(z) = \sum_{n=0}^{\infty} x_n \cdot z^{-n} \tag{14.4}$$

Portanto, a transformada $\mathcal{Z}$ do sinal amostrado é uma série de potências em z, tendo como coeficientes as amostras temporais x. Cada amostra está posicionada na sequência por meio do número de retardos (ou atrasos) $n \cdot Ta$, representados pela potência de operador z^{-n} correspondente, tomando a origem do tempo como referência. Algumas dessas séries em z têm uma forma compacta, como:

$$\mathcal{Z}(z) = 1 + a \cdot z^{-1} + a^2 \cdot z^{-2} + a^3 \cdot z^{-3} + \ldots = \frac{z}{z - a} = \frac{1}{1 - az^{-1}} = \frac{Y(z)}{X(z)} \tag{14.5}$$

Neste caso, que depende só de potências do mesmo coeficiente, a, $\mathcal{Z}(z)$ resulta na forma compacta de um filtro baseado na recorrência representável pelo diagrama da Figura 14.3.

$$y_k = a \cdot y_{k-1} + x_k$$

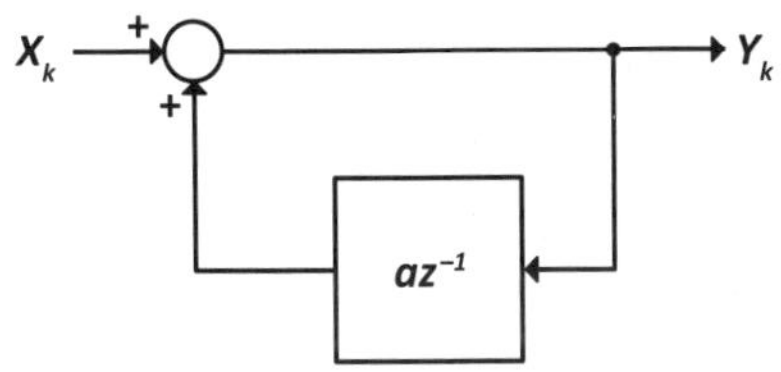

Figura 14.3 Representação do filtro expresso por (14.5).

Dependendo do valor de a, a sequência $y(k)$ pode resultar convergente, constante ou divergente, como ilustrado na Figura 14.4.

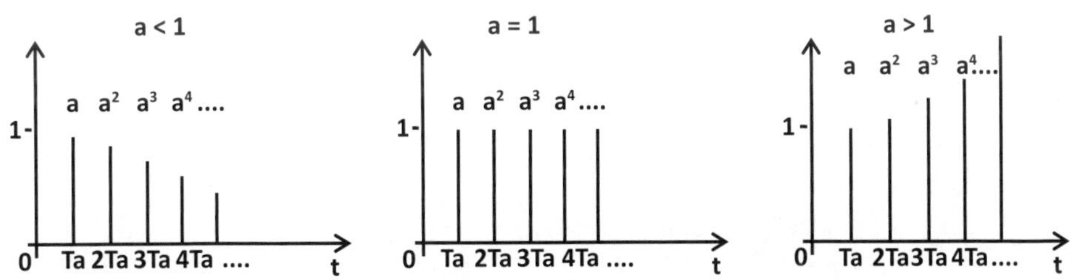

Figura 14.4 Séries convergente, constante e divergente.

14.3. MAPEAMENTO DE POLOS E ZEROS

A transformada de Laplace mapeia polos e zeros de uma função de transferência $H(s)$ no plano complexo $s = \sigma + j\omega$. De modo similar, a transformada $\mathcal{Z}$ mapeia polos e zeros da função discretizada $H(z)$, no plano complexo em função de $z = r \cdot e^{j\theta}$. A condição de estabilidade no plano s é que os polos e zeros estejam no semiplano esquerdo, ou seja, $\sigma < 0$. Isso significa que, em princípio, os polos e zeros de $H(z)$, no caso estável, estarão dentro do círculo unitário ($r < 1$). A Figura 14.5 mostra os dois planos complexos correspondentes.

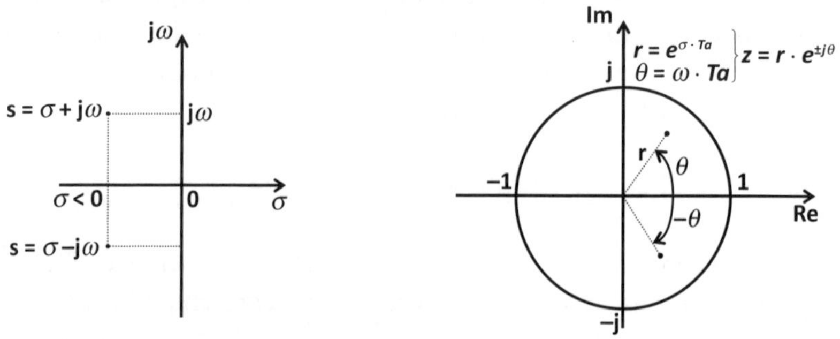

Figura 14.5 Planos complexos *s* e *z*.

No entanto, a capacidade da função discretizada $H(z)$ de representar a função contínua $H(s)$ com fidelidade depende da amostragem utilizada, ou seja, depende das características do operador z. Nos próximos itens são apresentadas algumas das características a serem atendidas pelo operador z e o efeito resultante sobre a região de estabilidade.

14.4. APLICAÇÃO DA TRANSFORMADA $\mathcal{Z}$

Considere-se um sistema em s, cuja função de transferência é dada por:

$$H(s) = \frac{Y(s)}{X(s)} = \frac{1}{s}, \text{ ou seja: } s \cdot Y(s) = X(s)$$

Essa equação em s corresponde à equação diferencial: $\frac{dy(t)}{dt} = x(t)$. Se o sinal de entrada do sistema for $x(t) = A \cdot cos(\omega t)$, resulta como saída ou resposta:

$$y(t) = \int^{t} x(\tau) \cdot d\tau = \int^{t} A cos(\omega\tau) \cdot d\tau = \frac{A}{\omega} sen(\omega t)$$

Considerando um sistema similar com o operador z, a função de transferência do sistema em tempo discreto é:

$$H(z) = \frac{Y(z)}{X(z)} = \frac{1}{z} \text{ ou seja: } zY(z) = X(z) \rightarrow Y(z) = z^{-1} \cdot X(z)$$

Esta última relação diz que a saída corresponde à entrada retardada de um intervalo de amostragem *Ta*, ou seja: $y_k = x_{k-1}$, para k = 1,2,3... A analogia, mostrada na Figura 14.6, parece óbvia e direta, porém há diferenças cruciais que devem ser consideradas.

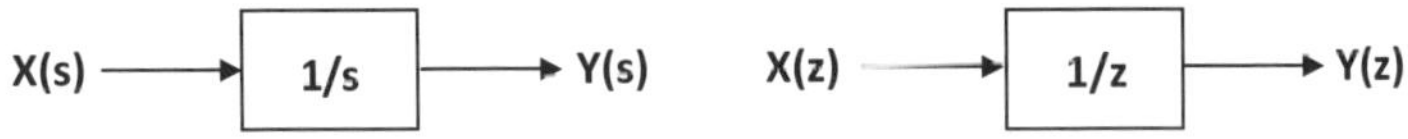

Figura 14.6 Analogia entre integrador (sistema contínuo) e atrasador (sistema discreto).

Se a entrada $x(t)$ for uma senoide, percebe-se que não é para qualquer intervalo de amostragem *Ta* ou quantidade de atrasos que resulta na saída $y(t)$ uma onda deslocada de 90°, ou seja, uma cossenoide, como no caso da integral contínua, representada pela função de transferência em (s). Essa situação é mostrada na Figura 14.7. Por essa razão existem diferentes formas para se aproximar as duas transformações em aplicações práticas, como será visto adiante.

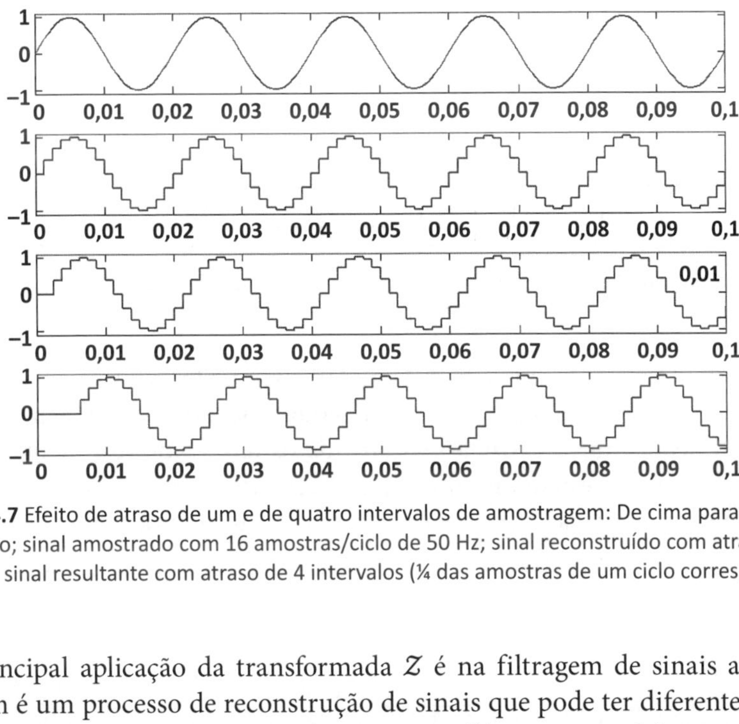

Figura 14.7 Efeito de atraso de um e de quatro intervalos de amostragem: De cima para baixo: sinal contínuo; sinal amostrado com 16 amostras/ciclo de 50 Hz; sinal reconstruído com atraso de um intervalo e sinal resultante com atraso de 4 intervalos (¼ das amostras de um ciclo corresponde a 90°).

A principal aplicação da transformada $\mathcal{Z}$ é na filtragem de sinais amostrados. Filtragem é um processo de reconstrução de sinais que pode ter diferentes objetivos, como: reproduzir um sinal a partir das amostras (filtro passa-tudo) ou atenuar determinadas faixas de frequências (filtro passa-baixas, passa-altas ou passa-faixas). Esses são os filtros de maior interesse em nossos estudos.

No caso geral, a função de transferência normalizada ($a_0 = 1$) de um sistema de ordem M assume a forma polinomial em $\mathcal{Z}$:

$$H(z)=\frac{b_0+b_1\cdot z^{-1}+b_2\cdot z^{-2}+\ldots b_M\cdot z^{-M}}{1+a_1\cdot z^{-1}+a_2\cdot z^{-2}+\ldots a_M\cdot z^{-M}}=\frac{Y(z)}{X(z)} \tag{14.6}$$

Os coeficientes a e b determinam as características do sistema. Usando a relação saída/entrada ou função de transferência acima, resulta:

$$Y(z)\cdot\left[1+a_1\cdot z^{-1}+a_2\cdot z^{-2}+...a_M\cdot z^{-M}\right]=X(z)\left[b_0+b_1\cdot z^{-1}+b_2\cdot z^{-2}+\ldots b_M\cdot z^{-M}\right]$$

Lembrando que z^{-i} é um operador de atraso de i intervalos de amostragem, pode-se escrever a função resultante em um instante k qualquer como:

$$y_k+a_1\cdot y_{k-1}+a_2\cdot y_{k-2}+...a_M\cdot y_{k-M}=b_0\cdot x_k+b_1\cdot x_{k-1}+b_2\cdot x_{k-2}+\ldots b_M\cdot x_{k-M}$$

ou seja, pode-se usar a seguinte recorrência para escrever a saída no instante k:

$$y_k=\sum_{n=0}^{M}b_n\cdot x_{k-n}-\sum_{m=1}^{M}a_m\cdot y_{k-m} \tag{14.7}$$

A recorrência (14.7) pode ser representada graficamente pela Figura 14.8.

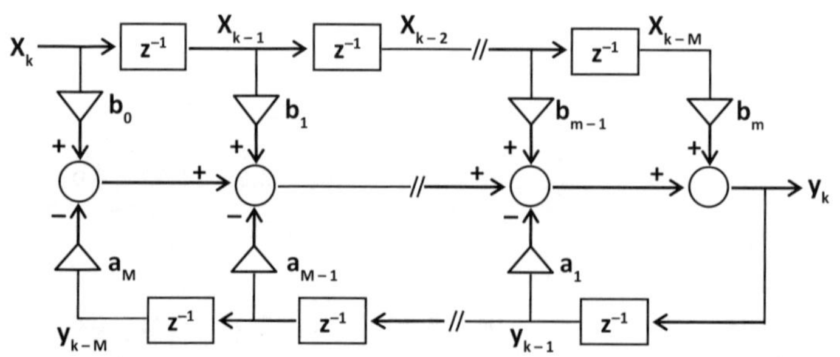

Figura 14.8 Filtro digital de ordem M tipo IIR (*Infinite Impulse Response*).

Esta é a estrutura de um filtro digital tipo IIR (*Infinite Impulse Response).* O nome é devido à característica de realimentação de saída, que força a existência do sinal de saída mesmo depois que a entrada se anula. Se os termos de realimentação forem anulados $an = 0$, $n \geq 1$, resulta um filtro tipo FIR (*Finite Impulse Response*), cuja saída depende apenas da entrada (14.8), como representado na Figura 14.9.

$$y_k=\sum_{n=0}^{M}b_n\cdot x_{k-n} \tag{14.8}$$

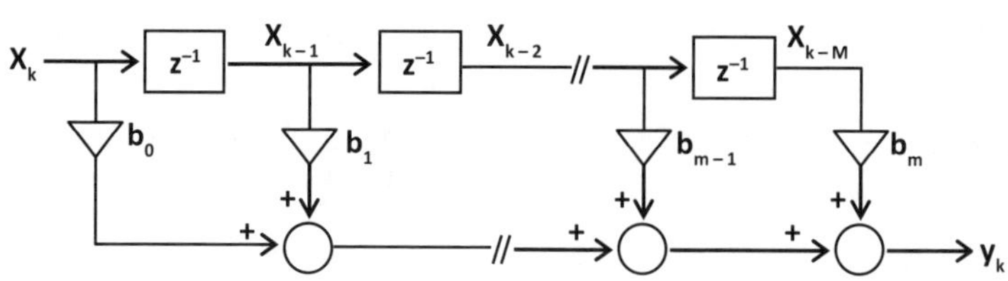

Figura 14.9 Estrutura de filtro FIR de ordem M (*Finite Impulse Response*).

Do ponto de vista prático, temos dois tipos de problemas a resolver usando essas técnicas:

1) análise de resposta de um sistema dado;

2) síntese de um sistema que resulte em características desejadas.

O primeiro é um problema de análise de resposta, condições de estabilidade, controlabilidade do sistema em estudo. Portanto, é um problema de controle aplicado a processos digitais. O segundo é um problema de projeto, de reconstrução, ou seja, de filtragem digital. Como já mencionado, o interesse principal neste contexto de análise de sinais em SEE é a filtragem digital de um sinal amostrado.

14.5. TRANSFORMAÇÕES ENTRE SISTEMAS CONTÍNUOS E DISCRETOS

Para garantir que as amostras de um sinal representem adequadamente esse sinal tanto no domínio do tempo como da frequência, é necessário escolher uma forma de transformação que satisfaça certas condições. Quanto melhor for essa representação nos dois domínios, melhor será o resultado da filtragem. Como visto anteriormente, não basta substituir *s* por *z* para obter uma característica em *z* similar à da função de transferência em *s*. A seguir, são apresentadas algumas das transformações possíveis.

14.5.1. INVARIÂNCIA DE IMPULSO

Essa primeira transformação garante que as amostras coincidam com os valores da função contínua nos instantes amostrados. A Figura 14.10 ilustra o processo de amostragem usando um trem de impulsos.

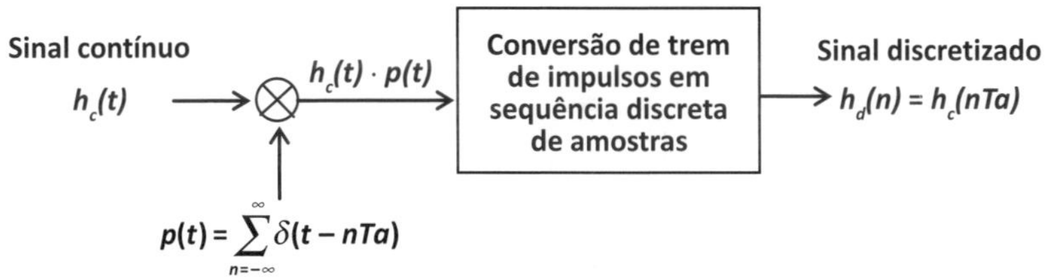

Figura 14.10 Processo de amostragem por meio de trem de impulsos.

Essa transformação permite escrever a transformada $\mathcal{Z}$ de modo que resulta $z = e^{s \cdot Ta} = e^{(\sigma + j\omega) \cdot Ta}$. É usual, no caso $\sigma = 0$, que o ângulo de discretização $\theta = \omega \cdot Ta$ seja designado como frequência discreta (Ω), ou seja, $\theta = \Omega = \omega \cdot Ta$ resultando em $z = e^{j\theta} = e^{j\Omega}$ como o deslocamento angular que o operador impõe, como mostrado na Figura 14.11. Note que a relação entre a frequência discreta de deslocamento Ω e a frequência analógica ω depende do intervalo da amostragem Ta. Quanto menor o intervalo de amostragem, menor será o deslocamento angular entre amostras e tanto maior será o número de amostras do sinal para um dado tempo de amostragem.

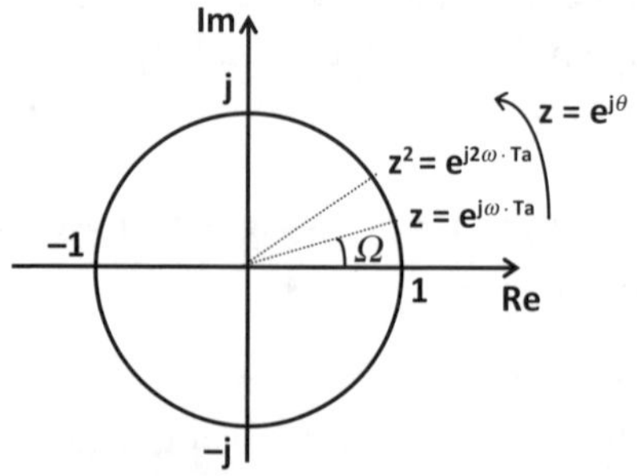

Figura 14.11 Deslocamento angular correspondente a avanço da amostra no tempo.

A transformação torna o espectro ($j\omega$) periódico $\left[\dfrac{-\pi}{Ta} \text{ a } \dfrac{\pi}{Ta}\right]$, de modo que todo o espectro do sinal é mapeado, conforme destacado na Figura 14.12.

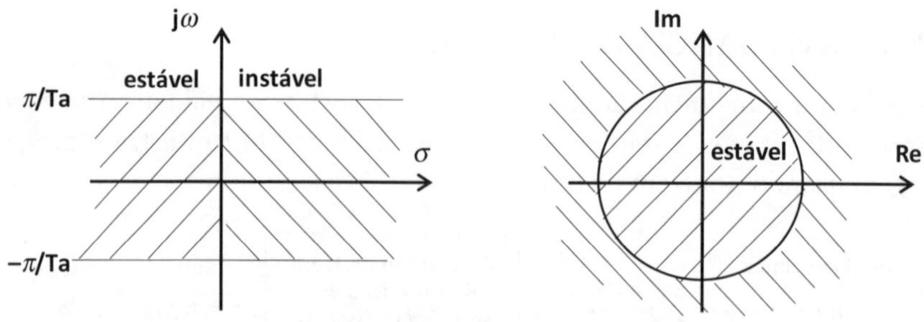

Figura 14.12 Regiões estáveis e instáveis nos planos *s* e *z*.

Percebe-se que a transformação é limitada em frequência e, por isso, só é adequada para sinais abaixo da frequência de corte (filtros PB ou passa-baixas). Para obter esse tipo de transformação, basta tomar a função de transferência do sinal discretizado, e substituir $s \cdot Ta$ por z. Embora essa transformação facilite o entendimento da relação entre sistema contínuo e discreto, sua aplicação é limitada pela restrição da faixa de passagem, e porque exige a obtenção da função de transferência em s do sinal amostrado para explicitar os termos $s \cdot Ta$.

A Figura 14.13 mostra um resultado obtido no simulador de circuitos PSpice®. Nesse caso, o algoritmo da FFT para a obtenção do espectro considera um sinal contínuo no tempo e utiliza uma quantidade de amostras em função do passo utilizado para gerar o arquivo de dados. O sinal original é uma senoide de amplitude unitária, mostrada na parte superior da figura. O processo de amostragem simulado utiliza um pulso com duração de 1 μs, com um período de amostragem de 625 μs, produzindo o sinal subsequente. As duas figuras inferiores são os respectivos espectros.

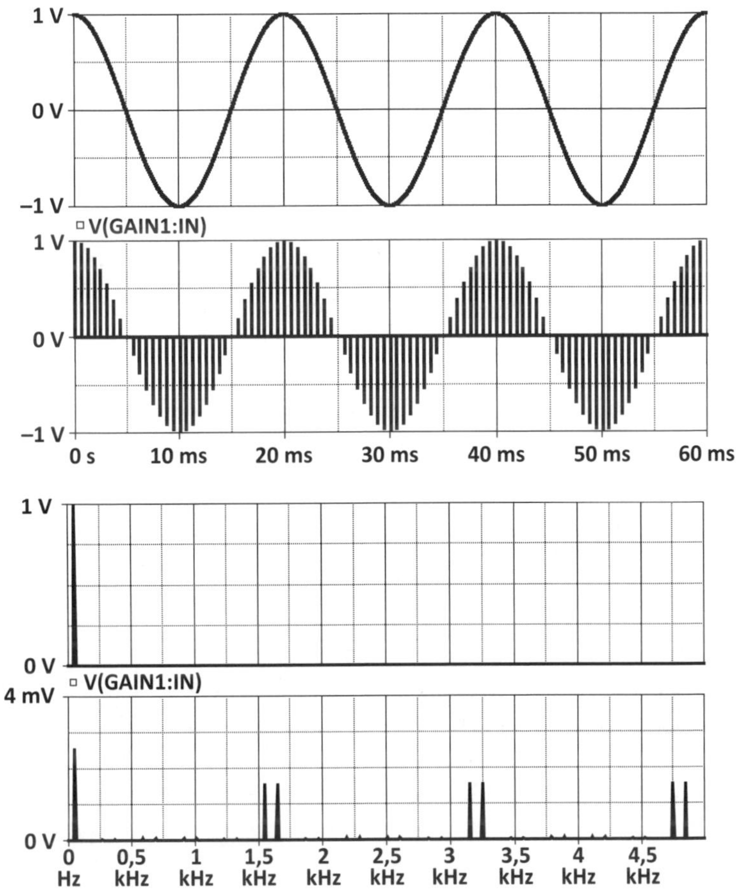

Figura 14.13 De cima para baixo: Sinal senoidal contínuo, sinal amostrado com pulso unitário e 32 amostras por ciclo; espectros do sinal contínuo e do sinal amostrado.

Como no exemplo, são 32 amostras por ciclo de 50 Hz, a frequência de Nyquist é 800 Hz, em torno da qual se dá a reflexão do espectro. Há menos energia no sinal amostrado do que no sinal contínuo. Como a função FFT do simulador não trabalha diretamente com os valores das amostras, mas com o sinal amostrado em tempo contínuo, isso explica a diferença na amplitude da fundamental.

Quando se faz análise similar de um sinal quadrado (Figura 14.14), observa-se o comportamento análogo, agora com a inclusão dos componentes espectrais da onda quadrada, havendo uma interpenetração entre o espectro básico e suas reflexões, comprometendo a análise principalmente em frequências elevadas.

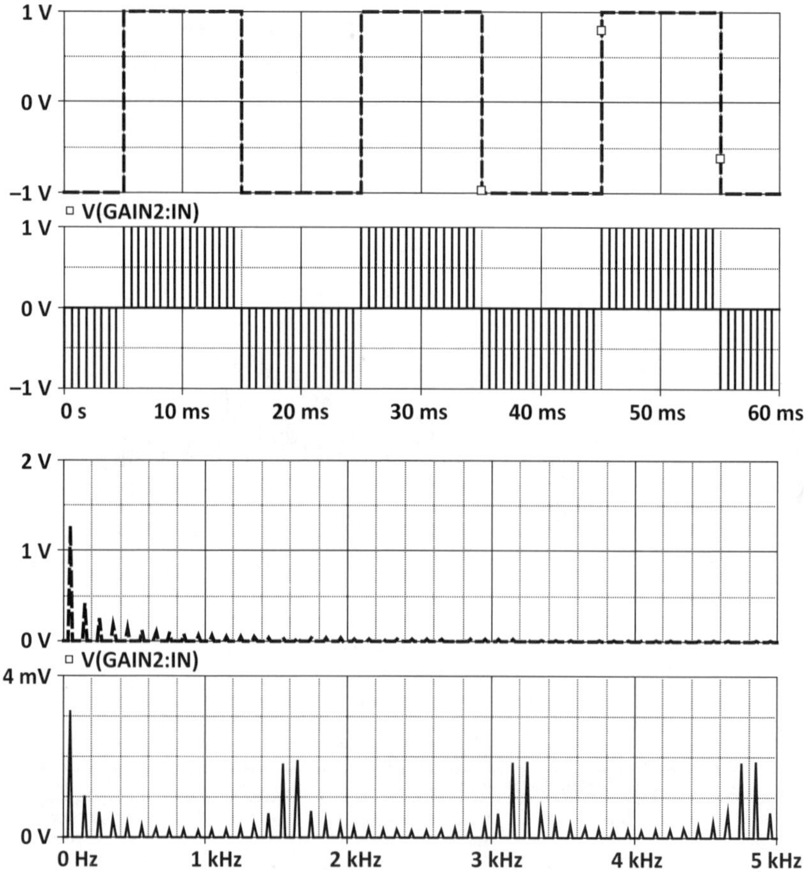

Figura 14.14 De cima para baixo: Sinal quadrado contínuo, sinal amostrado com pulso unitário e 32 amostras por ciclo; espectros do sinal contínuo e do sinal amostrado.

Observa-se que é importante saber como um programa de simulação opera para interpretar corretamente o resultado de qualquer algoritmo de simulação. O caso mostrado da redução da amplitude dos componentes espectrais é ilustrativo da necessidade de uma análise crítica dos resultados. Qualquer algoritmo de cálculo fornecerá um resultado de saída a partir de um conjunto de dados de entrada (a menos que haja algum erro de sintaxe no algoritmo). Cabe ao usuário conhecer os procedimentos de cálculo para poder analisar adequadamente o resultado.

14.5.2. APROXIMAÇÃO PELA EQUAÇÃO A DIFERENÇAS (*BACKWARD-DIFFERENCE APPROXIMATION*)

Um segundo método de transformação de sinal contínuo em discreto se baseia na aproximação da equação diferencial pela equação a diferenças, ou seja:

$$\frac{dy}{dt} \cong \frac{\Delta y}{\Delta t} = \frac{y_n - y_{n-1}}{Ta} \tag{14.9}$$

Pela própria definição de derivada, fica implícito que esse método é mais preciso para altas taxas de amostragem. O sinal discretizado é considerado constante no valor amostrado até que ocorra uma nova amostragem. É o tipo de sinal que se obtém analogicamente a partir de um amostrador-segurador de ordem zero (*sample&hold* ou ZOH - *Zero Order Holder*). O uso de um ZOH é um método de reconstrução de um sinal a partir das amostras.

Exemplo 1 – Obtenção de filtro discreto a partir da função contínua

Seja o sistema de 1ª ordem dado por:

$$\frac{dy(t)}{dt} + a \cdot y(t) = x(t)$$

Pela transformação de Laplace, tem-se: $sY(s) + a \cdot Y(s) = X(s)$, que resulta na função de transferência contínua:

$$H_c(s) = \frac{Y(s)}{X(s)} = \frac{1}{s+a} \tag{14.10}$$

A equação a diferenças correspondente é dada por:

$$\frac{y_n - y_{n-1}}{Ta} + a \cdot y_n = x_n$$

e, usando a propriedade de retardo da transformada $\mathcal{Z}$, obtém-se:

$$\left[\frac{1 - z^{-1}}{Ta}\right] \cdot Y(z) + a \cdot Y(z) = X(z)$$

Portanto, a função de transferência discreta será:

$$H_d(z) = \frac{Y(z)}{X(z)} = \frac{1}{\frac{1 - z^{-1}}{Ta} + a} \tag{14.11}$$

Comparando as funções de transferência (14.10) e (14.11) conclui-se que:

$$H_d(z) = H_c(s)\Big|_{s = \frac{1 - z^{-1}}{Ta}}$$

ou seja, dispondo da função de transferência em *s* pode-se, por substituição direta, obter *H(z)*. Uma vez obtido *H(z)*, o caminho mais simples é colocar na forma polinomial: $H_d(z) = \dfrac{N(z)}{D(z)}$ e escrever a recorrência do tipo geral:

$$y_k = \sum_{n=0}^{M} b_n \cdot x_{k-n} - \sum_{m=1}^{M} a_m \cdot y_{k-m}$$

Aplicação

Considere-se um filtro passa-baixas de 1ª ordem com função de transferência em *s* dada por $H(s) = \dfrac{2}{s+5}$. Para determinar o filtro digital correspondente, assumindo *Ta* = 20 ms, tem-se na forma canônica que:

$$H(s) = \frac{g}{1 + \tau \cdot s} \text{ sendo } g = 2/5 = 0{,}4 \text{ e } \tau = 1/5 = 0{,}2$$

A aplicação desse filtro, considerando uma entrada degrau unitário *x*(*t*) = *u*(*t*), resulta na forma exponencial $y(t) = 0{,}4 \cdot (1 - e^{-t/\tau})$, mostrada na Figura 14.15.

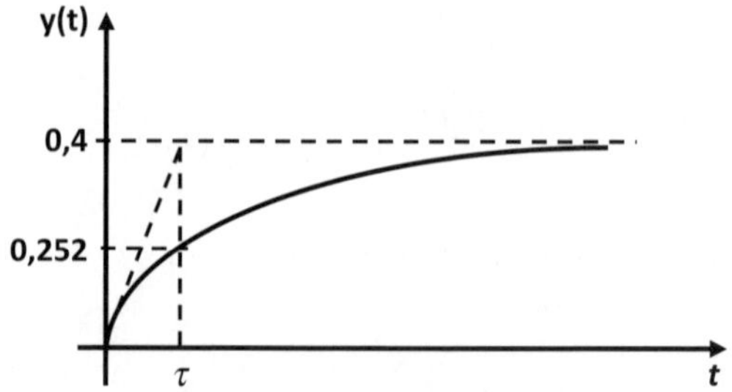

Figura 14.15 Resposta de filtro passa-baixas de primeira ordem a um degrau unitário.

Para *t* = τ, a resposta vale 0,4 × 0,6321 = 0,2528. Fazendo a substituição $s = \dfrac{1 - z^{-1}}{Ta}$ na função de transferência dada, resulta a função de transferência em termos discretos:

$$H(z) = \frac{2}{\dfrac{1 - z^{-1}}{Ta} + 5} = \frac{2}{\dfrac{1 - z^{-1}}{0{,}02} + 5} = \frac{0{,}04}{1 - z^{-1} + 0{,}1} = \frac{0{,}04}{1{,}1 - z^{-1}} = \frac{Y(z)}{X(z)}$$

$$Y(z) \cdot \left(1{,}1 - z^{-1}\right) = 0{,}04 \cdot X(z)$$

$$1{,}1 y_n - y_{n-1} = 0{,}04 x_n$$

$$y_n = \left(0{,}04 x_n + y_{n-1}\right) / 1{,}1 = 0{,}03636 \cdot x_n + 0{,}90909 \cdot \mathrm{y}_{n-1}$$

Em *t* = τ = 0,2 s resulta *y* = 0,24578, quando o valor esperado é 0,2528. O erro é de quase 3%. Uma limitação dessa transformação é que não mapeia a região estável de *s* para toda a região interna do círculo unitário, como será mostrado desenvolvendo a equivalência:

$$s = \frac{1 - z^{-1}}{Ta} \rightarrow z = \frac{1}{1 - s \cdot Ta}$$

Para $s = j\omega$ resulta:

$$z = \frac{1}{1 - j\omega \cdot Ta} = \frac{1}{2}\left[1 + \frac{1 + j\omega \cdot Ta}{1 - j\omega \cdot Ta}\right] = \frac{1}{2}\left[1 + e^{j2tg^{-1}(\omega \cdot Ta)}\right]$$

Os dez primeiros valores resultantes da recorrência são mostrados na Tabela 14.1, cujos valores estão representados na Figura 14.16.

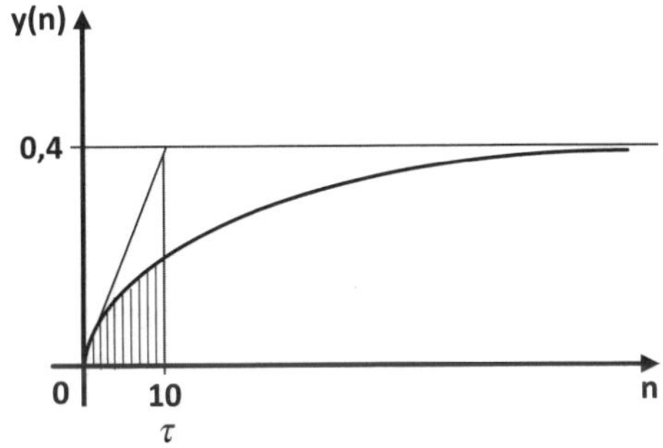

Figura 14.16 Primeiros 10 valores de saída do filtro digital.

Tabela 14.1 Valores calculados pela recorrência

t	n	x_n	y_n
0	0	0	0
0,02	1	1	0,03636
0,04	2	1	0,06942
0,06	3	1	0,09947
0,08	4	1	0,12679
0,10	5	1	0,15163
0,12	6	1	0,17421
0,14	7	1	0,19473
0,16	8	1	0,21339
0,18	9	1	0,23036
0,20	10	1	0,24578

Uma vez que, na forma polar, valem as relações $[1+j\omega\cdot Ta]=\left[1+(\omega\cdot Ta)^2\right]^{1/2}\cdot e^{jtg^{-1}(\omega\cdot Ta)}$ e $[1-j\omega\cdot Ta]=\left[1+(\omega\cdot Ta)^2\right]^{1/2}\cdot e^{-jtg^{-1}(\omega\cdot Ta)}$, o mapeamento de z resulta em um círculo com origem em z = 1/2 com raio 1/2 e que percorre o círculo enquanto $-\infty<\omega<+\infty$. Isso significa que o filtro obtido por essa transformação só é preciso para *Ta* pequeno, ou seja, se o sinal for sobreamostrado: ($\theta=\omega\cdot Ta \ll \pi/6$). A Figura 14.17 mostra a correspondência entre as regiões estáveis nos dois planos.

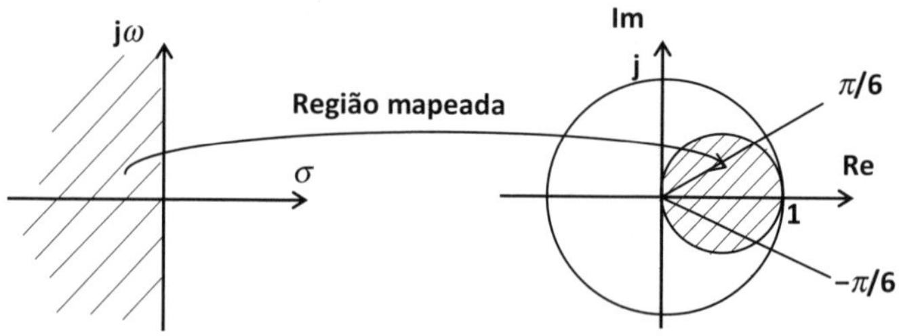

Figura 14.17 Mapeamento da transformada $\mathcal{Z}$ pela equação a diferenças.

Exemplo 2 – Espectros de sinais contínuos comparados com os de sinais amostrados

A Figura 14.18 mostra a boa qualidade na reprodução espectral, quando se utiliza elevada taxa de amostragem (1,6 kHz) em relação ao período da fundamental (50 Hz). Praticamente não há erro no valor da fundamental e apenas surgem pequenos componentes refletidos em torno da frequência de amostragem.

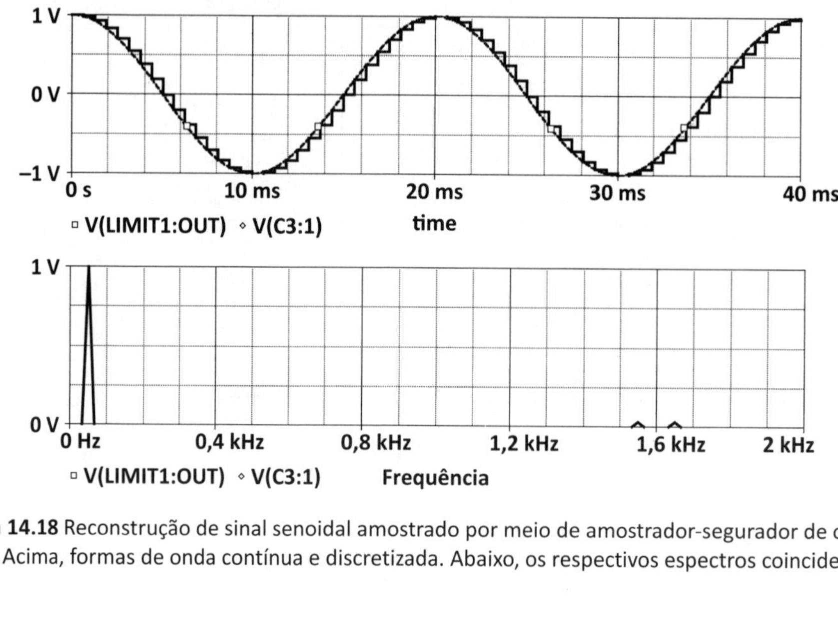

Figura 14.18 Reconstrução de sinal senoidal amostrado por meio de amostrador-segurador de ordem zero. Acima, formas de onda contínua e discretizada. Abaixo, os respectivos espectros coincidentes.

Fazendo a mesma análise para um sinal quadrado, mostrado na Figura 14.19, as conclusões são similares. Nota-se que, após a reconstrução não se observa a reflexão do espectro, como ocorre com as amostras impulsivas, pois o sinal torna a ser contínuo.

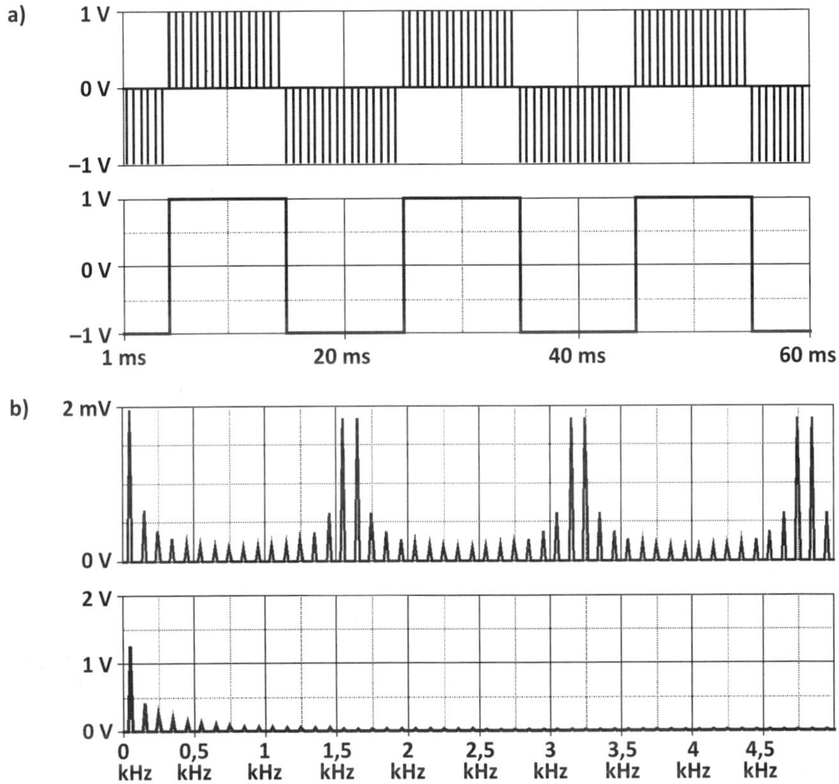

Figura 14.19 a) Sinal quadrado amostrado e reconstruído por meio de amostrador-segurador. b) Espectro do sinal amostrado e do sinal reconstruído com amostrador-segurador de ordem zero.

Após a passagem das amostras pelo ZOH, não se observa a redução das amplitudes, pois o segurador reconstrói a onda, tornando sua energia praticamente igual à da onda original. Com isso, a FFT encontra valores das amplitudes corretos.

No entanto, ao se reduzir a quantidade de amostras para oito amostras por ciclo de uma senoide pura, como ilustra a Figura 14.20, o espectro do sinal amostrado apresenta componentes de baixa ordem, devido à menor taxa de amostragem, comprometendo claramente o resultado, sobretudo em relação à aparente presença de harmônicos.

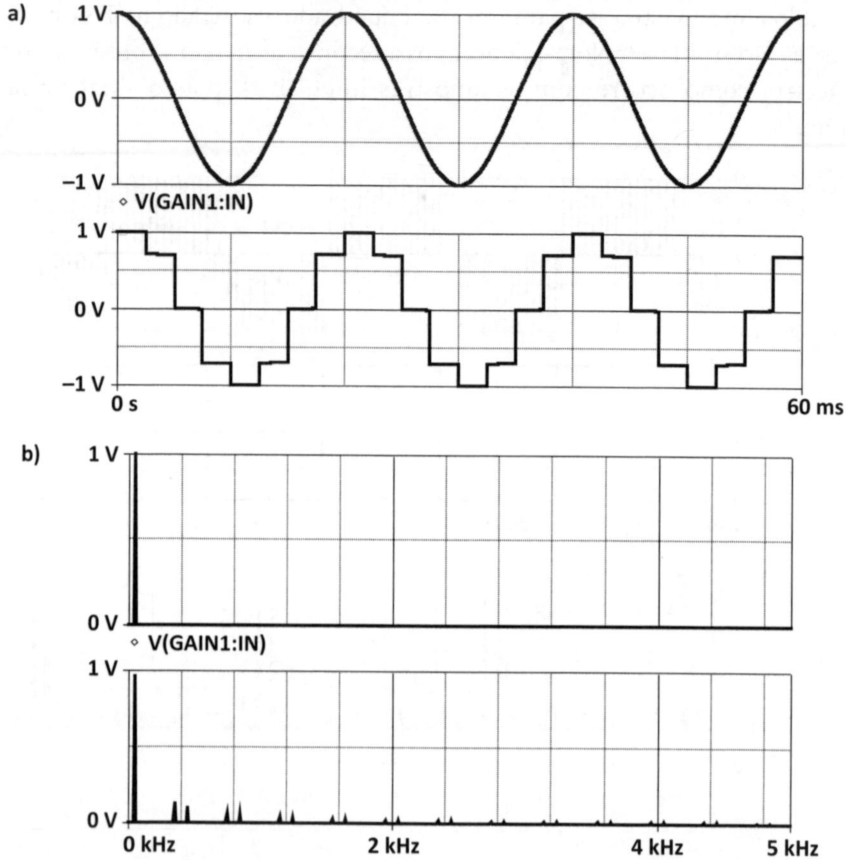

Figura 14.20 Reconstrução de sinal senoidal por meio de amostrador-segurador de ordem zero. a) Formas de onda senoidal contínua e discretizada. b) Espectros resultantes para baixa taxa de amostragem.

Exemplo 3 – Ação de filtros analógicos e digitais sobre diferentes sinais de entrada

Outra comparação entre o filtro contínuo (em *s*) e o filtro discretizado (em *z*) usando amostrador-segurador é mostrada nas simulações da Figura 14.21 para diferentes formas de onda (degrau, quadrada e senoide). A amostragem ocorre a cada 20 ms e é relativamente elevada para essas formas de onda (período de 1 s), de modo que o erro é pequeno, tendendo a zero dentro de um período das ondas consideradas. O filtro digital é implementado com amostrador-segurador de ordem zero.

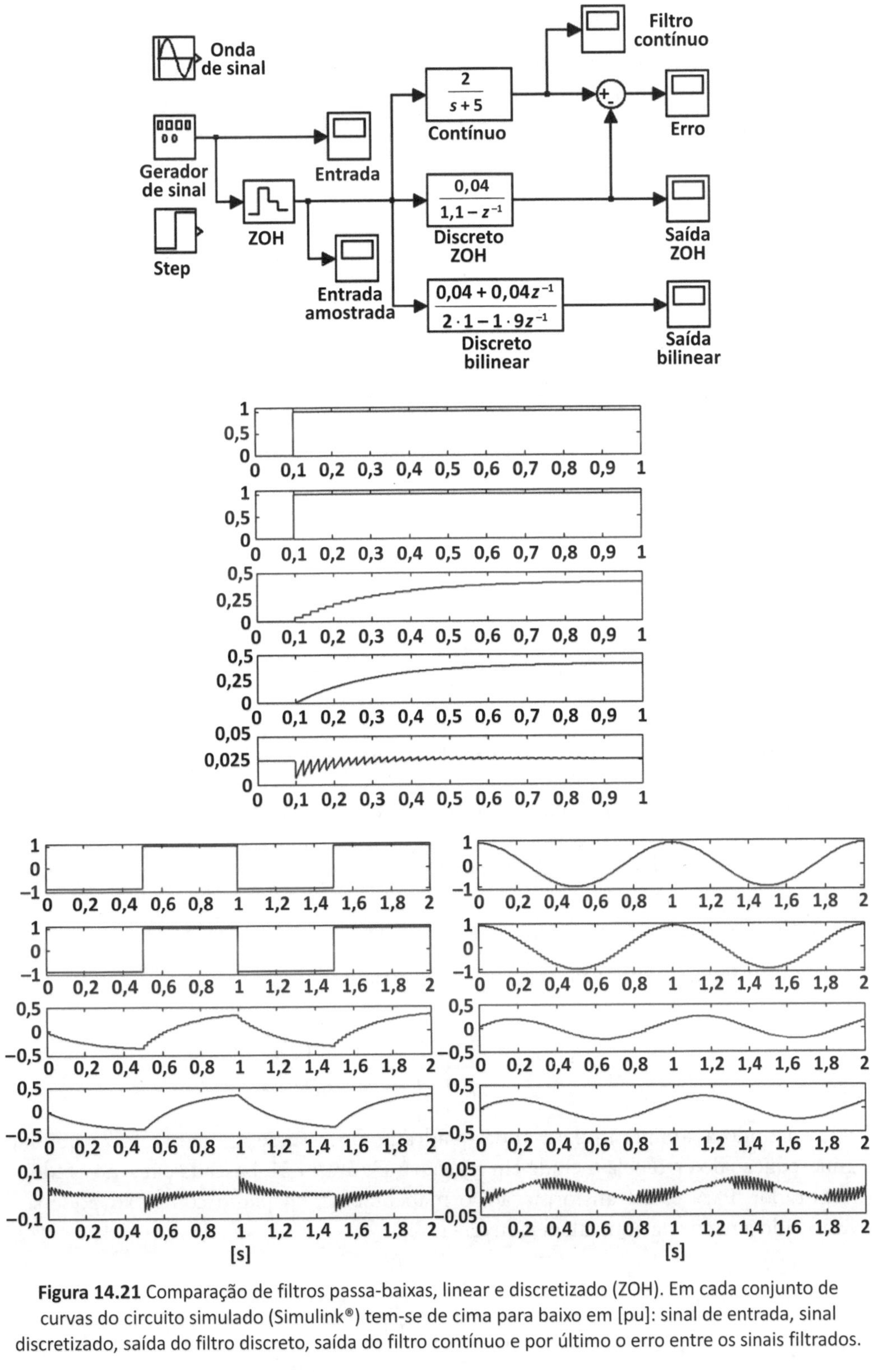

Figura 14.21 Comparação de filtros passa-baixas, linear e discretizado (ZOH). Em cada conjunto de curvas do circuito simulado (Simulink®) tem-se de cima para baixo em [pu]: sinal de entrada, sinal discretizado, saída do filtro discreto, saída do filtro contínuo e por último o erro entre os sinais filtrados.

14.5.3. TRANSFORMAÇÃO BILINEAR

Essa é uma terceira forma de transformação de um sinal contínuo em um sinal discretizado. Ela é muito utilizada por suas características que se baseiam no método trapezoidal de integração. A relação entre os operadores é dada por:

$$s=\frac{2}{Ta}\cdot\frac{1-z^{-1}}{1+z^{-1}}=\frac{2}{Ta}\cdot\frac{z-1}{z+1} \tag{14.12}$$

Esta transformação pode ser obtida pelo método da integral trapezoidal, ou seja:

$$\frac{dy(t)}{dt}=x(t)\rightarrow y(t)=y(0)+\int_0^{Ta}x(\tau)d\tau\cong y(0)+\frac{x(0)+x(Ta)}{2}\cdot Ta$$

onde o passo de amostragem *Ta* também define o passo de integração. Na forma discretizada, a amostra genérica no passo *k* é dada por:

$$y_k=y_{k-1}+\frac{Ta}{2}\left(x_k+x_{k-1}\right)$$

A forma em *z* equivale a: $\left(1-z^{-1}\right)Y(z)=\frac{Ta}{2}\left(1+z^{-1}\right)X(z)$, de onde se obtém a função de transferência discretizada:

$$H(z)=\frac{Y(z)}{X(z)}=\frac{Ta}{2}\cdot\frac{1+z^{-1}}{1-z^{-1}} \tag{14.13}$$

O equivalente em *s* para $y(t)=\int x(t)\cdot dt$ seria: $Y(s)=\frac{1}{s}X(s)\rightarrow H(s)=\frac{Y(s)}{X(s)}=\frac{1}{s}$. Ao comparar *H*(*z*) com *H*(*s*) tem-se, neste caso, a equivalência:

$$H(z)=H(s)\rightarrow\ \frac{Ta}{2}\cdot\frac{1+z^{-1}}{1-z^{-1}}=\frac{1}{s}\rightarrow s=\frac{2}{Ta}\cdot\frac{1-z^{-1}}{1+z^{-1}}=\frac{2}{Ta}\cdot\frac{z-1}{z+1} \tag{14.14}$$

Aplicando esta substituição no filtro passa-baixas usado anteriormente, cuja função de transferência em *s* vale $H(s)=\frac{0{,}4}{1+0{,}2s}$, resulta:

$$H(z)=\frac{0{,}04\left(1+z^{-1}\right)}{2{,}1-1{,}9z^{-1}}=\frac{Y(z)}{X(z)}$$

Repetindo a simulação para onda quadrada, observa-se na Figura 14.22 que há uma redução do erro pela metade em relação à Figura 14.21, baseada em amostrador-segurador. Para esta transformação, o mapeamento no plano complexo pode ser verificado a partir da equivalência inversa:

$$z=\frac{1+\frac{Ta}{2}s}{1-\frac{Ta}{2}s}$$

Para $s = \sigma + j\omega$ tem-se: $z = \dfrac{1 + \frac{Ta}{2}(\sigma + j\omega)}{1 - \frac{Ta}{2}(\sigma + j\omega)}$

Para $\sigma = 0$ resulta: $z = \dfrac{1 + j\omega\frac{Ta}{2}}{1 - j\omega\frac{Ta}{2}} = e^{j2tg^{-1}\left(\frac{\omega \cdot Ta}{2}\right)}$, que representa o círculo unitário.

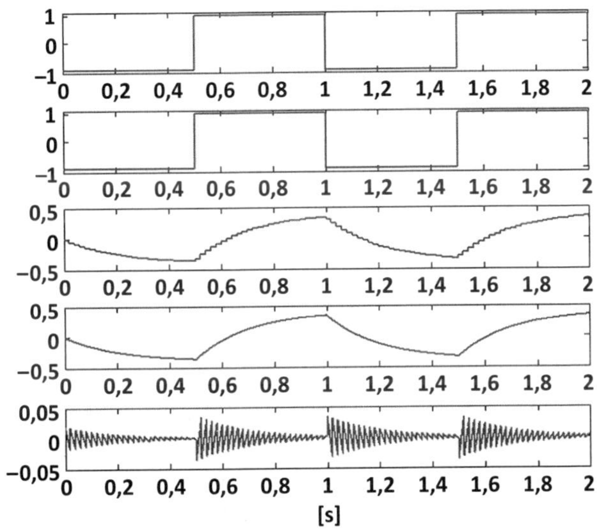

Figura 14.22 Sinal de entrada contínuo, sinal discretizado, saída do filtro discreto, saída do filtro contínuo e erro entre os sinais filtrados.

O círculo unitário, no entanto, é percorrido em função de ω de modo não linear, uma vez que:

$$z = e^{j\theta} = e^{j2tg^{-1}\left(\frac{\omega \cdot Ta}{2}\right)}, \text{ tem-se: } \frac{\theta}{2} = tg^{-1}\left(\omega\frac{Ta}{2}\right) \quad ou \quad \omega = \frac{2}{Ta}tg(\theta/2),$$

cuja representação é mostrada na Figura 14.23:

θ	ω
0	0
$\pi/2$	$2/Ta$
π	∞

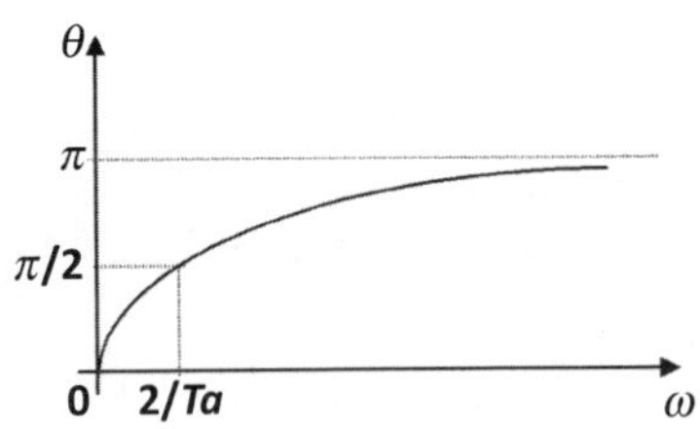

Figura 14.23 Compressão não linear de frequência na transformação bilinear.

Isso significa que o espectro ω está comprimido todo em meia-volta de z. Para $\sigma < 0$ a transformação mapeia para dentro desse meio círculo unitário, enquanto $\sigma > 0$ mapeia para fora dele. Conclui-se que a transformação bilinear, apesar da não linearidade da compressão, permite representar filtros de qualquer faixa de frequência. Devido ao mapeamento não linear aparecem erros maiores nas frequências superiores, que podem ser reduzidos utilizando-se uma técnica conhecida como *pre-warping*[1] em torno de uma frequência de interesse particular. Para mais detalhes, consulte textos especializados sobre processamento digital de sinais. A Figura 14.24 ilustra a comparação de espectro de filtro PB analógico e discreto, baseado em transformação bilinear.

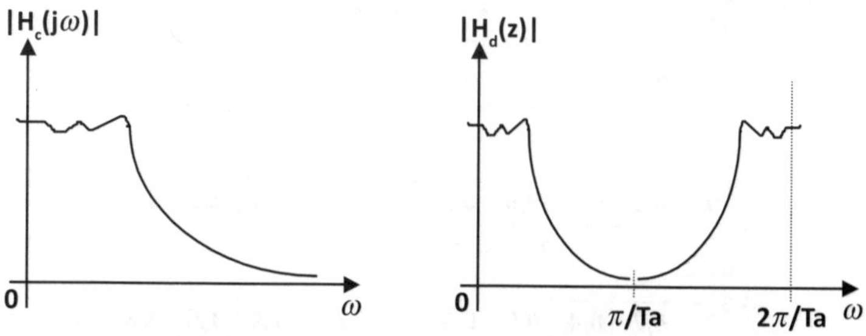

Filtro PB analógico | **Filtro PB discreto com transformação bilinear**

Figura 14.24 Característica de filtro com transformação bilinear.

14.6. FILTRO *NOTCH* DISCRETO

Como exemplo de aplicação, vamos retomar a análise do filtro *notch*, apresentado no Capítulo 10. Agora o objetivo é utilizar filtros discretos para a eliminação da fundamental do sinal periódico amostrado. Foi visto no Capítulo 10 que a função de transferência do filtro *notch* (para $FQ = 10$ e $G = 1$) é dada por:

$$H(s) = \frac{s^2 + 377^2}{s^2 + 37{,}7s + 377^2}$$

---

[1] O parâmetro fp, em Hertz, indica uma frequência de ajuste para a qual a resposta de frequência, antes e depois de fp, resulta exata. No modo *pre-warped*, a transformação bilinear mapeia o plano s para o plano z com a equação ao lado:

$$H(z) = H(s)\Big|_{s = \frac{2\pi f_p}{tg\left(\pi \frac{f_p}{f_s}\right)} \frac{(z-1)}{(z+1)}}$$

Com esta opção, a função bilinear mapeia o eixo $j\Omega$ (de $-\infty \le \Omega \le \infty$) repetidamente em torno do círculo unitário ($e^{j\omega}$ de $-\pi \le \omega \le \pi$), usando a equação ao lado. Isso faz que a frequência fp no domínio s seja mapeada para a frequência normalizada fp/fs no plano z.

$$\omega = 2tg^{-1}\left(\frac{\Omega tg\left(\pi \frac{f_p}{f_s}\right)}{2\pi f_p}\right)$$

É possível utilizar a função "Bode(num,den)"[2] do Matlab ou Octave® para traçar a resposta em frequência do filtro. No entanto, vai-se sintetizar um filtro digital usando a transformação pela equação a diferenças e, depois, a transformação bilinear para obter a resposta temporal do sinal discretizado. Para o primeiro caso, obtém-se a transformada $\mathcal{Z}$ por substituição de s por $\dfrac{1-z^{-1}}{Ta}$:

$$H(z)=\frac{\left[\dfrac{1-z^{-1}}{Ta}\right]^2+377^2}{\left[\dfrac{1-z^{-1}}{Ta}\right]^2+37{,}7\left[\dfrac{1-z^{-1}}{Ta}\right]+377^2}$$

Desenvolvendo o numerador e rearranjando os termos, tem-se:

$$N(z)=\frac{1-2z^{-1}+z^{-2}}{Ta^2}+377^2=\frac{1}{Ta^2}\left[z^{-2}-2z^{-1}+1+\left(377\cdot Ta\right)^2\right]$$

e, desenvolvendo o denominador:

$$D(z)-\frac{1-2z^{-1}+z^{-2}}{Ta^2}+37{,}7\left[\frac{1-z^{-1}}{Ta}\right]+377^2$$

$$=\frac{1}{Ta^2}\left[z^{-2}-(2+37{,}7\cdot Ta)z^{-1}+1+37{,}7\cdot Ta+\left(377\cdot Ta\right)^2\right]$$

Com isso, pode-se escrever a função de transferência $\mathcal{Z}$ na forma:

$$\frac{Y(z)}{X(z)}=\frac{z^{-2}-2z^{-1}+1+\left(377\cdot Ta\right)^2}{z^{-2}-(2+37{,}7\cdot Ta)z^{-1}+1+37{,}7\cdot Ta+\left(377\cdot Ta\right)^2}$$

ou ainda:

$$Y(z)[z^{-2}-\left(2+37{,}7\cdot Ta\right)z^{-1}+1+37{,}7\cdot Ta+\left(377\cdot Ta\right)^2\Big]$$

$$=X(z)\left[z^{-2}-2z^{-1}+1+\left(377\cdot Ta\right)^2\right]$$

e, portanto, a recorrência temporal para um instante k qualquer é dada por:

$$y_{k-2}-\left(2+37{,}7\cdot Ta\right)y_{k-1}+\left[1+37{,}7\cdot Ta+\left(377\cdot Ta\right)^2\right]y_k$$

$$=x_{k-2}-2x_{k-1}+\left[1+\left(377\cdot Ta\right)^2\right]x_k$$

2 Hendrik Wade Bode (1905-1982) foi um engenheiro e cientista norte-americano. Pioneiro da moderna teoria de controle e telecomunicações eletrônicas. Sua sinergia com Claude Shannon (1916-2001), o pai da teoria da informação, lançou as bases para a convergência tecnológica da era da informação.

Verifica-se que os coeficientes do filtro dependem do intervalo de amostragem *Ta*. Vê-se também que o filtro combina as últimas três amostras do sinal de entrada ($x_{k-2}\, x_{k-1}\, x_k$) com as duas últimas de saída ($y_{k-2} y_{k-1}$) para calcular a nova amostra de saída (y_k), ou seja:

$$y_k = \frac{x_{k-2} - 2x_{k-1} + \left[1 + (377 \cdot Ta)^2\right] x_k - \left[y_{k-2} - (2 + 37{,}7 \cdot Ta)\, y_{k-1}\right]}{1 + 37{,}7 \cdot Ta + (377 \cdot Ta)^2}$$

Uma vez escolhido *Ta*, pode-se calcular os coeficientes do filtro e aplicar a recorrência às amostras correspondentes do sinal. Sejam, por exemplo, 100 amostras por período $\left(Ta = \frac{T_1}{100} = \frac{1}{6.000} \right)$ para 60 Hz. Com isso, resultam os seguintes coeficientes:

$$1 + (377 \cdot Ta)^2 = 1{,}00394802$$

$$2 + 37{,}7 \cdot Ta = 2{,}00628333$$

$$1 + 37{,}7 \cdot Ta + (377 \cdot Ta)^2 = 1{,}01023136$$

A recorrência para o filtro obtido pela equação a diferenças será:

$$y_k = \frac{x_{k-2} - 2x_{k-1} + 1{,}00394802 \cdot x_k - \left[y_{k-2} - 2{,}00628333 \cdot y_{k-1}\right]}{1{,}01023136}$$

Pode-se simular a resposta do filtro por meio do seguinte programa de Matlab (ou Octave):

```
% filtro notch de 60Hz, eq. diferenças
% onda quadrada 16 ciclos com 100 amostras cada
Ta = 1/6000;
n = 1600;
t = 0:Ta:(n*Ta);
x = sign(cos(2*60*pi*t));
% plot (t,x)                          % x= sinal de entrada
axis([0 0.3 -1.5 1.5])
pause
y = zeros(size(t));
for k = 3:n,
 y1 = y(k-1);
 y2 = y(k-2);
 x0 = x(k);
 x1 = x(k-1);
 x2 = x(k-2);
 y(k) = (x2 – 2*x1 + 1.00394027*x0 – y2 + 2.006283333*y1)/1.01023136;
end
plot(t,y)                             % y = saída
axis([0 0.3 –1.5 1.5])
pause
z=x-y;                                % z= fundamental
plot(t,z)
axis([0 0.3 -1.5 1.5])
```

A resposta deste filtro digital, para uma entrada quadrada unitária, está na Figura 14.25.

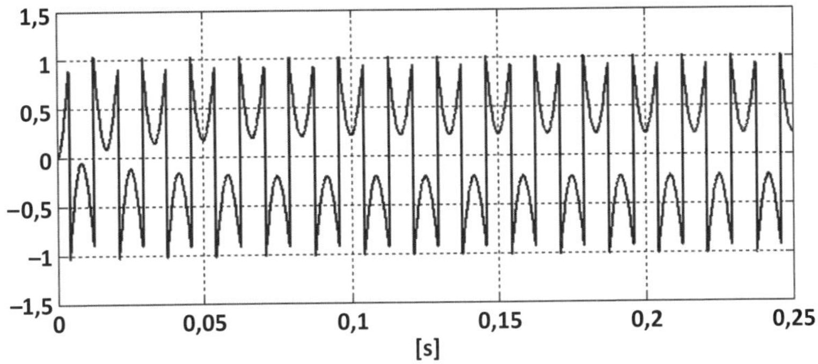

Figura 14.25 Saída do filtro *notch* após eliminar a fundamental baseado na equação a diferenças.

A Figura 14.26 representa a função resultante da diferença entre a onda quadrada da entrada e a saída do filtro *notch*. Note que a amplitude da fundamental está atenuada, pois deveria ser de $4/\pi$. Esse erro é principalmente devido ao tamanho do período de amostragem escolhido.

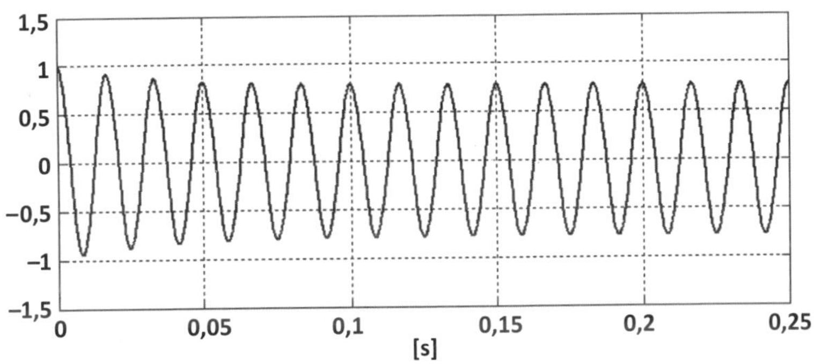

Figura 14.26 Diferença entre a onda quadrada de entrada e a saída do filtro *notch*.

Uma vez que a fundamental, obtida a partir do filtro *notch* baseado na aproximação da equação a diferenças, apresenta significativo erro, o mesmo caso será simulado usando parâmetros obtidos pela transformação bilinear, cujo algoritmo é apresentado a seguir. Nesse caso deve-se substituir *s* por $\frac{2}{Ta} \cdot \frac{1 - z^{-1}}{1 + z^{-1}}$ e desenvolver os coeficientes do numerador e do denominador. Uma maneira prática consiste em usar o próprio Matlab/Octave para obter os coeficientes: [numd,dend] = bilinear(num,den,fs,fp). No caso, num e den são os polinômios em ordem decrescente de s (s^2, s^1, s^0...); fs, fp são as frequências de amostragem e de *pre-warping*; numd, dend contém os coeficientes em ordem crescente de atraso (z^{-1}, z^{-2}, z^{-3}...).

```
% filtro notch de 60 Hz, bilinear
% 16 ciclos com 100 amostras cada
Ta = 1/6000;
n = 1600;
t = 0:Ta:(n*Ta);
x = sign(cos(2*60*pi*t));
plot (t,x)                    % x= sinal de entrada
axis([0 0.3 -1.5 1.5])
pause
y = zeros(size(t));
for k = 3:n,
 y1 = y(k-1);
 y2 = y(k-2);
 x0 = x(k);
 x1 = x(k-1);
 x2 = x(k-2);
 y(k) = 0.9968702264*x2 - 1.989806076*x1+ 0.9968702264*x0 - 0.99374045288*y2 +
1.989806076*y1;
end
plot(t,y)                     % y= saída
axis([0 0.3 -1.5 1.5])
pause
z=x-y;                        % z= fundamental
plot(t,z)
axis([0 0.3 -1.5 1.5])
```

A saída do filtro *notch* baseado na transformação bilinear está mostrada na Figura 14.27. A onda fundamental resultante dessa transformação assume a amplitude correta após alguns ciclos de convergência do filtro (Figura 14.28), indicando que o filtro baseado na transformação bilinear é mais preciso para a taxa de amostragem escolhida.

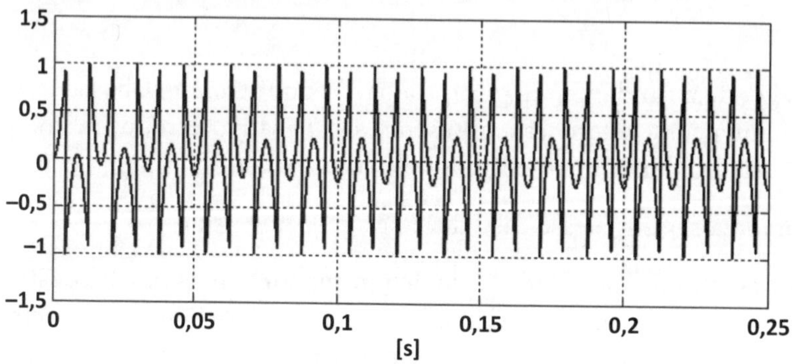

Figura 14.27 Saída obtida com filtro *notch* baseado na transformação bilinear.

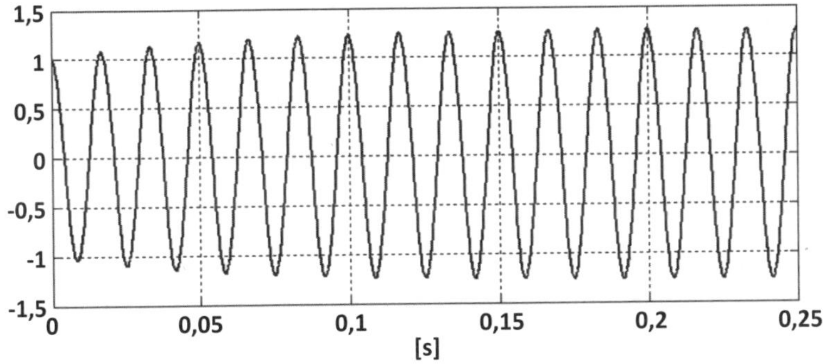

Figura 14.28 Onda resultante da diferença entre a função quadrada de entrada e a saída do filtro *notch*.

É preciso destacar que a exatidão nos coeficientes da equação do filtro é muito importante para a qualidade do resultado. Por exemplo, refazendo o cálculo de $y(k)$ apresentado no algoritmo anterior, utilizando "apenas" quatro casas decimais, ou seja, assumindo que

$$y_k = 0{,}9968 \cdot x_2 - 1{,}9898 \cdot x_1 + 0{,}9968 \cdot x_0 - 0{,}9937 \cdot y_2 + 1{,}9898 \cdot y_1$$

a saída do filtro se altera, com um erro significativo, principalmente de fase, como mostra a Figura 14.29. Erros de fase podem ser críticos, sobretudo para compensação de distúrbios.

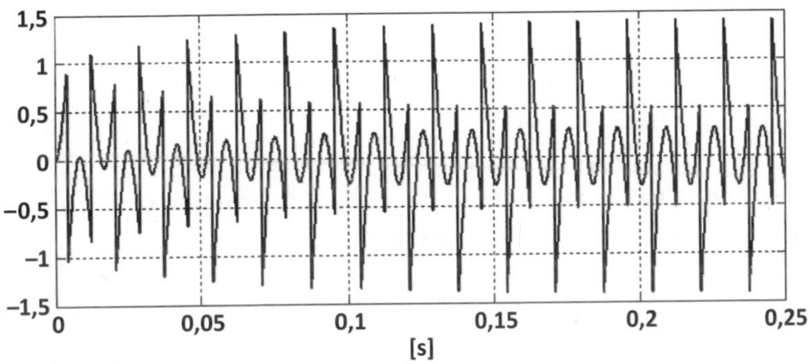

Figura 14.29 Saída do filtro *notch* usando coeficientes com menor exatidão.

Esse exemplo visou extrair o componente fundamental de um sinal periódico, como os presentes na rede, e interpretar o resíduo como essencialmente composto pelos harmônicos até a frequência de corte do filtro *anti-aliasing* utilizado. Para que isso funcione adequadamente é necessário que a frequência da rede permaneça constante ou que o filtro *notch* seja do tipo adaptativo. Na prática, a frequência da rede não é constante, pois ela é a variável de controle usada para acertar o balanço entre a potência gerada e a potência demandada ao longo do dia.

Convém relembrar que o PRODIST determina que no sistema de distribuição e nas instalações de geração conectadas a ele, sob condições normais de operação e em regime permanente, a frequência deve permanecer dentro dos limites de 59,9 Hz e 60,1 Hz. Em condições transitórias de operação essas variações são relativamente pequenas (na faixa de ± 1 Hz) e, no caso de perturbações maiores, podem variar excepcionalmente até ± 3 Hz.

Para contornar esse problema da frequência variável pode-se recorrer a filtros com capacidade adaptativa, sendo as técnicas mais comuns baseadas em algoritmos PLL (*Phase Locked Loop*) [3] que rastreiam continuamente a frequência da rede, ou ainda nas técnicas de estimação usadas em filtros de Kalman[3] [4]. Outra estratégia adaptativa simples seria atualizar os coeficientes do filtro *notch* apenas quando a frequência apresentasse desvios pré-definidos.

No que diz respeito à perda de sensibilidade do filtro devido à baixa exatidão numérica dos coeficientes, existe uma solução mais simples, baseada no processamento das amostras do sinal por meio do chamado operador delta, descrito no próximo item.

14.7. DISCRETIZAÇÃO PELO OPERADOR DELTA

Neste tópico, adotando a notação original dos autores [5], será usado o símbolo Δ para designar o intervalo de amostragem do operador delta. Esse operador de discretização de uma função contínua *f*(*t*) é definido como:

$$\partial f(k) \triangleq \frac{f(k+1) - f(k)}{\Delta} \tag{14.15}$$

onde $\Delta = Ta$ corresponde ao intervalo de amostragem da função *f*(*t*). Note que à medida que Δ tende para zero, o operador delta se aproxima da definição de derivada da função. Isso significa que, quanto maior a taxa de amostragem do sinal, mais o sistema discreto se aproxima do equivalente contínuo. Dito de outra forma, a transformada discreta de Laplace do sistema discretizado com alta frequência de amostragem, baseada no operador delta, tende para a transformada de Laplace do sistema contínuo.

3 Rudolf Emil Kalman (1930-2016) foi um matemático e engenheiro húngaro, naturalizado estadunidense. É conhecido por sua coinvenção do filtro de Kalman.

14.7.1. TRANSFORMADA DISCRETA DELTA

Considere-se, portanto, que o operador amostrador delta seja aproximado pela derivada:

$$\partial f(k) \cong \frac{df(t)}{dt}\bigg|_{f(t)=f(k\Delta)}$$

e o operador inverso, que reproduz a função amostrada, como sendo:

$$\partial^{-1} f = \sum_{k=0}^{\infty} \Delta \cdot f(k)$$

Lembrando que a transformada de Laplace da função contínua $f(t)$ é dada por:

$$\mathcal{L}(s) = \int_{0}^{\infty} f(t) \cdot e^{-st} \cdot dt \tag{14.16}$$

pode-se, por conta da discretização, substituir t por $k\Delta$ em (14.16) e a transformada discreta de Laplace do sinal discretizado resulta:

$$\mathcal{L}_{\Delta}(s) = \sum_{k=0}^{\infty} f(k\Delta) \cdot e^{-sk\Delta} \cdot \Delta$$

O operador s sempre vai aparecer multiplicado pelo intervalo de amostragem Δ. Por conveniência de aplicações práticas, troca-se o operador $e^{s\Delta}$ (que é a própria variável definida anteriormente como sendo z) por uma nova variável γ na seguinte forma de equivalência [6]:

$$e^{s\Delta} = 1 + \Delta\gamma$$

Substituindo essa relação na equação anterior resulta a transformada discreta delta:

$$\mathcal{L}_{\partial}(\gamma) = \mathrm{D}[f(k)] \triangleq \sum_{k=0}^{\infty} f(k)(1+\Delta\gamma)^{-k} \cdot \Delta \tag{14.17}$$

Como a transformada $\mathcal{Z}$ de uma sequência de amostras $x_k = f(k)$ foi definida como:

$$\mathcal{Z}(z) = \sum_{k=0}^{\infty} x_k z^{-k} \tag{14.18}$$

conclui-se que existe uma correspondência entre as duas transformadas, assumindo que:

$$\mathcal{L}_\partial(\gamma) = \Delta \cdot \mathcal{Z}(z)\big|_{z=1+\Delta\gamma}$$

ou

$$\mathcal{Z}(z) = \frac{\mathcal{L}_\partial(\gamma)}{\Delta}\bigg|_{\gamma=\frac{z-1}{\Delta}}$$

A similaridade entre as transformadas permite obter um filtro baseado no operador delta a partir do conhecimento da transformada $\mathcal{Z}$ da sequência de amostras de entrada $X(z)$ e da saída $Y(z)$ ou da função de transferência $H(z) = Y(z)/X(z)$. Neste último caso, $H(z)$, basta substituir z por $1 + \Delta\gamma$ para obter $H(\gamma)$, já que o fator de escala (Δ) é cancelado na divisão Y/X. A relação explícita entre os operadores z e γ permite obter a região de estabilidade de uma em função da outra. Por exemplo, como a região de estabilidade de uma função em z consiste do interior do círculo unitário no plano complexo com centro na origem, a região de estabilidade da função em γ consiste do interior de um círculo que tangencia a origem (0,0), porém com centro em $\gamma = -1/\Delta$. Isso decorre do fato de que $\gamma = \dfrac{z-1}{\Delta}$ ou, equivalentemente, $\gamma^{-1} = \dfrac{\Delta z^{-1}}{1-z^{-1}}$, resultando $\gamma = 0$ para $z = 1$ e $\gamma = -1/\Delta$ para $z = 0$. Essa equivalência de mapeamento é ilustrada na Figura 14.30.

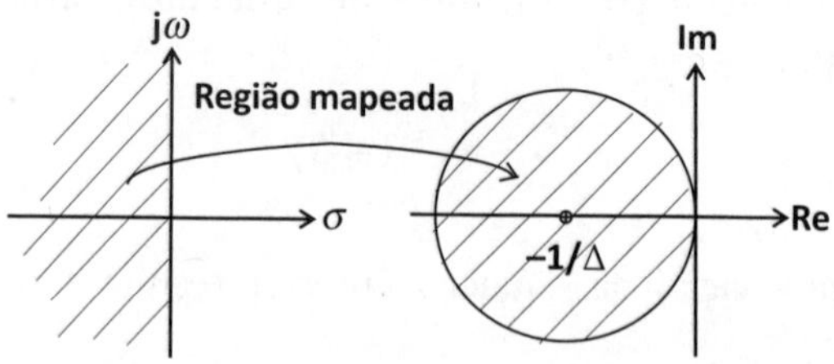

Figura 14.30 Regiões de estabilidade de funções em s e em γ.

À medida que Δ diminui, a região de estabilidade tende a se expandir em círculos crescentes no semiplano esquerdo, sempre tangenciando a origem, ou seja, aproxima-se, no limite, das características do sistema contínuo.

Para testar o método do operador delta considere a função de transferência em z do filtro *notch*, resultante da transformação bilinear dada anteriormente, como:

$$H(z) = \frac{Y(z)}{X(z)} = \frac{z^{-2} - 2z^{-1} + 1 + (377 \cdot Ta)^2}{z^{-2} - (2 + 37{,}7 \cdot Ta)z^{-1} + 1 + 37{,}7 \cdot Ta + (377 \cdot Ta)^2}$$

Substituindo z por $(1 + \Delta\gamma)$ e considerando o mesmo intervalo de amostragem (Δ = 1/6.000) resulta:

$$H(\gamma)=\frac{\left(1+\Delta\gamma\right)^{-2}-2\left(1+\Delta\gamma\right)^{-1}+1+\left(377\cdot\Delta\right)^{2}}{\left(1+\Delta\gamma\right)^{-2}-(2+37{,}7\Delta)\left(1+\Delta\gamma\right)^{-1}+1+37{,}7\Delta+\left(377\cdot\Delta\right)^{2}}$$

que é um polinômio de segundo grau em γ. Para uma função de transferência de segunda ordem, a relação entre os coeficientes da recorrência no domínio z é indicada abaixo por letras minúsculas, enquanto os coeficientes do operador delta por letras maiúsculas:

$$B_0=b_0$$

$$B_1=\left(2b_0+b_1\right)/\Delta$$

$$B_2=\left(b_0+b_1+b_2\right)/\Delta^2$$

$$A_0=a_0$$

$$A_1=\left(2+a_1\right)/\Delta$$

$$A_2=\left(1+a_1+a_2\right)/\Delta^2$$

Dessa forma, considerando a função normalizada (a_0 = 1) e as amostras de entrada como $u_k = x_k \cdot z^{-k}$, resultam as equações correspondentes:

$$y_k=b_0\cdot u_k+b_1\cdot u_{k-1}+b_2\cdot u_{k-2}-a_1\cdot y_{k-1}-a_2\cdot y_{k-2}$$

Ou

$$y_k=B_0\cdot u_k+B_1\cdot\gamma^1\cdot u_k+B_2\cdot\gamma^2\cdot u_k-A_1\cdot\gamma^1\cdot u_k-A_2\cdot\gamma^2\cdot u_k$$

A Figura 14.31 representa as equações anteriores na forma de diagrama de blocos.

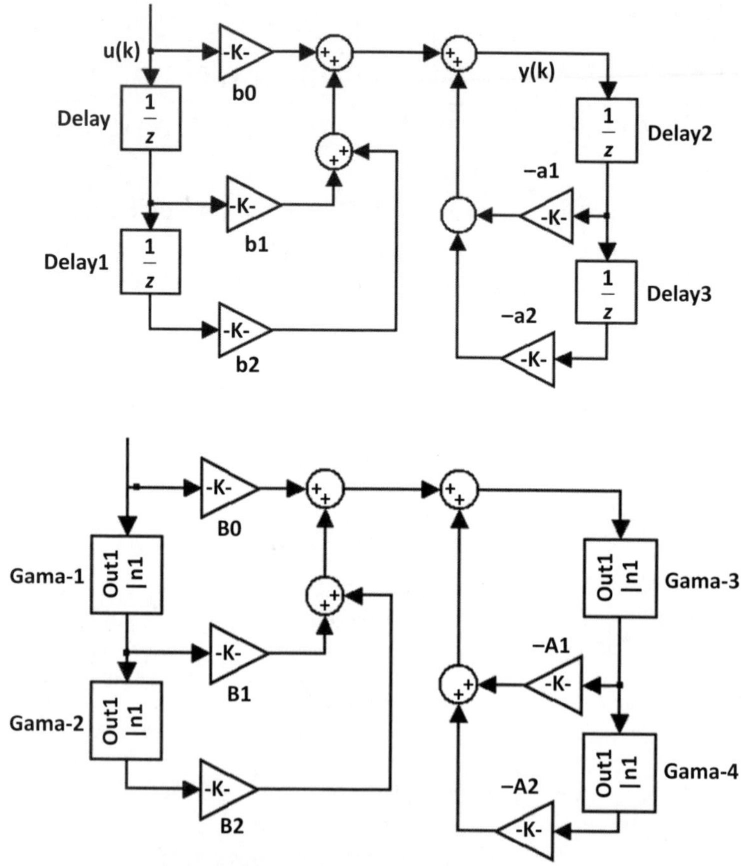

Figura 14.31 Diagramas Simulink® das recorrências com operador atraso (z^{-1}) (acima) e com operador γ^{-1} (abaixo).

O bloco [In1 Out1] do diagrama anterior é construído conforme a Figura 14.32:

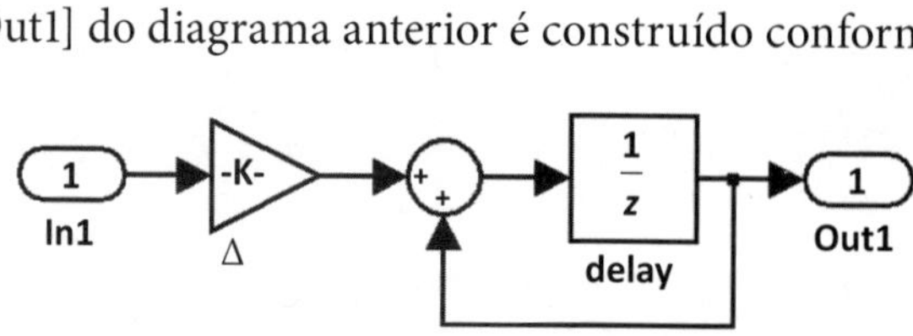

Figura 14.32 Construção do operador delta usando a função γ^{-1}.

A Figura 14.33 mostra as simulações como filtro *notch* baseado na transformação bilinear e com operador delta, nos dois casos utilizando coeficientes com apenas quatro casas decimais.

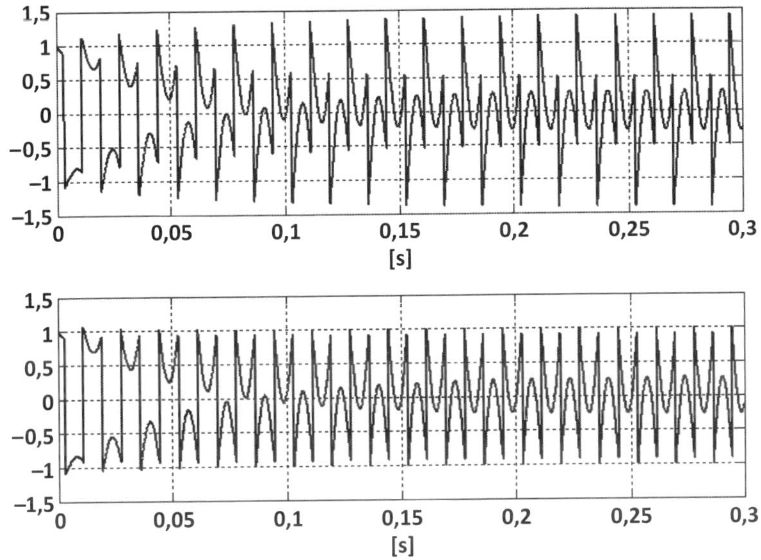

Figura 14.33 Comparação de saída de filtros *notch*: acima, bilinear com quatro casas decimais; abaixo, com operador delta, mantendo a precisão, com apenas quatro casas decimais.

14.8. FILTRO DE MEDIANA

Enquanto os filtros lineares, como os vistos até aqui, são concebidos no domínio da frequência, considerando o espectro do sinal de entrada e a banda que se quer selecionar (para passar ou para rejeitar), os filtros não lineares utilizam outros princípios de filtragem e não possuem representação no domínio da frequência. Filtros de mediana [7], [8] são filtros não lineares comumente utilizados para, por exemplo, refinar sinais de voz (chamados filtros de uma dimensão → 1D) ou de imagem (chamados filtros de duas dimensões → 2D). Tais filtros permitem eliminar ruídos, preservando descontinuidades e seções monotônicas do sinal. O filtro de uma dimensão é implementado fazendo uma janela móvel de tamanho $2N + 1$ deslocar-se sobre as amostras do sinal a ser filtrado, como mostra a Figura 14.34.

As amostras dentro da janela são ordenadas em ordem crescente e a saída do filtro é exatamente a amostra central da janela. No processamento das amostras é necessário atribuir valores iniciais para os elementos da janela W_n. Geralmente, a janela é preenchida com zeros ou com o valor da primeira amostra (x_o). Também é necessário aumentar de N valores a quantidade de amostras do sinal original. As N amostras adicionais contêm o valor da última amostra (x_f). Com isso, preservam-se transições rápidas entre níveis distintos, como ocorre nas ondas quadradas, sem perder a capacidade de atenuar oscilações sobrepostas.

Para isso, um parâmetro relevante é o tamanho da janela móvel $W_n = 2N + 1$. O efeito na variação de N é ilustrado a seguir por meio de resultados de simulação para a janela inicialmente preenchida com zeros.

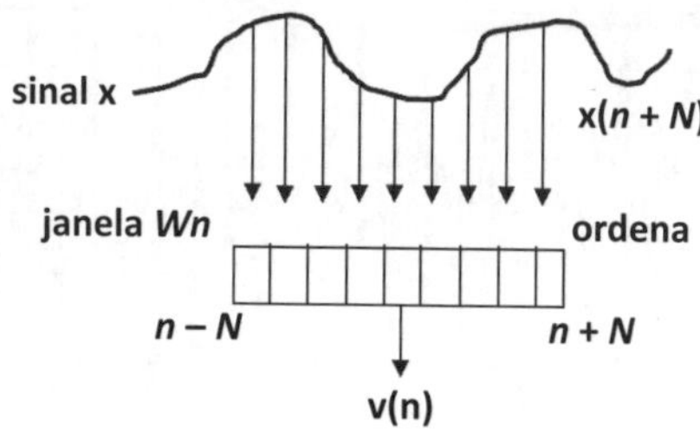

Figura 14.34 Conceito de filtro de mediana.

A Figura 14.35.a mostra um sinal em degrau unitário ao qual se sobrepõe uma oscilação (ruído). O resultado do filtro de mediana é apresentado nas Figuras 14.35.b e c, respectivamente. Quanto maior a janela, mais reduzida é a oscilação, existindo um aumento no tempo de estabilização da resposta. É recomendado que o tamanho da janela seja maior ou igual ao número de amostras que compõem o fenômeno a ser eliminado do sinal em questão. No caso da Figura 14.35, a amostragem ocorreu a cada 1 μs. A oscilação é atenuada em aproximadamente cinco ciclos, com duração aproximada de 30 μs. Isso sugere que o tamanho mínimo da janela necessário para eliminar as oscilações é conseguido com $N = 15$ ou $W_n = 31$. Na Figura 14.35.c para janela com $N = 5$ ou $W_n = 11$, as oscilações são menos atenuadas.

Se o objetivo for reconstituir o sinal original (no exemplo, um degrau), o resultado para $N = 5$ é o que causa menor atraso, embora contenha significativa oscilação. Pode-se filtrar novamente o sinal resultante, usando o mesmo tamanho de janela até se aproximar do perfil original. A aplicação sucessiva do filtro é usada para determinar a chamada estrutura-raiz de um sinal. Estruturas-raiz são perfis que, uma vez sobrepostos, permitem reconstruir um dado sinal original. A teoria sobre essas estruturas é discutida por Gallagher e Wise [5].

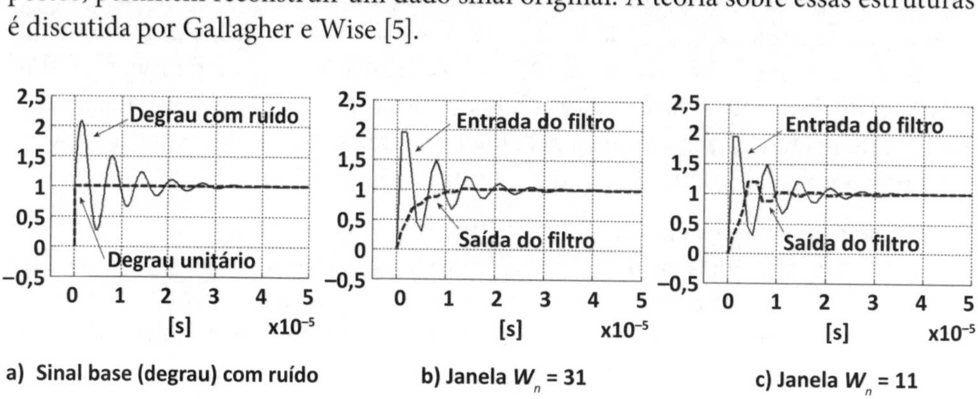

Figura 14.35 Efeito da variação do tamanho da janela móvel em filtro de mediana.

O uso do filtro de mediana preserva as variações monotônicas do sinal original de tal forma que, subtraindo da própria mediana, somente resta o "ruído". A subtração permite centrar o sinal resultante em torno do eixo zero.

A Figura 14.36 mostra uma comparação entre o uso de um filtro passa-baixas de primeira ordem (bilinear) com intervalo de amostragem Ta = 20 ms e frequência de corte 5 rad/s = 0,8 Hz. O sinal de entrada é uma senoide de amplitude unitária, 0,5 Hz, à qual se sobrepõe um "ruído" amortecido (9 Hz). Note que o filtro de mediana, ao final do transitório do ruído, produz um erro praticamente nulo. Já o filtro linear introduz um erro de fase e de amplitude bastante elevado. O tamanho da janela do filtro de mediana, como já dito, altera esses resultados. Uma janela maior melhora a eliminação do ruído, mas introduz um erro nas regiões de mudanças de derivada do sinal (ou seja, quando o sinal deixa de ser monotônico).

A Figura 14.37 compara os mesmos resultados para uma entrada quadrada unitária, com amostragem em 20 ms. Novamente o desempenho do filtro de mediana é similarmente eficaz para extrair o ruído e muito superior quando o sinal está em regime permanente, mesmo nas transições abruptas que não podem ser seguidas pelo filtro linear.

A principal limitação para uso do filtro de mediana (e de outros filtros não lineares) é a dificuldade de projeto a partir de informações do comportamento espectral de um sinal. Dado que não existe uma representação no domínio da frequência, não é possível, *a priori*, especificar figuras de mérito como banda passante ou fator de qualidade.

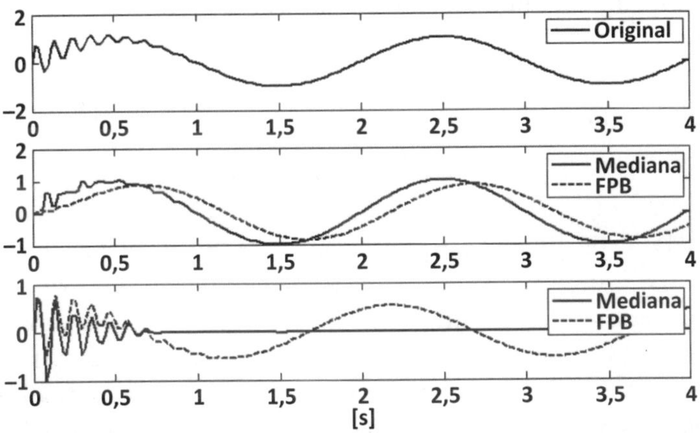

Figura 14.36 Comparação de filtragem por filtro de primeira ordem e filtro de mediana. De cima para baixo: sinal original; saídas dos filtros; erro entre o sinal original e a saída do filtro. Janela de nove amostras.

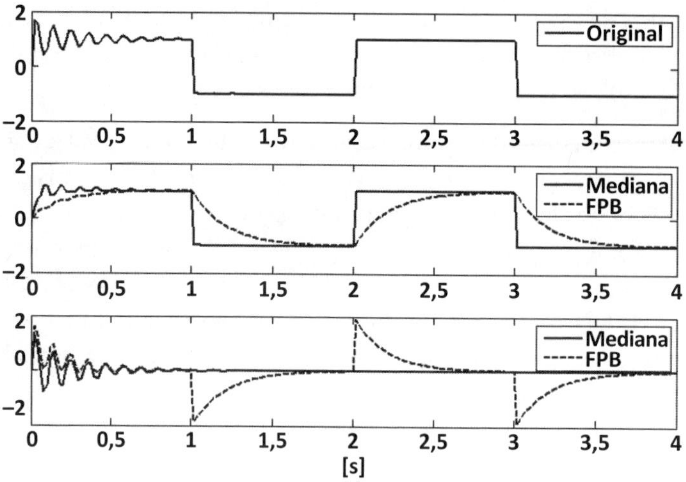

Figura 14.37 Comparação de filtragem por filtro passa-baixas de primeira ordem e filtro de mediana. De cima para baixo: sinal original; saídas dos filtros; erro entre o sinal original e a saída do filtro. Janela de nove amostras.

Uma questão que se coloca é se filtros digitais não lineares encontrarão aplicação no processamento online de sinais de QEE. Isso porque no filtro de mediana, por exemplo, as amostras disponíveis em uma janela são reordenadas por ordem crescente para encontrar a mediana. Como não se trata de processo estatístico, esse embaralhamento temporal pode comprometer a análise do evento.

14.9. RESUMO

Neste último capítulo partiu-se das transformadas discretas de Fourier e de Laplace de um sinal amostrado para definir a transformada $\mathcal{Z}$ da mesma sequência de amostras. A transformada $\mathcal{Z}$ constitui a base para a síntese de filtros digitais. Filtragem digital nada mais é do que um processo de ponderação das amostras temporais do sinal de entrada para obter na saída amostras contendo "apenas" (ignorando erros e limitações de processamento) as informações desejadas. A transformada $\mathcal{Z}$ realiza exatamente essa função, daí a sua utilidade nos processos digitais de medição, análise, compensação e controle de sinais em geral. No que diz respeito à obtenção de indicadores de QEE, os filtros digitais estão presentes em praticamente todos os instrumentos de medição atuais. Além disso, foram apresentadas diferentes realizações de filtragem, como o uso do operador delta, que torna a recorrência menos suscetível aos coeficientes; ou ainda estruturas de filtragem realizáveis apenas em uma formulação digital, como o filtro de mediana. Exemplos dos diferentes filtros digitais foram apresentados e simulados com o objetivo de comparar seus desempenhos e aplicações.

QUESTÕES

1) Filtros analógicos são compostos por associações de elementos passivos, resistências, indutâncias e capacitâncias e podem ser realizados também com amplificadores operacionais, o que lhes adiciona a possibilidade de ter ganhos maiores. Pergunta-se:

    a) Quais são as funções desempenhadas por cada um desses elementos passivos na filtragem?

    b) O que significa a expressão filtro sintonizado?

    c) O que significa aumentar a ordem de um filtro e quais são as vantagens alcançadas?

2) Filtros digitais são baseados em equações do tipo recorrências, que combinam a série de amostras temporais do sinal, ponderando-as adequadamente em função do tipo de filtragem desejada. Pergunta-se:

    a) Se os filtros digitais usam equações em lugar de elementos de circuito (R, L, C), como se pode associar as características desses dois tipos de filtros?

    b) Mesmo que elementos físicos de filtros analógicos tivessem sua vida útil prolongada e, considerando que os filtros digitais necessitam de processadores numéricos sofisticados, por que estes últimos levam vantagem sobre filtros analógicos na maioria das aplicações de instrumentação?

3) Utilizando os algoritmos dos diferentes filtros apresentados, reproduza as formas de onda obtidas por simulação ao longo deste capítulo.

REFERÊNCIAS

[1] A. V. Oppenheim, A. S. Willsky, I. T. Young, *Signals and systems*. New Jersey: Prentice Hall Intern., 1983.

[2] G.H. Tomlinson, *Electrical networks and filters – theory and design*. New Jersey: Prentice Hall, 1991.

[3] F. P. Marafão, S. M. Deckmann, J. A. Pomilio, R. Q. Machado. "Metodologia de projeto e análise de algoritmos de sincronismo PLL". *Eletrônica de potência*, v. 10, n. 1, pp. 7-14, Jun. 2005.

[4] R. E. Kalman, "A new approach to linear filtering and prediction problems". *Journal of Basic Engineering*, 1960.

[5] A. Feuer, G. C. Goodwin, *Sampling in digital signal processing and control*. Basel: Birkhäuser, 1996.

[6] M. J. Newman, D. G. Holmes, "Delta operator digital filters for high performance inverter applications", *IEEE trans. on power electronics*, v. 18, n. 1, Jan. 2003.

[7] N. C. Gallagher, G. L. Wise, "A theoretical analysis of the properties of median filters", *IEEE Trans. on acoustics, speech and signal processing*, v. ASSP-29, n. 6, pp.1136-1141, Dec. 1981.

[8] D. S. Richards, "VLSI median filters", *IEEE trans. on acoustics, speech and signal processing*, v. 38, n. 1, pp.145-153, Jan. 1990.

Sobre os autores

Sigmar Maurer Deckmann graduou-se em Engenharia Elétrica pela Universidade Estadual de Campinas (Unicamp) (1973). Obteve os títulos de mestre (1976) e de doutor em Engenharia Elétrica pela Unicamp (1980). Iniciou na área elétrica por meio do curso técnico em Eletrotécnica da Escola Técnica Parobé, em Porto Alegre (1965). É professor titular aposentado da Faculdade de Engenharia Elétrica e de Computação (FEEC) da Unicamp, onde foi docente entre 1974 e 2006. Foi diretor associado da FEEC de 1999 a 2003. Foi executor de diversos convênios com empresas do setor elétrico como CEMIG, Eletropaulo, Elektro e CPFL. Assessorou a Agência Nacional de Energia Elétrica (ANEEL) e o Operador Nacional do Sistema (ONS) em estudos na área de qualidade da energia elétrica. Desenvolveu equipamentos pioneiros na área de avaliação de qualidade da energia elétrica e, em especial, para medição de cintilação luminosa (*flicker*), recebendo premiação internacional por esse trabalho. Ao longo de sua carreira, foi orientador de mais de 20 mestres e doutores que desenvolveram trabalhos nas áreas de sistemas de potência, qualidade da energia elétrica e instrumentação especializada.

José Antenor Pomilio é engenheiro eletricista (1983), mestre (1986) e doutor (1991) em Engenharia Elétrica pela Universidade Estadual de Campinas (Unicamp). De 1988 a 1991, foi chefe do grupo de Eletrônica de Potência do Laboratório Nacional de Luz Síncrotron/CNPq. Realizou estágios de pós-doutoramento junto aos departamentos de Engenharia Elétrica (1993/1994) e de Engenharia da Informação (2015), ambos na Universidade de Pádua, e no Departamento de Engenharia Industrial da Terceira Universidade de Roma (2003). É professor titular da Faculdade de Engenharia Elétrica e de Computação (FEEC) da Unicamp, onde trabalha desde 1984. Foi coordenador do curso de Engenharia Elétrica de 2007 a 2011 e diretor da FEEC de 2011 a 2015. Foi presidente da Associação Brasileira de Eletrônica de Potência (SOBRAEP) e coordenador do Comitê de Eletrônica de Potência e Máquinas Elétricas da Sociedade Brasileira de Automática (SBA). Foi membro do comitê administrativo da *IEEE Power Electronics Society* e editor associado da *IEEE Trans. on Power Electronics* de 2003 a 2018. Foi editor do periódico Eletrônica de Potência. Ao longo da carreira orientou mais de 60 mestres e doutores e tem atuado e publicado com pesquisadores de diversas instituições no Brasil e no exterior (Itália, Estados Unidos, Espanha, Portugal, Argentina, Noruega, Finlândia e Dinamarca).